结构可靠度原理与方法

何 军 著

科 学 出 版 社

北 京

内 容 简 介

本书系统地介绍和讲解结构可靠度分析和设计的原理与方法，主要内容包括：概率论和随机过程理论基础知识、蒙特卡洛方法、可靠度指标方法、稀疏网格随机配点方法、结构首次穿越失效、结构体系可靠度、生命线工程网络系统可靠度、基于可靠度的结构设计、结构抗力与荷载随机建模。本书以解决工程中的科学问题为导向，讲解有关基础知识、理论和方法，同时介绍近些年建立的关于结构可靠度分析和设计的新知识、新理论和新方法。

本书可作为土木工程、机械工程、船舶海洋工程、航空航天工程等专业科研人员和工程技术人员的参考书，也可作为上述专业研究生和高年级本科生的教学用书。

图书在版编目（CIP）数据

结构可靠度原理与方法 / 何军著. -- 北京 ：科学出版社, 2024. 8.

ISBN 978-7-03-079230-3

Ⅰ. TB114.3

中国国家版本馆 CIP 数据核字第 2024LQ1033 号

责任编辑：李 海 李程程 / 责任校对：赵丽杰
责任印制：吕春珉 / 封面设计：东方人华平面设计部

科学出版社出版
北京东黄城根北街 16 号
邮政编码：100717
http://www.sciencep.com
北京中科印刷有限公司印刷
科学出版社发行 各地新华书店经销
*
2024 年 8 月第 一 版 开本：B5（720×1000）
2024 年 8 月第一次印刷 印张：19
字数：384 000

定价：198.00 元

（如有印装质量问题，我社负责调换）
销售部电话 010-62136230 编辑部电话 010-62137026

前　言

结构可靠性工程独立发展于 20 世纪 50 年代，快速发展于 20 世纪 70 年代。从 20 世纪 80 年代开始，随着一次可靠度方法的完善，各个国家陆续采用基于可靠度指标的荷载-抗力系数设计方法进行结构工程的设计，在国际上形成了基于可靠性的结构设计准则。进入 21 世纪后，随着科学计算方法的发展和计算机性能的提升，出现了许多更先进、更有效的结构可靠度分析和设计方法，结构可靠度方法也被更广泛地应用于工程风险预测、工程韧性分析和工程优化设计之中。

2018 年中华人民共和国住房和城乡建设部、国家市场监督管理总局联合发布《建筑结构可靠性设计统一标准》（GB 50068—2018）。与旧版标准相比，《建筑结构可靠性设计统一标准》（GB 50068—2018）提高了荷载分项系数的取值，但没有调整各类失效模式的目标可靠度，这引起一些工程技术人员的困惑。作者在科研和教学工作中也感受到一些科研人员、技术人员、研究生和高年级本科生缺乏对结构可靠度理论的全面和准确认识。为了系统、清晰和准确地介绍结构可靠度分析和设计的根本问题与基本理论和方法，作者特撰写本书。本书内容安排如下。

第 1 章按结构工程领域和其他工程领域两条主线简述可靠性工程的发展历史，阐述结构可靠性的内在含义、概率度量和不确定性量化等基本问题和概念。

第 2 章和第 3 章讲解为理解和掌握结构可靠度方法而应具备的统计、概率和随机过程等方面的基础理论和知识。其中，既包括常见于其他相关著作和教科书中的概率论知识，也包括 Copula 函数等近几年在结构可靠度和风险评估领域中经常使用的较新的概率理论。统计、概率和随机过程理论不仅是学习结构可靠度方法的数学基础，也是结构可靠度方法的重要组成部分。

第 4 章至第 9 章结合工程中的科学问题讲解代表性结构可靠度方法及其原理，包括蒙特卡洛方法（朴素抽样和马尔可夫链抽样）、可靠度指标方法（基于非线性函数一阶和二阶泰勒级数展开）、稀疏网格随机配点方法（与有限元分析解耦）、结构首次穿越失效分析方法（解析解和加速模拟估计）、结构体系可靠度计算理论和递推分解算法（大型城市生命线系统可靠度计算）等。如果不计成本，蒙特卡洛方法能够解决几乎所有的结构可靠度分析问题，可靠度指标方法是目前最成熟和应用最广泛的结构可靠度计算和设计方法，稀疏网格随机配点方法可以处理具有隐式功能函数的结构可靠度计算问题，首次穿越失效分析方法是结构时变和动力可靠度计算的基础，结构体系可靠度计算理论为从系统层次上分析和解决结构可靠度问题提供基本方法，递推分解算法是城市生命线系统地震可靠度的代表性非模拟方法。这些方法能够解决绝大部分的结构可靠度分析和计算问题，具有比较广泛的代表性。更重要的是，这些方法比较容易理解和应用。

第 10 章主要讲解荷载-抗力分项系数设计方法及其规范校准过程；另外，也介绍了基于可靠度的结构设计优化问题。这一章的内容有助于读者加深理解当前的结构设计方法，也有助于读者从可靠度的角度理解结构优化设计问题。

第 11 章和第 12 章介绍结构抗力和荷载的随机建模理论。抗力和荷载的随机模型对结构可靠度计算和设计的准确性和可信性具有重要影响，也是结构可靠度理论和方法不可或缺的组成部分。这两章着重讲解结构抗力和荷载随机建模的原理和方法，同时深入地介绍一些抗力、荷载和荷载组合的常用随机模型。

经过作者近 3 年的努力，本书即将出版。值此之际，作者衷心感谢天津大学的赵彤教授、同济大学的李杰教授、名古屋工业大学的赵衍刚教授和加州大学伯克利分校的阿芒·德·丘里金（Armen Der Kiureghian）教授。作为作者的导师，他们在生活和学术上给予了作者很多无私帮助。本书的出版得到国家自然科学基金项目和上海交通大学校级立项教材项目的资助。对此，作者致以衷心的感谢。

限于作者水平，本书难免存在不足，敬请读者批评指正。

作　者

目　　录

1 结构可靠度概述

1.1 可靠性工程简史

可靠性（reliability）的含义为值得依靠或信赖的能力，是产品的固有属性。早在 20 世纪的前 30 年里，匈牙利、德国和苏联的学者和技术人员已经关注和研究产品的可靠性，开始采用统计和概率的方法分析材料的性能。但是，普遍的观点认为可靠性工程起源于第二次世界大战。1939 年英国航空委员会出版《适航性统计学注释》，提出了飞机故障率的统计学量化方法。1944 年卢瑟（Lussen）开创性地研究了 V-2 弹道导弹的可靠性问题，运用串联系统模型分析和控制 V-2 弹道导弹的可靠性。美国海军发现和分析了电子设备和飞机因存在可靠性问题而无法有效工作的现象。

20 世纪 50 年代，为了解决电子设备和导弹系统的可靠性问题，美国开展了有组织的可靠性研究。1952 年美国国防部成立了电子设备可靠性咨询组（Advisory Group on the Reliability of Electronic Equipment，AGREE），1957 年发布了 AGREE 报告《军用电子设备可靠性》。该报告首次比较完整地阐述了可靠性理论和研究方向，是可靠性工程的奠基性文献。1956 年 Freudenthal 研究了结构的安全和失效概率问题，建立了失效概率分析的应力-强度模型[1]。1958 年日本成立了可靠性研究委员会，以指导全国性的可靠性研究。在此期间，苏联、英国、法国等工业发达国家也都相继发展起可靠性工程。

20 世纪 60 年代，可靠性工程开始从军工、电子、航空等尖端工业部门扩展到机电、机械、土木等一般工业部门。美国国家航空航天局（National Aeronautics and Space Administration，NASA）有组织地开展了机械可靠性研究，其他工业发达国家相关部门也组织开展了可靠性工程的系统研究，推动了可靠性评估、设计和管理理论与应用的发展。在理论上，建立了故障模式与影响分析（failure mode and effect analysis，FMEA）和故障树分析（fault tree analysis，FTA）等可靠性分析方法。在设计上，提出了冗余度设计、可靠性试验、验收试验和老练试验①等可靠性设计理念。在管理上，提出了产品可靠性评审制度来提升产品的可靠性。1961 年苏联对发射的第一艘载人宇宙飞船提出了 0.999 的可靠性定量要求，美国出版了可靠性领域的著名杂志《IEEE 可靠性汇刊》（*IEEE Transactions on Reliability*）。

---

① 一种让产品在应力下工作一段时间以稳定其特性的试验方法。

在苏联学者尔然尼欣工作的基础上，1969 年 Cornell 提出了结构安全裕量分析的二阶矩模型[2]，开创了结构可靠性工程的新局面。在这 10 年里，建立了地震、风、浪等环境荷载的统计模型[3-5]，推动了结构可靠性工程纵深方向的发展。

20 世纪 70 年代是国际可靠性工程走向成熟的 10 年，也是我国可靠性工程起步的 10 年，还是结构可靠性工程开始独立发展的 10 年。美国建立了全国统一的可靠性管理机构，制定了完善的可靠性设计、试验和管理方法及程序，成立了政府和工业部门之间的可靠性数据交换网，重视机械可靠性研究，开展了软件可靠性研究。我国于 1976 年颁布了第一个可靠性行业标准《可靠性名词术语》（SJ 1044—76），于 1979 年颁布了第一个可靠性国家标准《电子元器件失效率试验方法》（GB 1772—79），开展了军用产品的可靠性研究。1971 年结构安全性联合委员会（Joint Committee on Structural Safety，JCSS）成立，通过国际合作研究结构安全性和可靠性的分析和设计新方法。1974 年 Hasofer 和 Lind 提出了一次二阶矩（几何）可靠度指标的概念及其计算方法[6]；在此基础上，1978 年 Rackwitz 和 Flessler 提出了考虑状态变量概率分布的一次二阶矩可靠度指标的计算方法[7]。一次二阶矩可靠度指标的建立，奠定了以设计点为核心的结构可靠性设计的基本理论和方法。1975 年 Ang 和 Tang 出版著作《工程规划和设计中的概率概念 第 1 卷：基本概念》（*Probability concepts in engineering planning and design Vol. I: basic principles*）[8]，极大地推动了工程可靠性概念和数学的普及。

20 世纪 80 年代，可靠性工程呈现出从全面到全新发展的局面，结构工程开始采用可靠性方法进行设计。非电子产品的可靠性获得了广泛的关注和研究，可靠性试验从统计试验发展到环境应力筛选和可靠性强化等工程试验，软件可靠性技术开始应用于软件工程实践。为了推动可靠性工程理论和实践的全面发展，美国出版了可靠性工程领域的杂志《可靠性工程与系统安全》（*Reliability Engineering & System Safety*）。在结构工程领域里的标志性事件有：1982 年美国出版结构可靠性领域的杂志《结构安全》（*Structural Safety*）；1986 年 Madsen 等出版著作《结构安全性方法》（*Methods of Structural Safety*）[9]，详细阐述了结构可靠性分析的目的和方法，提出了著名的结构可靠度方法的四个水准；美国分别于 1986 年和 1989 年发布了结构可靠度设计文件《钢结构建造手册：荷载与抗力系数设计》和《荷载与抗力系数设计的推荐做法》（草稿）；我国于 1984 年颁发了国家标准《建筑结构设计统一标准（试行）》（GBJ 68—84）（已废止），确立了以概率理论为基础的结构极限状态设计原则；一些学者，如 Der Kiureghian 等[10]，在前人研究的基础上，进一步研究了二次可靠度方法；而另一些学者，如 Thoft-Christensen 等[11]，则从系统的角度研究结构体系的可靠性问题。

20 世纪 90 年代，可靠性工程已经深度参与各行各业的产品生产、质量管理和运营维护，结构设计开始大规模采用可靠性理论。在这一时期，由于软件工程的快速发展，软件可靠性工程得到了蓬勃发展，逐渐成为可靠性工程中的一个独立分支。机械可靠性工程更加关注损伤机理、概率信息缺失、动态和渐变可靠性、可靠性稳健等重大装备和工程机械可靠性应用中出现的问题[12]。另外，可靠性基础数据的建设开始引起各个行业和部门的重视。在结构工程领域，从 1990 年至 1999 年，欧洲标准化委员会陆续颁布了一整套欧洲规范，全面推广基于可靠性的结构设计。1996 年 Ditlevsen 和 Madsen 出版著作《结构可靠度方法》（*Structural Reliability Methods*）[13]，深入阐述了结构可靠性的分析和设计方法及其基本原理。我国于 1992 年颁布了《工程结构可靠度设计统一标准》（GB 50153—92）①，使以可靠性为基础的结构极限状态设计成为各类工程结构设计共同遵守的准则。

在 21 世纪的前 10 年里，可靠性工程开始向优化、控制和全寿命的方向发展，系统可靠性得到更多关注；同时，学术界和企业界也开始反思可靠性工程实践中出现的问题。电子产品的可靠性工程开展了优化、控制和全寿命的理论和实践，船舶、核电、航空、机械工业开始重视由元件组成的整体系统及其服务功能的可靠性[14-16]。城市生命线领域开展了大型工程网络系统的地震可靠性评估理论和应用研究[17-18]。在结构工程领域，出现了综合考虑工程、技术、社会和经济的可靠性工程概念和方法[19-21]，兴起了工程性能和韧性可靠性理论和实践。在可靠性工程向更全面和深入发展的同时，人们也对可靠性工程设计和实践方面出现和面临的问题进行了反思[22]，对以可靠性为基础的结构极限状态设计方法在结构设计实践中表现出来的不足和缺陷进行了分析。

最近 10 年，对于已有百年历史的可靠性工程来说，既有令人鼓舞的进展，也存在值得关注的不足。受计算机、大数据、互联网和人工智能等学科快速发展的影响，可靠性工程进入了以随机有限元[23]、机器学习[24]、信息论[25-26]、加速模拟[27-28]和概率演化[29-30]等现代科学技术为支撑的算法时代；同时，为了满足人类社会和文明发展的需求，结构可靠性被广泛应用于城市韧性提升[31]和工程系统优化[32]等社会和工业领域。从根本任务上来看，结构可靠性工程的进展不够显著，基于可靠性的结构设计理论与实践未有突破性进展，在重大社会和民生工程的建设和运维中，可靠性理论和方法的作用也不够明显。在未来一段时间内，我们应该重点解决上述发展中的问题。

① 对应的现行标准为《工程结构可靠性设计统一标准》（GB 50153—2008）。

1.2 结构可靠性的含义

结构可靠性理论和实践的范畴需要由结构可靠性的定义来界定，定义范畴之外的结构可靠性评估、优化或提升等应说明其适用范围和条件。目前阶段，一般产品的可靠性是指产品无故障工作的能力，即产品在规定的条件下和规定的时间区间内完成预定功能的能力[33]。与一般产品的可靠性定义一致，结构可靠性是指结构在规定的时间内和规定的条件下完成预定功能的能力[34-35]。具体来说，规定的时间是指结构设计使用年限，规定的条件是指正常设计、正常施工和正常使用的条件，预定功能是指结构能够有效地承受正常施工和正常使用时可能出现的各种作用的能力、在正常使用时具有良好工作性能的能力，以及在正常维护下保持足够耐久性的能力，即结构的安全性、适用性和耐久性。

结构设计使用年限 T 是指设计所规定的结构或结构构件不需要进行大修即可按预定目的使用的年限。因此，进行抗力和荷载等结构可靠性影响因素分析所考虑的时间，不是结构使用寿命，也与结构设计基准期不完全一致。确定了结构设计使用年限内可靠性影响因素的定量描述后，经过恰当的数学计算，可以评估结构可靠性，即计算结构可靠度或失效概率。结构可靠度或失效概率也可以由即时点结构失效率 $\lambda(t)$ 进行计算。结构失效率定义为结构到某时刻尚未发生失效而在该时刻后单位时间内发生失效的概率。结构失效率与电子产品失效率或故障率的定义是相同的，但两者随时间的变化规律一般是不同的。电子产品的失效率曲线通常是如图 1.1 所示的两头高、中间低的浴盆曲线，而结构失效率曲线的形状往往要更加复杂，在规定的时间 t 内可能会出现更剧烈的波动。

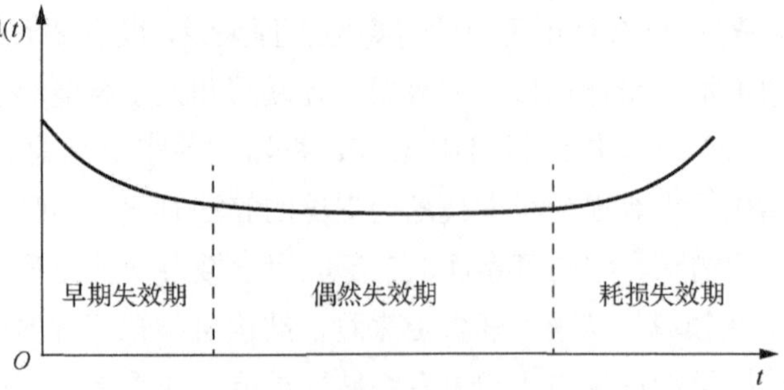

图 1.1 电子产品失效率曲线

结构可靠性定义所规定的正常设计、正常施工和正常使用条件，排除了结构设计、施工和使用中的不正常情况，如设计阶段的计算和设计错误、施工阶段的施工差错、业主对房屋结构的不合规拆除和不合规改造等。不正常设计、施工和使用条件下的结构可靠性，可以作为结构运维和风险防控的补充指标，并加以合理运用。

结构的功能是多方面的，但目前的结构可靠性定义只包括了结构的安全性、适用性和耐久性，暂未考虑抗倒塌等特殊功能。安全性、适用性和耐久性的划分对结构可靠性设计具有重要意义。目前的结构设计实际上是基于安全性的设计，结构的适用性和耐久性则是通过验算来加以保证的。由于安全性比适用性和耐久性更加重要，因此结构对安全性的要求也要高于对适用性和耐久性的要求。换句话说，结构发生破坏或不可恢复损伤的概率应小于结构不适用和不耐久的概率。

1.3 结构可靠度、不确定性源与概率相容性

结构可靠度是结构可靠性的概率测度，即结构在规定的时间内、规定的条件下完成预定功能的概率[34-35]。结构设计、施工和使用中存在多种不确定性，导致结构完成预定功能的能力是不确定的，即结构在规定的时间内、规定的条件下不是百分之百安全、适用和耐久的，而是具有一定的失效概率。

不确定性的来源和种类是多种多样的。为了便于结构可靠度分析，可将不确定性分为偶然不确定性和认知不确定性。偶然不确定性是被预先假设为某现象的内在随机性的不确定性，而认知不确定性是被预先假设为由于数据和知识的缺乏而引起的不确定性。在结构分析模型中，可以用附加变量来表示不确定性中的数据和知识缺乏部分。这些附加变量捕捉了通过收集更多数据或使用更先进科学原理而获得的信息，而且，更重要的是，它们以一个清晰且透明的方式定义了源于共同不确定性的统计相依性（相关性）。

对于结构分析模型而言，可以将不确定性的来源进行如下分类[36]。

（1）基本随机变量 X ①固有的不确定性，如能够被直接测量数值的材料特性常数和荷载所固有的不确定性。

（2）对描述基本随机变量的概率分布模型 $f_X\left(x,\theta_f\right)$ 做选择所导致的不确定性模型误差。

（3）对描述导出变量② $y_i(i=1,2,\cdots,m)$ 的物理模型 $g_i\left(x,\theta_g\right)$ 做选择所导致的不确定性模型误差。

（4）模型参数 θ_f 估计的统计不确定性。

① 可被直接观测的因而可获得其试验数据的随机变量，如材料特性、荷载特征、环境效应、结构尺寸等变量。
② 一般情况下不能够被直接观测的变量，如应力、变形、稳定界限、损伤、损失、维修时间等描述结构性能的变量。

（5）模型参数θ_g估计的统计不确定性。

（6）对用于估计参数θ_f和θ_g的观测值进行测量所涉及的不确定性误差，如材料强度的非破坏性试验涉及的不确定性。

（7）对应于导出变量y_i的随机变量Y所造成的不确定性，包括除上述不确定性以外的计算误差、数值近似或截断所导致的不确定性误差，如采用必定涉及收敛允许值和截断误差的迭代计算的有限元方法来进行非线性结构荷载效应计算所造成的不确定性误差。

（8）人类行为和决策导致的不确定性，如风险分析人员可能考虑的系统建模、设计、建造或运营中的非故意失误。

选择概率模型和物理模型的不确定性、模型参数估计的不确定性以及导出随机变量的不确定性通常属于认知不确定性，观测值的测量不确定性更多地具有偶然不确定性的特性，人类失误不确定性兼具偶然不确定性和认知不确定性的特点。基本随机变量不确定性的类别应由实际情况决定：当为待建建筑建立结构分析模型时，基本随机变量的不确定性一般来自其固有的不确定性，因而属于偶然不确定性；当为既有建筑建立结构分析模型时，在可以获得材料强度等基本变量观测值的情况下，基本随机变量的不确定性更多地来自统计不确定性，这时，基本变量的不确定性可以被归类为认知不确定性。

基本随机变量、导出随机变量和人为误差及其不同的不确定性来源和种类，使结构分析模型含有不同类型的概率，也使结构可靠度具有了不同的含义。归纳起来，结构分析模型中的概率可分为客观概率和主观概率，前者可以解释为随机事件的发生频率，后者可以解释为某人对一个命题信任的程度，即贝叶斯（Bayes）概率。由于客观概率和主观概率的相容性，结构分析模型中不同类型的概率可以混合计算，分析结果同时具有频率和信任程度的特性，即结构可靠度（或失效概率）既可以被解释为处于安全状态（或失效状态）的结构在同类结构中的比率（相对频率），也可以被解释为人们对某个结构处于安全状态（或失效状态）的平均信任度。概率解释的多样性和相容性，是人们更愿意采用概率来度量结构可靠性的原因之一。

在进行结构可靠性度量时，为了分析荷载及其组合、抗力及其衰减、多模式失效等问题，人们运用和发展了相关的概率和随机过程、随机过程的极值和组合、结构随机有限元和振动、信息更新、统计推理等方面的理论和方法，使结构可靠度发展为一门基于结构分析模型的，运用概率方法来评估、设计和维护工程结构的专业性非常强的学科。

1.4　本书内容体系

本书内容体系按可靠性数学基础知识、结构可靠度分析原理和方法、结构体系和网络系统可靠度分析原理和方法、基于可靠度的结构设计原理和方法，以及结构抗力和荷载随机建模原理和方法的顺序撰写。可靠性数学基础知识部分包括第 2 章和第 3 章内容，结构可靠度分析原理和方法部分包括第 4 章～第 7 章内容，结构体系和网络系统可靠度分析原理和方法部分包括第 8 章和第 9 章内容，基于可靠度的结构设计原理和方法部分为第 10 章内容，结构抗力和荷载随机建模原理和方法部分包括第 11 章和第 12 章内容。

上述各部分内容和各章内容虽然是自成体系的，但在整体上形成递进关系，因此推荐读者按章节顺序阅读本书。另外，第 3 章、第 4 章、第 7 章和第 9 章中涉及结构动力可靠度分析的内容之间具有更加紧密的联系，读者在阅读这些内容时应多加注意。

第 4～12 章的例题一般需要借助计算机进行分析和计算，个别例题的分析和计算过程较长，以便更全面地说明相关原理和方法。因此，为了获得更好的阅读效果，建议读者掌握一门编程语言或计算软件，对感兴趣的例题进行适当的编程计算。

2 概率论基础

2.1 基本概念

2.1.1 随机试验

随机试验是具有许多可能结果的试验。例如，一个被蒙住双眼的人从装有手感相同的红色、白色和黑色小玻璃球的纸箱里抓取一个球，他可能取出红球，也可能取出白球或黑球，因为有 3 个可能结果，所以这个试验是结果不确定的随机试验。又如，进行的测定某一批混凝土轴心抗压强度的试验，因为每个标准试件的试验值都是不同的，所以测定混凝土轴心抗压强度的试验有许多可能的结果，是结果不确定的随机试验。

随机试验的所有可能结果构成样本空间，每个可能结果是一个样本点，样本空间可以是离散的，也可以是连续的。离散样本空间中的样本点是不连续的，如上面提到的抓取小球试验的三个可能结果是不连续的，它们构成一个离散样本空间。连续样本空间中的样本点是连续的，样本空间由样本点的连续体构成，如上面提到的测定混凝土轴心抗压强度的试验，如果试件的试验值在 25～40MPa 之间，那么在这个范围内的任何一个数值都是一个样本点，而在这个范围内所有连续的实数构成一个连续的样本空间。

随机试验的可能结果中的一个、几个或者一个范围内的所有结果都可以被定义为随机事件（可用大写字母 A、B、C 等表示），因此，一个随机事件是样本空间的一个子集。例如，对于上述抓取小球的试验，可以将“取出的是红球”定义为一个随机事件；对于测定混凝土轴心抗压强度的试验，可以将“试验值是 35MPa”或“试验值大于 35MPa”定义为一个随机事件。一个随机试验的结果是不可预测的，由结果构成的事件也是有可能发生的不确定事件。但是，一个随机事件发生的可能性是可以被度量的。例如，“取出的是红球”或“试验值大于 35MPa”的可能性就可以被估算出来。随机事件发生可能性的度量值可以看作是概率。

2.1.2 概率空间

将一个随机试验的所有可能结果都赋予一个可能性（概率）后，可以构成一个概率空间。概率空间总是针对某个样本空间而言的。概率定义（解释）有多种，工程中常用到的有两种。

1. 频率概率

将事件A的概率定义为

$$P(A)=\lim_{n\to\infty}\frac{n_A}{n} \tag{2.1}$$

式中，n_A为事件A发生的次数；n为试验次数。

概率的相对频率定义是有试验基础的，但是试验次数尽管可能很多，总是有限的，因此应按一个假说来接受这个定义。另外，随着试验次数的增多，相对频率会渐近地稳定在一个定值上。

例如，在估计北方某一地区冬季下雪的“积雪厚度超过20cm”这一事件的发生概率时，如果随着统计的下雪次数（试验次数）的增多，“积雪厚度超过20cm”这一事件发生的次数与下雪次数的比值稳定地围绕着一个估计的固定数值波动，并且波动的趋势越来越小，那么可以将这个固定数值看作“积雪厚度超过20cm”这一事件发生概率的估计值。但是，由于统计次数总是有限的，因此这个概率估计值只是一个近似值。

2. 贝叶斯概率

在贝叶斯概率理论中，事件中的一个是假设H，其他的是数据D，目的是判断在给定数据下假设的相对真实性。为此，定义

$$P(H|D)=\frac{P(D|H)P(H)}{P(D)} \tag{2.2}$$

在贝叶斯概率中，$P(D|H)$称为似然函数，是人（试验人员）估计的假设成立条件下出现观测数据的可能性（概率）。$P(H)$称为先验概率，它反映了人在考虑数据D之前的先前知识，也通常是贝叶斯概率理论中最具主观性的方面。实际上，贝叶斯概率理论的优点之一是人提前制定了假设且直接表达出推理过程中的主观元素。$P(D)$通过对$P(D|H)P(H)$关于所有假设H进行积分来获得，通常起到不可忽略的归一化常数的作用。$P(H|D)$称为后验概率，它反映了考虑数据后假设成立的概率。需要注意的是，虽然贝叶斯概率被认为是主观概率，但它与客观概率（如频率概率①）是相容的，它们可以一起参加概率运算。

贝叶斯概率（推理）的一个经典应用是从被噪声污染的观测数据中猜测所研究参数的值。假设要估计某个物理参数x，而x的观测值y被加性零均值高斯噪声n②破坏了：

① 实际上，频率概率隐含了主观因素，也不是绝对客观的。

② 加性噪声与信号的关系是相加，不管有没有信号，噪声都存在。

$$y = x + n \tag{2.3}$$

如果知道给定 y 的 x 分布 $P(x|y)$，那么就可以计算出使该分布有最大值的 x 值：

$$\hat{x} = \arg\max_x P(x|y) \tag{2.4}$$

具体做法如下。

根据贝叶斯公式［式（2.2）］，有

$$P(x|y) = \frac{P(y|x)P(x)}{P(y)} \tag{2.5}$$

由于 n 的分布是高斯的，因此根据式（2.3），给定 x 值的观测值 y 的分布 $P(y|x) = P(x+n|x)$ 也必然是高斯的：

$$P(y|x) = \frac{1}{\sqrt{2\pi}\sigma_n} \mathrm{e}^{-\frac{(y-x)^2}{2\sigma_n^2}} \tag{2.6}$$

式中，σ_n 为 n 的标准差。

先验分布 $P(x)$ 的设定则需要关于 x 的已有知识（经验）。假设 x 近似服从均值为 μ_x、标准差为 σ_x 的高斯分布：

$$P(x) = \frac{1}{\sqrt{2\pi}\sigma_x} \mathrm{e}^{-\frac{(x-\mu_x)^2}{2\sigma_x^2}} \tag{2.7}$$

因此，可以得到 x 的后验概率：

$$\begin{aligned} P(x|y) &\propto P(y|x)P(x) \\ &= \mathrm{e}^{-\frac{1}{2}\left[\frac{(y-x)^2}{\sigma_n^2} + \frac{(x-\mu_x)^2}{\sigma_x^2}\right]} \end{aligned} \tag{2.8}$$

令式（2.8）中的指数项取最小值，可以获得使 $P(x|y)$ 有最大值的 x 值：

$$\hat{x} = \frac{\mu_x \sigma_n^2 + \sigma_x^2 y}{\sigma_n^2 + \sigma_x^2} \tag{2.9}$$

需要指出的是，无论是频率概率还是贝叶斯概率，它们都要满足柯尔莫哥洛夫（Kolmogorov）原理，即

$$0 \leqslant P(A) \leqslant 1 \tag{2.10}$$

$$P(\Omega) = 1 \tag{2.11}$$

$$P(A \cup B) = P(A) + P(B)\text{，若事件 }A\text{ 和 }B\text{ 是互斥的} \tag{2.12}$$

式中，Ω 为样本空间；$A \cup B$ 为由事件 A 和 B 中所有元素组成的集合。

事件 A 和 B 是互斥的，表示事件 A 和 B 是不能同时出现的。例如，在测定混凝土轴心抗压强度的试验中，标准试件的两个不同试验值 35MPa 和 40MPa 可被看作是该试验所对应的样本空间里的两个互斥事件。

2.1.3 条件概率

正如在贝叶斯概率中那样，需要知道在事件 B 出现的条件下事件 A 出现的概率，这个概率称为条件概率 $P(A|B)$。条件概率可由式（2.13）进行计算：

$$P(A|B) = \frac{P(A \cap B)}{P(B)} \tag{2.13}$$

式中，$A \cap B$ 为由事件 A 和 B 中所有公共元素组成的集合。

显然，式（2.13）成立的条件是 $P(B) \neq 0$。另外，对于互斥事件 A 和 B，有 $P(A \cap B) = 0$，条件概率 $P(A|B) = P(B|A) = 0$。

如果等式

$$P(A|B) = P(A) \tag{2.14}$$

或

$$P(B|A) = P(B) \tag{2.15}$$

成立，则称事件 A 和 B 是统计独立的，即事件 B 是否出现不影响事件 A 出现的概率，反之亦然。显然，对于独立事件 A 和 B，有关系式（2.16）[①]成立：

$$P(A \cap B) = P(A)P(B) \tag{2.16}$$

2.2 随机变量与分布函数

2.2.1 随机变量

一个随机变量可以被定义为将事件映射为实数轴上一个区间的函数。因为映射函数不是唯一的，因此可以用不同的随机变量来表示同一个随机事件。需要特别注意的是，对应于连续样本空间的随机变量可能是离散的。例如，对于测定混凝土轴心抗压强度的试验，可以简单地将随机变量定义为抗压强度值，随机变量

---

① 这个关系式可以被推广到后面介绍的概率密度函数和累积分布函数，如对于统计独立的随机变量 X 和 Y，关系式 $f_{XY} = f_X(x) f_Y(y)$ 和 $F_{XY} = F_X(x) F_Y(y)$ 成立。

可以取 30～43MPa 之间的任何数值，因此，在这个定义下的随机变量是连续的。然而，也可以将随机变量定义为

$$X\left(f_{\mathrm{c}}\right)=\begin{cases}1, & 30\mathrm{MPa}\leqslant f_{\mathrm{c}}<35\mathrm{MPa}\\ 2, & 35\mathrm{MPa}\leqslant f_{\mathrm{c}}<40\mathrm{MPa}\\ 3, & 40\mathrm{MPa}\leqslant f_{\mathrm{c}}<45\mathrm{MPa}\end{cases} \tag{2.17}$$

式中，f_{c} 为试件的试验值。在这种情况下，随机变量则为 3 个离散的正整数。

有了随机变量的定义，便可以说随机变量 $X(A)$ 取实数轴上一个数值 x_1（一个实现）的概率等于这个数值所对应的随机事件 A_1 的概率：

$$P\left(X=x_1\right)=P\left(A_1\right) \tag{2.18}$$

考虑随机变量的所有实现，则有

$$p_X(x)=P(X=x) \tag{2.19}$$

对于离散型随机变量，式（2.19）所定义的函数 $p_X(x)$ 称为概率质量函数（probability mass function，PMF）。对于连续型随机变量，式（2.19）所定义的函数 $p_X(x)$ 通常改用 $f_X(x)$ 来表示，并称为概率密度函数（probability density function，PDF）。

实际应用常常需要计算随机变量 X 小于等于 x 的概率：

$$F_X(x)=P(X\leqslant x) \tag{2.20}$$

函数 $F_X(x)$ 称为累积分布函数（cumulative distribution function，CDF）。离散型随机变量的 CDF 是其 PMF 的代数和，连续型随机变量的 CDF 则是其 PDF 的积分。因此，连续型随机变量的 CDF 和 PDF 有如下关系：

$$f_X(x)=\frac{\mathrm{d}}{\mathrm{d}x}F_X(x) \tag{2.21}$$

$$F_X(x)=\int_{-\infty}^{x}f_X(s)\mathrm{d}s \tag{2.22}$$

随机变量的 CDF 是大于等于 0 且小于等于 1 的非减函数，且对于连续型随机变量，有

$$\begin{aligned}P(a\leqslant X\leqslant b)&=F_X(b)-F_X(a)\\&=\int_a^b f_X(s)\mathrm{d}s\end{aligned} \tag{2.23}$$

2.2.2 基本分布函数

不同类型的随机变量具有不同的统计特征和分布函数（PMF、PDF 或 CDF），下面介绍在结构可靠度计算中常用的几类基本分布函数，更系统的概率分布方面的基础知识可参见文献[8]、[37]、[38]。

1. 单变量（元）分布

1）泊松分布

工程中常会遇到估计某一事件在时间上某一时刻或空间中任一点上出现的可能性的问题，如估计地震在地震活动区内任一时刻任一地点发生的可能性的问题。如果某一事件可能在任一时刻或任一地点发生，那么在给定的时间或空间区域中它就可能多次发生。如果一个事件满足下列假定：

（1）可以随机地在时间（空间）中的任一时刻（任一点）出现。

（2）在给定的时间（空间）区间中出现的事件与任何其他非重合区间中出现的事件是相互独立的。

（3）在微区间 Δt 里出现的次数与 Δt 成正比，而且可以忽略在微区间 Δt 里同时出现两个或多个事件的可能性。

那么，在区间 $(0,t)$ 里事件的出现次数可由泊松分布给出。具体来说，如果 X 是在区间 $(0,t)$ 中事件出现的次数，则有

$$P_X(X=x)=\frac{(\nu t)^x}{x!}\mathrm{e}^{-\nu t},\quad x=1,2,\cdots,\infty \tag{2.24}$$

式中，ν 为事件在单位区间内出现次数的平均数（期望），即事件的平均发生率。

泊松分布是单参数分布，其均值和方差分别为

$$\begin{aligned}\mu_X&=E(X)\\&=\nu t\end{aligned} \tag{2.25}$$

$$\begin{aligned}\sigma_X^2&=E\left[(X-\mu_X)^2\right]\\&=\nu t\end{aligned} \tag{2.26}$$

式中，$E(\cdot)$ 为期望运算符①。

① 对于离散型随机变量，$E(X)=\sum_{i=1}^{n}x_iP(X=x_i)$；对于连续型随机变量，$E(X)=\int_{-\infty}^{+\infty}xf_X(x)\mathrm{d}x$。

有时，也用平均重现区间（周期）τ 作为泊松分布的参数：

$$\tau = \frac{1}{\nu} \tag{2.27}$$

需要注意的是，泊松分布随机变量是离散型随机变量，而且它的发生率和重现区间都是随机的。

2）均匀分布

均匀分布随机变量是连续型随机变量，它在区间 $[a,b]$ 内的所有实现都是等可能发生的。令 X 为均匀分布随机变量，那么，它的 PDF 值在区间 $[a,b]$ 内为常数：

$$f_X(x) = \begin{cases} \dfrac{1}{b-a}, & x \in [a,b] \\ 0, & x \notin [a,b] \end{cases} \tag{2.28}$$

X 的均值和方差分别为

$$\begin{aligned} \mu_X &= E(X) \\ &= \frac{a+b}{2} \end{aligned} \tag{2.29}$$

$$\begin{aligned} \sigma_X^2 &= E\left[(X-\mu_X)^2\right] \\ &= \frac{(b-a)^2}{12} \end{aligned} \tag{2.30}$$

在区间 $[0,1]$ 内均匀分布的随机变量 X 对蒙特卡洛（Monte Carlo）模拟具有特别重要的作用，它的 PDF 和 CDF 曲线如图 2.1 所示。

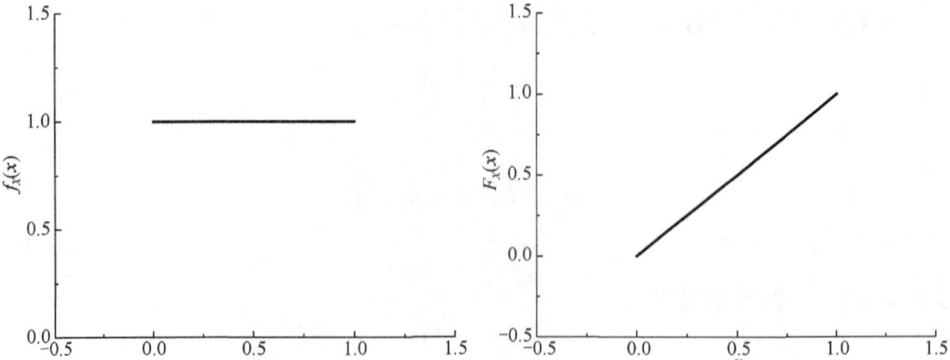

（a）PDF曲线　　（b）CDF曲线

图 2.1　在区间 $[0,1]$ 内均匀分布的随机变量 X 的 PDF 和 CDF 曲线

3）正态分布

正态分布也称为高斯分布，是连续型随机变量的概率分布。正态分布随机变量 X 是结构可靠度分析中最常遇到和最有用的连续型随机变量，它的 PDF 和 CDF 分别为

$$f_X(x)=\frac{1}{\sqrt{2\pi}\sigma_X}\mathrm{e}^{-\frac{1}{2}\left(\frac{x-\mu_X}{\sigma_X}\right)^2},\quad -\infty<x<\infty \tag{2.31}$$

$$F_X(x)=\int_{-\infty}^{x}f_X(s)\mathrm{d}s,\quad -\infty<x<\infty \tag{2.32}$$

式中，μ_X 和 σ_X 分别为 X 的均值和标准差。

从式（2.31）可以看出，正态分布是两参数分布，通常记为 $N(\mu_X,\sigma_X)$，符号 $X\sim N(\mu_X,\sigma_X)$ 则表示随机变量 X 服从均值为 μ_X、标准差为 σ_X 的正态分布。图 2.2 绘出了 $X\sim N(1,0.5)$、$X\sim N(1,1)$ 和 $X\sim N(1,1.5)$ 的 PDF 和 CDF 曲线。

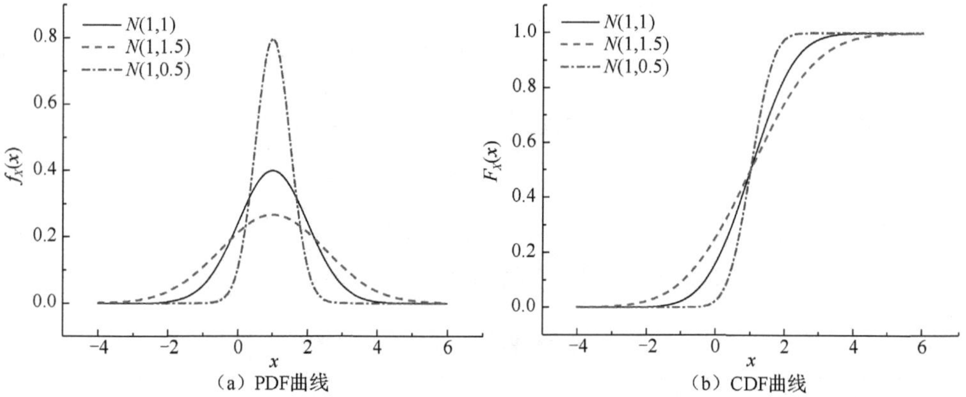

（a）PDF曲线 （b）CDF曲线

图 2.2 分布参数不同的 3 个正态分布随机变量 X 的 PDF 和 CDF 曲线

若令缩减变量

$$U=\frac{X-\mu_X}{\sigma_X} \tag{2.33}$$

则变量 U 仍然服从正态分布[①]且均值 $\mu_U=0$、标准差 $\sigma_X=1$。U 通常称为标准正态分布随机变量。由式（2.31）容易得到随机变量 U 的 PDF：

$$f_U(u)=\frac{1}{\sqrt{2\pi}}\mathrm{e}^{-\frac{u^2}{2}},\quad -\infty<u<\infty \tag{2.34}$$

① 一个或多个（统计独立）正态分布变量的线性函数仍然是正态分布随机变量。

U 的 CDF 为

$$F_U(u)=\int_{-\infty}^{u} f_U(s)\mathrm{d}s, \quad -\infty<u<\infty \tag{2.35}$$

为了使用方便，常用符号 $\varphi(\cdot)$ 和 $\Phi(\cdot)$ 表示标准正态 PDF 和 CDF。显然，变量 $X \sim N(\mu_X,\sigma_X)$ 的 PDF 和 CDF 可以写为

$$f_X(x)=\frac{1}{\sigma_X}\varphi\left(\frac{x-\mu_X}{\sigma_X}\right) \tag{2.36}$$

$$F_X(x)=\Phi\left(\frac{x-\mu_X}{\sigma_X}\right) \tag{2.37}$$

由式（2.23）和式（2.37）可以得到 $X \sim N(\mu_X,\sigma_X)$ 的值处于区间 $(a,b]$ 内的概率：

$$\begin{aligned}F_X(a<x\leqslant b)&=F_X(b)-F_X(a)\\&=\Phi\left(\frac{b-\mu_X}{\sigma_X}\right)-\Phi\left(\frac{a-\mu_X}{\sigma_X}\right)\end{aligned} \tag{2.38}$$

正态变量 $X \sim N(\mu_X,\sigma_X)$ 的 PDF 曲线以均值为中心左右对称，即

$$F_X(x+\mu_X)+F_X(-x+\mu_X)=1 \tag{2.39}$$

虽然缩减（标准）正态变量 $U \sim N(0,1)$ 的 CDF 没有封闭解，但可编制标准正态分布表为计算 $\Phi(\cdot)$ 值所用。表 2.1 列出了部分代表性的 $\Phi(\cdot)$ 值。

表 2.1　代表性的标准正态分布函数值

u	0	−1	−2	−3	−4	−5
$\Phi(u)$	5.00×10^{-1}	1.59×10^{-2}	2.28×10^{-2}	1.35×10^{-3}	3.17×10^{-5}	2.87×10^{-7}

4）对数正态分布

若数值大于零的随机变量 Y 的对数 $X=\ln Y$ 是正态分布的，则称变量 Y 是对数正态分布随机变量。对数正态分布是连续型随机变量的概率分布。将关系 $X=\ln Y$ 和 $Y=\mathrm{e}^X$ 代入式（2.31），可以得到变量 Y 的 PDF：

$$f_Y(y)=\frac{1}{y\sqrt{2\pi}\sigma_X}\mathrm{e}^{-\frac{1}{2}\left(\frac{\ln y-\mu_X}{\sigma_X}\right)^2}, \quad y\geqslant 0 \tag{2.40}$$

式中，μ_X 和 σ_X 分别为变量 Y 的对数 $X=\ln Y$ 的均值和标准差。

式（2.40）表明，对数正态分布是两参数分布，对数正态随机变量Y可以记为$Y \sim \mathrm{LN}\left(\mu_X,\sigma_X\right)$。图 2.3 和图 2.4 分别为对数正态变量$Y$的 PDF 曲线和 CDF 曲线随分布参数的变化情况。

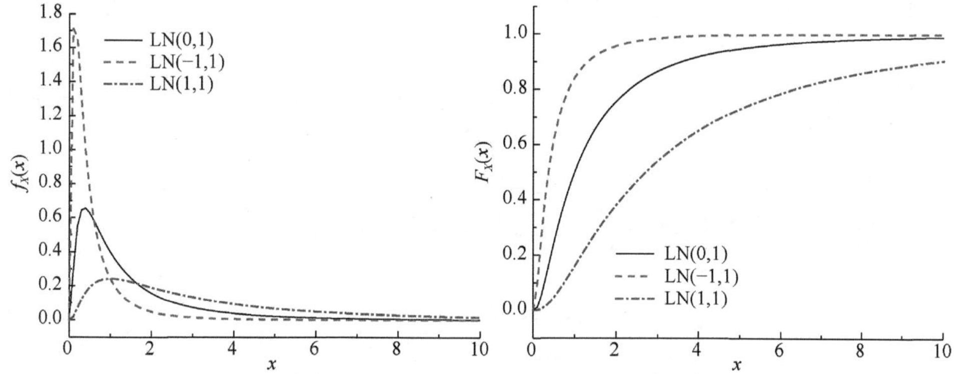

（a）PDF曲线　（b）CDF曲线

图 2.3　对数正态随机变量分布函数曲线随均值 μ_X 的变化情况

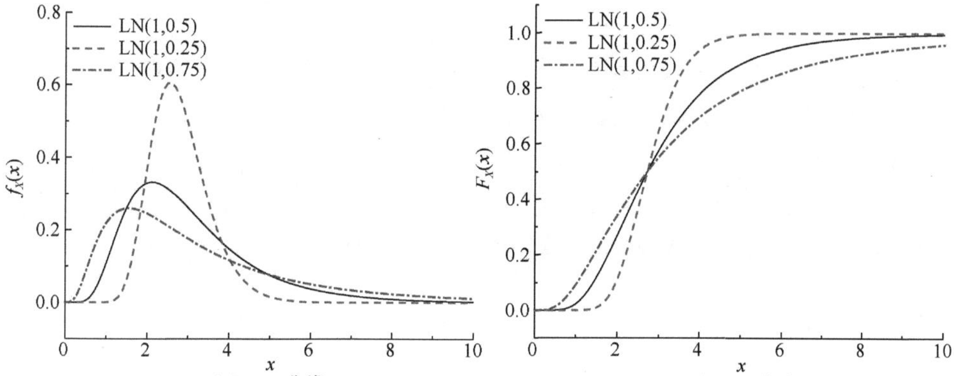

（a）PDF曲线　（b）CDF曲线

图 2.4　对数正态随机变量分布函数曲线随标准差 σ_X 的变化情况

由连续型随机变量均值和方差的计算公式，可以推导出对数正态变量Y和正态变量$X=\ln Y$的均值和方差的变换关系：

$$\mu_Y = \mathrm{e}^{\mu_X+\frac{1}{2}\sigma_X^2} \tag{2.41}$$

$$\sigma_Y^2 = \mu_Y^2\left(\mathrm{e}^{\sigma_X^2}-1\right) \tag{2.42}$$

或

$$\sigma_X^2 = \ln\left(1+\frac{\sigma_Y^2}{\mu_Y^2}\right) = \ln\left(1+V_Y^2\right) \tag{2.43}$$

$$\mu_X = \ln \mu_Y - \frac{1}{2}\sigma_X^2 \tag{2.44}$$

式中，$V_Y = \sigma_Y / \mu_Y$ 为变量 Y 的变异系数（coefficient of variation，CV）。

对数正态分布的 CDF 可由标准正态分布的 CDF 给出：

$$F_Y(y) = \Phi\left(\frac{\ln y - \mu_X}{\sigma_X}\right) \tag{2.45}$$

因此，Y 在区间 $(a,b]$ 内取值的概率：

$$F_Y(a < y \leqslant b) = \Phi\left(\frac{\ln b - \mu_X}{\sigma_X}\right) - \Phi\left(\frac{\ln a - \mu_X}{\sigma_X}\right) \tag{2.46}$$

在工程应用中，可以用对数正态分布来描述取值严格为正的随机变量，如材料的强度和疲劳寿命、降水强度以及工程竣工时间等。

5）伽马分布

伽马分布是一个非常重要的连续型概率分布，众多分布和它有密切关系，如指数分布和 χ^2 分布都是特殊的伽马分布。另外，伽马分布还常作为贝叶斯概率的先验分布。

伽马分布的 PDF 为

$$f_X(x) = \frac{\nu}{\Gamma(k)}(\nu k)^{k-1}\mathrm{e}^{-\nu x}, \quad x \geqslant 0 \tag{2.47}$$

式中，ν 和 k 分别为反尺度参数和形状参数；$\Gamma(k)$ 为伽马函数[①]。

伽马分布也是两参数分布。图 2.5 和图 2.6 分别为伽马变量 X 的 PDF 和 CDF 曲线随分布参数 ν、k 的变化情况。

---

① 伽马函数 $\Gamma(x) = \int_0^{+\infty} s^{x-1}\mathrm{e}^{-s}\mathrm{d}s$，$x > 0$ 可以当成阶乘在实数集上的延拓，对于正整数 k，有 $\Gamma(k) = (k-1)!$。

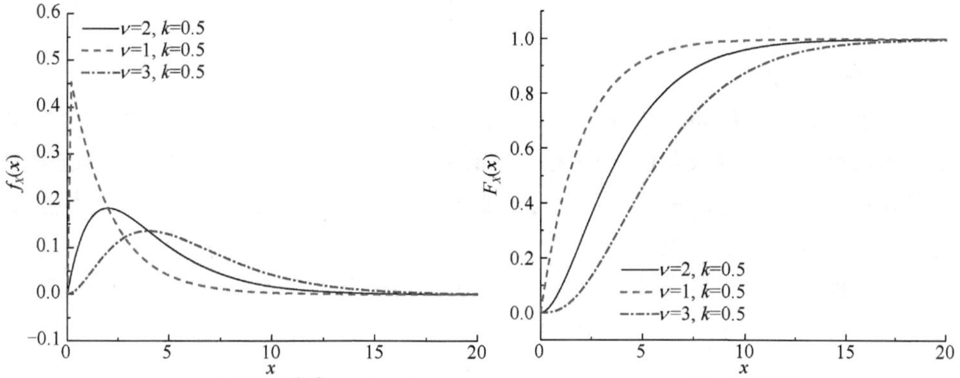

（a）PDF曲线 （b）CDF曲线

图 2.5 伽马变量分布函数曲线随分布参数ν的变化情况

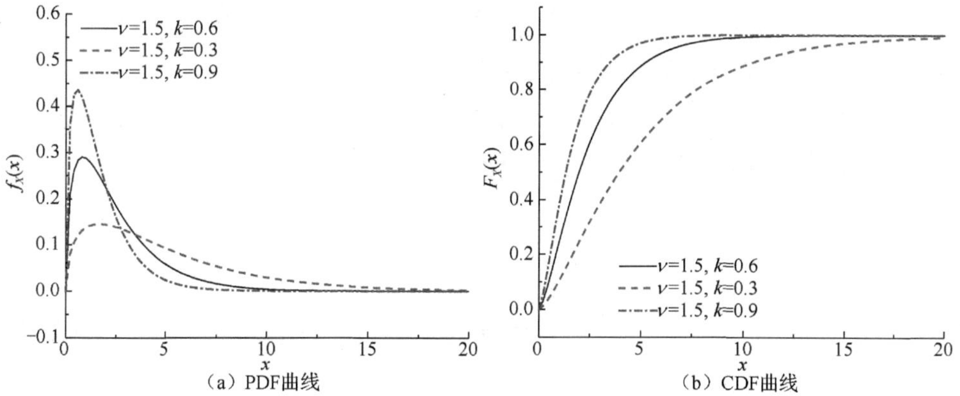

（a）PDF曲线 （b）CDF曲线

图 2.6 伽马变量分布函数曲线随分布参数k的变化情况

如果一个事件的发生构成泊松过程，那么，事件发生k次所需时间X的分布为$k-1$阶的伽马分布，其PDF为

$$f_X(x)=\frac{\nu}{(k-1)!}(\nu x)^{k-1}\mathrm{e}^{-\nu x},\quad x\geqslant 0 \tag{2.48}$$

式中，ν为单位区间内事件出现的平均个数，即泊松过程的平均发生率或强度[①]。

事件发生k次所需时间的均值和方差分别为

$$\mu_X=\frac{k}{\nu} \tag{2.49}$$

① 对于泊松过程，在任一长度为t的区间内事件的个数服从均值和方差都为νt的泊松分布。

$$\sigma_X^2 = \frac{k}{\nu^2} \tag{2.50}$$

6）极值分布

极值分布用于描述一些现象的最大值或最小值的概率特征，如极大值分布可以描述从第 1 年到第 n 年的年最大风速 $W_1,\cdots,W_n$ 的概率特征。极值分布是连续型概率分布。根据变量的极值类型和分布曲线的尾巴形状，极值分布又分为极值Ⅰ型、极值Ⅱ型和极值Ⅲ型分布。

（1）极值Ⅰ型。最大值的极值Ⅰ型分布也称为耿贝尔（Gumbel）分布。它可以描述年最大风速等最大值的概率特征，其 PDF 和 CDF 分别为

$$f_X(x) = \alpha \mathrm{e}^{-\alpha(x-\beta)-\mathrm{e}^{-\alpha(x-\beta)}} \tag{2.51}$$

和

$$F_X(x) = \mathrm{e}^{-\mathrm{e}^{-\alpha(x-\beta)}} \tag{2.52}$$

式中，α 和 β 分别为尺度参数和位置参数。

图 2.7 和图 2.8 分别为极值Ⅰ型变量 X 的 PDF 和 CDF 曲线随分布参数的变化情况。极值Ⅰ型分布变量的均值和标准差分别为

$$\mu_X = \beta + \frac{\gamma}{\alpha} \tag{2.53}$$

$$\sigma_X = \frac{\pi}{\sqrt{6}\alpha} \tag{2.54}$$

式中，$\gamma \approx 0.577216$ 为欧拉常数。

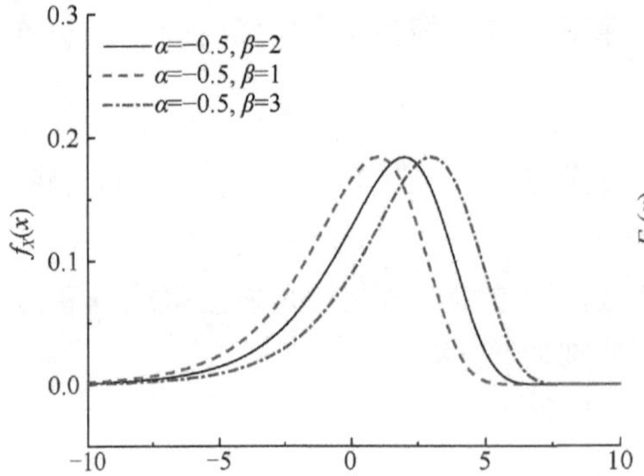

（a）PDF曲线

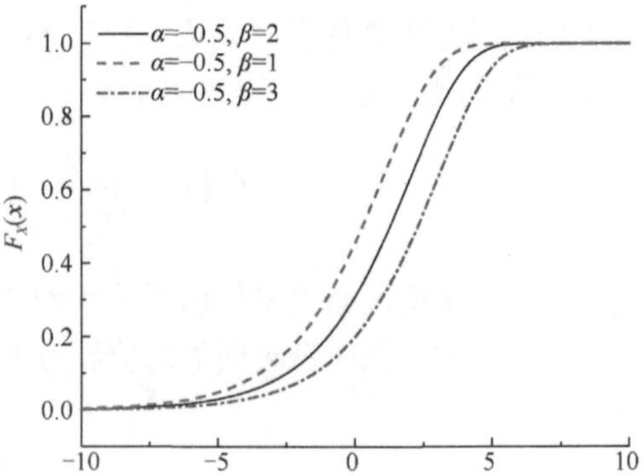

（b）CDF曲线

图 2.7　极值Ⅰ型分布函数曲线随分布参数 β 的变化情况

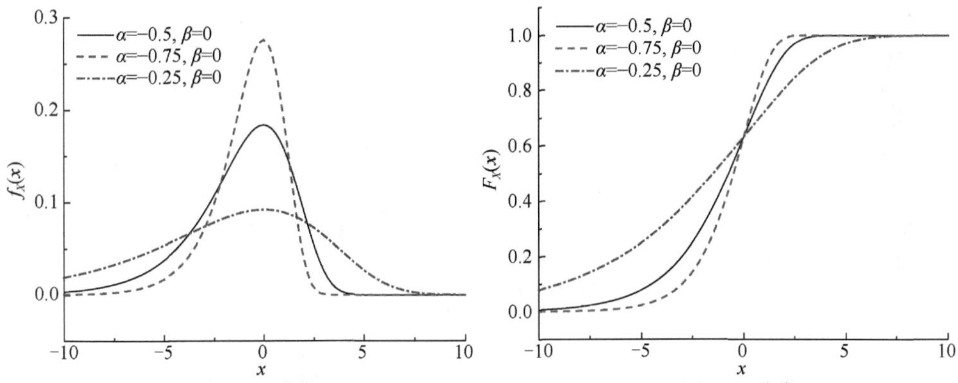

（a）PDF曲线　（b）CDF曲线

图 2.8 极值 I 型分布函数曲线随分布参数 α 的变化情况

（2）极值Ⅱ型。最大值的极值Ⅱ型也称为弗雷歇（Fréchet）分布。它有时能给出结构上最大地震荷载概率分布的最佳近似。正最大值极值Ⅱ型随机变量的 PDF 和 CDF 分别为

$$f_X(x)=\frac{k}{\mu}\left(\frac{\mu}{x}\right)^{k+1}\mathrm{e}^{-\left(\frac{\mu}{x}\right)^k},\quad x\geqslant 0 \tag{2.55}$$

和

$$F_X(x)=\mathrm{e}^{-\left(\frac{\mu}{x}\right)^k},\quad x\geqslant 0 \tag{2.56}$$

式中，μ 和 k 分别为尺度参数和形状参数。

图 2.9 和图 2.10 分别为极值Ⅱ型变量 X 的 PDF 和 CDF 曲线随分布参数的变化情况。极值Ⅱ型变量均值和方差分别为

$$\mu_X=\begin{cases}\mu\Gamma\left(1-\dfrac{1}{k}\right), & k>1\\ \infty, & 其他\end{cases} \tag{2.57}$$

$$\sigma_X^2=\begin{cases}\mu^2\left[\Gamma\left(1-\dfrac{2}{k}\right)-\Gamma^2\left(1-\dfrac{1}{k}\right)\right], & k>2\\ \infty, & 其他\end{cases} \tag{2.58}$$

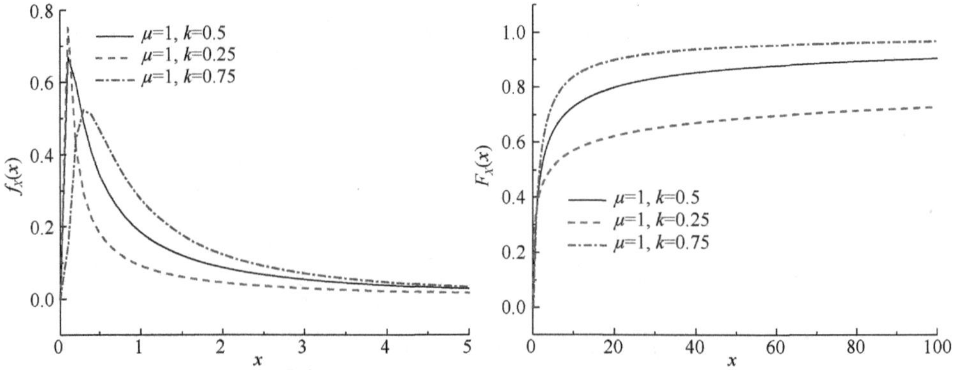

（a）PDF曲线　　（b）CDF曲线

图 2.9　极值Ⅱ型分布函数曲线随分布参数 k 的变化情况

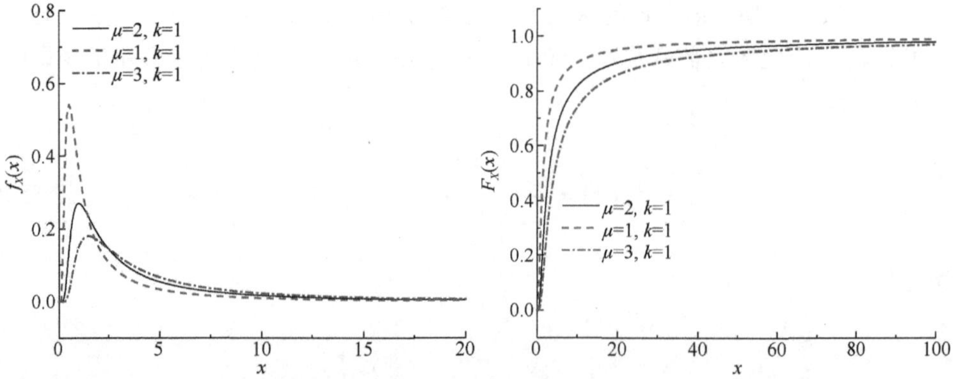

（a）PDF曲线　　（b）CDF曲线

图 2.10　极值Ⅱ型分布函数曲线随分布参数 μ 的变化情况

（3）极值Ⅲ型。最小值的极值Ⅲ型也称为威布尔（Weibull）分布[①]。威布尔分布是根据最弱链模型或串联模型得到的，能充分反映材料缺陷和应力集中对材料疲劳寿命的影响，所以可将它作为材料或构件的寿命分布模型或给定寿命下的疲劳强度模型。

三参数最小值极值Ⅲ型随机变量 X 的 PDF 和 CDF 分别为

$$f_X(x)=\frac{k}{\mu-\varepsilon}\left(\frac{x-\varepsilon}{\mu-\varepsilon}\right)^{k-1}\mathrm{e}^{-\left(\frac{x-\varepsilon}{\mu-\varepsilon}\right)^k},\quad x\geqslant\varepsilon \tag{2.59}$$

① 威布尔分布分为三参数分布、两参数分布、最大值分布和最小值分布等类型。在工程中最常用的威布尔分布是三参数最小值分布。

和

$$F_X(x)=1-\mathrm{e}^{-\left(\frac{x-\varepsilon}{\mu-\varepsilon}\right)^k},\quad x\geqslant\varepsilon \tag{2.60}$$

式中，ε、μ 和 k 分别为位置参数、尺度参数和形状参数。

位置参数 ε 通常由试验来确定。在脆性材料的断裂强度估计中，ε 也称为断裂模量，它代表了断裂强度试验值的下界限。

图 2.11 和图 2.12 为极值Ⅲ型变量 X 的 PDF 和 CDF 曲线随分布参数的变化情况。

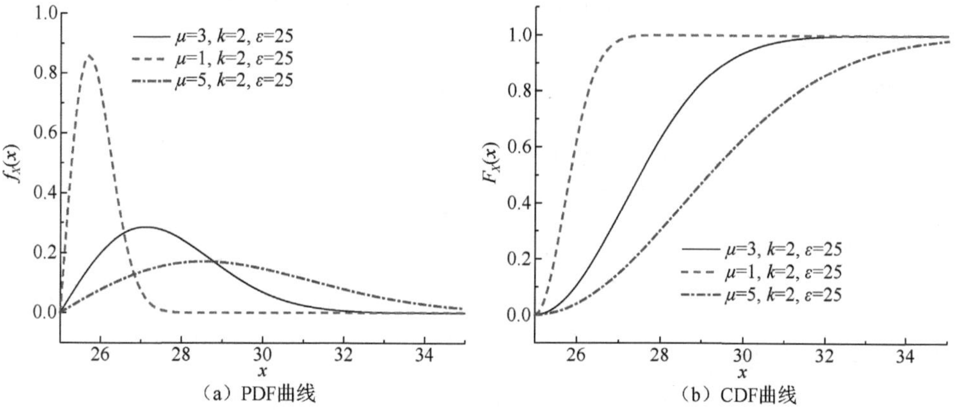

图 2.11　极值Ⅲ型分布函数曲线随分布参数 μ 的变化情况

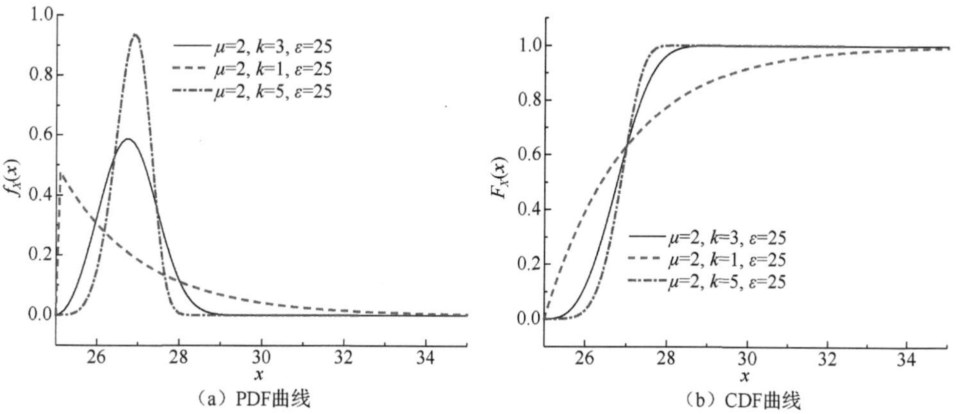

图 2.12　极值Ⅲ型分布函数曲线随分布参数 k 的变化情况

最小值极值Ⅲ型随机变量 X 的均值和方差分别为

$$\mu_X = \varepsilon + (\mu - \varepsilon)\Gamma\left(1 + \frac{1}{k}\right) \tag{2.61}$$

$$\sigma_X^2 = (\mu - \varepsilon)^2\left[\Gamma\left(1 + \frac{2}{k}\right) - \Gamma^2\left(1 + \frac{1}{k}\right)\right] \tag{2.62}$$

7）瑞利分布

结构可靠度分析经常遇到估计随机过程的包络过程的问题。均值为零、方差为 σ^2 的平稳窄带高斯过程的包络过程的一维分布是瑞利（Rayleigh）分布。另外，当一个二维随机向量的两个分量是统计独立的、均值为零且具有相同方差的正态分布随机变量时，该向量的模也服从瑞利分布。瑞利分布随机变量的 PDF 和 CDF 分别为

$$f_X(x) = \frac{x}{\sigma^2}\mathrm{e}^{-\frac{1}{2}\left(\frac{x}{\sigma}\right)^2}, \quad x \geqslant 0 \tag{2.63}$$

和

$$F_X(x) = 1 - \mathrm{e}^{-\frac{1}{2}\left(\frac{x}{\sigma}\right)^2}, \quad x \geqslant 0 \tag{2.64}$$

式中，σ 为分布参数。

图 2.13 绘出了不同参数值情况下的瑞利分布 PDF 和 CDF 曲线。

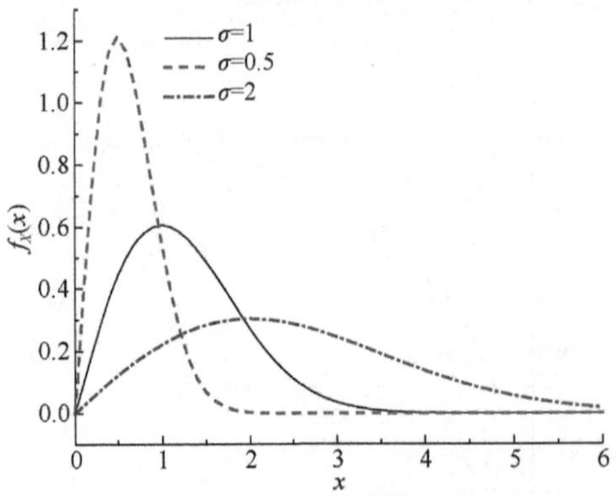

（a）PDF曲线

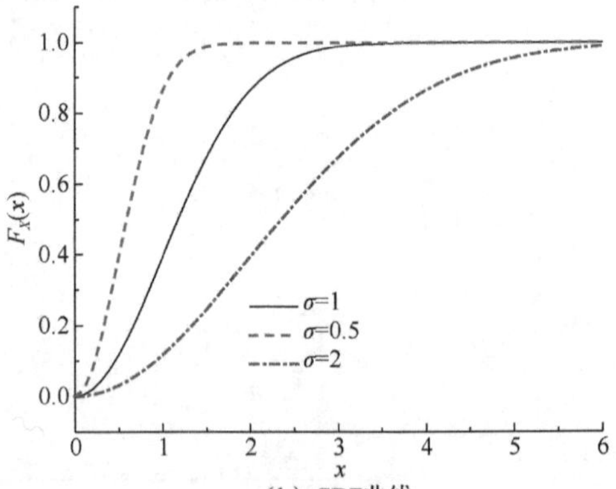

（b）CDF曲线

图 2.13　瑞利分布函数曲线随分布参数 σ 的变化情况

瑞利分布的均值和方差分别为

$$\mu_X = \sqrt{\frac{\pi}{2}}\sigma \tag{2.65}$$

$$\sigma_X^2 = \frac{4-\pi}{2}\sigma^2 \tag{2.66}$$

2. 多变量（元）分布

结构可靠度分析往往需要考虑两个或两个以上随机变量的联合概率特性。两个随机变量 X 和 Y 的联合概率可表示为图 2.14 中曲面 $f_{X,Y}(x,y)$ 下底面积为 $\mathrm{d}x\mathrm{d}y$ 的柱体体积，其中的 $f_{X,Y}(x,y)$ 为变量 X 和 Y 的联合概率密度函数（joint probability density function，jPDF）。

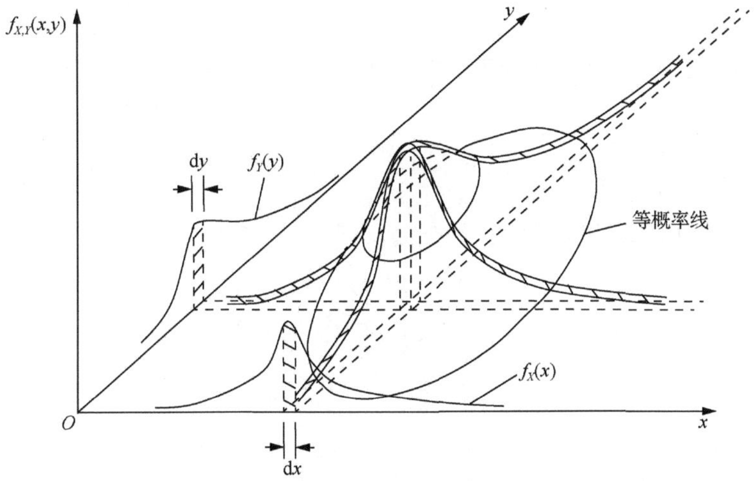

图 2.14 两维分布示意

两个（离散型或连续型）随机变量 X 和 Y 的联合累积分布函数（joint cumulative distribution function，jCDF）定义为

$$F_{X,Y}(x,y) = P(X \leqslant x, Y \leqslant y) \tag{2.67}$$

式中，$P(A,B)$ 为事件 A 和 B 交集的概率。

对于离散型随机变量 X 和 Y，它们的联合概率质量函数（joint probability mass function，jPMF）定义为

$$p_{X,Y} = P(X = x, Y = y) \tag{2.68}$$

对于连续型随机变量 X 和 Y，它们的 jPDF 定义为

$$f_{X,Y} = \frac{\partial^2}{\partial x \partial y} F_{X,Y}(x,y) \tag{2.69}$$

而它们的（边际）PDF 为

$$f_X(x)=\int_{-\infty}^{+\infty} f_{X,Y}(x,y)\mathrm{d}y \tag{2.70}$$

和

$$f_Y(y)=\int_{-\infty}^{+\infty} f_{X,Y}(x,y)\mathrm{d}x \tag{2.71}$$

条件概率密度函数是 X 和 Y 的 jPDF 与 Y 的（边际）PDF 的比：

$$f_{X|Y}(x|y)=\frac{f_{X,Y}(x,y)}{f_Y(y)} \tag{2.72}$$

同理，可以给出 X 的条件累积分布函数：

$$F_{X|Y}(x|y)=\frac{F_{X,Y}(x,y)}{F_Y(y)} \tag{2.73}$$

如果随机变量 X 和 Y 是统计独立的，则有

$$f_{X,Y}(x,y)=f_X(x)f_Y(y) \tag{2.74}$$

$$F_{X,Y}(x,y)=F_X(x)F_Y(y) \tag{2.75}$$

$$f_{X|Y}(x|y)=f_X(x) \tag{2.76}$$

$$F_{X|Y}(x|y)=F_X(x) \tag{2.77}$$

上述有关两个随机变量的定义和计算式可以直接推广到 n 个随机变量的情况。

2.3 Copula 函数

Copula 函数是将多变量分布函数与它们的一维边际分布函数连接或耦合起来的一类函数。换句话说，Copula 函数是其一维边际分布函数为 $(0,1)$ 区间内均匀分布的一类多变量分布函数[39]。Copula 是一个拉丁语名词，意思是一条链或纽带，在语法和逻辑中用来描述连接主语和谓语的词。1959 年 Sklar 在描述将一维分布函数连接在一起来组成多变量分布函数的理论时，首次在数学和统计意义上使用了单词 Copula[40]。统计学家们对 Copula 感兴趣的原因主要有两个[41]：第一，将其作为研究相依性的无量纲测度①的一个方法；第二，将其作为构建双变量分布族的起点（有时，目的在于模拟）。

① 原文为 scale-free measures，可理解为缩放不影响结构。

Copula 函数的更严谨定义可以基于下面的说明给出。考虑一对随机变量 X 和 Y，它们的分布函数和联合分布函数分别为 $F(x)=P(X\leqslant x)$、$G(y)=P(Y\leqslant y)$ 和 $H(x,y)=P(X\leqslant x,Y\leqslant y)$。对于每个实数对 (x,y)，可以将三个在 $(0,1)$ 区间内取值的实数 $F(x)$、$G(y)$ 和 $H(x,y)$ 联系起来。换句话说，每一个实数对 (x,y) 都导致一个单位正方形 $(0,1)\times(0,1)$ 内的点 $(F_X(x),F_Y(y))$，而该有序对反过来对应于 $(0,1)$ 区间内的一个实数 $H(x,y)$。可以证明，这种将联合分布函数的值赋予个体分布函数值的有序对的对应关系实际上是一个函数[39]，这样的函数便被称为 Copula 函数。

可以通过反演方法、几何方法和代数方法构建 Copula 函数。总体上来说，Copula 函数分为椭圆 Copula 函数和阿基米德 Copula 函数两大类。椭圆 Copula 函数包括正态（高斯）Copula 函数、student（学生）*t*-Copula 函数等，它们具有对称的尾部相依性。阿基米德 Copula 函数是由阿基米德生成元生成的一族 Copula 函数，可以用这类 Copula 函数描述非对称的尾部相依性。阿基米德 Copula 函数包括 Gumbel-Hougaard（耿贝尔−霍高）Copula 函数、Clayton（克莱顿）Copula 函数等。

下面介绍对结构可靠度方法比较重要的正态 Copula 函数和 Gumbel-Hougaard Copula 函数。

2.3.1 正态 Copula 函数

假设随机变量 $X_1,X_2,\cdots,X_n$ 的 CDF 分别为 $F_{X_1}(x_1),F_{X_2}(x_2),\cdots,F_{X_n}(x_n)$，两个不相同变量 X_i 和 X_j 之间的相关系数为 $\rho_{i,j}$①。首先，通过 $X_i(i=1,2,\cdots,n)$ 的边际变换定义标准正态变量 $z_i(i=1,2,\cdots,n)$：

$$z_i=\Phi^{-1}\left[F_{X_i}(x_i)\right] \tag{2.78}$$

令两个不相同变量 z_i 和 z_j 之间的相关系数为 $\rho'_{i,j}$，那么，可以由相关系数 $\rho_{i,j}$ 定义 $\rho'_{i,j}$[42]。

$$\begin{aligned}\rho_{i,j}&=\int_{-\infty}^{+\infty}\int_{-\infty}^{+\infty}\left(\frac{x_i-\mu_{X_i}}{\sigma_{X_i}}\right)\left(\frac{x_j-\mu_{X_j}}{\sigma_{X_j}}\right)f_{X_i}(x_i)f_{X_j}(x_j)\frac{\varphi_2\left(z_i,z_j,\rho'_{i,j}\right)}{\varphi(z_i)\varphi(z_j)}\mathrm{d}x_i\mathrm{d}x_j\\&=\int_{-\infty}^{+\infty}\int_{-\infty}^{+\infty}\left(\frac{x_i-\mu_{X_i}}{\sigma_{X_i}}\right)\left(\frac{x_j-\mu_{X_j}}{\sigma_{X_j}}\right)\varphi_2\left(z_i,z_j,\rho'_{i,j}\right)\mathrm{d}z_i\mathrm{d}z_j\end{aligned} \tag{2.79}$$

① X_i 和 X_j 的相关系数 $\rho_{i,j}=\mathrm{Cov}(X_i,X_j)/(\sigma_{X_i}\sigma_{X_j})$，其中的 $\mathrm{Cov}(X_i,X_j)=E(X_iX_j)-\mu_{X_i}\mu_{X_j}$ 为 X_i 和 X_j 的协方差。

式中，$\varphi_2\left(z_i, z_j, \rho'_{i,j}\right)$ 为二元标准正态分布的 jPDF①；μ_{X_i} 和 σ_{X_i} 分别为 X_i 的均值和标准差；μ_{X_j} 和 σ_{X_j} 分别为 X_j 的均值和标准差。

关于变量 $X_1, X_2, \cdots, X_n$ 的正态 Copula 函数（即 $X_1, X_2, \cdots, X_n$ 的 jCDF）可以写为

$$\begin{aligned} C_{\boldsymbol{R}'}\left(X_1, X_2, \cdots, X_n\right) &= H_{X_1, X_2, \cdots, X_n}\left(x_1, x_2, \cdots, x_n\right) \\ &= \Phi_n\left(\boldsymbol{z}, \boldsymbol{R}'\right) \end{aligned} \tag{2.80}$$

式中，Φ_n 为 n 元标准正态 jCDF 的符号；向量 $\boldsymbol{z}=(z_1, z_2, \cdots, z_n)$；相关系数矩阵 $\boldsymbol{R}'$ 的对角线元素为 1，非对角线元素由 $\rho'_{i,j}$ 定义。

对 $C_{\boldsymbol{R}'}\left(X_1, X_2, \cdots, X_n\right)$ 进行二次求导，可以得到在正态 Copula 函数下的变量 $X_1, X_2, \cdots, X_n$ 的 jPDF：

$$\begin{aligned} & f_{X_1, X_2, \cdots, X_n}\left(x_1, x_2, \cdots, x_n\right) \\ = & f_{X_1}\left(x_1\right) f_{X_2}\left(x_2\right) \cdots f_{X_n}\left(x_n\right) \frac{\varphi_n\left(\boldsymbol{x}, \boldsymbol{R}'\right)}{\varphi\left(x_1\right) \varphi\left(x_1\right) \cdots \varphi\left(x_1\right)} \end{aligned} \tag{2.81}$$

式中，$f_{X_i}\left(x_i\right)(i=1,2,\cdots,n)$ 为变量 X_i 的 PDF；φ_n 为 n 元标准正态 jPDF 的符号。

对于 X_i 和 X_j 为正态、对数正态、均匀、伽马、最大值极值 I 型、最大值极值 II 型和最小值极值 III 型等分布类型的情况，相关系数 $\rho'_{i,j}$ 的拟合计算式[42]为

$$\rho'_{i,j} = \rho_{i,j} F \tag{2.82}$$

式中，F 为 $\rho_{i,j}$ 以及 X_i 和 X_j 的边际分布的函数。例如，当 X_i 和 X_j 均为对数正态分布时，函数 F 的拟合计算式为

$$F = \frac{\ln\left(1+\rho_{i,j} V_i V_j\right)}{\rho_{i,j} \sqrt{\ln\left(1+V_i^2\right) \ln\left(1+V_j^2\right)}} \tag{2.83}$$

式中，V_i 和 V_j 分别为 X_i 和 X_j 的变异系数，并且要求 $V_i, V_j \in [0.1, 0.5]$。

① 二元标准正态分布的 jPDF 为 $\varphi_2\left(x_1, x_2, \rho\right) = 1\Big/\left(2\pi\sqrt{1-\rho^2}\right) \mathrm{e}^{-\left(x_1^2 - 2\rho x_1 x_2 + x_2^2\right)/\left[2\left(1-\rho^2\right)\right]}$。

对于 X_i 和 X_j 均为广义正态（高斯）分布①的情况，F 的拟合计算式[43]为

$$\begin{aligned}F=&-0.00029+1.06264\rho_{i,j}+0.00022\left(\beta_i+\beta_j\right)-0.00007\left(\beta_i^2+\beta_j^2+\rho_{i,j}^2\right)\\&-0.01473\rho_{i,j}\left(\beta_i+\beta_j\right)-0.00001\beta_i\beta_j-0.00676\rho_{i,j}^3\\&+0.00001\left(\beta_i^3+\beta_j^3\right)+0.00001\rho_{i,j}^2\left(\beta_i+\beta_j\right)+0.00188\rho_{i,j}\left(\beta_i^2+\beta_j^2\right)\end{aligned}\tag{2.84}$$

式中，β_i 和 β_j 分别是变量 X_i 和 X_j 的分布函数的形状参数。

拟合计算式（2.84）的相对误差 $\varepsilon=\left|F_A-F_N\right|/F_N\times 100\%$ 随 $\rho_{i,j}$、β_i 和 β_j 的变化如图 2.15 所示，其中，F_N 为式（2.83）的数值解，F_A 为由式（2.84）得到的近似解。

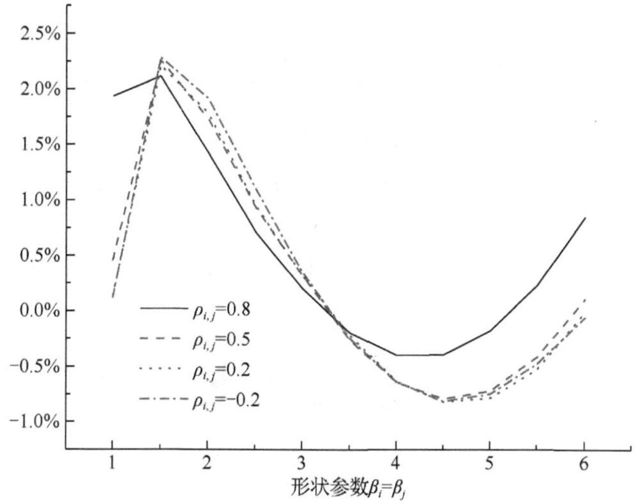

图 2.15 不同 $\rho_{i,j}$ 条件下 ε 随 β_i 和 β_j 的变化

2.3.2 Gumbel-Hougaard Copula 函数

Gumbel-Hougaard Copula 函数适用于建立多变量极值分布模型，其生成函数（生成元）为

$$\varphi_\theta\left(t\right)=\left(-\ln t\right)^\theta\tag{2.85}$$

① 广义正态分布的 PDF 是单峰对称的，其尾部的厚度由形状参数 $\beta>0$ 决定。当 $0<\beta<2$ 时，广义正态分布 PDF 的尾部比正态分布的宽；当 $\beta=2$ 时，广义正态分布退化为正态分布；当 $\beta>2$ 时，广义正态分布的 PDF 具有比正态分布更窄的尾部。

由此函数生成的单参数 Copula 函数为

$$C(u_1,u_2,\cdots,u_n)=\varphi_\theta^{[-1]}\left[\varphi_\theta(u_1)+\varphi_\theta(u_2)+\cdots+\varphi_\theta(u_n)\right] \tag{2.86}$$

式中，$\varphi_\theta^{[-1]}(t)$ 为 $\varphi_\theta(t)$ 的伪逆[39]，$\theta\geqslant 1$ 为 Copula 模型参数，$u_i\in(0,1)(i=1,2,\cdots,n)$。

因此，对于边际 CDF 分别为 $F_{X_1}(x_1),F_{X_2}(x_2),\cdots,F_{X_n}(x_n)$ 的极值类型的随机变量 $X_1,X_2,\cdots,X_n$，它们的 Gumbel-Hougaard Copula 函数可以写为

$$\begin{aligned}C_\theta(X_1,X_2,\cdots,X_n)&=H_{X_1,X_2,\cdots,X_n}(x_1,x_2,\cdots,x_n)\\&=\mathrm{e}^{-\left[(-\ln u_1)^\theta+(-\ln u_2)^\theta+\cdots+(-\ln u_n)^\theta\right]^{1/\theta}}\end{aligned} \tag{2.87}$$

式中，$u_i=F_{X_i}(x_i),\quad i=1,2,\cdots,n$。

由式（2.87）可以得到变量 $X_1,X_2,\cdots,X_n$ 的 jPDF：

$$f_{X_1,X_2,\cdots,X_n}(x_1,x_2,\cdots,x_n)=\frac{\partial^n}{\partial x_1\partial x_2\cdots\partial x_n}H_{X_1,X_2,\cdots,X_n}(x_1,x_2,\cdots,x_n) \tag{2.88}$$

参数 θ 度量 $X_1,X_2,\cdots,X_n$ 的相依程度：当 $\theta=1$ 时，变量 $X_1,X_2,\cdots,X_n$ 相互独立；若 $\theta=\infty$，则 $X_1,X_2,\cdots,X_n$ 完全相依。参数 θ 可以由 Kendall（肯德尔）秩相关系数 τ 来估计[44]。

Gumbel-Hougaard Copula 函数的整体 Kendall 秩相关系数 τ 为

$$\tau(\theta)=\frac{1}{2^{n-1}-1}\left\{-1+2^{n-1}\sum\mathbb{C}_{m_1,m_2,\cdots,m_n}\frac{(m-1)!}{(n-1)!}\left(\frac{1}{2\theta}\right)^{m-1}\prod_{q=1}^{n}\left[\frac{\Gamma\left(q-\frac{1}{\theta}\right)}{\Gamma\left(1-\frac{1}{\theta}\right)}\right]^{m_q}\right\} \tag{2.89}$$

式中，代数和 $m=m_1+m_2+\cdots+m_n$，该代数和需取遍所有满足控制方程 $m_1+2m_2+\cdots+nm_n=n$ 的 n 组整数数组 $(m_1,m_2,\cdots,m_n)$；符号 $\mathbb{C}_{m_1,m_2,\cdots,m_n}$ 的定义为

$$\mathbb{C}_{m_1,m_2,\cdots,m_n}=\frac{n!}{m_1!m_2!\cdots m_n!}\frac{1}{(1!)^{m_1}(2!)^{m_2}\cdots(n!)^{m_n}} \tag{2.90}$$

另外，样本 Kendall 秩相关系数 τ 可以由 $\boldsymbol{X}=(X_1,X_2,\cdots,X_n)$ 的 N 组样本估计出来：

$$\hat{\tau}=\frac{1}{2^{n-1}-1}\left[-1+\frac{2^n}{N(N-1)}\sum_{i\neq j}I(\boldsymbol{x}_i\leqslant\boldsymbol{x}_j)\right] \tag{2.91}$$

式中，$I(\cdot)$为示性函数，即若命题E为真，则$I(E)=1$，反之，$I(E)=0$；$\boldsymbol{x}_i$为$\boldsymbol{X}$的第i个样本向量。

令$\tau(\theta)=\hat{\tau}$，则得到给定$\tau=\hat{\tau}$值情况下的非线性方程$g(\theta)=0$。对于n（如$n\leqslant 60$）不是很大的情况下，可数值求解方程$g(\theta)=0$，得到参数θ的实数解。图2.16绘出了$n=20$以及$\tau=0.8$、0.6、0.4和0.2情况下非线性函数$g(\theta)$的曲线。从图2.16中可以看出：对于所考虑的情况，方程$g(\theta)=0$有唯一实数解。

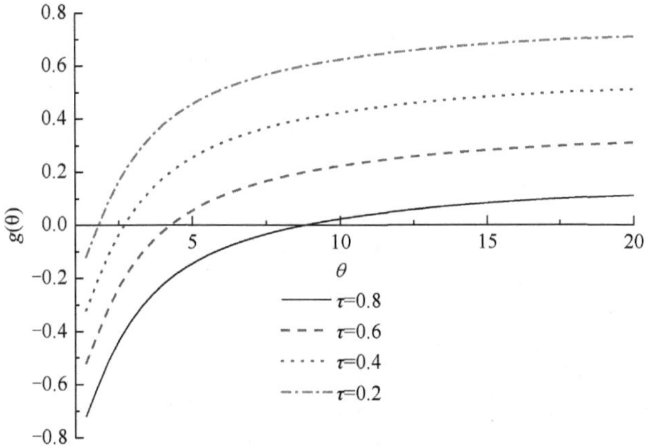

图2.16 特定维数下的非线性函数$g(\theta)$曲线

在使用Gumbel-Hougaard Copula函数时需要注意两点：一是它的模型参数与边际分布类型无关；二是在用它进行多变量极值分布建模时，边际分布也应为极值分布。

2.4 随机变量的函数及其分布

实际工程问题常常遇到随机变量（或向量）的函数$Y=g(X)$。例如，X为荷载，Y为荷载效应，$g(\cdot)$代表结构行为。随机变量（或向量）的函数依然是一个随机变量，其分布函数可以由基本变量（或向量）的分布函数来计算。

利用连续型随机变量 PDF 的定义和复合函数求导的链法则，可以得到Y的PDF：

$$f_Y(y)=f_X\left[g^{-1}(y)\right]\left|\frac{\mathrm{d}g^{-1}(y)}{\mathrm{d}y}\right| \tag{2.92}$$

式中，$g^{-1}(\cdot)$为$g(\cdot)$的反函数。

若函数 $g(\cdot)$ 和 $g^{-1}(\cdot)$ 不是一一对应的，那么

$$f_Y(y)=\sum_{i=1}^{n} f_X\left[g_i^{-1}(y)\right]\left|\frac{\mathrm{d}g_i^{-1}(y)}{\mathrm{d}y}\right| \tag{2.93}$$

将变量 $x=g^{-1}(y)$ 代入式（2.92）后，得到

$$f_Y(y)=f_X(x)\left|\frac{\mathrm{d}x}{\mathrm{d}y}\right| \tag{2.94}$$

式（2.94）表明：若 $g(\cdot)$ 是线性的，那么，变量 Y 的分布类型与 X 的分布类型一致。

用 $\mathrm{d}y$ 乘式（2.94）的左右两端，则有

$$f_Y(y)\mathrm{d}y=f_X(x)\mathrm{d}x \tag{2.95}$$

式中，$\mathrm{d}x=\mathrm{d}y\left|\frac{\mathrm{d}x}{\mathrm{d}y}\right|$。

式（2.95）意味着变量 Y 的值在 $y\sim y+\mathrm{d}y$ 范围内的概率等于变量 X 的值在 $x\sim x+\mathrm{d}x$ 范围内的概率，如图 2.17 所示。在图 2.17 中，阴影面积的大小是相等的。对于线弹性行为，即 $y=cx$ 的情况，在变换过程中，分布类型保持不变。

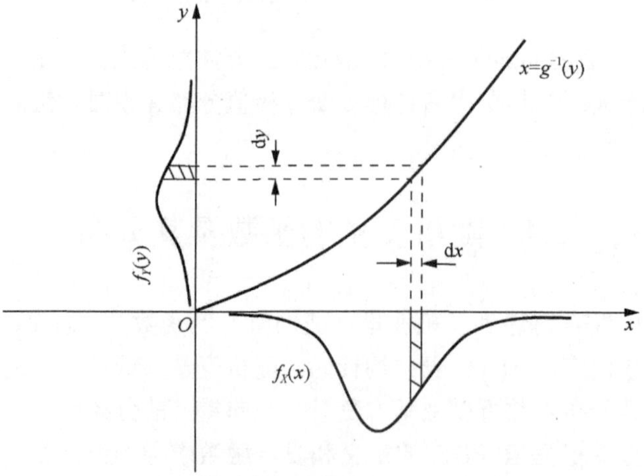

图 2.17　变量变换示意

关于随机向量 $\boldsymbol{X}=(X_1,X_2,\cdots,X_n)$ 的函数 $Y=g(\boldsymbol{X})$。如果函数 $g(\boldsymbol{X})$ 是关于 $\boldsymbol{X}$ 呈线性的，同时向量 $\boldsymbol{X}$ 的维数较大且其中的任何一个变量都不处于主导地位，那么根据中心极限定理，Y 的分布近似为正态的。显而易见，如果函数 $Y=g(\boldsymbol{X})$ 表现为变量 $X_1,X_2,\cdots,X_n$ 的乘积，那么 Y 将近似服从对数正态分布。

2.5 随机变量的统计矩

2.5.1 单变量的矩

离散型或连续型随机变量 X 的一阶矩，即均值 μ_X 或期望值 $E(X)$ 为

$$\mu_X = E(X) = \sum_{\text{所有}x_i} x_i P(x_i) \tag{2.96}$$

或

$$\mu_X = E(X) = \int_{-\infty}^{+\infty} x f_X(x) \mathrm{d}x \tag{2.97}$$

X 的二阶中心矩，即方差 σ_X^2 为 X 关于其均值的偏差的平方的加权平均：

$$\sigma_X^2 = \sum_{\text{所有}x_i} (x_i - \mu_X)^2 P(x_i) \tag{2.98}$$

或

$$\sigma_X^2 = \int_{-\infty}^{+\infty} (x - \mu_X)^2 f_X(x) \mathrm{d}x \tag{2.99}$$

方差的正的平方根称为标准差：

$$\sigma_X = \sqrt{\sigma_X^2} \tag{2.100}$$

变量 X 的离散性也可以用无量纲的变异系数 V_X 来表示：

$$V_X = \frac{\sigma_X}{|\mu_X|} \tag{2.101}$$

因此，变异系数总是正的。

2.5.2 单变量函数的矩

对于离散型或连续型变量 X 的函数 $g(X)$，其期望值（均值）为

$$E[g(X)] = \sum_{\text{所有}x_i} g(x_i) P(x_i) \tag{2.102}$$

或

$$E[g(X)] = \int_{-\infty}^{+\infty} g(x) f_X(x) \mathrm{d}x \tag{2.103}$$

如果$g(X)=X^n$，则将X^n的期望值$E(X^n)$称为变量X的n阶原点矩。以连续型随机变量为例，其n阶原点矩：

$$m_X^{(n)}=\int_{-\infty}^{+\infty}x^n f_X(x)\mathrm{d}x \tag{2.104}$$

X关于其均值的n阶矩则称为n阶中心矩：

$$\begin{aligned}\mu_X^{(n)}&=E\left[\left(X-\mu_X\right)^n\right]\\&=\int_{-\infty}^{+\infty}\left(x-\mu_X\right)^n f_X(x)\mathrm{d}x\end{aligned} \tag{2.105}$$

对于连续型随机变量X的PDF，其对称性和平坦性可以分别由无量纲的偏态系数γ和峰度系数κ进行度量：

$$\gamma=\frac{\mu_X^{(3)}}{\sigma_X^3} \tag{2.106}$$

$$\kappa=\frac{\mu_X^{(4)}}{\sigma_X^4} \tag{2.107}$$

当偏态系数$\gamma>0$时，X的PDF曲线是右偏的，且其右偏的程度随γ值的增大而加大；当偏态系数$\gamma=0$时，X的PDF曲线是关于其均值对称的；当偏态系数$\gamma<0$时，X的PDF曲线是左偏的，且其左偏的程度随γ绝对值的增大而加大。当峰度系数$\kappa>3$时，X的PDF曲线的陡峭程度要比正态分布PDF曲线的陡峭程度大；当峰度系数$\kappa=3$时，X的PDF曲线的陡峭程度与正态分布PDF曲线的陡峭程度相同；当峰度系数$\kappa<3$时，X的PDF曲线的陡峭程度要比正态分布PDF曲线的陡峭程度小；而当峰度系数$\kappa<1.8$时，X的PDF曲线变为凹的。

2.5.3　联合分布随机变量的矩

若$g(X,Y)$是两个联合分布随机变量X和Y的函数，那么，对于离散型或连续型随机变量X和Y，函数$g(X,Y)$的期望（均值）为

$$E\left[g(X,Y)\right]=\sum_{所有x_i}\sum_{所有y_i}g(x_i,y_i)P(x_i,y_i) \tag{2.108}$$

或

$$E\left[g(X,Y)\right]=\int_{-\infty}^{+\infty}\int_{-\infty}^{+\infty}g(x,y)f_{X,Y}(x,y)\mathrm{d}x\mathrm{d}y \tag{2.109}$$

如果$g(X,Y)=X^nY^m$且X和Y是连续型随机变量，那么，X和Y的$n+m$阶原点矩为

$$E\left(X^nY^m\right)=\int_{-\infty}^{+\infty}\int_{-\infty}^{+\infty}x^ny^mf_{X,Y}(x,y)\mathrm{d}x\mathrm{d}y \tag{2.110}$$

同理，可以得到X和Y的$n+m$阶中心矩：

$$E\left[\left(X-\mu_X\right)^n\left(Y-\mu_Y\right)^m\right]=\int_{-\infty}^{+\infty}\int_{-\infty}^{+\infty}\left(x-\mu_X\right)^n\left(y-\mu_Y\right)^mf_{X,Y}(x,y)\mathrm{d}x\mathrm{d}y \tag{2.111}$$

令$n=m=1$，则得到随机变量X和Y的协方差$\mathrm{Cov}(X,Y)$（也可表示为$\sigma_{X,Y}^2$）：

$$\mathrm{Cov}(X,Y)=\int_{-\infty}^{+\infty}\int_{-\infty}^{+\infty}\left(x-\mu_X\right)\left(y-\mu_Y\right)f_{X,Y}(x,y)\mathrm{d}x\mathrm{d}y \tag{2.112}$$

协方差$\mathrm{Cov}(X,Y)$与$\sigma_X\sigma_Y$的比值是一个数值在$[-1,1]$范围内的无量纲系数，称为随机变量X和Y的皮尔逊相关系数（Pearson correlation coefficient，PCC）：

$$\rho_{X,Y}=\frac{\mathrm{Cov}(X,Y)}{\sigma_X\sigma_Y} \tag{2.113}$$

皮尔逊相关系数$\rho_{X,Y}$度量的是随机变量X和Y之间的线性相关关系。若$\rho_{X,Y}=0$，说明X和Y之间无线性相关关系，但不能说明它们之间无相关关系。相关系数$\rho_{X,Y}$的绝对值越大，X和Y之间的相关性越强；$\rho_{X,Y}$的绝对值越接近于0，X和Y之间的相关性越弱。

需要指出的是，实际工程应用中常常需要利用式（2.96）、式（2.98）、式（2.102）和式（2.108），基于一定数量的样本[①]近似计算随机变量的矩，得到的近似计算值也称为随机变量的统计矩。在结构可靠度方法和设计中，随机变量的样本和统计矩具有特别重要的作用。

① 随机变量的观测或调查的一部分个体称为样本，样本中个体的多少称为样本容量。

3 随机过程理论基础

一个随机过程 $X(t)$ 可被定义为具有参数 t 的随机变量的参数族。参数 t 既可以定义为空间距离，也可以定义为时间长度。例如，当 $X(t)$ 被用来描述随时间变化的不确定性环境荷载的时候，参数 t 为时间长度。此时，对于任何固定时刻 t_i，随机过程 $X(t)$ 在 t_i 的值 $X(t_i)$ 是一个随机变量。图 3.1 所示为随机过程 $X(t)$ 的 m 个样本，其中包含了随机变量 $X(t_i)$ 的 m 个样本（取值或实现）。

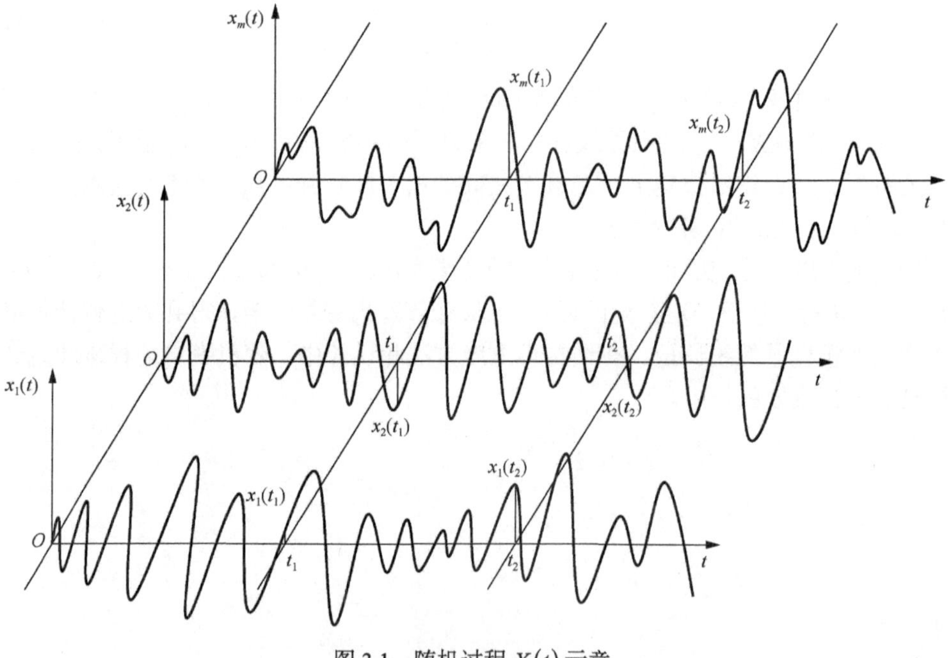

图 3.1 随机过程 $X(t)$ 示意

随机过程对分析结构上作用的荷载及其组合、结构抗力及其退化、结构随机振动等问题非常重要，是研究结构可靠度方法的重要数学基础。下面将介绍对应用随机过程有用的基本概念和知识，随机过程的更详细介绍可参见文献[37]、[45]。

3.1 随机过程的时域描述

3.1.1 概述

根据随机变量的定义，多维随机变量的 jPDF：

$$\begin{aligned}&f_{X(t_1)}(x_1)\\&f_{X(t_1),X(t_2)}(x_1,x_2)\\&\quad\vdots\\&f_{X(t_1),X(t_2),\cdots,X(t_n)}(x_1,x_2,\cdots,x_n)\end{aligned} \tag{3.1}$$

能够完全描述一个随机过程。

式（3.1）包括时刻 $t_i (i=1,2,\cdots,n)$ 的所有可能的组合（对于连续型随机过程来说，有无穷个组合），其中的 $f_{X(t_1),X(t_2),\cdots,X(t_n)}(x_1,x_2,\cdots,x_n)$ 是 $X(t)$ 在 $t_1,t_2,\cdots,t_n$ 时刻变量的联合概率密度函数。

此外，也可以用均值和自相关函数

$$\mu_X(t_1)=E\left[X(t_1)\right] \tag{3.2}$$

$$\phi_{X,X}(t_1,t_2)=E\left[X(t_1)X(t_2)\right] \tag{3.3}$$

和其他更高阶期望来描述随机过程 $X(t)$。

如果自相关函数可以唯一地确定随机过程 $X(t)$，那么 $X(t)$ 为高斯过程。

上面关于随机过程的描述可以推广到随机向量过程。例如，随机过程 $X(t)$ 和 $Y(t)$ 的 jPDF 是

$$\begin{aligned}&f_{X(t_1),Y(t_1)}(x_1,y_1)\\&f_{X(t_1),X(t_2),Y(t_1)}(x_1,x_2,y_1)\\&f_{X(t_1),Y(t_1),Y(t_2)}(x_1,y_1,y_2)\\&f_{X(t_1),X(t_2),Y(t_1),Y(t_2)}(x_1,x_2,y_1,y_2)\\&\quad\vdots\end{aligned} \tag{3.4}$$

$X(t)$ 和 $Y(t)$ 的协（交叉、互）相关函数则定义为

$$\phi_{X,Y}(t_1,t_2)=E\left[X(t_1)Y(t_2)\right] \tag{3.5}$$

3.1.2 平稳过程

如果把时间尺度移动任意数值τ后，式（3.1）中的所有 jPDF 保持不变，即

$$f_{X(t_1),X(t_2),\cdots,X(t_n)}\left(x_1,x_2,\cdots,x_n\right)=f_{X(t_1+\tau),X(t_2+\tau),\cdots,X(t_n+\tau)}\left(x_1,x_2,\cdots,x_n\right) \tag{3.6}$$

那么，随机过程$X(t)$称为是严格平稳的。

当式（3.6）只对$n\leqslant 2$成立时，$X(t)$称为弱平稳的。弱平稳性意味着$\mu_X(t_1)$独立于t_1，而$\phi_{X,X}(t_1,t_2)$仅依赖于时间差$\tau=t_2-t_1$，因此

$$\mu_X(t_1)=c \tag{3.7}$$

$$\phi_{X,X}(t_1,t_2)=\phi_{X,X}(\tau) \tag{3.8}$$

式中，c为常数。

对于随机过程$X(t)$，若仅有式（3.7）成立，则称$X(t)$为均值平稳的；若式（3.7）和式（3.8）都成立，则称$X(t)$为二阶矩平稳的或弱平稳的。对于高斯过程来说，弱平稳即为强平稳。

对于两个随机过程$X(t)$和$Y(t')$，如果

$$\begin{aligned}&f_{X(t_1),X(t_2),\cdots,X(t_n),Y(t_1'),Y(t_2'),\cdots,Y(t_n')}\left(x_1,x_2,\cdots,x_n,y_1,y_2,\cdots,y_n\right)\\&=f_{X(t_1+\tau),X(t_2+\tau),\cdots,X(t_n+\tau),Y(t_1'+\tau),Y(t_2'+\tau),\cdots,Y(t_n'+\tau)}\left(x_1,x_2,\cdots,x_n,y_1,y_2,\cdots,y_n\right)\end{aligned} \tag{3.9}$$

那么，称$X(t)$和$Y(t')$为严格联合平稳的。

当式（3.9）只对$n\leqslant 2$成立时，称随机过程$X(t)$和$Y(t')$为宽松意义上的联合平稳。

3.1.3 平稳过程的遍历性

遍历性理论指出，各态历经随机过程$X(t)$在特定时刻t_1的幅值的概率分布与各个不同的样本时间历程（实现）的概率分布相同，即对于不同的样本过程$x_i(t)$和$x_j(t)$，它们的 PDF 相等且都等于$X(t)$在特定时刻t_1的幅值的 PDF：

$$f_{X_i(t)}(x_i)=f_{X_j(t)}(x_j) \tag{3.10}$$

由于随机过程只有在不同时刻幅值的概率分布相等的前提下遍历性原理才有意义，因此，只对平稳过程才考虑遍历性。

如图 3.2 所示，由样本时间历程$x_i(t)$计算的幅值的 PDF（时间平均）：

$$f_{X_i(t)}(x_i)=\lim_{\Delta x\to 0}\frac{1}{\Delta x}\lim_{T\to\infty}\frac{1}{T}\int_T x_i(t)\,\mathrm{d}t,\quad x_i-\frac{\Delta x}{2}<x_i(t)<x_i+\frac{\Delta x}{2} \tag{3.11}$$

等于由随机过程 $X(t)$ 的整体计算的幅值的 PDF（集合平均）：

$$
\begin{aligned}
f_{X_i(t)}(x_i) &= \frac{\mathrm{d}}{\mathrm{d}x}F(x) \\
&= \frac{\mathrm{d}}{\mathrm{d}x}\int_{-\infty}^{x} x_i(t)\mathrm{d}x_i
\end{aligned} \tag{3.12}
$$

式中，$\int_{-\infty}^{x} x_i(t)\mathrm{d}x_i$ 为由整体计算的平稳过程 $X(t)$ 幅值的 CDF。

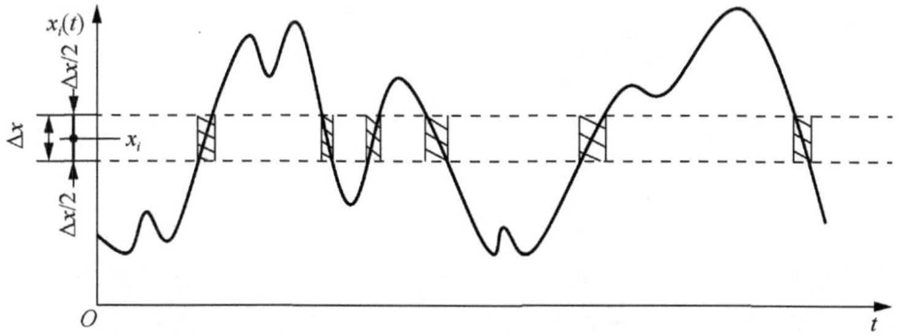

图 3.2　由样本时间历程计算幅值的 PDF

这个时间平均与集合平均的等价性对于统计矩也成立：

$$
m_X^{(k)} = \lim_{T\to\infty}\frac{1}{T}\int_T x^k(t)\mathrm{d}t \tag{3.13}
$$

$$
m_X^{(k)} = \int_{-\infty}^{+\infty} x^k(t) f_{X_i(t)}(x)\mathrm{d}x \tag{3.14}
$$

因此，对于各态历经随机过程 $X(t)$，可以由它的时间足够长的样本时间历程的概率分布和统计矩近似代替它本身的概率分布和统计矩。

3.2　随机过程的频域描述

3.2.1　概述

如果对过程 $X(t)$ 进行傅里叶变换，则得到一个新的过程：

$$
X(\omega) = \frac{1}{2\pi}\int_{-\infty}^{+\infty} X(t)\mathrm{e}^{-\mathrm{i}\omega t}\mathrm{d}t \tag{3.15}
$$

式中，$\mathrm{i}=\sqrt{-1}$ 为虚数单位。

它的逆傅里叶变换给出 $X(t)$：

$$
X(t) = \int_{-\infty}^{+\infty} X(\omega)\mathrm{e}^{\mathrm{i}\omega t}\mathrm{d}\omega \tag{3.16}
$$

式（3.16）表明，$X(t)$可以认为是由具有振幅$X(\omega)\mathrm{d}\omega$的简谐分量的和构成的。需要注意的是，因为具有无限的持续时间而且不是绝对可积的，所以白噪声过程的傅里叶变换是不存在的。

如果对平稳随机过程$X(t)$的自相关函数$\phi_{X,X}(\tau)$进行傅里叶变换，则可以获得$X(t)$的功率谱密度（power spectral density，PSD）函数$S_{X,X}(\omega)$：

$$S_{X,X}(\omega)=\frac{1}{2\pi}\int_{-\infty}^{+\infty}\phi_{X,X}(\tau)\mathrm{e}^{-\mathrm{i}\omega\tau}\mathrm{d}\tau \tag{3.17}$$

它的逆傅里叶变换给出$\phi_{X,X}(\tau)$：

$$\phi_{X,X}(\tau)=\int_{-\infty}^{+\infty}S_{X,X}(\omega)\mathrm{e}^{\mathrm{i}\omega\tau}\mathrm{d}\omega \tag{3.18}$$

式（3.17）和式（3.18）称为维纳-欣钦对。

功率谱密度函数可以被解释为在频率上的能量分布。如果$\phi_{X,X}(\tau)$是绝对可积的，则功率谱密度函数存在。绝大多数弱平稳过程都满足这个条件。

式（3.17）定义的功率谱密度函数通常称为双边功率谱密度函数，它是非负的且是实的偶函数。

工程中也经常用到单边功率谱密度函数：

$$G_{X,X}(\omega)=2S_{X,X}(\omega),\quad \omega\geqslant 0 \tag{3.19}$$

当注意到

$$\begin{aligned}\phi_{X,X}(0)&=E\left[X(t_1)X(t_1)\right]\\&=\sigma_X^2\end{aligned} \tag{3.20}$$

后，由式（3.18）可以得到下面的重要关系式：

$$\sigma_X^2=\int_{-\infty}^{+\infty}S_{X,X}(\omega)\mathrm{d}\omega \tag{3.21}$$

两个平稳随机过程$X(t)$和$Y(t)$的协（交叉、互）功率谱密度函数的定义为

$$S_{X,Y}(\omega)=\frac{1}{2\pi}\int_{-\infty}^{+\infty}\phi_{X,Y}(\tau)\mathrm{e}^{-\mathrm{i}\omega\tau}\mathrm{d}\tau \tag{3.22}$$

它的逆傅里叶变换给出协（交叉、互）相关函数$\phi_{X,Y}(\tau)$：

$$\phi_{X,Y}(\tau)=\int_{-\infty}^{+\infty}S_{X,Y}(\omega)\mathrm{e}^{\mathrm{i}\omega\tau}\mathrm{d}\omega \tag{3.23}$$

协功率谱密度函数$S_{X,Y}(\omega)$一般是非奇非偶的复函数，而函数

$$\gamma_{X,Y}(\omega)=\frac{\left|S_{X,Y}(\omega)\right|}{\sqrt{S_{X,X}(\omega)S_{Y,Y}(\omega)}} \tag{3.24}$$

称为相干函数，其值的范围为$[0,1]$。

3.2.2　宽带和窄带过程

如果一个随机过程的功率谱密度函数集中在特定频率值 $\omega_0(\omega_0>0)$ 和 $-\omega_0$ 附近且该特定频率远离零频率，则这个随机过程称为窄带过程；否则称为宽带过程。

平稳过程 $X(t)$ 的带宽可以用由谱矩

$$\lambda_i=\int_{-\infty}^{+\infty}\left|\omega^{\mathrm{i}}\right|S_{X,X}(\omega)\mathrm{d}\omega \tag{3.25}$$

计算的谱带宽因子 ς 来度量：

$$\varsigma^2=1-\frac{\lambda_1^2}{\lambda_0\lambda_2} \tag{3.26}$$

或

$$\varsigma^2=1-\frac{\lambda_2^2}{\lambda_0\lambda_4} \tag{3.27}$$

式中，谱矩 λ_0、λ_2 和 λ_4 分别对应于平稳随机过程及其一阶导数过程和二阶导数过程的方差（均方值），一阶谱矩 λ_1 为单边功率谱密度函数 $G_{X,X}(\omega)$ 所围图形的面积矩。

窄带过程的 ς 值接近 0，而宽带过程的 ς 值接近 1。窄带过程和宽带过程的功率谱密度函数如图 3.3 所示。

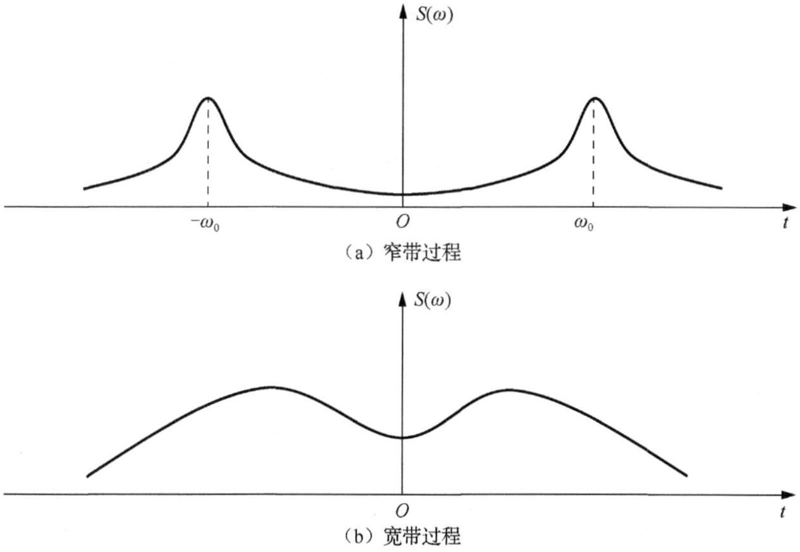

图 3.3　PSD 函数示意图

3.3　调制非平稳随机过程

根据谱分解方法[45]，零均值平稳过程 $X(t)$ 可以表示为

$$X(t)=\int_{-\infty}^{+\infty}\mathrm{e}^{-\mathrm{i}\omega t}\mathrm{d}Z(\omega) \tag{3.28}$$

式中，$Z(\omega)$ 为满足条件

$$E\left[\mathrm{d}Z(\omega)\right]=0 \tag{3.29}$$

$$E\left[\mathrm{d}Z(\omega_1)\mathrm{d}Z(\omega_2)\right]=S_{X,X}(\omega_2)\delta(\omega_2-\omega_1)\mathrm{d}\omega_1\mathrm{d}\omega_2 \tag{3.30}$$

的正交增量过程。

由式（3.28），可以定义具有演变功率谱密度函数

$$S_{Y,Y}(t,\omega)=\left|A(t,\omega)\right|^2 S_{X,X}(\omega) \tag{3.31}$$

的零均值非平稳过程：

$$Y(t)=\int_{-\infty}^{+\infty}A(t,\omega)\mathrm{e}^{-\mathrm{i}\omega t}\mathrm{d}Z(\omega) \tag{3.32}$$

式中，$A(t,\omega)$ 为确定性的调制函数。

当 $A(t,\omega)=B(t)$ 与 ω 无关时，过程 $Y(t)$ 称为均匀调制非平稳随机过程。此时，$Y(t)$ 的自相关函数和功率谱密度函数分别为

$$\begin{aligned}\phi_{Y,Y}(t_1,t_2)&=E\left[Y(t_1)Y^*(t_2)\right]\\&=B(t_1)B(t_2)\phi_{X,X}(t_2-t_1)\end{aligned} \tag{3.33}$$

和

$$S_{Y,Y}(t,\omega)=B^2(t)S_{X,X}(\omega) \tag{3.34}$$

式中，$Y^*(t_2)$ 为 $Y(t_2)$ 的共轭复数。

3.4　特殊随机过程

3.4.1　高斯过程

如果式（3.1）定义的所有 jPDF 都是正态的，则 $X(t)$ 可以认为是高斯随机过程。由于均值函数 $\mu_X(t)$ 和协方差函数 $\phi_{X,X}(t_1,t_2)$ 能够完全确定一个高斯过程，因此，对于高斯过程来说，没有弱平稳和强平稳之分，弱平稳就意味着强平稳，反之亦然。

3.4.2 白噪声过程

如果均值函数 $\mu_X(t)$ 和协方差函数 $\phi_{X,X}(t_1,t_2)$ 分别具有以下性质：

$$\mu_X(t)=0 \tag{3.35}$$

和

$$\phi_{X,X}(t_1,t_2)=I(t_1)\delta(t_2-t_1) \tag{3.36}$$

则 $X(t)$ 称为散粒噪声过程。式（3.36）中的 $I(\cdot)$ 为强度函数，$\delta(\cdot)$ 为狄拉克 δ 分布函数，即当 $x\neq 0$ 时，$\delta(x)=0$，而且有 $\int_{-\infty}^{+\infty}\delta(x)\mathrm{d}x=1$。

如果散粒噪声过程 $X(t)$ 是弱平稳的，那么它的自相关函数 $\phi_{X,X}(\tau)$ 变为

$$\phi_{X,X}(\tau)=I\delta(\tau) \tag{3.37}$$

式中，$\tau=t_2-t_1$。

注意，此时强度函数变成了常数。

对 $\phi_{X,X}(\tau)$ 进行傅里叶变换，得到弱平稳散粒噪声过程的功率谱密度函数：

$$S_{X,X}(\omega)=\frac{1}{2\pi}I \tag{3.38}$$

式（3.38）表明，弱平稳散粒噪声过程的功率谱密度函数为常数。这种具有常数功率谱密度函数 S_0 的弱平稳随机过程称为白噪声过程，常用符号 $W(t)$ 来表示。

白噪声过程可由式（3.39）和式（3.40）两个等价性质中的任意一个来定义：

$$S_{W,W}(\omega)=S_0 \tag{3.39}$$

$$\phi_{W,W}(\tau)=2\pi S_0\delta(\tau) \tag{3.40}$$

因此，白噪声过程的强度 $I=2\pi S_0$。

式（3.39）或式（3.40）表明，白噪声过程的均方值是无限大的。很显然，一个物理随机过程不可能具有无限大的平均能量，因此，白噪声过程是数学上的理想化结果。但在实际应用中，如果这种理想化过程产生的结果与实际物理过程产生的结果之间吻合得足够好，可以用白噪声过程来近似所考虑的物理过程。

3.4.3 马尔可夫过程

如果定义了条件 PDF 之间的下述关系：

$$\begin{aligned}&P_{X(t_n)|X(t_{n-1}),X(t_{n-2}),\cdots,X(t_1)}(x_n|x_{n-1},x_{n-2},\cdots,x_1)\\&=P_{X(t_n)|X(t_{n-1})}(x_n|x_{n-1}),\quad t_n>t_{n-1}>\cdots>t_1\end{aligned} \tag{3.41}$$

那么，随机过程 $X(t)$ 称为马尔可夫过程。

因为这种类型的随机过程在 $t=t_n$ 时的状态只依赖于 $t=t_{n-1}$ 时的状态，所以，也称为“单步记忆”的随机过程。式（3.41）的右端项为转移概率，它与过程的初始状态一起完全定义了离散马尔可夫过程，而它本身足以完全描述马尔可夫过程的平稳特性。

对于连续型随机过程 $X(t)$，它的马尔可夫特性定义为

$$\begin{aligned}&f_{X(t_n)|X(t_{n-1}),X(t_{n-2}),\cdots,X(t_1)}\left(x_n\left|x_{n-1},x_{n-2},\cdots,x_1\right.\right)\\&=f_{X(t_n)|X(t_{n-1})}\left(x_n\left|x_{n-1}\right.\right),\quad t_n>t_{n-1}>\cdots>t_1\end{aligned}\tag{3.42}$$

马尔可夫过程的转移概率受著名的福克尔-普朗克方程或扩散方程控制，最简单的一维（或标量）马尔可夫过程即是维纳过程。

3.4.4 泊松过程

具有时间参数 t 的泊松随机变量的参数族构成一个泊松过程。如果过程是非齐次的，即事件的平均发生率 $\nu(t)$ 是随时间变化的，那么，在时间区间 $(0,t)$ 内事件出现的次数等于 x 的概率为

$$P_X(X=x)=\frac{\left[\int_0^t\nu(s)\mathrm{d}s\right]^x}{x!}\mathrm{e}^{-\int_0^t\nu(s)\mathrm{d}s}\tag{3.43}$$

泊松过程对下面将要介绍的穿越分析具有特别重要的作用。

3.5 随机过程对阈值的穿越

3.5.1 阈值穿越数

随机过程 $X(t)$ 穿越给定阈值 x_0 的状态可以用阶梯函数来描述[45]：

$$H\left[X(t)-x_0\right]=\begin{cases}1, & X(t)-x_0>0\\ \dfrac{1}{2}, & X(t)-x_0=0\\ 0, & X(t)-x_0<0\end{cases}\tag{3.44}$$

该阶梯函数的一阶导数为

$$\dot{H}\left[X(t)-x_0\right]=\dot{X}(t)\delta\left[X(t)-x_0\right]\tag{3.45}$$

$H\left[X(t)-x_0\right]$过程和$\dot{H}\left[X(t)-x_0\right]$过程之间的关系如图 3.4 所示。图 3.4 表明，$\dot{H}\left[X(t)-x_0\right]$是一个在穿越处交替改变符号的不连续的单位脉冲函数。因此，不考虑脉冲方向，在时间区间$\left[t_1,t_2\right]$内$X(t)$穿越给定阈值x_0的次数可以表示为

$$n\left(x_0;t_1,t_2\right)=\int_{t_1}^{t_2}\left|\dot{X}(t)\right|\delta\left[X(t)-x_0\right]\mathrm{d}t \tag{3.46}$$

$n\left(x_0;t_1,t_2\right)$的期望则为

$$\begin{aligned}E\left[n\left(x_0;t_1,t_2\right)\right]&=\int_{t_1}^{t_2}\int_{-\infty}^{+\infty}\int_{-\infty}^{+\infty}\left|\dot{x}(t)\right|\delta\left[x(t)-x_0\right]f_{X,\dot{X}}(x,\dot{x})\mathrm{d}x\mathrm{d}\dot{x}\mathrm{d}t\\&=\int_{t_1}^{t_2}\int_{-\infty}^{+\infty}\left|\dot{x}(t)\right|f_{X,\dot{X}}\left(x_0,\dot{x}\right)\mathrm{d}\dot{x}\mathrm{d}t\end{aligned} \tag{3.47}$$

若令

$$n\left(x_0;t_1,t_2\right)=\int_{t_1}^{t_2}\nu\left(x_0;t_0\right)\mathrm{d}t \tag{3.48}$$

则得到阈值穿越率的定义：

$$\nu\left(x_0;t\right)=\left|\dot{x}(t)\right|\delta\left[x(t)-x_0\right] \tag{3.49}$$

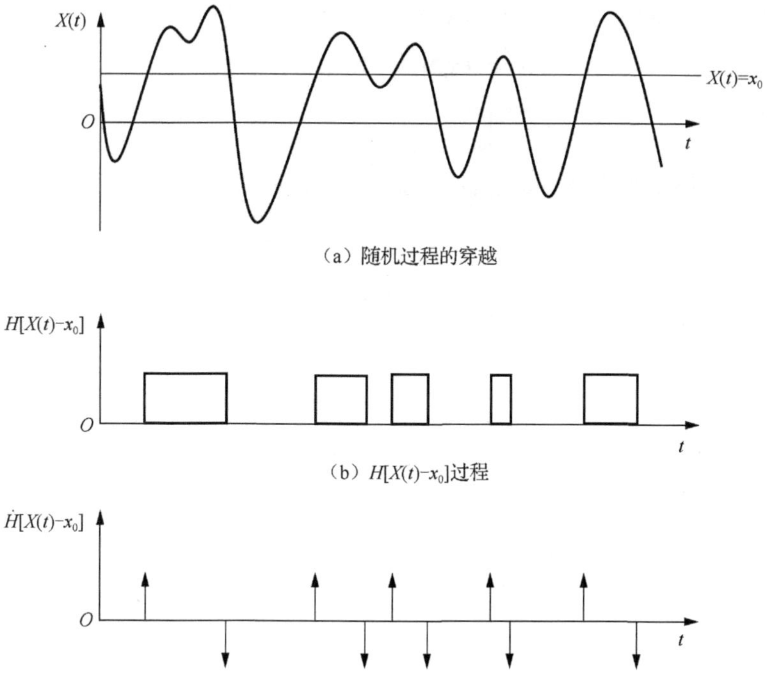

（a）随机过程的穿越

（b）$H[X(t)-x_0]$过程

（c）$\dot{H}[X(t)-x_0]$过程

图 3.4　$H\left[X(t)-x_0\right]$过程和$\dot{H}\left[X(t)-x_0\right]$过程之间的关系

由式（3.48）可以得到$\nu(x_0;t)$的均值函数和相关函数：

$$\begin{aligned}\mu_\nu(x_0;t) &= E\left[\nu(x_0;t)\right] \\ &= \int_{-\infty}^{+\infty}\left|\dot{x}(t)\right| f_{X,\dot{X}}(x_0,\dot{x};t)\mathrm{d}\dot{x}\end{aligned} \tag{3.50}$$

$$\begin{aligned}\phi_{\nu,\nu}(x_0;t_1,t_2) &= E\left[\nu(x_0;t_1)\nu(x_0;t_2)\right] \\ &= \int_{-\infty}^{+\infty}\int_{-\infty}^{+\infty}\left|\dot{x}_1\right|\left|\dot{x}_2\right| f_{X_1,X_2,\dot{X}_1,\dot{X}_2}(x_0,\dot{x}_1,x_0,\dot{x}_2;t_1,t_2)\mathrm{d}\dot{x}_1\mathrm{d}\dot{x}_2\end{aligned} \tag{3.51}$$

式（3.51）是著名的计算穿越率的莱斯（Rice）公式。如果$X(t)$是（弱）平稳的，那么$X(t)$和$\dot{X}(t)$的 jPDF 将独立于时间t，而给定阈值的平均穿越率将为常数。

实际工程中经常遇到的是随机过程从下向上穿越阈值的情况，此时要求随机过程在阈值处具有正的斜率，因此向上的平均穿越率为

$$\begin{aligned}\mu_{\nu^+}(x_0;t) &= E\left[\nu^+(x_0;t)\right] \\ &= \int_0^{+\infty}\dot{x}(t) f_{X,\dot{X}}(x_0,\dot{x};t)\mathrm{d}\dot{x}\end{aligned} \tag{3.52}$$

同样地，可以得到向上穿越率的相关函数：

$$\begin{aligned}\phi_{\nu^+,\nu^+}(x_0;t_1,t_2) &= E\left[\nu^+(x_0;t_1)\nu^+(x_0;t_2)\right] \\ &= \int_0^{+\infty}\int_0^{+\infty}\dot{x}_1\dot{x}_2 f_{X_1,X_2,\dot{X}_1,\dot{X}_2}(x_0,\dot{x}_1,x_0,\dot{x}_2;t_1,t_2)\mathrm{d}\dot{x}_1\mathrm{d}\dot{x}_2\end{aligned} \tag{3.53}$$

对于零均值平稳高斯过程$X(t)$，$X(t)$和$\dot{X}(t)$是相互独立的，其 jPDF 为

$$f_{X,\dot{X}}(x,\dot{x}) = \frac{1}{2\pi\sigma_X\sigma_{\dot{X}}}\mathrm{e}^{-\frac{x^2}{2\sigma_X^2}-\frac{\dot{x}^2}{2\sigma_{\dot{X}}^2}} \tag{3.54}$$

将式（3.54）代入式（3.52）中，可以得到零均值平稳高斯过程的平均向上穿越率：

$$\mu_{\nu^+}(x_0;t) = \frac{1}{2\pi}\frac{\sigma_{\dot{X}}}{\sigma_X}\mathrm{e}^{-\frac{x_0^2}{2\sigma_X^2}} \tag{3.55}$$

当阈值x_0等于零时，得到零均值平稳高斯过程的平均向上穿零率：

$$\mu_{\nu^+}(0;t) = \frac{1}{2\pi}\frac{\sigma_{\dot{X}}}{\sigma_X} \tag{3.56}$$

3.5.2　跨越时间

随机过程$X(t)$处于阈值x_0之上的时间称为$X(t)$的跨越时间。如果随机过程

$X(t)$是平稳的，那么它在$(t_1,t_2]$区间内的平均跨越时间为

$$\begin{aligned}\mu_{\tau_a}(x_0;t_1,t_2) &= E\left[\tau_a(x_0;t_1,t_2)\right] \\ &= \int_{t_1}^{t_2}\int_{x_0}^{\infty} f_X(x,t)\mathrm{d}x\mathrm{d}t \end{aligned} \tag{3.57}$$

式中，$\tau_a(x_0;t_1,t_2)$为在$(t_1,t_2]$区间内$X(t)$对x_0的跨越时间变量。

如果随机过程$X(t)$还是遍历的，那么它的单次跨越的持续时间的平均值为

$$\begin{aligned}\mu_{\tau_a}(x_0) &= E\left[\tau_a(x_0)\right] \\ &= \lim_{T\to\infty}\frac{1}{n^+(x_0;0,T)}\sum_{i=1}^{n^+(x_0;0,T)}\tau_{a,i}(x_0) \end{aligned} \tag{3.58}$$

式中，$\tau_{a,i}(x_0)$为第i次跨越的持续时间。

由于平稳过程的平均穿越率是常数，即当T接近无穷大时，有$\nu^+(x_0;t)=\nu^+(x_0)$，因此有

$$\begin{aligned}\mu_{\tau_a}(x_0) &= \frac{1}{\nu^+(x_0)}\int_{x_0}^{\infty} f_X(x)\mathrm{d}x \\ &= \frac{1}{\nu^+(x_0)}\left[1-F_X(x_0)\right] \end{aligned} \tag{3.59}$$

如果$X(t)$是零均值平稳高斯过程，则有

$$\mu_{\tau_a}(x_0) = 2\pi\frac{\sigma_X}{\sigma_{\dot{X}}}\mathrm{e}^{\frac{x_0^2}{2\sigma_X^2}}\Phi\left(-\frac{x_0}{\sigma_X}\right) \tag{3.60}$$

显然，零均值平稳高斯过程$X(t)$处于阈值x_0之下的平均时间为

$$\begin{aligned}\mu_{\tau_b}(x_0) &= E\left[\tau_b(x_0)\right] \\ &= 2\pi\frac{\sigma_X}{\sigma_{\dot{X}}}\mathrm{e}^{\frac{x_0^2}{2\sigma_X^2}}\Phi\left(\frac{x_0}{\sigma_X}\right) \end{aligned} \tag{3.61}$$

式中，$\tau_b(x_0)$为$X(t)$单次停留在x_0之下的时间。

3.6　随机过程的极值和包络

3.6.1　波峰的分布

令$x(t)$为连续型随机过程$X(t)$的样本函数，当$\dot{x}(t)$等于零且$\ddot{x}(t)$为负值时，$x(t)$将出现波峰或极大值。因此，如果$X(t)$是至少二次可微的，那么可以把$X(t)$

的极大值看作是 $\ddot{X}(t)<0$ 条件下 $\dot{X}(t)$ 对零的穿越。类似于穿越问题，在时间区间 $(t_1,t_2]$ 内处于 x_0 之上波峰数目的期望由式（3.62）给出：

$$E\left[m\left(x_0,t_1,t_2\right)\right]=\int_{t_1}^{t_2}E\left[M\left(x_0,t\right)\right]\mathrm{d}t \tag{3.62}$$

式中，$m(x_0,t_1,t_2)$ 为时间区间 $(t_1,t_2]$ 内处于 x_0 之上波峰的数目；$M(x_0,t)$ 为单位时间内的波峰数，它的期望可由式（3.63）给出：

$$\begin{aligned}E\left[M\left(x_0,t\right)\right]&=-\int_{-\infty}^{+\infty}\mathrm{d}x\int_{-\infty}^{+\infty}\mathrm{d}\dot{x}\int_{-\infty}^{0}f_{X,\dot{X},\ddot{X}}\left(x,\dot{x},\ddot{x};t\right)\ddot{x}\delta\left(\dot{x}\right)H\left(x-x_0\right)\mathrm{d}\ddot{x}\\&=-\int_{x_0}^{+\infty}\mathrm{d}x\int_{-\infty}^{0}\ddot{x}f_{X,\dot{X},\ddot{X}}\left(x,0,\ddot{x};t\right)\mathrm{d}\ddot{x}\end{aligned} \tag{3.63}$$

令 $x_0\to-\infty$，则单位时间内 $X(t)$ 总波峰数的期望为

$$E\left[M_T\left(t\right)\right]=-\int_{-\infty}^{+\infty}\mathrm{d}x\int_{-\infty}^{0}\ddot{x}f_{X,\dot{X},\ddot{X}}\left(x,0,\ddot{x};t\right)\mathrm{d}\ddot{x} \tag{3.64}$$

因此，如果 $X(t)$ 在 t 时刻存在一个波峰，那么峰值等于或小于 x_0 的概率为

$$F_A\left(x_0,t\right)=1-\frac{E\left[M\left(x_0,t\right)\right]}{E\left[M_T\left(t\right)\right]} \tag{3.65}$$

$F_A(x_0,t)$ 关于 x_0 的偏微分为峰值的 PDF：

$$\begin{aligned}f_A\left(x_0,t\right)&=-\frac{1}{E\left[M_T\left(t\right)\right]}\frac{\partial}{\partial x_0}E\left[M\left(x_0,t\right)\right]\\&=-\frac{1}{E\left[M_T\left(t\right)\right]}\int_{-\infty}^{0}\ddot{x}f_{X,\dot{X},\ddot{X}}\left(x_0,0,\ddot{x};t\right)\mathrm{d}\ddot{x}\end{aligned} \tag{3.66}$$

对于平稳高斯过程，类似于式（3.56），可以由方差直接计算出单位时间内波峰的期望：

$$E\left[M_T\left(t\right)\right]=\frac{1}{2\pi}\frac{\sigma_{\ddot{X}}}{\sigma_{\dot{X}}} \tag{3.67}$$

同时，式（3.66）可以改写为

$$f_A\left(x_0,t\right)=\frac{1}{\sqrt{2\pi}\sigma_X}\left(1-\alpha^2\right)\mathrm{e}^{-\frac{x_0^2}{2\sigma_X^2\left(1-\alpha^2\right)}}+\frac{1}{2\sigma_X^2}\alpha x_0\left\{1+\operatorname{erf}\left[\frac{x_0}{\sigma_X\sqrt{\frac{2}{\alpha^2}-2}}\right]\right\}\mathrm{e}^{-\frac{x_0^2}{2\sigma_X^2}} \tag{3.68}$$

式中，$\operatorname{erf}(x)=\frac{2}{\sqrt{\pi}}\int_0^x\mathrm{e}^{-t^2}\mathrm{d}t$ 为误差函数；α 为 $X(t)$ 向上穿零率的期望与总波峰

数的期望的比：

$$\alpha = \frac{E\left[\nu^{+}(0)\right]}{E(M_T)} = \frac{\sigma_{\dot{X}}^2}{\sigma_X \sigma_{\ddot{X}}} \tag{3.69}$$

当$X(t)$是窄带过程时，有$\alpha=1$①，因此，窄带平稳高斯过程的波峰分布为瑞利分布：

$$f_A(x_0) = \frac{x_0}{\sigma_X^2} e^{-\frac{x_0^2}{2\sigma_X^2}} \tag{3.70}$$

对于$\alpha \ll 1$的平稳高斯过程，可以将其波峰分布近似为正态（高斯）分布：

$$f_A(x_0) \approx \frac{1}{\sqrt{2\pi}\sigma_X} e^{-\frac{x_0^2}{2\sigma_X^2}} \tag{3.71}$$

3.6.2　极值峰的分布

实际工程中有时需要估计随机过程$X(t)$在某一时间区间内极值的最大值。考虑一个具有m个极值（波峰）的样本，这些波峰的最大值取值为$\eta=(x-\mu_X)/\sigma_X$的概率$f_{\max}(\eta)$为这些波峰中的一个具有该特定值而其余波峰具有较小值的概率[37]，即

$$f_{\max}(\eta) = m\left[1-f_A(\eta)\right]^{m-1} f_X(\eta) \tag{3.72}$$

式中，$f_X(\cdot)$和$f_A(\cdot)$分别为$X(t)$及其波峰的PDF。

假设

$$f_A(\eta) = \frac{n}{m} \tag{3.73}$$

式中，n为在所考虑的时间区间内值为η的波峰的数量。

因此，对于大的m，式（3.74）成立[37]：

$$f_{\max}(\eta)\mathrm{d}\eta = \mathrm{d}\left(1-\frac{n}{m}\right)^{m-1} = \mathrm{d}e^{-n} = \mathrm{d}e^{-mf_A(\eta)} \tag{3.74}$$

① 实际上$\alpha=1-\varsigma^2$，其中，ς为谱带宽因子。

所以，极值峰$\eta_{\max}$的一阶和二阶原点矩分别为

$$E\left(\eta_{\max}\right)=\int_{-\infty}^{+\infty}\eta \mathrm{e}^{-n}\mathrm{d}n \tag{3.75}$$

$$E\left(\eta_{\max}^{2}\right)=\int_{-\infty}^{+\infty}\eta^{2}\mathrm{e}^{-n}\mathrm{d}n \tag{3.76}$$

对于平稳高斯过程$X(t)$，在时间T内的波峰数m由式（3.77）给出：

$$m=\frac{T}{2\pi}\frac{\sigma_{\dot{X}}}{\sigma_{X}} \tag{3.77}$$

可以证明，对于大的m，式（3.68）定义的$f_A(\eta)$可以近似为下式[37]：

$$f_A(\eta)\approx\alpha \mathrm{e}^{-\frac{\eta^2}{2}} \tag{3.78}$$

式中，α由式（3.69）定义。

将式（3.77）和式（3.78）代入式（3.73），可以得到

$$\begin{aligned} n&=mf_A(\eta)\\ &=\nu T\mathrm{e}^{-\frac{\eta^2}{2}} \end{aligned} \tag{3.79}$$

式中，平均向上穿零率如下：

$$\begin{aligned} \nu&=E\left[\nu^{+}(0)\right]\\ &=\frac{1}{2\pi}\frac{\sigma_{\dot{X}}}{\sigma_{X}} \end{aligned} \tag{3.80}$$

由式（3.79）得到

$$\begin{aligned} \eta&=\sqrt{2\ln\nu T-2\ln n}\\ &=k-\frac{\ln n}{k}-\frac{1}{2}\frac{(\ln n)^2}{k^3} \end{aligned} \tag{3.81}$$

式中，$k=\sqrt{2\ln\nu T}$。

由式（3.75）、式（3.76）和式（3.81），可以计算出极值峰的均值和标准差[37]分别为

$$\mu_{\eta_{\max}}=\sqrt{2\ln\nu T}+\frac{0.577}{\sqrt{2\ln\nu T}} \tag{3.82}$$

$$\sigma_{\eta_{\max}}=\frac{\pi}{\sqrt{6}}\frac{1}{\sqrt{2\ln\nu T}} \tag{3.83}$$

3.6.3 包络过程

随机过程的包络过程是结构动力可靠度分析中特别有用的概念。如果随机过程 $X(t)$ 是理想窄带的，那么如图 3.5 所示，$X(t)$ 的包络过程是连接它的波峰的光滑曲线。

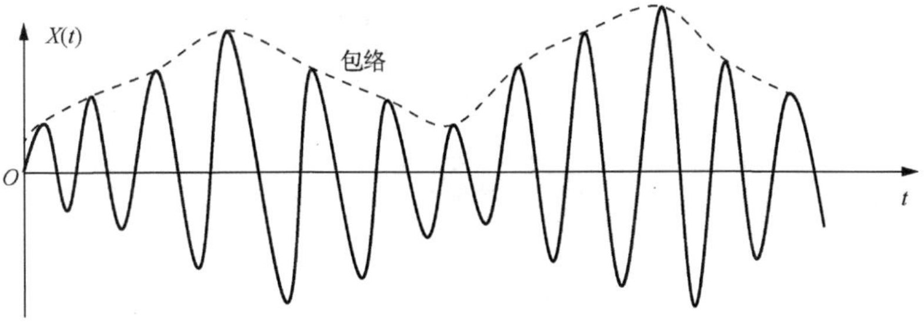

图 3.5 随机过程的包络过程

包络过程的定义主要有三种，即莱斯包络、克兰德尔-马克（Crandall-Mark）包络以及杜俊基（Dugundji）包络，而莱斯包络和杜俊基包络实际上是等价的[46]。莱斯包络是在过程 $X(t)$ 关于中心频率 ω_c 展开的基础上得到的，是包络的古典定义。莱斯包络曾用来推导海洋波和二阶波浪力的统计特性。克兰德尔-马克包络是“能量包络”，用 $X(t)$ 及其时间导数 $\dot{X}(t)$ 来定义。求解非线性随机振动问题的随机平均法会用到克兰德尔-马克包络。杜俊基包络是从 $X(t)$ 及其希尔伯特变换 $\hat{X}(t)$ 中推导出来的，用于随机振动的首次穿越问题。杜俊基包络的定义可被推广到非平稳随机过程的情况。

假设随机过程 $X(t)$ 可以作为复随机过程 $Z(t)$ 的实部：

$$Z(t) = X(t) + \mathrm{i}Y(t) \tag{3.84}$$

式中，$Y(t)$ 是任意的随机过程。

由式（3.84），$X(t)$ 可以作为具有时变幅值和相位的余弦函数：

$$X(t) = A(t)\cos\left[\varphi(t)\right] \tag{3.85}$$

式中，随机包络过程 $A(t)$ 和随机相位过程 $\varphi(t)$ 分别为

$$A(t) = \sqrt{X^2(t) + Y^2(t)} \tag{3.86}$$

$$\varphi(t) = \tan^{-1}\left[\frac{Y(t)}{X(t)}\right] \tag{3.87}$$

随机过程$Y(t)$的选择一定要使$A(t)$具有所要求的物理意义，而最理想的情况是使$A(t)$成为连接$X(t)$的波峰的光滑曲线，如图 3.5 所示。对于$X(t)=A\cos\omega t$为简谐的情况，可以将$Y(t)$选择为$Y(t)=\pm A\sin\omega t$。有两种方法可以由$X(t)$构造$Y(t)$：一是由$X(t)$的一阶导数来构造，二是由$X(t)$的希尔伯特变换来构造①，即

$$Y(t)=\frac{\dot{X}(t)}{\omega} \tag{3.88}$$

或

$$\begin{aligned}Y(t)&=\hat{X}(t)\\&=\frac{1}{\pi}\int_{-\infty}^{+\infty}\frac{X(s)}{t-s}\mathrm{d}s\end{aligned} \tag{3.89}$$

因此，由式（3.86）可以得到包络过程的两个定义，即克兰德尔-马克包络：

$$A_1(t)=\sqrt{X^2(t)+\left[\frac{\dot{X}(t)}{\omega_{\mathrm{r}}}\right]^2} \tag{3.90}$$

和杜俊基包络（与莱斯包络等价）：

$$A_2(t)=\sqrt{X^2(t)+\hat{X}^2(t)} \tag{3.91}$$

式中，ω_{r}为某代表性频率值。

显然，包络过程$A_1(t)$和过程$X(t)$在波峰处（$\dot{X}(t)=0$）一致，即$A_1(t)$将$X(t)$的波峰连接起来；包络过程$A_2(t)$与$X(t)$的波峰的一致性则依赖于$X(t)$的带宽程度。一般而言，$A_2(t)$为缓慢变化的窄带过程，$A_1(t)$则为相对带宽的随机过程。

可以证明[46]：如果$X(t)$为平稳高斯过程，那么$X(t)$越是窄带的，则$A_2(t)$与$X(t)$的波峰的一致性越高；反之，则一致性越低。对于代表性频率ω_{r}，既可以将其选择为$X(t)$的平均频率$\omega_1=\lambda_1/\lambda_0$，也可以将其选择为$X(t)$的平均穿零率$\omega_0=\sqrt{\lambda_2/\lambda_0}$，这里的$\lambda_i(i=0,1,2)$为平稳高斯过程的第$i$阶谱矩。若将$\omega_{\mathrm{r}}$选择$\omega_1$，则不仅$A_1(t)$的统计特征更简单，而且存在关系$E\left[A_1^2(t)\right]=2\lambda_0$，即包络平方的期望正好是过程平方期望的 2 倍。若将ω_{r}选择ω_0，那么$A_1(t)$的均方值与$A_2(t)$的均方值相同。

① 希尔伯特变换具有将$\cos\omega t$变换成$\sin\omega t$和将$\sin\omega t$变换成$-\cos\omega t$的性质。

对于零均值高斯过程 $X(t)$，可以得到 $A_1(t)$ 和 $A_2(t)$ 对阈值 a 的平均向上穿越率的显式解[46]：

$$\nu_{A_1}^{+}(a;t)=\frac{4}{(2\pi)^{\frac{3}{2}}}\sqrt{\frac{\lambda_4}{\lambda_2}}\gamma_2\frac{a}{\sqrt{\lambda_0}}\mathrm{e}^{-\frac{a^2}{2\lambda_0}} \tag{3.92}$$

$$\nu_{A_2}^{+}(a;t)=\frac{1}{2\pi}\sqrt{\frac{\lambda_2}{\lambda_0}}\gamma_1\frac{a}{\sqrt{\lambda_0}}\mathrm{e}^{-\frac{a^2}{2\lambda_0}} \tag{3.93}$$

式中，λ_4 为 $X(t)$ 的第 4 阶谱矩；γ_1 和 γ_2 分别为由式（3.26）和式（3.27）定义的 $X(t)$ 的谱带宽因子。

因此，$A_1(t)$ 和 $A_2(t)$ 对阈值 a 的平均向上穿越率的比值与阈值 a 无关：

$$\begin{aligned}\frac{\nu_{A_1}^{+}(a;t)}{\nu_{A_2}^{+}(a;t)}&=\frac{2}{\pi}\sqrt{\frac{\lambda_4\lambda_0}{\lambda_2^2}}\frac{\gamma_2}{\gamma_1}\\&=\frac{2}{\pi}\frac{\gamma_2}{\gamma_1\sqrt{1-\gamma_2^2}}\end{aligned} \tag{3.94}$$

式（3.94）的比值通常大于 1。

4 蒙特卡洛方法

4.1 概　　述

蒙特卡洛方法（Monte Carlo method），也称为统计模拟法、随机模拟法、随机抽样法等，是指使用随机数①来解决计算问题的一类方法。早在 18 世纪 70 年代，蒙特卡洛的计算思想出现于著名的布丰（Buffon）投针试验中。在布丰投针试验中，人们将长为 l 的小针投到画有由间距为 D（$D>l$）的平行线形成的网格的平面上。布丰证明了在理想情况下一个小针与平行线中任意一条直线相交的概率是 $2l/(\pi D)$。因此，若令 p_N 为 N 次投针的"相交"比率，则可以获得圆周率 π 的近似估计：

$$\hat{\pi}=\lim_{N\to\infty}\frac{2l}{D}\frac{1}{P_N} \tag{4.1}$$

试验表明：随着投针次数逐渐增加到无穷多时，近似估计 $\hat{\pi}$ 收敛于真实的圆周率 π。这个通过模拟随机事件来估算感兴趣数值的思想，现在已成为科学计算的重要组成部分。

1945～1955 年，美国洛斯·阿拉莫斯国家实验室（Los Alamos National Laboratory）开发了世界上第一台可编程"超级"计算机 MANIAC，人们开始在解决实际科学问题中系统性地使用蒙特卡洛方法。科学家研究了一种基于统计抽样的方法，用来求解原子弹设计中裂变材料随机中子扩散的数值问题和薛定谔（Schrödinger）方程特征值的估计问题。该方法的基本思想首先由乌拉姆（Ulam）提出，然后通过乌拉姆和冯·诺依曼（von Neumann）的讨论而形成。据传，统计物理学家米特罗波利斯（Metropolis）给这种基于统计抽样的方法起了个吸引人的名字"蒙特卡洛"，对推广该方法起到了重要作用[47]。

在 20 世纪 50 年代早期，Metropolis 等[48]及 Rosenbluth 等[49]在流体模拟中引入了基于马尔可夫链的动态蒙特卡洛方法。在 20 世纪 80 年代至 90 年代期间，随着现代计算机的发展，统计和计算机领域的科学家提出大量以蒙特卡洛方法为基础的方法，用来计算组合优化、非参数统计推理、贝叶斯建模以及工程风险评估等科学计算问题[47]。进入 21 世纪以来，为了提高计算复杂科学问题的效率，马尔可夫链蒙特卡洛方法（Markov chain Monte Carlo method，MCMC 方法）和方差

① 通常使用的是由确定性算法计算出来的在 [0,1] 区间内均匀分布的随机数，即伪随机数。

缩减蒙特卡洛方法（variance reduction Monte Carlo method，VRMC 方法）得到了快速发展[50]。

蒙特卡洛方法、马尔可夫链蒙特卡洛方法和方差缩减蒙特卡洛方法都可以用来解决大型非线性结构的可靠度估计问题。针对结构可靠度估计中的特殊问题，人们提出了一些特别有用的、高效的蒙特卡洛方法。Shinozuka[51]及 Shinozuka 等[52]提出计算结构非线性随机振动及其可靠度的蒙特卡洛方法。为了减少结构微小失效概率估计所需的反应样本容量，从而降低计算费用，Au 等[53]在米特罗波利斯-马尔可夫链蒙特卡洛方法的基础上，提出结构可靠度估计的子集模拟（sub set simulation，SS）方法；Echard 等[54]组合克里金（Kriging）模型和蒙特卡洛模拟，提出称为 AK-MCS 的主动学习蒙特卡洛可靠度方法；Bucher[55]、Naess 等[56]和 He 等[57]分别提出基于尾部分布拟合的结构静力和动力可靠度估计的渐近和加速蒙特卡洛方法。上述及其他改进蒙特卡洛方法，为解决日益复杂的工程结构的可靠度有效估计问题，提供了相对简单和可靠的科学计算方法。

4.2 随机数的生成

4.2.1 均匀分布的随机数

蒙特卡洛方法的基础是由特定分布 f 生成随机变量，这一工作是由随机数生成器来完成的。由于在 $[a,b]$ 区间内的均匀分布是描述随机性的基本模型，而且为了生成其他指定概率分布的随机数，需要首先生成 $a=0$ 和 $b=1$ 时的均匀分布随机数，因此，生成均匀分布的随机数是蒙特卡洛方法的重要一环。

美国人莱默（Lehmer）于 1951 年提出的线性同余法是常用的随机数生成法（器）。线性同余法由下面的递归公式生成同余序列 $N_i(i=1,2,\cdots)$：

$$N_{i+1}=\left(A\times N_i+B\right)\left(\operatorname{mod}M\right),\quad i=1,2,\cdots \tag{4.2}$$

式中，A 为乘数；B 为增量；M 为模数；N_1 为种子。

当 $A=0$ 时，式（4.2）称为和同余法；当 $B=0$ 时，式（4.2）称为乘同余法；当 $B\neq 0$ 时，式（4.2）称为混合同余法。一般采用混合同余法生成序列 $N_i(i=1,2,\cdots)$。

因为递归式（4.2）是确定性的计算式，所以线性同余法生成的浮点数不是真正的随机数，是具有均匀性和独立性等随机数统计特征的伪随机数。另外，同余序列 $N_i(i=1,2,\cdots)$ 是最大周期为 M 的周期序列。要使序列 $N_i(i=1,2,\cdots)$ 的周期 T 最大，应满足下列条件：

（1）B 和 M 互质。

（2）M 的所有质因子的积能整除 $A-1$。

（3）若 M 是 4 的倍数，则 $A-1$ 也是 4 的倍数。

（4）A、B 和 N_1 都小于 M。

（5）A 和 B 都是正整数。

令周期 T 内的同余序列为 $N_i(i=1,2,\cdots,T)$，则可以计算 $[a,b]$ 区间内的浮点数序列，即在 $[a,b]$ 区间内均匀分布的随机数序列：

$$u_i = a + \frac{N_i}{M}(b-a), \quad i=1,2,\cdots,T \tag{4.3}$$

当 $a=0$ 和 $b=1$ 时，$u_i(i=1,2,\cdots,T)$ 是在 $[0,1]$ 区间内均匀分布的随机数序列。

由式（4.3）生成的随机数近似服从同一个概率分布且近似统计独立。在概率论里，将服从同一个概率分布且统计独立的随机数（变量）称为独立同分布的（independent identically distributed，i.i.d）随机数（变量）。

4.2.2 指定分布的随机数

获得了在 $[0,1]$ 区间内均匀分布的随机数后，可以利用分布函数的反函数生成其他指定概率分布的随机数，并将这种随机数生成器称为逆变换法。

假设某概率分布的 CDF 为 $F_X(x)$，已获得的 $[0,1]$ 区间内均匀分布随机数序列为 $u_i(i=1,2,\cdots)$，那么服从分布 $F_X(x)$ 的随机数序列为

$$x_i = F_X^{-1}(u_i), \quad i=1,2,\cdots \tag{4.4}$$

式中，函数 $F_X^{-1}(\cdot)$ 为分布函数（CDF）$F_X(\cdot)$ 的反函数。

因此，当 $F_X^{-1}(\cdot)$ 具有解析解时，逆变换法是非常方便的随机数生成方法。例如，对于瑞利分布，可以利用下式生成随机数序列：

$$x_i = \sqrt{-2\sigma^2 \ln(1-u_i)}, \quad i=1,2,\cdots \tag{4.5}$$

式中，σ 为瑞利分布函数的参数。

对于正态分布，因为其 CDF 的反函数没有解析解，所以逆变换法并不是高效的正态分布随机数生成法，而一种名为博克斯-米勒（Box-Müller）变换的算法①和后面将介绍的舍选法或接受-拒绝法（acceptance-rejection method）②能够更有效地生成正态分布随机数。

博克斯-米勒变换算法有两种形式，基本形式为

$$x_1 = \sqrt{-2\ln u_1}\cos(2\pi u_2) \tag{4.6}$$

① 由博克斯和米勒于 1958 年提出。

② 由冯·诺依曼于 1951 年提出。

$$x_2 = \sqrt{-2\ln u_1}\sin(2\pi u_2) \tag{4.7}$$

式中，u_1 和 u_2 为 $[0,1]$ 区间内均匀分布的随机数；x_1 和 x_2 为标准正态分布的随机数。

博克斯-米勒变换算法的另一种极坐标形式为

$$x_1 = u_1\sqrt{\frac{-2\ln s}{s}} \tag{4.8}$$

$$x_2 = u_2\sqrt{\frac{-2\ln s}{s}} \tag{4.9}$$

式中，$s = \sqrt{u_1^2 + u_2^2}$。

当 $F_X^{-1}(\cdot)$ 特别复杂而无法直接求解或者遇到不常见的概率分布时，接受-拒绝法往往是效率更高的随机数生成方法。令指定分布的 PDF 为 $f_X(x)$，为生成服从分布 $f_X(x)$ 的随机数，需要提前做好下面两项准备工作：一是选择一个形状与 $f_X(x)$ 相似的、容易生成随机数的建议分布[①] $q_X(x)$；二是确定一个常数 c，使得对于任意 x 都能保证 $f_X(x) \leqslant cq_X(x)$ 成立。采用接受-拒绝法生成服从分布 $f_X(x)$ 的随机数的步骤如下：

（1）生成一个服从建议分布 $q_X(x)$ 的随机数 $\tilde{x}$。

（2）生成一个在 $[0,1]$ 区间内均匀分布的随机数 u。

（3）判断不等式 $f_X(\tilde{x})/[cq_X(\tilde{x})] \geqslant u$ 是否成立。若成立，则将 $\tilde{x}$ 接受为服从分布 $f_X(x)$ 的随机数；若不成立，则拒绝 $\tilde{x}$ 作为服从分布 $f_X(x)$ 的随机数。

（4）重复步骤（1）～（3），直到生成所需的随机数序列为止。

可以证明，由上述接受-拒绝法生成的随机数近似服从概率分布 $f_X(x)$[50]。

例题 4.1 采用接受-拒绝法生成双峰分布的随机数。令 $f_X(x)$ 具有以下形式：

$$f_X(x) = N\left[a\mathrm{e}^{-d_1(x-c_1)^2} + b\mathrm{e}^{-d_2(x-c_2)^2}\right]$$

式中，a、b、c_1、c_2、d_1 和 d_2 均为参数，N 为保证 $f_X(x)$ 在域 $(-\infty,+\infty)$ 上积分等于 1 的归一化参数。

假设参数 $a=0.4$、$b=0.6$、$c_1=0.5$、$c_2=2.5$、$d_1=1.0$ 和 $d_2=3.0$，那么，可以确定归一化参数 $N=0.755871$。根据 $f_X(x)$ 曲线的特点，将建议分布 $q_X(x)$ 选择为均值为 $\mu_X=1.7$、标准差为 $\sigma_X=1.3$ 的正态分布：

$$q_X(x) = \frac{1}{\sqrt{2\pi}\sigma_X}\mathrm{e}^{-\frac{(x-\mu_X)^2}{2\sigma_X^2}}$$

① 英文术语为 Proposal distribution，本书将其称为建议分布。

取较小的 $c=2.0$，则对任意 $x\in(-\infty,+\infty)$，不等式 $f_X(x)\leqslant cq_X(x)$ 均成立。分布 $f_X(x)$ 和 $cq_X(x)$ 的曲线如图 4.1 所示。

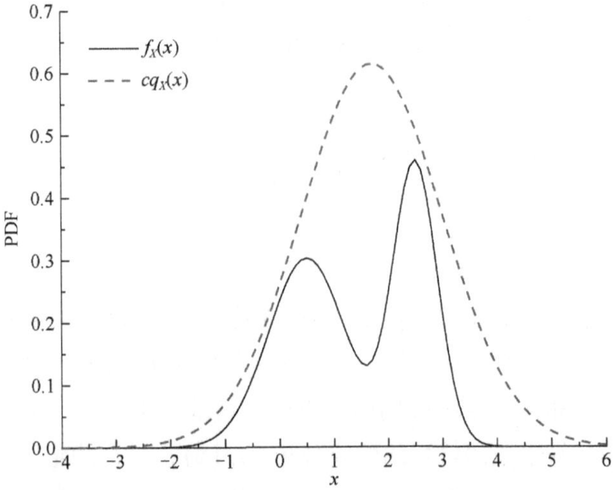

图 4.1　双峰分布和建议分布曲线

采用逆变换法和线性同余法生成正态分布 $q_X(x)$ 和 $[0,1]$ 区间内均匀分布的随机数，采用接受-拒绝法，经过 5 万次循环，由生成的随机数绘制的统计直方图如图 4.2 所示。作为对比，在图 4.2 中也用实线绘出了概率分布 $f_X(x)$ 的曲线。

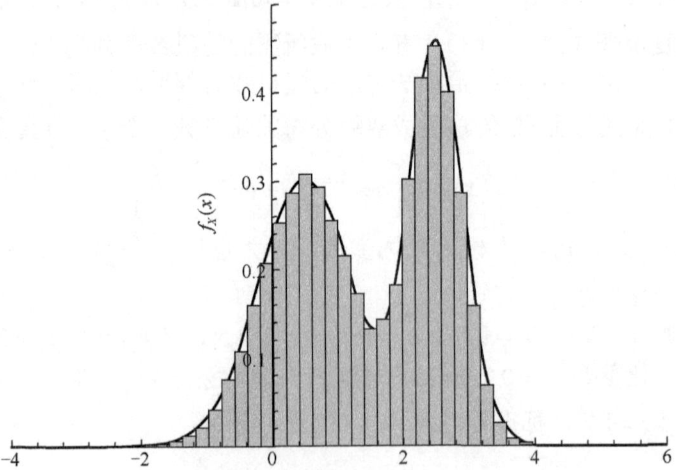

图 4.2　双峰分布及其随机数统计直方图

对于形状类似钟形的或逐渐下降的连续型分布函数 $f_X(x)$，人们在接受-拒绝法的基础上，提出了更有效的 Ziggurat 算法[①]来生成随机数。在生成正态分布随机数方面，Ziggurat 算法比逆变换法和博克斯-米勒变换算法的效率更高。

4.3 朴素的蒙特卡洛方法

蒙特卡洛方法解决的科学计算问题之一是求随机函数的积分（期望）。令 $g(X_1,X_2,\cdots,X_n)$ 为随机变量 $X_1,X_2,\cdots,X_n$ 的函数，假设它们的 jPDF 为 $f_{X_1,X_2,\cdots,X_n}(x_1,x_2,\cdots,x_n)$，现求函数 $g(X_1,X_2,\cdots,X_n)$ 的积分（期望）：

$$\theta=\int_{-\infty}^{+\infty}\int_{-\infty}^{+\infty}\cdots\int_{-\infty}^{+\infty}g(x_1,x_2,\cdots,x_n)f_{X_1,X_2,\cdots,X_n}(x_1,x_2,\cdots,x_n)\mathrm{d}x_1\mathrm{d}x_2\cdots\mathrm{d}x_n \tag{4.10}$$

根据统计矩的定义，可以由服从 $f_{X_1,X_2,\cdots,X_n}(x_1,x_2,\cdots,x_n)$ 的随机数（随机变量 $X_1,X_2,\cdots,X_n$ 的样本）估计积分（期望）θ 的近似值[②]：

$$\hat{\theta}=\frac{1}{m}\sum_{i=1}^{m}g\left(x_1^{(i)},x_2^{(i)},\cdots,x_n^{(i)}\right) \tag{4.11}$$

式中，$x_1^{(i)},x_2^{(i)},\cdots,x_n^{(i)}(i=1,2,\cdots,m)$ 为 $X_1,X_2,\cdots,X_n$ 的随机数；m 为生成的随机数的个数（样本容量）。

由强大数定律可知，$\hat{\theta}$ 以概率 1 收敛到 $\theta=E\left[g(X_1,X_2,\cdots,X_n)\right]$。当 $g^2(X_1,X_2,\cdots,X_n)$ 具有有限期望时，也可以估计 $\hat{\theta}$ 的收敛速度。此时，$\hat{\theta}$ 的方差为

$$\begin{aligned}\sigma_{\hat{\theta}}^2&=\mathrm{Var}\left[\frac{1}{m}\sum_{i=1}^{m}g\left(x_1^{(i)},x_2^{(i)},\cdots,x_n^{(i)}\right)\right]\\&=\frac{1}{m^2}\sum_{i=1}^{m}\left[g\left(x_1^{(i)},x_2^{(i)},\cdots,x_n^{(i)}\right)-\hat{\theta}\right]^2\\&=\frac{\sigma_g^2}{m}\end{aligned} \tag{4.12}$$

式中，$\mathrm{Var}(\cdot)$ 为方差运算；σ_g^2 为函数 $g(X_1,X_2,\cdots,X_n)$ 估计值的方差。

由中心极限定理可知：对于大的 m，$\left(\hat{\theta}-\theta\right)/\sigma_{\hat{\theta}}$ 服从均值为 0、方差为 1 的标准正态分布。由此，可以检验已知真实 θ 值时蒙特卡洛估计 $\hat{\theta}$ 的收敛性并构造其置信区间。

---

① 最早由美国数学家兼计算机科学家马尔萨格里亚（Marsaglia）于 20 世纪 60 年代提出。

② 联合分布的随机数生成方法见 4.5 节。

上述蒙特卡洛积分思想可以直接用于结构可靠度的计算，形成结构可靠度的朴素的（经典）蒙特卡洛方法。结构可靠度的一个基本问题是计算结构或构件抗力 R 不大于全部荷载作用在结构或构件上产生的效应 S 的概率，即失效概率：

$$P_f = P(Z \leqslant 0) \tag{4.13}$$

式中，$Z = R - S$ 为功能函数。

考虑 R 和 S 是基本随机变量（材料强度、几何尺寸、可变荷载等）$X_1, X_2, \cdots, X_n$ 的函数，功能函数可以表示为基本随机变量的函数：

$$Z = g(X_1, X_2, \cdots, X_n) \tag{4.14}$$

因此，结构失效概率的一般表达式为

$$\begin{aligned} P_f &= P(Z \leqslant 0) \\ &= \int_{-\infty}^{+\infty}\int_{-\infty}^{+\infty}\cdots\int_{-\infty}^{+\infty} I\left[g(x_1, x_2, \cdots, x_n)\right] f_{X_1, X_2, \cdots, X_n}(x_1, x_2, \cdots, x_n)\mathrm{d}x_1\mathrm{d}x_2\cdots\mathrm{d}x_n \end{aligned} \tag{4.15}$$

式中，$I(s)$ 为示性函数：

$$I(s) = \begin{cases} 1, & s \leqslant 0 \\ 0, & s > 0 \end{cases} \tag{4.16}$$

由式（4.11），结构失效概率 P_f 的蒙特卡洛估计为

$$\hat{P}_f = \frac{1}{m}\sum_{i=1}^{m} I\left[g\left(x_1^{(i)}, x_2^{(i)}, \cdots, x_n^{(i)}\right)\right] \tag{4.17}$$

式中，m 为随机变量 $X_1, X_2, \cdots, X_n$ 的随机数数量（样本容量）。

同样地，由式（4.12）可以计算蒙特卡洛估计 $\hat{P}_f$ 的方差：

$$\sigma_{\hat{P}_f}^2 = \frac{\sigma_{I(g)}^2}{m} \tag{4.18}$$

式中，$\sigma_{I(g)}^2$ 为函数 $I\left[g(x_1, x_2, \cdots, x_n)\right]$ 估计值的方差。

由于随着 m 的增大，$\left(\hat{P}_f - P_f\right)/\sigma_{\hat{P}_f}$ 趋近于标准正态分布，因此可以进行估计值 $\hat{P}_f$ 的收敛性和置信水平分析。

在结构可靠度计算中，常用下面的 $\hat{P}_f$ 的变异系数 $V_{\hat{P}_f}$ 计算式进行蒙特卡洛估计的收敛性分析[38]：

$$V_{\hat{P}_f} = \sqrt{\frac{1 - P_f}{mP_f}} \tag{4.19}$$

例题 4.2 采用蒙特卡洛方法计算受弯简支钢梁的失效概率。如图 4.3 所示，

一根简支钢梁在跨中处受到弯矩 M 的作用，梁跨中截面的抗弯塑性抵抗矩为 W，所用钢材的屈服强度为 F_y。假设随机变量 M、W 和 F_y 为统计独立的，它们的概率分布及其参数见表 4.1[38]。该梁的失效概率 P_f 定义为受弯承载力 WF_y 小于弯矩 M 的概率，即

$$\begin{aligned} P_f &= P\left[Z\left(W, F_y, M\right) < 0\right] \\ &= P\left(WF_y - M < 0\right) \end{aligned}$$

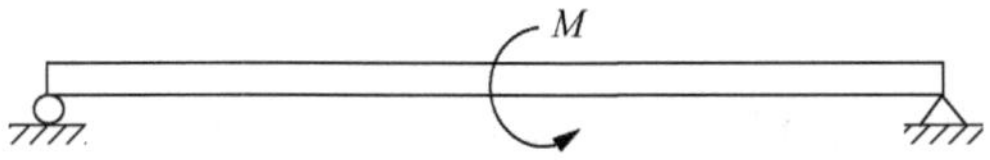

图 4.3　受弯简支钢梁

表 4.1　基本随机变量的分布及其参数

变量	分布类型	均值	变异系数
M	正态	100	0.04
W	对数正态	40	0.10
F_y	极值 I 型	2000	0.10

依据实际工程经验，该钢梁失效概率的数量级为10^{-5}，若想使估计值 $\hat{P}_f$ 的变异系数为 $V_{\hat{P}_f} = 0.2$，由式（4.19）可知需要的样本容量 $m \approx 2.5 \times 10^6$。现由逆变换法分别生成$2.5 \times 10^6$个随机变量 M、W 和 F_y 的随机数，在此基础上，由式(4.17)得到的失效概率估计值为 $\hat{P}_f = 3.6 \times 10^{-5}$。

实际上，由上述 2.5×10^6 次抽样得到的方差 $\sigma_{\hat{P}_f}^2 \approx 1.44 \times 10^{-10}$。若将估计值 $\hat{P}_f = 3.6 \times 10^{-5}$ 作为 P_f 的真实值，那么，当样本容量 $m = 2.5 \times 10^6$ 时，蒙特卡洛估计的 95%置信区间 $\left[\hat{P}_f - 1.96\sigma_{\hat{P}_f}, \hat{P}_f + 1.96\sigma_{\hat{P}_f}\right] = \left[1.25 \times 10^{-5}, 5.96 \times 10^{-5}\right]$。

4.4　马尔可夫链蒙特卡洛方法

朴素的蒙特卡洛方法不受基本随机变量数量（维数）的限制，而且只要求对随机变量的任意值$\left(x_1, x_2, \cdots, x_n\right)$，功能函数 $g\left(x_1, x_2, \cdots, x_n\right)$ 有解，因此，朴素的蒙特卡洛方法是“普适”的结构可靠度计算方法。朴素的蒙特卡洛方法的缺点是收敛率低，对于微小结构失效概率的情况，需要大量的函数解才能得到预期精度的失效概率估计值。为了提高朴素的蒙特卡洛方法的收敛速度，人们提出了重要抽

样法[26, 58]、拉丁超立方抽样方法[38, 59]、序列蒙特卡洛方法[60]和马尔可夫链蒙特卡洛方法[47, 50]等模拟方法。下面介绍马尔可夫链蒙特卡洛方法。

4.4.1　马尔可夫链简介

马尔可夫链是马尔可夫链蒙特卡洛方法的基础，在机器学习、语音识别、风险预测和可靠性工程等领域都有广泛的应用。

考虑定义在有限状态空间 $\boldsymbol{X}$ 上的随机变量序列 $X^{(0)},X^{(1)},\cdots$，如果它满足马尔可夫性质：

$$P\left(X^{(t+1)}=y\middle|X^{(t)}=x,X^{(t-1)}=v,\cdots,X^{(0)}=z\right)=P\left(X^{(t+1)}=y\middle|X^{(t)}=x\right) \tag{4.20}$$

即 $X^{(t+1)}$ 的值只依赖于它的最近的过去 $X^{(t)}$，那么序列 $X^{(0)},X^{(1)},\cdots$ 称为马尔可夫链。

如果转移概率 $P\left(X^{(t+1)}=y\middle|X^{(t)}=x\right)$ 是时间齐次的（不随 t 变化的），则可以将它表示为转移函数 $A(x,y)$。转移函数具有性质：

$$\sum_{y}A(x,y)=1\text{，对所有 }x \tag{4.21}$$

式（4.20）直接导致的一个结果是：对于任意的 $s>0$，有

$$P\left(X^{(t+s)}=y\middle|X^{(t)}=x,X^{(t-1)}=v,\cdots,X^{(0)}=z\right)=P\left(X^{(t+s)}=y\middle|X^{(t)}=x\right) \tag{4.22}$$

当状态空间是连续时，上述转移概率函数需由转移密度函数替换，而式(4.21)中的和由积分替换。

一个好的马尔可夫链的最有用的特征是它对过去状态的快速遗忘，因此在演化一段时间后，马尔可夫链目前状态的取值 $x^{(t)}$ 变得几乎独立于它的开始状态 $x^{(0)}$。

令 $A^{(n)}(x,y)$（且有 $A^{(1)}(x,y)=A(x,y)$）代表马尔可夫链的 n 步转移函数：

$$A^{(n)}(x,y)=P\left(X^{(n)}=y\middle|X^{(0)}=x\right) \tag{4.23}$$

那么，对于任意的 $n,m>0$，查普曼-柯尔莫哥洛夫（Chapman-Kolmogorov）方程成立：

$$A^{(n+m)}(x,y)=\int A^{(n)}(x,z)A^{(m)}(z,y)\mathrm{d}z \tag{4.24}$$

如果状态空间是可数的，即 $\boldsymbol{X}=(1,2,\cdots,N)$，那么可以写出一个转移矩阵 $\boldsymbol{A}=(a_{ij})$，其中的 $a_{ij}(i,j=1,2,\cdots,N)$ 表示从状态 i 到状态 j 的转移概率①。显然，转移矩阵每一行元素的和等于 1。对于可数的状态空间，查普曼-柯尔莫哥洛夫方程表现为下面的形式：

$$A^{(n+m)}(i,j)=\sum_{k=1}^{N}A^{(n)}(i,k)A^{(m)}(k,j) \tag{4.25}$$

不失一般性，式（4.24）和式（4.25）可以统一表达为

$$A^{(n+m)}=A^{(n)}A^{(m)} \tag{4.26}$$

一般来讲，马尔可夫链可以收敛到平稳（极限）分布上，即只要转移矩阵 $\boldsymbol{A}$ 的第二大特征值严格小于 1，那么，对应的马尔可夫链将收敛到它唯一的不变的分布上[47, 50]。进一步来讲，如果一个有限状态马尔可夫链是不可约的②和非周期的③，那么，它将以快速指数运算收敛到平稳（极限）分布上。能够收敛到平稳（极限）分布上的马尔可夫链也称为平稳马尔可夫链。

假设 $x^{(0)},x^{(1)},\cdots,x^{(m)}$ 是一个较长的平稳马尔可夫链［平稳分布为 $\pi(x)$］的取值序列（样本轨道），那么，分布函数为 $\pi(x)$ 的随机变量 X 的函数 $h(X)$ 的期望 $\overline{h}$（平均值）估计 $\hat{h}$ 为

$$\hat{h}=\frac{1}{m}\sum_{i=1}^{m}h\left(x^{(i)}\right) \tag{4.27}$$

无论是有限状态空间马尔可夫链还是无限状态空间马尔可夫链，只要它们是不可约的且非周期的，那么大数定律和中心极限定理依然成立[50]，即对于任意初始分布 $P\left(x^{(0)}\right)$，随着其平稳样本轨道变长（m 变大），估计 $\hat{h}$ 渐近服从正态分布 $N\left(\overline{h},\sigma_{\hat{h}}\right)$，其中，估计 $\hat{h}$ 的方差 $\sigma_{\hat{h}}^{2}$[47]为

$$\sigma_{\hat{h}}^{2}=\frac{1+2\sum_{i=1}^{m-1}\left(1-\frac{i}{m}\right)\rho_i}{m}\sigma_h^2 \tag{4.28}$$

式中，σ_h^2 为函数 $h(X)$ 的方差；ρ_i 为 $h\left(X^{(1)}\right)$ 与 $h\left(X^{(i+1)}\right)$ 的 i 步时滞相关系数。

① 可以证明，A 的第一个特征值为 1。
② 不可约性：从任意状态出发经过充分长时间后可以到达任意状态的性质。
③ 非周期性：所有状态的出现不是单一过程的反复循环的性质。

比较式（4.12）和式（4.28）可知：与朴素的蒙特卡洛方法相比，马尔可夫链采样估计的收敛速度是否更大取决于时滞相关系数 ρ_i，若所有的 ρ_i 都小于 0，则马尔可夫链采样估计的收敛速度更大；否则，马尔可夫链采样估计的收敛速度小于朴素的蒙特卡洛方法的收敛速度。

4.4.2 米特罗波利斯-黑斯廷斯（Metropolis-Hastings）算法

米特罗波利斯算法的基本思想是：模拟 X 的状态空间中的一个马尔可夫链，使得其极限分布为目标分布 $\pi(x)$。米特罗波利斯算法从任意初始状态 $x^{(0)}$ 开始反复迭代下面的两步运算[48]：

步骤 1：建立一个当前状态 $x^{(t)}$ 的随机无偏差摄动，以便生成一个新状态 x'。在数学上，可以将 x' 看作是由具有对称性的概率转移函数（通常称为建议函数）$T\left(x^{(t)},x'\right)$ 生成的，而且建议函数满足关系式 $T(x,x')=T(x',x)$。计算函数 $h(x)$ 的变化量 $\Delta h=h(x')-h\left(x^{(t)}\right)$。

步骤 2：生成一个 $[0,1]$ 区间内均匀分布的随机数 u。若 $u\leqslant\pi(x')\big/\pi\left(x^{(t)}\right)\equiv \mathrm{e}^{-\Delta h}$，则令 $x^{(t+1)}=x'$；否则，令 $x^{(t+1)}=x^{(t)}$。

米特罗波利斯算法能够生成任何目标分布 $\pi(x)$ 的随机样本，而且不受 $\pi(x)$ 的形式和维数限制。根据米特罗波利斯对称摄动规则，从摄动 x 获得 x' 的机会总是等于从摄动 x' 获得 x 的机会，因此，在概率意义上，马尔可夫链的演化不会出现趋势偏差。但是，米特罗波利斯算法也存在一个问题：它产生的马尔可夫链 $X^{(1)},X^{(2)},\cdots,X^{(i+1)}$ 的自相关性的衰减有时特别缓慢，即 i 步时滞自相关系数

$$\rho_i=\operatorname{corr}\left(X^{(1)},X^{(i+1)}\right) \tag{4.29}$$

的递减速度特别小[47, 50]，式（4.29）中 $\operatorname{corr}(\cdot,\cdot)$ 为相关系数运算。由此带来的问题是，基于米特罗波利斯算法的蒙特卡洛估计比基于独立随机样本的估计具有更大的方差（变异性）。

黑斯廷斯后来将米特罗波利斯算法推广到 $T(x,y)$ 不必是对称函数的情况，形成米特罗波利斯-黑斯廷斯算法[61]。在黑斯廷斯的推广中，对转移函数的唯一严格限制是：当且仅当 $T(y,x)>0$ 时 $T(x,y)>0$。给定当前状态 $x^{(t)}$，米特罗波利斯-黑斯廷斯算法反复迭代下面的两步运算：

步骤 1：由建议函数 $T\left(x^{(t)},y\right)$ 生成 y；

步骤 2：由$[0,1]$区间内的均匀分布生成u，然后更新

$$x^{(t+1)}=\begin{cases} y, & u\leqslant r\left(x^{(t)},y\right) \\ x^{(t)}, & u>r\left(x^{(t)},y\right) \end{cases} \tag{4.30}$$

其中的比值r定义为

$$r(x,y)=\min\left\{1,\frac{\pi(y)T(y,x)}{\pi(x)T(x,y)}\right\} \tag{4.31}$$

显然，当$T(x,y)=T(y,x)$时，米特罗波利斯-黑斯廷斯算法与最初的米特罗波利斯算法是一致的。

米特罗波利斯-黑斯廷斯算法有效的原因在于它建立了一个使目标分布$\pi(x)$固定不变的转移机制，即它满足细致平衡条件①。

除了黑斯廷斯的推广，通过定义不同的比值r，人们提出不同版本的米特罗波利斯算法，用于解决一些特定领域的特殊问题[47, 50]。

4.4.3 子集模拟方法

子集模拟方法是米特罗波利斯-黑斯廷斯算法在结构可靠度计算中的一个成功应用，它解决的是涉及高维随机变量空间的微小失效概率的有效计算问题[53]。为了更清楚地介绍子集模拟方法，将结构失效概率计算式（4.15）改写为

$$\begin{aligned} P_F &= P(\theta\in F) \\ &= \int I_F(\theta)q(\theta)\mathrm{d}\theta \end{aligned} \tag{4.32}$$

式中，$\theta=(\theta_1,\theta_2,\cdots,\theta_n)\in\Theta\subset\mathbf{R}^n$为具有 jPDF 为$q(\theta)$的结构系统的不确定性状态；$F$为参数空间$\Theta$中的失效域（或失效事件）；$I_F(\cdot)$为示性函数，若$\theta\in F$，则$I_F(\theta)=1$；若$\theta\notin F$，则$I_F(\theta)=0$。

不失一般性，假设θ中各元素是相互独立的，即$q(\theta)=\prod_{j=1}^{n}q_j(\theta_j)$，其中$q_j(\theta_j)$ $(j=1,2,\cdots,n)$为θ_j的 PDF。

令$F_1\supset F_2\supset\cdots\supset F_m=F$为失效事件的递减序列，使得$F_k=\bigcap_{i=1}^{k}F_i\quad(k=1,2,\cdots,m)$。由此，可以将微小的失效概率$P_F$表示为相对大的一系列条件概率

① 若满足条件$\pi(x)A(x,y)=\pi(y)A(y,x)$，则马尔可夫链是细致平衡的，其中的$A(x,y)$表示转移函数。

$P\left(F_{i+1}\middle|F_i\right)(i=1,2,\cdots,m-1)$ 和无条件概率 $P\left(F_1\right)$ 的乘积：

$$\begin{aligned}
P_F &= P\left(F_m\right) \\
&= P\left(\bigcap_{i=1}^{m} F_i\right) \\
&= P\left(F_m \middle| \bigcap_{i=1}^{m-1} F_i\right) P\left(\bigcap_{i=1}^{m-1} F_i\right) \\
&= P\left(F_m \middle| F_{m-1}\right) P\left(F_{m-1} \middle| \bigcap_{i=1}^{m-2} F_i\right) P\left(\bigcap_{i=1}^{m-2} F_i\right) \\
&\vdots \\
&= P\left(F_1\right) \prod_{i=1}^{m-1} P\left(F_{i+1} \middle| F_i\right)
\end{aligned} \tag{4.33}$$

式（4.33）中的无条件概率 $P\left(F_1\right)$ 的估计 $\hat{P}_1$ 可以由经典蒙特卡洛方法得到：

$$\hat{P}_1 = \frac{1}{N}\sum_{k=1}^{N} I_{F_1}\left(\theta_k\right) \tag{4.34}$$

式中，$\left\{\theta_k : k=1,2,\cdots,N\right\}$ 为 jPDF 是 $q(\theta)$ 的独立同分布样本。

如果同样采用经典蒙特卡洛方法计算式（4.33）中的条件概率 $P\left(F_i\middle|F_{i-1}\right)(i=1,2,\cdots,m-1)$，则需生成分布为 $q\left(\theta\middle|F_i\right)=q(\theta)I_{F_i}(\theta)/P\left(F_i\right)$ 的独立同分布样本。这种采用经典蒙特卡洛方法计算式（4.33）中条件概率的策略是低效的，因为平均每抽取 $1/P\left(F_i\right)$ 个服从 $q(\theta)$ 分布的样本才会出现一个所需的样本。为了提高采样效率，通过改进米特罗波利斯-黑斯廷斯算法，文献[53]提出一个马尔可夫链采样方法，从已获得的当前样本生成下一个马尔可夫链样本，使得马尔可夫链的平稳分布等于 $q\left(\theta\middle|F_i\right)=q(\theta)I_{F_i}(\theta)/P\left(F_i\right)=\left[\prod_{j=1}^{n} q_j\left(\theta_j\right)\right] I_{F_i}(\theta) \Big/ P\left(F_i\right)$。

为此，对于每个 $j=1,2,\cdots,n$，令 $p_j^*\left(\xi\middle|\theta\right)$（称为建议 PDF）为 ξ 的集中于 θ 的具有对称特性 $p_j^*\left(\theta\middle|\xi\right)=p_j^*\left(\xi\middle|\theta\right)$ 的一维 PDF。然后，通过由 $\theta_k=\left(\theta_k(1),\theta_k(2),\cdots,\theta_k(n)\right)$ 计算 θ_{k+1}（$k=1,2,\cdots$），从而由给定样本 θ_1 生成一个样本序列 $\left\{\theta_1,\theta_2,\cdots\right\}$。生成样本 θ_{k+1} 的步骤如下：

（1）生成候选状态 $\tilde{\theta}$：对于每个 $j=1,2,\cdots,n$，从 $p_j^*\left(\cdot\middle|\theta_k(j)\right)$ 采样 ξ_j；计算比值 $r_j=q_j\left(\xi_j\right)/q_j\left(\theta_k(j)\right)$，按概率 $\min\left\{1,r_j\right\}$ 设定 $\tilde{\theta}(j)=\xi_j$ 和按概率 $1-\min\left\{1,r_j\right\}$ 设定 $\tilde{\theta}(j)=\theta_k(j)$。

（2）接受或拒绝$\tilde{\theta}$：检查$\tilde{\theta}$的位置。若$\tilde{\theta}\in F_i$，则接受其为下一个样本，即$\theta_{k+1}=\tilde{\theta}$；否则，拒绝它并将当前样本取为下一个样本，即$\theta_{k+1}=\theta_k$。

按上述步骤生成的马尔可夫链满足细致平衡条件[53]，因此，如果当前样本是服从$q(\cdot|F_i)$分布的，那么生成的下一个样本也将服从$q(\cdot|F_i)$分布，$q(\cdot|F_i)$则是生成的马尔可夫链的平稳分布。需要注意的是，上述生成样本θ_{k+1}的算法的效率依赖于建议分布$p_j^*(\xi|\theta)$。如果$p_j^*(\xi|\theta)$足够“局部”而使当前样本θ_k具有更高的概率落在F_i域内，那么将在系列样本中引入更大的相依性，从而降低条件失效概率估计的效率。

子集模拟方法的具体实施过程如下：

首先，根据目标分布$q(\theta)$生成独立同分布的样本，由经典蒙特卡洛方法计算无条件概率$P(F_1)$的估计值$\hat{P}_1$。

然后，从那些落在失效域F_1内的样本（服从$q(\cdot|F_1)$分布）开始，采用上述样本生成算法生成马尔可夫链样本（其分布也为$q(\cdot|F_1)$），计算条件概率$P(F_2|F_1)$的估计值$\hat{P}_2$。

最后，从那些落在失效域F_2内的马尔可夫链样本（服从$q(\cdot|F_2)$分布）开始，采用上述样本生成算法生成更多的服从$q(\cdot|F_2)$分布的马尔可夫链样本并计算条件概率$P(F_3|F_2)$的估计值$\hat{P}_3$。

不断重复上述生成马尔可夫链样本和估计条件概率的过程直至达到目标失效事件$F=F_m$后，获得目标失效概率的估计值$\hat{P}_F$。

若令$\left\{\theta_k^{(i)}:k=1,2,\cdots,N\right\}$为在第$i$（$1\leqslant i\leqslant m-1$）个条件水平处具有分布$q(\cdot|F_i)$的马尔可夫链样本（可能由不同种子生成的来自不同链的样本组成），则有

$$\hat{P}_{i+1}=\frac{1}{N}\sum_{k=1}^{N}I_{F_{i+1}}\left(\theta_k^{(i)}\right) \tag{4.35}$$

从而得到

$$\hat{P}_F=\prod_{i=1}^{m}\hat{P}_i \tag{4.36}$$

子集模拟方法中的条件化过程减小了微小失效概率计算所需的样本数量，对米特罗波利斯-黑斯廷斯算法的改进降低了高维状态空间马尔可夫链样本的相依性，因此，对于涉及大量基本随机变量的高可靠性结构、结构体系或工程网络系统的失效概率估计问题，子集模拟方法是一个值得选择的方法[53, 62-63]。但是，也

应该注意到，子集模拟方法的计算效率严重依赖建议分布 $p_j^*(\xi|\theta)$，而 $p_j^*(\xi|\theta)$ 的类型及其参数则需要具体问题具体分析。另外，子集模拟方法中的样本生成策略（接受-拒绝法）也会影响模拟结果的精确性。

下面通过计算随机振动系统的首次穿越失效概率来说明子集模拟方法的使用过程。

例题 4.3 考虑一个自振频率 $\omega_0 = 1.0\pi$ rad/s 和阻尼比 $\zeta = 5\%$ 的线性单自由度振子，它在静止状态时受到一个（双边）PSD 函数 $S(\omega) = S_0 = 2\zeta\omega_0^3/\pi$ 的白噪声过程 $W(t)$ 的激励。该振子的运动方程为

$$\ddot{X}(t) + 2\zeta\omega_0\dot{X}(t) + \omega_0^2 X(t) = W(t)$$

式中，$X(t)$、$\dot{X}(t)$ 和 $\ddot{X}(t)$ 分别为振子的位移、速度和加速度响应。

离散时间步 $t_k = (k-1)\Delta t\,(k = 1,2,\cdots,K)$ 处的振子响应由杜阿梅尔积分进行计算，其中的时间间距 $\Delta t = 0.02$ s。设激励时长 $T = 30$ s，使得离散时间步数 $K = 1501$。白噪声过程由 K 个独立同分布标准正态随机变量来模拟，即 $W(t_k) = \sqrt{2\pi S_0/\Delta t}\theta_k$ $(k = 1,2,\cdots,K)$[64]，因此，振子的不确定性状态向量 $\boldsymbol{\theta} = (\theta_1,\theta_2,\cdots,\theta_K)$ 由 K 个独立同分布标准正态随机变量组成。

振子的失效定义为在受迫振动的前 $T = 30$ s 内绝对位移响应首次超越阈值 b 的概率，即

$$\begin{aligned} F &= |X(t)| > b, \quad \exists t \in [0,T] \\ &= \max_{0\leqslant t\leqslant T}|X(t)| > b \end{aligned}$$

相应的中间失效事件 $F_i\,(i = 1,2,\cdots,m)$ 定义为

$$F_i = \max_{0\leqslant t\leqslant T}|X(t)| > b_i$$

其中的 $b_1 < b_2 < \cdots < b_m = b$ 为中间阈值，它们使得 $P(F_1)$ 和 $P(F_{i+1}|F_i)$ $(i = 1,2,\cdots,m-1)$ 都约等于 0.1。

将建议分布 $p_j^*(\xi|\theta)(j = 1,2,\cdots,m-1)$ 选择为宽度为 2 的均匀分布，估计中间失效事件概率的样本数量 $N = 1000$，由此获得的子集模拟结果如图 4.4 所示。为了进行对比，将 10 万个统计独立样本得到的经典蒙特卡洛模拟结果也绘于图 4.4 中。图 4.4 表明，在 10^{-1} 和 10^{-2} 数量级的首次穿越概率估计中，子集模拟方法与经典蒙特卡洛方法的估计结果吻合良好；对于 10^{-3} 数量级的首次穿越概率估计，子集模拟方法的估计结果稍大于经典蒙特卡洛方法的估计结果。

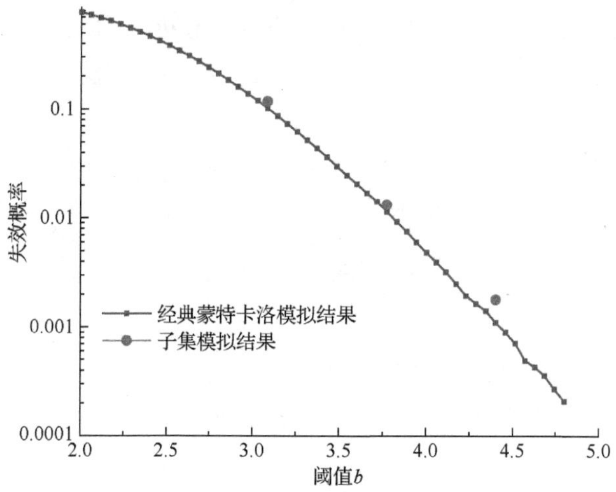

图 4.4 振子的首次穿越概率估计

4.5 相关随机变量的随机数

由于存在共因、传递和因果关系，工程中的许多随机变量是统计相关的，相应的蒙特卡洛方法需要生成这些相关随机变量的随机数，或者说，需要进行相关随机变量的模拟。下面介绍两种常用的生成相关随机变量随机数的模拟技术：基于协方差矩阵的模拟和基于 Copula 函数的模拟。

4.5.1 基于协方差矩阵的模拟

基于协方差矩阵的模拟对于相关正态随机变量是“精确”的，也可以近似模拟其他分布的相关随机变量。令 $\boldsymbol{X}=\left(X_1,X_2,\cdots,X_n\right)$ 为相关正态随机变量向量，它们的均值向量和协方差矩阵分别为

$$\boldsymbol{\mu}_{\boldsymbol{X}}=\left(\mu_{X_1},\mu_{X_2},\cdots,\mu_{X_n}\right) \tag{4.37}$$

$$\boldsymbol{C}_{\boldsymbol{X}}=\begin{bmatrix} \sigma^2_{X_1,X_1} & \cdots & \sigma^2_{X_1,X_n} \\ \vdots & & \vdots \\ \sigma^2_{X_n,X_1} & \cdots & \sigma^2_{X_n,X_n} \end{bmatrix} \tag{4.38}$$

式中，$\mu_{X_i}\left(i=1,2,\cdots,n\right)$ 为 X_i 的均值；$\sigma^2_{X_i,X_j}\left(i,j=1,2,\cdots,n\right)$ 为 X_i 和 X_j 的协方差，且有 $\sigma^2_{X_i,X_j}=\sigma^2_{X_j,X_i}$。

因为协方差矩阵是对称矩阵，因此，存在下面的线性转换关系[38]：

$$\boldsymbol{X}=\boldsymbol{T}\boldsymbol{Y} \tag{4.39}$$

式中，$\boldsymbol{Y}=\left(Y_1,Y_2,\cdots,Y_n\right)$为统计独立的正态随机变量向量；转换矩阵$\boldsymbol{T}$为由协方差矩阵$\boldsymbol{C}_{\boldsymbol{X}}$的顺序特征向量组成的实数对称矩阵。注意：转换矩阵$\boldsymbol{T}$是正交的，即它的逆$\boldsymbol{T}^{-1}$等于它的转置$\boldsymbol{T}^{\mathrm{T}}$。

正态随机变量$Y_1,Y_2,\cdots,Y_n$的方差$\sigma_{Y_1,Y_1}^2,\sigma_{Y_2,Y_2}^2,\cdots,\sigma_{Y_n,Y_n}^2$为协方差矩阵$\boldsymbol{C}_{\boldsymbol{X}}$的顺序特征值，而由式（4.39）可以得到变量$Y_1,Y_2,\cdots,Y_n$的均值向量：

$$\begin{aligned}\boldsymbol{\mu}_{\boldsymbol{Y}}&=\left(\mu_{Y_1},\mu_{Y_2},\cdots,\mu_{Y_n}\right)\\&=\boldsymbol{T}^{\mathrm{T}}\boldsymbol{\mu}_{\boldsymbol{X}}\end{aligned}\tag{4.40}$$

因此，可以生成正态随机变量$Y_1,Y_2,\cdots,Y_n$的随机数，将其代入式（4.39），得到变量$X_1,X_2,\cdots,X_n$的随机数，完成一次相关正态随机变量的模拟。

显然，如果相关随机变量$X_1,X_2,\cdots,X_n$中有一个或多个变量不是正态分布的，那么，上述基于协方差矩阵的模拟结果将是近似准确的。

4.5.2 基于 Copula 函数的模拟

由于随机变量$X_1,X_2,\cdots,X_n$的 Copula 函数$C\left(u_1,u_2,\cdots,u_n\right)$已经定义了边际分布$F_{X_k}\left(x_k\right)$，因此，只要获得$X_1,X_2,\cdots,X_n$的条件随机数，就可以由$F_{X_k}\left(x_k\right)$的反函数$F_{X_k}^{-1}\left(x_k\right)$得到$X_1,X_2,\cdots,X_n$的随机数。这种生成由 Copula 函数定义的联合分布随机数的方法称为条件分布方法。

以两个变量X和Y的情况为例。令U和V是联合分布为C的$(0,1)$区间内的均匀分布随机变量，则给定$U=u$时V的条件分布$c_u\left(v\right)$[39]为

$$\begin{aligned}c_u\left(v\right)&=P\left(V\leqslant v\middle|U=u\right)\\&=\lim_{\Delta u\to 0}\frac{C\left(u+\Delta u,v\right)-C\left(u,v\right)}{\Delta u}\\&=\frac{\partial}{\partial u}C\left(u,v\right)\end{aligned}\tag{4.41}$$

将条件分布$c_u\left(v\right)$的伪逆记为$c_u^{[-1]}\left(v\right)$，则由条件分布方法生成U和V的随机数u和v的步骤如下：

（1）生成独立的$(0,1)$区间内均匀分布的随机数u和t。

（2）令$v=c_u^{[-1]}\left(t\right)$。

（3）获得所需的随机数u和v。

如果条件分布$c_u\left(v\right)$不是直接可逆的，那么，可以采用下面的直接方法获得生成元为$\varphi(t)$的U和V的随机数u和v：

（1）生成独立的$(0,1)$区间内均匀分布的随机数a和b。

（2）令 $s=K_C^{-1}(b)$，其中函数 $K_C(t)=t-\varphi(t)/\varphi'(t)$。

（3）令 $u=\varphi^{-1}\left[a\varphi(s)\right]$ 和 $v=\varphi^{-1}\left[(1-a)\varphi(s)\right]$。

需要注意的是，①在条件分布方法和直接方法中求 $v=c_u^{[-1]}(t)$ 和 $s=K_C^{-1}(b)$ 时，可能需要进行数值求解；②只有当多维 Copula 函数是由二维 Copula 函数直接推广得到时，上述条件分布方法和直接方法才能直接推广到多维的情况。

4.6 随机过程的模拟

随机过程的模拟是一个生成随机过程样本函数的过程，其基本思路是将随机过程表示为单个或多个随机变量的确定性（离散或连续）函数，然后对随机变量进行采样，从而得到随机过程的样本函数。在过去的几十年里，人们提出了多种随机过程的模拟方法[64-65]，其中，最常用的是谱表达（spectral representation）方法[51, 66-67]和卡胡南-拉维（Karhunen-Loéve）展开方法[68-69]，前者基于有理 PSD 函数模拟随机过程，后者基于协方差函数模拟随机过程。

4.6.1 谱表达方法

莱斯最早发现具有零均值和有理（双边）PSD 函数 $S_0(\omega)$ 的平稳过程 $f_0(t)$ 可以表示为三角函数的和[66]：

$$f(t)=\sum_{k=1}^{K}\left[A_k\cos(\omega_k t)+B_k\sin(\omega_k t)\right] \tag{4.42}$$

或

$$f(t)=\sqrt{2}\sum_{k=1}^{K}C_k\cos(\omega_k t-\Phi_k) \tag{4.43}$$

式中，K 为大的正整数；$\omega_k=(k-1/2)\Delta\omega$，$\Delta\omega$ 为频率步长；余弦函数系数 A_k 和正弦函数系数 B_k 为均值为零、方差为 $2S_0(\omega_k)\Delta\omega$ 的独立随机变量；Φ_k 为 $(0,2\pi)$ 区间内均匀分布的独立随机（相位）角；确定性系数 $C_k=\sqrt{2S_0(\omega_k)\Delta\omega}$。

式（4.42）和式（4.43）中的随机变量 A_k 和 B_k 或 Φ_k 被其随机数 a_k 和 b_k 或 φ_k 替换后，得到 $f(t)$（也是 $f_0(t)$）的样本函数：

$$\hat{f}(t)=\sum_{k=1}^{K}\left[a_k\cos(\omega_k t)+b_k\sin(\omega_k t)\right] \tag{4.44}$$

或

$$\hat{f}(t)=\sqrt{2}\sum_{k=1}^{K}C_k\cos(\omega_k t-\varphi_k) \tag{4.45}$$

根据中心极限定理，随着K的增大，$f(t)$渐近于高斯过程。对于由式（4.42）定义的$f(t)$，如果A_k和B_k是独立正态随机变量，那么，对于任何$K\geqslant 1$，随机过程$f(t)$都是高斯的。另外，利用式（4.45）可以证明由式（4.43）定义的$f(t)$为至少二阶矩遍历的，因此，式（4.43）和式（4.45）更适合于表达和模拟高斯随机过程。需要注意的是，$f(t)$具有周期$T=2\pi/\Delta\omega$。

Shinozuka 证明了式（4.42）和式（4.43）与随机过程的谱表达式是一致的[51]，因此，它们也称为随机过程的谱表达。

例题 4.4 地震地面运动加速度通常被看作零均值平稳高斯过程$f(t)$，其单边 PSD 函数可由金井清-田治见宏（Kanai-Tajimi）过滤器模型[3,70]给出：

$$S_{KT}(\omega)=\frac{\omega_g^4+4\omega_g^2\zeta_g^2\omega^2}{\left(\omega_g^2-\omega^2\right)^2+4\omega_g^2\zeta_g^2\omega^2}S_0$$

其中，$\omega_g=15.6\text{rad/s}$和$\zeta_g=0.6$分别为覆盖土的固有频率和阻尼比，$S_0=156\text{cm}^2/\text{s}^3$为高斯白噪声的单边 PSD。

令上截断频率$\omega_U=120\text{rad/s}$，频率间隔$\Delta\omega=0.3\text{rad/s}$，则有$K=\omega_U/\Delta\omega=400$，即式（4.42）和式（4.43）分别包含 800 个和 400 个随机变量。分别由式（4.44）和式（4.45）生成的随机过程$f(t)$的一个 20s 长（小于周期$T\approx 21\text{s}$）的样本函数如图 4.5 所示。

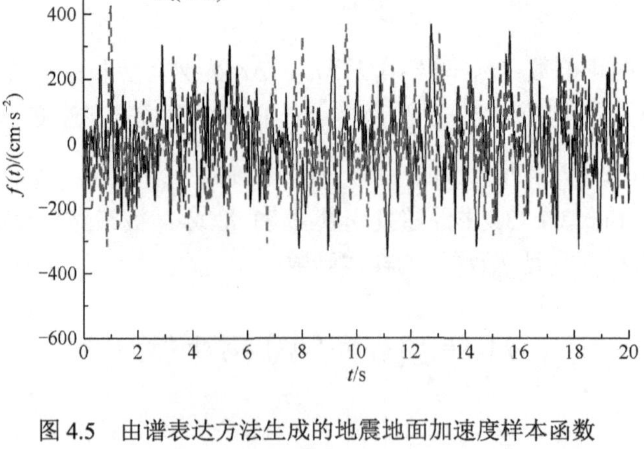

图 4.5　由谱表达方法生成的地震地面加速度样本函数

若对 $f(t)$ 进行均匀调制，得到非平稳高斯过程 $m(t)f(t)$，其中 $m(t)$ 为幅值（强度）调制函数，则将图 4.5 中的样本函数乘 $m(t)$，便可得到非平稳高斯过程 $m(t)f(t)$ 的样本函数。

上面所考虑的随机过程 $f_0(t)$ 只涉及一个变量 f_0 和一个维度 t，因此，$f_0(t)$ 也称为单变量一维随机场。若变量 f_0 涉及 n 个维度 $\boldsymbol{x}=(x_1,x_2,\cdots,x_n)$，那么，随机过程 $f_0(\boldsymbol{x})$ 可称为单变量多维随机场。对上面介绍的谱表达方法进行直接扩展，可以得到单变量多维随机场 $f_0(\boldsymbol{x})$ 的模拟方法[37, 51]。

工程中经常遇到多个相关随机过程（多变量随机向量过程）的模拟问题。这类问题也可以采用推广的谱表达方法来解决[67]。不失一般性，考虑一个 3 变量一维平稳随机向量过程 $\boldsymbol{f}^0(t)=\left(f_1^0(t),f_2^0(t),f_3^0(t)\right)$，其分量 $f_1^0(t)$、$f_2^0(t)$ 和 $f_3^0(t)$ 的均值都为零，非负定的协功率谱密度函数矩阵为

$$\boldsymbol{S}^0(\omega)=\begin{bmatrix} S_{11}^0(\omega) & S_{12}^0(\omega) & S_{13}^0(\omega) \\ S_{21}^0(\omega) & S_{22}^0(\omega) & S_{23}^0(\omega) \\ S_{31}^0(\omega) & S_{32}^0(\omega) & S_{33}^0(\omega) \end{bmatrix} \tag{4.46}$$

式中，$S_{ii}^0(\omega)(i=1,2,3)$ 为随机过程 $f_1^0(t)$、$f_2^0(t)$ 和 $f_3^0(t)$ 的 PSD 函数；$S_{ij}^0(\omega)$ $(i=1,2,3,j=1,2,3,i\neq j)$ 为 $f_1^0(t)$、$f_2^0(t)$ 和 $f_3^0(t)$ 的协功率谱密度函数，且有 $S_{ij}^0(\omega)=S_{ji}^0(\omega)$。

协功率谱密度函数矩阵可以分解为下面的矩阵乘积形式：

$$\boldsymbol{S}^0(\omega)=\boldsymbol{H}(\omega)\boldsymbol{H}^{\mathrm{T}*}(\omega) \tag{4.47}$$

式中，上角标 T^* 为转置共轭；$\boldsymbol{H}(\omega)$ 为下三角矩阵：

$$\boldsymbol{H}(\omega)=\begin{bmatrix} H_{11}(\omega) & 0 & 0 \\ H_{21}(\omega) & H_{22}(\omega) & 0 \\ H_{31}(\omega) & H_{32}(\omega) & H_{33}(\omega) \end{bmatrix} \tag{4.48}$$

其中的对角元素为 ω 的实非负函数，非对角元素一般为 ω 的复函数，且具有如下关系：

$$H_{ii}(\omega)=H_{ii}(-\omega),\quad i=1,2,3 \tag{4.49}$$

和

$$H_{ij}(\omega)=H_{ij}^*(-\omega),\quad i=2,3,j=1,2,i>j \tag{4.50}$$

在协功率谱密度函数矩阵分解的基础上，可以得到模拟随机向量过程 $\boldsymbol{f}^0(t)$ 的谱表达式：

$$f_i(t)=2\sum_{m=1}^{i}\sum_{l=1}^{N}\left|H_{im}(\omega_{ml})\right|\sqrt{\Delta\omega}\cos\left[\omega_{ml}t-\theta_{im}(\omega_{ml})+\Phi_{ml}\right],\quad i=1,2,3 \tag{4.51}$$

式中，双下标频率为

$$\omega_{1l}=l\Delta\omega-\frac{2}{3}\Delta\omega,\quad l=1,2,\cdots,N \tag{4.52}$$

$$\omega_{2l}=l\Delta\omega-\frac{1}{3}\Delta\omega,\quad l=1,2,\cdots,N \tag{4.53}$$

$$\omega_{3l}=l\Delta\omega,\quad l=1,2,\cdots,N \tag{4.54}$$

式中，频率间隔 $\Delta\omega=(\omega_U-\omega_L)/N$，其中 ω_L 和 ω_U 分别为下截断和上截断频率。由此可知，模拟的随机过程分别具有周期 $3\times 2\pi/\Delta\omega$、$3/2\times 2\pi/\Delta\omega$ 和 $2\pi/\Delta\omega$。

式（4.51）中的 $\theta_{im}(\omega_{ml})$ 为依赖于 $H_{im}(\omega_{ml})$ 的确定性角度：

$$\theta_{im}(\omega_{ml})=\tan^{-1}\left\{\frac{\mathrm{Im}\left[H_{im}(\omega_{ml})\right]}{\mathrm{Re}\left[H_{im}(\omega_{ml})\right]}\right\} \tag{4.55}$$

式中，$\mathrm{Re}(\cdot)$ 和 $\mathrm{Im}(\cdot)$ 分别为复数的实部和虚部。

式（4.51）中的 $\Phi_{ml}\,(m=1,2,3;l=1,2,\cdots,N)$ 为 $(0,2\pi)$ 区间内的独立均匀分布随机角变量。用 Φ_{ml} 的随机数 φ_{ml} 替换式（4.51）中的随机变量 Φ_{ml} 后，得到随机过程 $f_i(t)$ 的样本函数：

$$\hat{f}_i(t)=2\sum_{m=1}^{i}\sum_{l=1}^{N}\left|H_{im}(\omega_{ml})\right|\sqrt{\Delta\omega}\cos\left[\omega_{ml}t-\theta_{im}(\omega_{ml})+\varphi_{ml}\right],\quad i=1,2,3 \tag{4.56}$$

同样地，通过对上述多变量一维随机场模拟的谱表达方法进行直接推广，可以得到多变量多维平稳和非平稳随机场模拟的谱表达方法[37, 51]。当 N 足够大时，式（4.51）定义的随机过程近似为高斯的。

例题 4.5 海面上水平脉动风速过程 $u(t)$ 和纯风浪高过程 $\eta(t)$ 是相互作用的两个平稳高斯随机过程，它们的均值为零，协功率谱密度函数矩阵为

$$\boldsymbol{S}(\omega)=\begin{bmatrix} S_{uu}(\omega) & S_{u\eta}(\omega) \\ S_{\eta u}(\omega) & S_{\eta\eta}(\omega) \end{bmatrix}$$

式中，$S_{uu}(\omega)$和$S_{\eta\eta}(\omega)$分别为$u(t)$和$\eta(t)$的功率谱密度函数；$S_{u\eta}(\omega)=S_{\eta u}(\omega)$为$u(t)$和$\eta(t)$的协功率谱密度函数：

$$S_{u\eta}(\omega)=S_{\eta u}(\omega)$$
$$=\gamma_{u\eta}(\omega)\sqrt{S_{uu}(\omega)S_{\eta\eta}(\omega)}$$

式中，$\gamma_{u\eta}(\omega)$为$u(t)$和$\eta(t)$的相干函数。

考虑某深水海域静止水面上 7m 处的水平脉动风速和纯风浪高过程，其双边功率谱密度函数和相干函数分别定义[71]为

$$S_{uu}(\omega)=\frac{\pi}{\omega}u_*^2\frac{200x}{(1+50x)^{\frac{5}{3}}}$$

$$S_{\eta\eta}(\omega)=\frac{319.34}{2}\frac{h_S^2}{T_P^4}\omega^{-5}\mathrm{e}^{-1948\left(\frac{1}{T_P\omega}\right)^4}\gamma^{\mathrm{e}^{-\frac{(0.159T_P\omega-1)^2}{2\sigma^2}}}$$

和

$$\gamma_{u\eta}(\omega)=a\left[\frac{\omega}{2\pi}\frac{cz}{\frac{h_S}{T_P}+\bar{u}(z)}\right]^b\mathrm{e}^{-\frac{\omega}{2\pi}\frac{cz}{\frac{h_S}{T_P}+\bar{u}(z)}}$$

式中，$z=7\text{m}$为水面上距静止水面的距离；$u_*=0.553\text{m/s}$为摩擦风速；$\bar{u}(z)=13.2\text{m/s}$为静止水面上 7m 高处的平均风速；无量纲参数$x=(\omega/2\pi)\left[z/\bar{u}(z)\right]$；$h_S=1.86\text{m}$为有义波高；$T_P=4.43\text{s}$为谱峰周期；$\gamma=3.3$为谱峰系数；$\sigma$为谱偏系数，其取值为

$$\sigma=\begin{cases}0.07, & \omega\leqslant 2\pi/T_P\\ 0.09, & \omega>2\pi/T_P\end{cases}$$

相干函数模型系数分别为$a=0.00384$、$b=5.5$和$c=45.132$。

图 4.6 绘出了由谱表达方法生成的一组脉动风速和浪高样本函数。在计算过程中，下截断频率和上截断频率分别为$\omega_L=0.02\text{rad/s}$和$\omega_U=3.0\text{rad/s}$，频率步长$\Delta\omega=(\omega_U-\omega_L)/2048\approx0.0015\text{rad/s}$。因此模拟的脉动风速和浪高过程的最长周期为$2\times2\pi/\Delta\omega\approx8373\text{s}$。

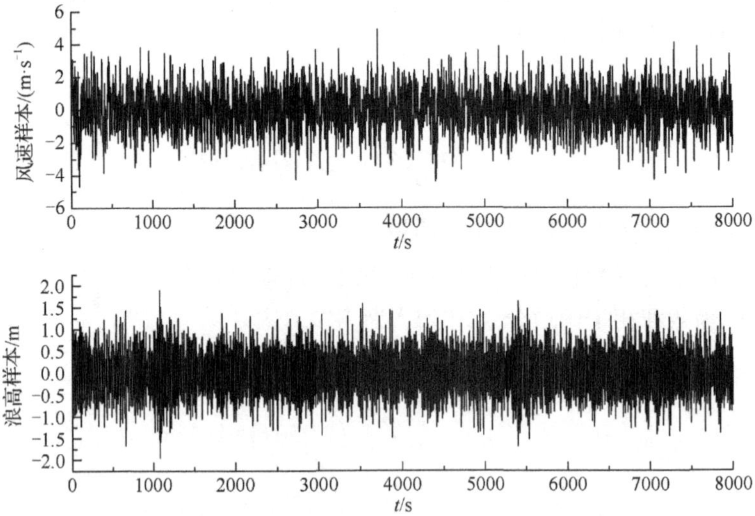

图 4.6　由谱表达方法生成的脉动风速和浪高样本函数

4.6.2　卡胡南-拉维展开方法

令均方连续①的零均值平稳过程 $f_0(t)$ 的协方差函数为 $C(s\text{-}t)$，其中 $s,t\in[0,T]$。若 $\{\lambda_k^2\}$ 和 $(h_k(t))$ 为 $C(s\text{-}t)$ 的实特征值和正交特征向量，那么在均方收敛的意义上，$f_0(t)$ 的卡胡南-拉维展开为

$$f_0(t)=\sum_{k=0}^{\infty}\lambda_k\xi_k h_k(t) \tag{4.57}$$

式中，$\{\xi_k\}$ 为独立的零均值随机变量。

协方差函数 $C(s\text{-}t)$ 可以展开为

$$C(s\text{-}t)=\sum_{k=0}^{\infty}\lambda_k^2 h_k(s)h_k(t),\quad s,t\in[0,t] \tag{4.58}$$

协方差函数 $C(s\text{-}t)$ 同时满足关于特征值 $\{\lambda_k^2\}$ 和特征向量 $(h_k(t))$ 的积分方程：

$$\int_0^T C(s\text{-}t)h_k(t)\mathrm{d}t=\lambda_k^2 h_k(s),\quad s,t\in[0,t] \tag{4.59}$$

① 若二阶矩过程 $X(t)$ 在 $t\in[0,T]$ 上满足 $\lim\limits_{\Delta t\to 0}E\left\{\left[X(t+\Delta t)-X(t)\right]^2\right\}=0$，则 $X(t)$ 在 $t\in[0,T]$ 上是均方连续的。

为了数值求解式（4.59），需要将特征向量（ $h_k(t)$ ）表示为 K 个正交基函数 $\{\psi_i(t)\}$ 的线性组合：

$$h_k(t)=\sum_{i=0}^{K-1}d_i^{(k)}\psi_i(t) \tag{4.60}$$

将式（4.60）代入式（4.59），并令式（4.59）的误差与每个基函数正交，则有

$$\sum_{i=0}^{K-1}d_i^{(k)}\left[\int_0^T\int_0^T C(s\text{-}t)\psi_i(t)\psi_j(s)\mathrm{d}t\mathrm{d}s\right]-\lambda_k^2\sum_{i=0}^{K-1}d_i^{(k)}\left[\int_0^T\psi_i(s)\psi_j(s)\mathrm{d}s\right]=0 \tag{4.61}$$

实际上，方程（4.61）是一个 K 维特征值问题方程：

$$\boldsymbol{AD}^{(k)}=\lambda_k^2\boldsymbol{BD}^{(k)} \tag{4.62}$$

式中， $\boldsymbol{D}^{(k)}$ 为元素为 $d_i^{(k)}$ 的 K 维向量； $\boldsymbol{A}$ 和 $\boldsymbol{B}$ 为 $K\times K$ 维矩阵，其元素为

$$a_{ji}=\int_0^T\int_0^T C(s\text{-}t)\psi_i(t)\psi_j(s)\mathrm{d}t\mathrm{d}s,\quad j,i=1,2,\cdots,K \tag{4.63}$$

$$b_{ji}=\int_o^T\psi_i(s)\psi_j(s)\mathrm{d}s,\quad j,i=1,2,\cdots,K \tag{4.64}$$

解得由式（4.62）定义的特征值 $\{\lambda_k^2\}_{k=0}^{K-1}$ 和特征向量 $(h_k(t))_{k=0}^{K-1}$ 后，可以写出由有限个特征值和特征向量表示的随机过程 $f_0(t)$ 的卡胡南-拉维展开式：

$$\hat{f}(t)=\sum_{k=0}^{K-1}\lambda_k\xi_k h_k(t) \tag{4.65}$$

随机函数 $f(t)$ 的协方差函数为

$$\hat{C}(s\text{-}t)=\sum_{k=0}^{K-1}\lambda_k^2 h_k(s)h_k(t),\quad s,t\in[0,t] \tag{4.66}$$

基函数 $\{\psi_i(t)\}$ 的类型对卡胡南-拉维展开的阶数 K 有比较大的影响。一般而言，当基函数的类型与协方差函数 $C(s\text{-}t)$ 的类型一致或相近时，所需的 K 值比较小，可以用比谱表达方法更少的随机变量来表示同一个随机过程。常用的基函数有拉格朗日基函数、小波基函数和三角基函数。

将式（4.65）中的随机变量$\{\xi_k\}(k=1,2,\cdots,K-1)$替换为其随机数后，可以生成平稳随机过程$f_0(t)$的样本函数，且当$K$足够大时，所得到的样本函数近似为高斯的。

例题 4.6 考虑例题 4.4 中的金井清-田治见宏加速度谱，其对应的协方差函数可由维纳-欣钦公式给出：

$$C_{KT}(\tau)=\omega_g S_0 \pi \mathrm{e}^{-\zeta_g\omega_g|\tau|}\left[\left(2\zeta_g+\frac{1}{\zeta_g}\right)\cos\omega_d\tau+\left(\frac{1}{\zeta_g}-2\zeta_g\right)\frac{\zeta_g\omega_g}{\omega_d}\sin\omega_d|\tau|\right],\quad \tau\in[-T,T]$$

式中，$\omega_d=\sqrt{1-\xi_g^2}\omega_g$为有阻尼频率；其他参数取值与例题 4.4 一致。

考虑$C_{KT}(\tau)$含有三角函数，因此，将式（4.60）中的基函数选择为周期为T的三角基函数，即

$$\psi_0(t)=\sqrt{\frac{1}{T}},\psi_1(t)=\sqrt{\frac{2}{T}}\cos\frac{2\pi}{T}t,\psi_2(t)=\sqrt{\frac{2}{T}}\sin\frac{2\pi}{T}t,\cdots,$$
$$\psi_{2i-1}(t)=\sqrt{\frac{2}{T}}\cos\frac{i2\pi}{T}t,\psi_{2i}(t)=\sqrt{\frac{2}{T}}\sin\frac{i2\pi}{T}t,\quad i=2,\cdots,\frac{K-1}{2}$$

式中，$K=2N+1$，N为正整数。

由金井清-田治见宏加速度谱定义的随机过程的卡胡南-拉维展开式[72]为

$$f(t)=\sum_{k=0}^{N}\left(A_k\cos\omega_k t+B_k\sin\omega_k t\right)$$

式中，$\omega_k=k\Delta\omega=k\omega_U/N$，其中上截断频率$\omega_U=2N\pi/T$。

A_k和B_k($k=0,1,\cdots,N$)为独立的零均值正态变量，它们的方差分别为

$$\sigma_{A_0}^2=\frac{1}{T}\sum_{i=0}^{2N}\lambda_i^2\left[d_0^{(i)}\right]^2$$

$$\sigma_{A_k}^2=\frac{2}{T}\sum_{i=0}^{2N}\lambda_i^2\left[d_{2k}^{(i)}\right]^2,\quad k=1,2,\cdots,N$$

$$\sigma_{B_k}^2=\frac{2}{T}\sum_{i=0}^{2N}\lambda_i^2\left[d_{2k+1}^{(i)}\right]^2,\quad k=1,2,\cdots,N$$

令$T=10\,\mathrm{s}$和$\omega_U=20\pi\,\mathrm{rad/s}$，则$N=100$，即卡胡南-拉维展开式含有 201 个独立的正态随机变量。图 4.7 绘制了正态随机变量A_k和B_k的标准差随k的变化情

况。由 A_k 和 B_k 的随机数可以生成由金井清-田治见宏加速度谱定义的地面运动加速度过程的样本函数。

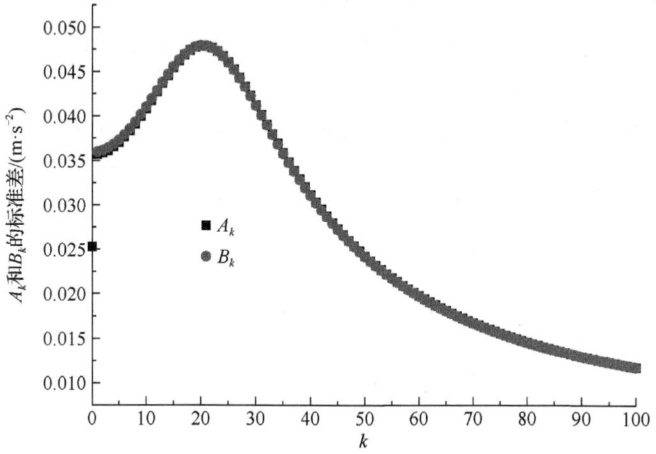

图 4.7　卡胡南-拉维展开式中正态随机变量的标准差随 k 的变化情况

4.6.3　非高斯随机过程模拟简述

实际工程中有时需要模拟非高斯的风压力和波浪力等随机过程。目前的非高斯过程模拟方法包括“传递”过程、非高斯卡胡南-拉维展开和自回归滑动平均等方法，其中的“传递”过程方法和非高斯卡胡南-拉维展开方法在实际工程中比较常用。

“传递”过程方法的思想是，通过一个无记忆非线性函数 $g(\cdot)$ 将均值为零、方差为 1 和协方差函数为 $C(\tau)$［或功率谱密度函数为 $S(\omega)$］的平稳高斯过程 $Y(t)$ 变换成非高斯过程 $X(t)=g\left[Y(t)\right]$，使得 $X(t)$ 的边际分布（或前 4 阶矩）和协方差函数与给定的边际分布（或前 4 阶矩）和协方差函数尽可能一致，从而由 $Y(t)$ 的样本函数经非线性变换得到 $X(t)$ 的样本函数。因此，“传递”过程方法的关键是确定合适的非线性函数 $g(\cdot)$ 和计算 $Y(t)$ 的协方差函数 $C(\tau)$［或功率谱密度函数 $S(\omega)$］。非线性函数 $g(\cdot)$ 可以是 $X(t)$ 的边际分布的反函数，也可以是埃尔米特（Hermite）多项式，而协方差函数 $C(\tau)$［或功率谱密度函数 $S(\omega)$］则往往需要通过比较复杂的迭代计算才能获得。

非高斯卡胡南-拉维展开方法的思想是，通过确定 $X(t)$ 的卡胡南-拉维展开式中随机变量 $\xi_k\,(k=0,1,\cdots,K-1)$ 的分布函数，使得 $X(t)$ 的卡胡南-拉维展开的边际分布与 $X(t)$ 的边际分布尽可能一致，从而由 $\xi_k\,(k=0,1,\cdots,K-1)$ 的随机数得到

$X(t)$的样本函数。同样地，确定$X(t)$的分布函数一般也需要一个比较复杂的迭代计算过程。非高斯卡胡南-拉维展开方法的优点是：构建卡胡南-拉维展开式的协方差函数是固定不变的，不会遇到“传递”过程方法可能存在的边际分布与协方差函数的不相容问题，而且非高斯卡胡南-拉维展开方法也比较容易推广到多变量多维随机场的情况。

对非高斯随机过程模拟问题感兴趣的读者可参见文献[73]～[76]。

5 可靠度指标方法

结构可靠度指标（reliability index，RI）是为了方便可靠度计算和结构设计而提出的一个指标，它是结构可靠度理论和方法的基石。为了确定结构可靠度指标，需要定义结构的极限状态，建立显式或隐式的极限状态（功能）函数，然后依据极限状态函数的复杂性选择合适的计算方法。目前广泛使用的结构可靠度指标是一次二阶矩可靠度指标（first-order second-moment reliability index），常用的计算方法有哈索法-林德（Hasofei-Lind，H-L）算法和拉科维茨-费斯勒（Rackwitz-Flessler，R-F）算法。H-L 算法和 R-F 算法是基于极限状态函数的一阶泰勒级数展开建立的，因此，称为一次可靠度方法（first order reliability method，FORM）。为了提高 FORM 的精度，人们建立了基于极限状态函数二阶泰勒级数展开的结构可靠度方法，即二次可靠度方法（second order reliability method，SORM）。下面介绍可靠度指标、一次可靠度方法和二次可靠度方法的基本概念、原理和具体算法。

5.1 极 限 状 态

极限状态是指在荷载作用下结构恰好处于不满足预期功能要求的一种临界状态。可以用一个数学函数定义结构的预期功能，函数的随机变量描述材料性能、几何参数和荷载等对象的不确定性，其值域暗含结构的各种状态。

极限状态有许多种，典型的是承载能力极限状态和正常使用极限状态。承载能力极限状态可以代表结构失去整体性能的临界状态，一旦该临界状态被超越，结构可能发生不可逆的灾难性后果，只有经过修复或重建，结构才能恢复失去的功能。正常使用极限状态是结构正常使用时可接受状态和不可接受状态之间的界限。如果结构能够在卸载后重新返回到安全状态，那么正常使用极限状态被超越所导致的结构损伤就是非永久的和可逆的。然而，超越正常使用极限状态也可能给结构带来永久损伤，使结构产生裂缝和其他可见缺陷。一般来说，超越正常使用极限状态所导致的结构损伤要轻于超越承载能力极限状态所导致的结构损伤，因此，只要对结构进行正常的维护，对应于正常使用极限状态的可靠度问题的重要性要相对小一些。

结构的极限状态可以用极限状态方程来表示：

$$g(R,S)=R-S=0 \tag{5.1}$$

式中，R 和 S 为随机变量，它们分别为结构的抗力和全部荷载的总效应。

函数 $g(R,S)$ 称为极限状态函数（或功能函数）。如图 5.1 所示，在 R-S 坐标系内，由 $R<S$ 定义的区域称为失效域，安全域则由 $R>S$ 来定义。有时，为了便于分析，也将极限状态 $R=S$ 归入失效域。

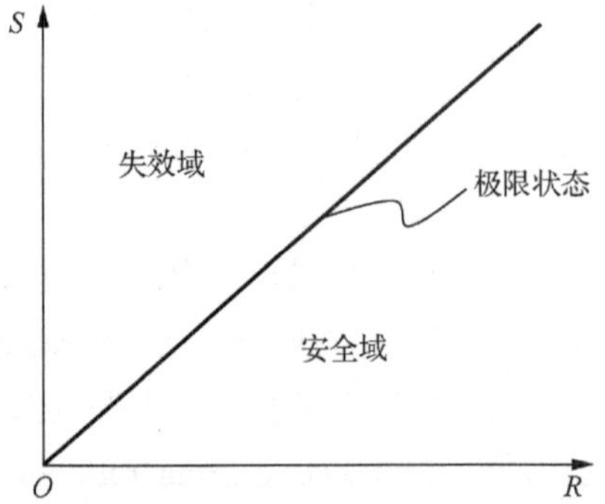

图 5.1　简单情况下的极限状态、失效域和安全域

一般地，可将极限状态方程写为

$$g(X_1,X_2,\cdots,X_n)=0 \tag{5.2}$$

式中，$X_i\,(i=1,2,\cdots,n)$ 为描述对可靠度问题具有不可忽略影响的不确定性因素的随机变量。

同样地，式（5.2）表示的极限状态方程将由 $X_1,X_2,\cdots,X_n$ 所组成的空间划分为两个部分：失效域和安全域。失效域由 $g(X_1,X_2,\cdots,X_n)<0$ 或 $g(X_1,X_2,\cdots,X_n)\leqslant 0$ 来定义，安全域由 $g(X_1,X_2,\cdots,X_n)>0$ 来定义。

出于分析的需要，通常要求功能函数 $g(X_1,X_2,\cdots,X_n)$ 是逐段可微的。如果由极限状态曲面 $g(X_1,X_2,\cdots,X_n)=0$ 所定义的安全域是凸的，则连接安全域中两个不同点的直线也必将处于安全域中，因此，当两个端点代表的结构是安全的，则连接这两个端点的直线上任意点所代表的结构也一定是安全的。

5.2 失效概率

结构失效概率是结构发生失效事件的概率。在数学上，结构失效概率是极限状态函数小于等于零的概率。对于式（5.1）定义的简单极限状态方程，失效概率

的表达式为

$$\begin{aligned} P_f &= P(R-S\leqslant 0)\\ &= P(R\leqslant S)\\ &= P(S\geqslant R) \end{aligned} \tag{5.3}$$

由概率运算法则，式（5.3）可以改写为

$$\begin{aligned} P_f &= P(S\geqslant R)\\ &= \sum_{\text{所有}i} P(S\geqslant r_i \cap R=r_i)\\ &= \sum_{\text{所有}i} P(S\geqslant R|R=r_i)P(R=r_i) \end{aligned} \tag{5.4}$$

式中，r_i 为随机抗力 R 的第 i 个值（实现）。

对于 R 和 S 均为连续型随机变量的情况，由于概率 $P(S\geqslant R|R=r_i)$ 可写为 $1-P(S<R|R=r_i)=1-F_S(R=r_i)$，而概率 $P(R=r_i)$ 的极限形式为 $P(R=r_i)\approx f_R(r_i)\mathrm{d}r_i$，其中的 $F_S(\cdot)$ 和 $f_R(\cdot)$ 分别为荷载效应 S 和抗力 R 的 CDF 和 PDF，因此，将式（5.4）的和改为积分后，得到下式[38]：

$$\begin{aligned} P_f &= \int_{-\infty}^{+\infty}\left[1-F_S(r_i)\right]f_R(r_i)\mathrm{d}r_i\\ &= \int_{-\infty}^{+\infty} f_R(r_i)\mathrm{d}r_i - \int_{-\infty}^{+\infty} F_S(r_i)f_R(r_i)\mathrm{d}r_i\\ &= 1-\int_{-\infty}^{+\infty} F_S(r_i)f_R(r_i)\mathrm{d}r_i \end{aligned} \tag{5.5}$$

同理，对于连续型变量的情况，式（5.4）也可以改写为

$$P_f = \int_{-\infty}^{+\infty} F_R(s_i)f_S(s_i)\mathrm{d}s_i \tag{5.6}$$

式中，$F_R(\cdot)$ 和 $f_S(\cdot)$ 分别为抗力 R 和荷载效应 S 的 CDF 和 PDF。

对于由式（5.2）定义的一般情况下的极限状态，失效概率的表达式为

$$P_f = \int_{D_F} f_{X_1,X_2,\cdots,X_n}(x_1,x_2,\cdots,x_n)\mathrm{d}x_1\mathrm{d}x_2\cdots\mathrm{d}x_n \tag{5.7}$$

式中，D_F 为由 $X_1,X_2,\cdots,X_n$ 所组成的空间中的失效域，$f_{X_1,X_2,\cdots,X_n}(x_1,x_2,\cdots,x_n)$ 为随机变量 $X_1,X_2,\cdots,X_n$ 的 jPDF。

式（5.5）或式（5.6）和式（5.7）的表达形式虽然简单，但其右端项中的积分并不容易计算出来。

5.3　可靠度指标

可靠度指标是度量结构失效概率的一种指标。由可靠度指标计算的失效概率虽然是式（5.5）或式（5.6）和式（5.7）右端项的近似值，但一般能够满足结构可靠性分析和设计的要求。

5.3.1　简单可靠度指标

考虑式（5.1）定义的极限状态。假设结构的抗力 R 和荷载效应 S 是统计独立的正态随机变量，那么极限状态函数 $Z=R-S$ 也将是服从正态分布的，其均值 μ_Z 和标准差 σ_Z 分别为

$$\mu_Z=\mu_R-\mu_S \tag{5.8}$$

$$\sigma_Z=\sqrt{\sigma_R^2+\sigma_S^2} \tag{5.9}$$

式中，μ_R、μ_S、σ_R 和 σ_S 分别为 R 和 S 的均值和标准差。

因为随机变量 Z 服从正态分布，所以结构的失效概率为

$$\begin{aligned}P_f&=P(Z\leqslant 0)\\&=\Phi\left(\frac{0-\mu_Z}{\sigma_Z}\right)\\&=\Phi\left(-\frac{\mu_Z}{\sigma_Z}\right)\\&=1-\Phi\left(\frac{\mu_Z}{\sigma_Z}\right)\end{aligned} \tag{5.10}$$

式中，$\Phi(\cdot)$ 为标准正态分布的 CDF。

若令

$$\beta=\frac{\mu_Z}{\sigma_Z} \tag{5.11}$$

则式（5.10）变为

$$\begin{aligned}P_f&=\Phi(-\beta)\\&=1-\Phi(\beta)\end{aligned} \tag{5.12}$$

式（5.12）表明，只要确定了指标 $\beta=\mu_Z/\sigma_Z$，就可以得到结构失效概率，

而且当极限状态函数Z服从正态分布时，由指标β计算的失效概率也是精确的。因此，指标β定义为（简单）可靠度指标[13]。

对于极限状态函数为有限个随机变量$X_1,X_2,\cdots,X_n$的线性函数的情况：

$$\begin{aligned}Z&=g\left(X_1,X_2,\cdots,X_n\right)\\&=a_1X_1+a_2X_2+\cdots+a_nX_n+b\\&=\boldsymbol{a}^{\mathrm{T}}\boldsymbol{X}+b\end{aligned}\tag{5.13}$$

式中，$\boldsymbol{a}=\left(a_1,a_2,\cdots,a_n\right)$为系数向量；$\boldsymbol{X}=\left(X_1,X_2,\cdots,X_n\right)$为基本随机变量向量；$b$为常数。

在此情况下，极限状态函数的均值和标准差分别为

$$\mu_Z=\boldsymbol{a}^{\mathrm{T}}E\left(\boldsymbol{X}\right)+b\tag{5.14}$$

和

$$\sigma_Z=\sqrt{\boldsymbol{a}^{\mathrm{T}}\mathrm{Cov}\left(\boldsymbol{X},\boldsymbol{X}^{\mathrm{T}}\right)\boldsymbol{a}}\tag{5.15}$$

因此，简单可靠度指标为

$$\begin{aligned}\beta&=\frac{\mu_Z}{\sigma_Z}\\&=\frac{\boldsymbol{a}^{\mathrm{T}}E\left(\boldsymbol{X}\right)+b}{\sqrt{\boldsymbol{a}^{\mathrm{T}}\mathrm{Cov}\left(\boldsymbol{X},\boldsymbol{X}^{\mathrm{T}}\right)\boldsymbol{a}}}\end{aligned}\tag{5.16}$$

式中，$\mathrm{Cov}\left(\boldsymbol{X},\boldsymbol{X}^{\mathrm{T}}\right)$为$\boldsymbol{X}$的协方差矩阵。

若$X_1,X_2,\cdots,X_n$是相互独立的，则$\mathrm{Cov}\left(\boldsymbol{X},\boldsymbol{X}^{\mathrm{T}}\right)$为对角矩阵，其对角线上的元素为$X_1,X_2,\cdots,X_n$的方差。显然，当$X_1,X_2,\cdots,X_n$为统计独立的正态随机变量时，由式（5.16）定义的可靠度指标计算的失效概率也是精确的。

例题 5.1 图 5.2 所示为一根受集中力作用的简支钢梁，跨度$L=6\mathrm{m}$，截面塑性抵抗矩$W=140.9\mathrm{cm}^3$。假设集中荷载P_1和P_2、梁自重Q和钢材屈服强度F_y为随机变量，它们的均值和变异系数分别为$\mu_{P_1}=\mu_{P_2}=10\mathrm{kN}$、$\mu_Q=0.205\mathrm{kN/m}$、$\mu_{F_y}=235\mathrm{MPa}$、$V_{P_1}=V_{P_2}=0.2$、$V_Q=0.05$和$V_{F_y}=0.07$，集中荷载之间以及材料性能之间的相关系数分别为$\rho_{P_1,P_2}=0.8$和$\rho_{Q,F_y}=0.5$，其他随机变量之间是统计独立的。考虑该钢梁跨中截面左侧的抗弯承载能力可靠性分析问题，则极限状态函数为

$$\begin{aligned}Z&=g\left(P_1,P_2,Q,F_y\right)\\&=WF_y-\frac{L}{12}P_1-\frac{L}{4}P_2-\frac{L^2}{8}Q\end{aligned}$$

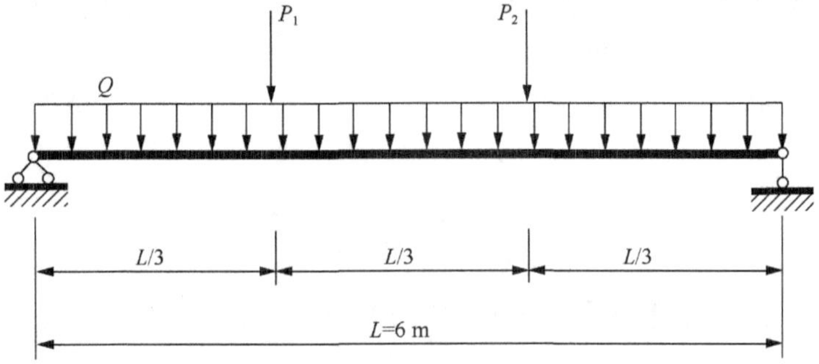

图 5.2　受集中力作用的简支钢梁

令 $X_1=P_1$、$X_2=P_2$、$X_3=Q$ 和 $X_4=F_y$，采用单位 kN 和 m 后，经整理得到式（5.16）中的 $\boldsymbol{a}$、b、$E[\boldsymbol{X}]$ 和 $\mathrm{Cov}(\boldsymbol{X},\boldsymbol{X}^{\mathrm{T}})$：

$$b=0$$

$$\boldsymbol{a}=\begin{bmatrix} -0.5 \\ -1.5 \\ -4.5 \\ 1.409\times10^{-4} \end{bmatrix}$$

$$E[\boldsymbol{X}]=\begin{bmatrix} 10 \\ 10 \\ 0.205 \\ 2.35\times10^{5} \end{bmatrix}$$

$$\mathrm{Cov}\left(\boldsymbol{X},\boldsymbol{X}^{\mathrm{T}}\right)=\begin{bmatrix} 4 & 3.2 & 0 & 0 \\ 3.2 & 4 & 0 & 0 \\ 0 & 0 & 1.05\times10^{-4} & 84.6 \\ 0 & 0 & 84.6 & 2.71\times10^{8} \end{bmatrix}$$

将上述数值代入式（5.16）后得到可靠度指标 $\beta=2.72$。

简单可靠度指标只利用了基本随机变量的均值和方差（或协方差），数值上等于极限状态函数变异系数的倒数。当基本随机变量是独立正态分布的且极限状态函数是线性时，简单可靠度指标与失效概率之间的关系式（5.12）是精确的，否则，式（5.12）只是给出了可靠度指标与失效概率之间的近似关系。

简单可靠度指标具有明确的几何意义，不失一般性，令 $X_1,X_2,\cdots,X_n$ 是统计相关的正态随机变量（对于非正态分布的随机变量，可将其变换成正态随机变量），其协方差矩阵为 $\mathrm{Cov}\left(\boldsymbol{X},\boldsymbol{X}^{\mathrm{T}}\right)$。由于协方差矩阵 $\mathrm{Cov}\left(\boldsymbol{X},\boldsymbol{X}^{\mathrm{T}}\right)$ 是实对称的，因此，其

特征值$\lambda_1,\lambda_2,\cdots,\lambda_n$均为实数，对应的特征向量记为$\boldsymbol{\phi}_1,\boldsymbol{\phi}_2,\cdots,\boldsymbol{\phi}_n$。若特征值不重复，则由特征向量组成的矩阵$\boldsymbol{T}=\begin{bmatrix}\boldsymbol{\phi}_1 & \boldsymbol{\phi}_2 & \cdots & \boldsymbol{\phi}_n\end{bmatrix}$是正交矩阵，若特征值出现重复的情况，可对特征向量进行正交化，也生成正交矩阵$\boldsymbol{T}=\begin{bmatrix}\boldsymbol{\phi}_1 & \boldsymbol{\phi}_2 & \cdots & \boldsymbol{\phi}_n\end{bmatrix}$。如4.5.1节所述，利用正交矩阵$\boldsymbol{T}$（当随机变量$X_1,X_2,\cdots,X_n$是统计独立时，变换矩阵$\boldsymbol{T}=\boldsymbol{I}$为单位矩阵），可以将相关随机变量$X_1,X_2,\cdots,X_n$变换为相互独立的随机变量$Y_1,Y_2,\cdots,Y_n$：

$$\boldsymbol{Y}=\boldsymbol{T}^{\mathrm{T}}\boldsymbol{X} \tag{5.17}$$

或

$$\boldsymbol{X}=\boldsymbol{T}\boldsymbol{Y} \tag{5.18}$$

式中，向量$\boldsymbol{Y}=(Y_1,Y_2,\cdots,Y_n)$。

随机向量$\boldsymbol{Y}$的均值和方差分别为

$$E(\boldsymbol{Y})=\boldsymbol{T}^{\mathrm{T}}E(\boldsymbol{X}) \tag{5.19}$$

$$\begin{aligned}\mathrm{Cov}(\boldsymbol{Y},\boldsymbol{Y}^{\mathrm{T}})&=\boldsymbol{T}^{\mathrm{T}}\mathrm{Cov}(\boldsymbol{X},\boldsymbol{X}^{\mathrm{T}})\boldsymbol{T}\\&=\begin{bmatrix}\lambda_1 & 0 & 0 & 0\\ 0 & \lambda_2 & 0 & 0\\ 0 & 0 & \ddots & 0\\ 0 & 0 & 0 & \lambda_n\end{bmatrix}\\&=\begin{bmatrix}\sigma_{Y_1}^2 & 0 & 0 & 0\\ 0 & \sigma_{Y_2}^2 & 0 & 0\\ 0 & 0 & \ddots & 0\\ 0 & 0 & 0 & \sigma_{Y_n}^2\end{bmatrix}\end{aligned} \tag{5.20}$$

式中，$\sigma_{Y_i}^2\,(i=1,2,\cdots,n)$为$Y_i$的方差。

统计独立正态随机变量$\boldsymbol{Y}=(Y_1,Y_2,\cdots,Y_n)$与统计独立标准正态随机变量$\boldsymbol{U}=(U_1,U_2,\cdots,U_n)$之间具有如下关系：

$$\boldsymbol{Y}=\mathrm{Cov}(\boldsymbol{Y},\boldsymbol{Y}^{\mathrm{T}})\boldsymbol{U}+E(\boldsymbol{Y}) \tag{5.21}$$

或

$$\boldsymbol{U}=\mathrm{Cov}(\boldsymbol{Y},\boldsymbol{Y}^{\mathrm{T}})^{-1}\left[\boldsymbol{Y}-E(\boldsymbol{Y})\right] \tag{5.22}$$

将式（5.18）和式（5.21）代入式（5.13）并整理后，得到

$$Z = \boldsymbol{a}_1^{\mathrm{T}} \boldsymbol{U} + b_1 \tag{5.23}$$

式中，$\boldsymbol{a}_1^{\mathrm{T}} = \boldsymbol{a}^{\mathrm{T}} \mathrm{Cov}\left(\boldsymbol{X}, \boldsymbol{X}^{\mathrm{T}}\right) \boldsymbol{T}$ 和 $b_1 = b + \boldsymbol{a}^{\mathrm{T}} E\left(\boldsymbol{X}\right)$ 分别为 $U_1, U_2, \cdots, U_n$ 空间（标准正态空间或 $\boldsymbol{U}$ -空间）中极限状态函数的系数向量和常数项。

由式（5.23），并注意到 $E\left(\boldsymbol{U}\right) = \boldsymbol{0}$ 和 $\mathrm{Cov}\left(\boldsymbol{U}, \boldsymbol{U}^{\mathrm{T}}\right) = \boldsymbol{I}$，可以得到简单可靠度指标的表达式：

$$\begin{aligned} \beta &= \frac{\boldsymbol{a}_1^{\mathrm{T}} E\left(\boldsymbol{U}\right) + b_1}{\sqrt{\boldsymbol{a}_1^{\mathrm{T}} \mathrm{Cov}\left(\boldsymbol{U}, \boldsymbol{U}^{\mathrm{T}}\right) \boldsymbol{a}_1}} \\ &= \frac{b_1}{\sqrt{\boldsymbol{a}_1^{\mathrm{T}} \boldsymbol{a}_1}} \end{aligned} \tag{5.24}$$

由于在标准正态空间 $U_1, U_2, \cdots, U_n$ 中从原点指向极限状态平面 $Z = \boldsymbol{a}_1^{\mathrm{T}} \boldsymbol{U} + b_1 = 0$ 的单位法向量是 $-\boldsymbol{a}_1 \Big/ \sqrt{\boldsymbol{a}_1^{\mathrm{T}} \boldsymbol{a}_1}$，因此从标准正态空间的原点到标准正态空间中极限状态平面的最短距离也是 $-\boldsymbol{a}_1^{\mathrm{T}} \boldsymbol{U} \Big/ \sqrt{\boldsymbol{a}_1^{\mathrm{T}} \boldsymbol{a}_1} = b_1 \Big/ \sqrt{\boldsymbol{a}_1^{\mathrm{T}} \boldsymbol{a}_1}$，即从标准正态空间的原点到标准正态空间中极限状态平面的最短距离等于简单可靠度指标的大小。图 5.3 以 $Z = R - S$ 型极限状态函数为例表示了简单可靠度指标几何含义，图 5.3 中的 U_R 和 U_S 分别为统计独立正态随机抗力 R 和荷载效应 S 的标准化变量。

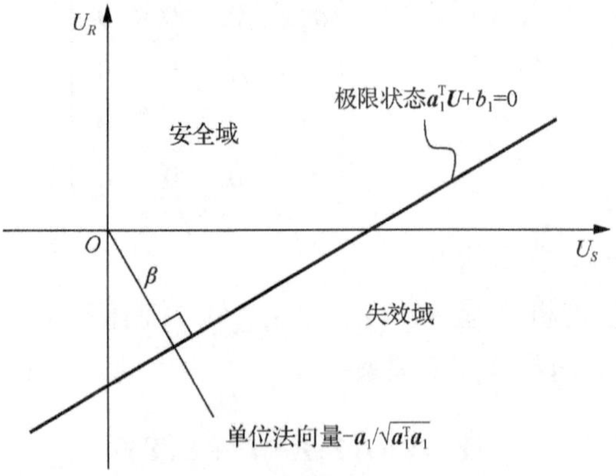

图 5.3　简单可靠度指标的几何解释

5.3.2　几何可靠度指标

简单可靠度指标只利用了基本随机变量的均值和方差，这种处理方法对于功能函数是正态随机变量的情况是合适的。当基本随机变量是相关的或非正态分

布的，或者功能函数是基本随机变量的非线性函数时，功能函数将偏离正态分布，均值和方差不足以描述功能函数的概率特征，此时再利用简单可靠度指标计算结构失效概率就会导致明显的计算误差。为了解决简单可靠度指标的上述缺点，受简单可靠度指标几何含义的启发，Hasofer 等提出了几何可靠度指标的概念[77]。

考虑极限状态函数 $g\left(X_1,X_2,\cdots,X_n\right)$ 是统计独立正态随机变量 $X_1,X_2,\cdots,X_n$ 的非线性函数的情况。基本随机变量 $X_i\left(i=1,2,\cdots,n\right)$ 可以由标准正态随机变量 $U_i\left(i=1,2,\cdots,n\right)$ 表示：

$$X_i=\sigma_{X_i}U_i+\mu_{X_i} \tag{5.25}$$

式中，μ_{X_i} 和 σ_{X_i} 分别为 X_i 的均值和标准差。

将式（5.25）代入极限状态函数 $g\left(X_1,X_2,\cdots,X_n\right)$，可以得到标准正态空间 $U_1,U_2,\cdots,U_n$ 中的极限状态函数：

$$h\left(U_1,U_2,\cdots,U_n\right)=g\left(\sigma_{X_1}U_1+\mu_{X_1},\sigma_{X_2}U_2+\mu_{X_2},\cdots,\sigma_{X_n}U_n+\mu_{X_n}\right) \tag{5.26}$$

则几何可靠度指标定义为标准正态空间原点到极限状态曲面 $h\left(U_1,U_2,\cdots,U_n\right)$ 的最短距离，即

$$\beta=\min\left\{\sqrt{\boldsymbol{u}^{\mathrm{T}}\boldsymbol{u}}\,\middle|\,h\left(\boldsymbol{u}\right)=0\right\} \tag{5.27}$$

式中，$\boldsymbol{u}=\left(u_1,u_2,\cdots,u_n\right)$ 为变量 $\boldsymbol{U}=\left(U_1,U_2,\cdots,U_n\right)$ 的一组取值（实现）。

在标准正态空间中，极限状态曲面 $h\left(U_1,U_2,\cdots,U_n\right)$ 上离原点最近的点 $\boldsymbol{u}^*=\left(u_1^*,u_2^*,\cdots,u_n^*\right)$ 称为标准正态空间中的设计点①，与 $\boldsymbol{u}^*$ 对应的点 $\boldsymbol{x}^*=\left(x_1^*,x_2^*,\cdots,x_n^*\right)$ 则称为基本随机变量 $X_1,X_2,\cdots,X_n$ 的设计点。假设标准正态空间中极限状态曲面上任意点的切平面都与原点和该切点的连线垂直，即原点到极限状态曲面上任意点的距离与原点到过该点且与极限状态曲面相切的平面的距离相等，那么这个切面称为极限状态曲面的切超平面[13]②。在这个假设下，可以将标准正态空间中极限状态曲面上的一个初始点沿着极限状态曲面不断移动，直到得到与原点距离最近的点，则搜索到一个设计点，并将原点到过该点的切超平面的距离作为几何可靠度指标值。图 5.4 表示了二维标准正态空间中的极限状态曲线、切超直线、设计点和几何可靠度指标。

① 在基于可靠度的设计中，点 $\boldsymbol{u}^*$ 的坐标对应于基本随机变量在标准正态空间中的设计值，因此该点称为标准正态空间中的设计点。

② 当 $n=2$ 时，切超平面退化为一条直线，称为切超直线。

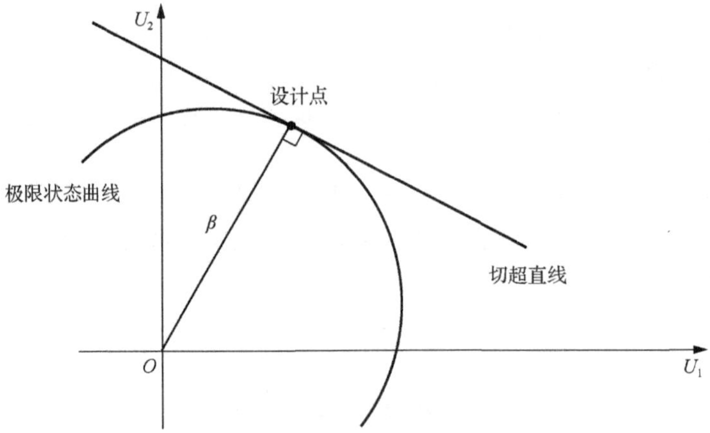

图 5.4　几何可靠度指标与设计点

5.4　一次可靠度方法

如式（5.27）所示，几何可靠度指标的计算本质上是一个带约束的优化问题的求解问题。目前最常用也是最有效的求解式（5.27）所定义优化问题的方法是由 Hasofer 和 Lind 提出的一次可靠度方法[77]。

依然考虑极限状态函数 $g(X_1,X_2,\cdots,X_n)$ 是统计独立正态随机变量 $X_1,X_2,\cdots,X_n$ 的非线性函数的情况。因为几何可靠度指标在数值上等于标准正态空间中原点到过设计点的切超平面的距离，所以有

$$\begin{aligned}\beta &= \frac{\boldsymbol{G}^{\mathrm{T}}\boldsymbol{u}^*}{\sqrt{\boldsymbol{G}^{\mathrm{T}}\boldsymbol{G}}}\\ &= \boldsymbol{\alpha}^{\mathrm{T}}\boldsymbol{u}^*\end{aligned} \tag{5.28}$$

式中，$\boldsymbol{G}$ 为负梯度向量；$\boldsymbol{\alpha}=\boldsymbol{G}\big/\sqrt{\boldsymbol{G}^{\mathrm{T}}\boldsymbol{G}}$ 为敏感性系数向量。

$\boldsymbol{G}$ 的元素为极限状态曲面 $h(U_1,U_2,\cdots,U_n)$ 在设计点 $\boldsymbol{u}^*$ 处的负斜率：

$$\begin{aligned}G_i &= -\frac{\partial h}{\partial U_i}\bigg|\boldsymbol{u}^*\\ &= -\frac{\partial g}{\partial X_i}\frac{\partial X_i}{\partial U_i}\bigg|\boldsymbol{x}^*\\ &= -\frac{\partial g}{\partial X_i}\sigma_{X_i}\bigg|\boldsymbol{x}^*,\quad i=1,2,\cdots,n\end{aligned} \tag{5.29}$$

式中，g 和 h 分别为极限状态函数 $g(X_1,X_2,\cdots,X_n)$ 和 $h(U_1,U_2,\cdots,U_n)$。

对于$X_1,X_2,\cdots,X_n$为统计独立的情况，敏感性系数$\alpha_i\left(i=1,2,\cdots,n\right)$在数值上等于标准正态空间中从原点过设计点的射线与$U_i\left(i=1,2,\cdots,n\right)$轴正方向夹角的余弦，因此$\alpha_i\left(i=1,2,\cdots,n\right)$满足：

$$\sum_{i=1}^{n}\alpha_i^2=1 \tag{5.30}$$

由可靠度指标、设计点和敏感性系数的几何含义，可以得到

$$u_i^*=\beta\alpha_i,\quad i=1,2,\cdots,n \tag{5.31}$$

对应于设计点$\boldsymbol{u}^*$的基本随机变量$X_1,X_2,\cdots,X_n$的设计点$\boldsymbol{x}^*$应在极限状态曲面上，即

$$g\left(x_1^*,x_2^*,\cdots,x_n^*\right)=0 \tag{5.32}$$

式中，$x_i^*=\sigma_{X_i}u_i^*+\mu_{X_i},i=1,2,\cdots,n$。

式（5.29）、式（5.31）和式（5.32）共含有$2n+1$个独立方程，待求的未知变量$u_i^*\left(i=1,2,\cdots,n\right)$、$\alpha_i\left(i=1,2,\cdots,n\right)$和$\beta$的个数也是$2n+1$，因此能够唯一地确定设计点和几何可靠度指标。上述计算结构可靠度指标的方法实际上是将标准正态空间中的极限状态函数在设计点处进行了一阶泰勒级数展开，得到原极限状态函数的线性近似，然后由近似的线性极限状态函数计算结构可靠度指标，从而得到结构失效概率的近似值。这种方法称为一次可靠度方法，其中的“一次”表示一阶泰勒级数展开。

为了确定未知变量$u_i^*\left(i=1,2,\cdots,n\right)$、$\alpha_i\left(i=1,2,\cdots,n\right)$和$\beta$的值，可以从$\alpha_i$和$\beta$的初始值开始逐步迭代，直到计算结果收敛[38]，这种求解方法属于直接求解非线性方程组的方法。更稳定地确定$u_i^*\left(i=1,2,\cdots,n\right)$、$\alpha_i\left(i=1,2,\cdots,n\right)$和$\beta$值的方法是被称为H-L算法的矩阵运算方法，其思想是通过矩阵运算搜索出设计点$\boldsymbol{u}^*$，从而计算出可靠度指标和敏感性系数。H-L算法的运算步骤如下：

（1）确定基本随机变量$X_1,X_2,\cdots,X_n$的CDF、PDF、均值、标准差和相关系数，建立极限状态方程$g\left(X_1,X_2,\cdots,X_n\right)=0$。

（2）假设$n-1$个变量的初始值为$x_i\left(i=1,2,\cdots,j-1,j+1,\cdots,n\right)$（可取均值），将它们代入极限状态方程$g\left(x_1,x_2,\cdots,x_{j-1},x_j,x_{j+1},\cdots,x_n\right)=0$，计算剩余变量的值$x_j$，获得初始设计点$\boldsymbol{x}^*=\left(x_1^*,x_2^*,\cdots,x_n^*\right)=\left(x_1,x_2,\cdots,x_{j-1},x_j,x_{j+1},\cdots,x_n\right)$。

（3）计算标准化变量$u_i^*=\left(x_i^*-\mu_{X_i}\right)/\sigma_{X_i}\left(i=1,2,\cdots,n\right)$，得到$\boldsymbol{U}$-空间中的设计点$\boldsymbol{u}^*=\left(u_1^*,u_2^*,\cdots,u_n^*\right)$。

（4）利用式（5.29）计算$\boldsymbol{U}$-空间中设计点处功能函数的负梯度向量$\boldsymbol{G}$。

（5）利用式（5.28）计算可靠度指标β。

（6）利用敏感性系数向量计算式$\boldsymbol{\alpha}=\boldsymbol{G}\big/\sqrt{\boldsymbol{G}^{\mathrm{T}}\boldsymbol{G}}$和式（5.31）计算$\boldsymbol{U}$-空间中新设计点的$n-1$个变量值$u_i\left(i=1,2,\cdots,j-1,j+1,\cdots,n\right)$。

（7）由关系式$x_i^*=\sigma_{X_i}u_i^*+\mu_{X_i}$计算$n-1$个变量值$x_i\left(i=1,2,\cdots,j-1,j+1,\cdots,n\right)$。

（8）将$x_i\left(i=1,2,\cdots,j-1,j+1,\cdots,n\right)$代入极限状态方程$g\left(x_1,x_2,\cdots,x_{j-1},x_j,x_{j+1},\cdots,x_n\right)=0$，计算剩余变量的值$x_j$，获得新设计点$\boldsymbol{x}^*=\left(x_1^*,x_2^*,\cdots,x_n^*\right)=\left(x_1,x_2,\cdots,x_{j-1},x_j,x_{j+1},\cdots,x_n\right)$。

（9）重复步骤（3）～（8）直到获得收敛的设计点$\boldsymbol{x}^*$。

上述结构可靠度指标计算方法和 H-L 算法只考虑了基本随机变量$X_1,X_2,\cdots,X_n$为统计独立的正态随机变量的情况。若$X_1,X_2,\cdots,X_n$虽然是不相关的，但其中有非正态随机变量，则需要将式（5.29）、式（5.31）和式（5.32）中的均值和标准差替换为“等价正态”的均值μ_X^{e}和标准差σ_X^{e}，代替可靠度指标计算中的均值μ_X和标准差σ_X。为计算非正态随机变量X的等价正态均值和标准差，需要求在X的设计点值x^*处其 PDF 和 CDF 分别等于正态分布的 PDF 和 CDF[7]：

$$F_X\left(x^*\right)=\Phi\left(\frac{x^*-\mu_X^{\mathrm{e}}}{\sigma_X^{\mathrm{e}}}\right) \tag{5.33}$$

$$f_X\left(x^*\right)=\frac{1}{\sigma_X^{\mathrm{e}}}\varphi\left(\frac{x^*-\mu_X^{\mathrm{e}}}{\sigma_X^{\mathrm{e}}}\right) \tag{5.34}$$

联立求解方程（5.33）和方程（5.34），得到等价正态均值和标准差的计算式①：

$$\sigma_X^{\mathrm{e}}=\frac{1}{f_X\left(x^*\right)}\varphi\left\{\Phi^{-1}\left[F_X\left(x^*\right)\right]\right\} \tag{5.35}$$

$$\mu_X^{\mathrm{e}}=x^*-\sigma_X^{\mathrm{e}}\Phi^{-1}\left[F_X\left(x^*\right)\right] \tag{5.36}$$

进一步地，如果$X_1,X_2,\cdots,X_n$之间不都是无关的，那么还需考虑相关性对可靠度指标计算值的影响。有两种方法可以分析这种相关性的影响，一是先将相关随机变量变换为不相关随机变量，然后建立关于不相关随机变量的极限状态函数，在此基础上计算可靠度指标；二是将几何可靠度指标的计算式（5.28）修改为

$$\beta=\frac{\boldsymbol{G}^{\mathrm{T}}\boldsymbol{u}^*}{\sqrt{\boldsymbol{G}^{\mathrm{T}}\boldsymbol{R}\boldsymbol{G}}} \tag{5.37}$$

式中，$\boldsymbol{R}$为$X_1,X_2,\cdots,X_n$的相关系数矩阵。

① 对于对数正态随机变量，其等价正态均值和标准差为$\mu_X^{\mathrm{e}}=x^*\left(1-\ln x^*+\mu_{\ln X}\right)$和$\sigma_X^{\mathrm{e}}=x^*\sigma_{\ln X}$。

相应地，敏感性系数向量修改为

$$\boldsymbol{\alpha}=\frac{\boldsymbol{RG}}{\sqrt{\boldsymbol{G}^{\mathrm{T}}\boldsymbol{RG}}} \tag{5.38}$$

需要注意的是，当 $X_1,X_2,\cdots,X_n$ 存在相关情况时，式（5.30）不再成立，但式（5.31）依然成立。

在 H-L 算法的基础上，Rackwitz 和 Flessler 提出了基本随机变量为非高斯的和统计相关时的设计点搜索方法，该方法称为 R-F 算法[7, 38]。R-F 算法的运算步骤如下：

（1）确定基本随机变量 $X_1,X_2,\cdots,X_n$ 的 CDF、PDF、均值、标准差和相关系数，建立极限状态方程 $g\left(X_1,X_2,\cdots,X_n\right)=0$。

（2）假设 $n-1$ 个变量的初始值 $x_i\left(i=1,2,\cdots,j-1,j+1,\cdots,n\right)$（可取均值），将它们代入极限状态方程 $g\left(x_1,x_2,\cdots,x_{j-1},x_j,x_{j+1},\cdots,x_n\right)=0$，计算剩余变量的值 x_j，获得初始设计点 $\boldsymbol{x}^*=\left(x_1^*,x_2^*,\cdots,x_n^*\right)=\left(x_1,x_2,\cdots,x_{j-1},x_j,x_{j+1},\cdots,x_n\right)$。

（3）利用式（5.35）和式（5.36）计算非正态随机变量的等价正态均值 μ_X^{e} 和标准差 σ_X^{e}。

（4）利用式 $u_i^*=\left(x_i^*-\mu_{X_i}\right)/\sigma_{X_i}$ 或式 $u_i^*=\left(x_i^*-\mu_X^{\mathrm{e}}\right)/\sigma_X^{\mathrm{e}}$ 对正态变量和非正态变量进行标准化计算，得到 $\boldsymbol{U}$ -空间中的设计点 $\boldsymbol{u}^*=\left(u_1^*,u_2^*,\cdots,u_n^*\right)$。

（5）利用式（5.29）计算 $\boldsymbol{U}$ -空间中设计点处功能函数的负梯度向量 $\boldsymbol{G}$，式中的标准差依据随机变量的分布选择为变量本身的标准差或等价正态标准差。

（6）利用式（5.37）计算可靠度指标 β。

（7）利用敏感性系数向量计算式（5.38）和式（5.31）计算 $\boldsymbol{U}$ -空间中新设计点的 $n-1$ 个变量值 $u_i\left(i=1,2,\cdots,j-1,j+1,\cdots,n\right)$。

（8）根据随机变量的分布类型由关系式 $x_i^*=\sigma_{X_i}u_i^*+\mu_{X_i}$ 或式 $x_i^*=\sigma_{X_i}^{\mathrm{e}}u_i^*+\mu_{X_i}^{\mathrm{e}}$ 计算 $n-1$ 个变量值 $x_i\left(i=1,2,\cdots,j-1,j+1,\cdots,n\right)$。

（9）将 $x_i\left(i=1,2,\cdots,j-1,j+1,\cdots,n\right)$ 代入极限状态方程 $g\left(x_1,x_2,\cdots,x_{j-1},x_j,x_{j+1},\cdots,x_n\right)=0$，计算剩余变量的值 x_j，获得新设计点 $\boldsymbol{x}^*=\left(x_1^*,x_2^*,\cdots,x_n^*\right)=\left(x_1,x_2,\cdots,x_{j-1},x_j,x_{j+1},\cdots,x_n\right)$。

（10）重复步骤（3）～（9）直到获得收敛的设计点 $\boldsymbol{x}^*$。

例题 5.2 考虑图 5.2 中简支钢梁的受弯承载能力极限状态。假设梁跨 L、梁截面塑性抵抗矩 W、梁上作用的集中荷载 P_1 和 P_2、梁自重 Q 和钢材屈服强度 F_y 均为不确定的，则极限状态函数 $Z=g\left(P_1,P_2,Q,F_y,L,W\right)=WF_y-LP_1/12-LP_2/4-$

$L^2Q/8$ 为含有 6 个随机变量的非线性函数。假设随机变量 $X_1=F_y$、$X_2=L$、$X_3=W$ 和 $X_4=Q$ 均服从正态分布，随机变量 $X_5=P_1$ 和 $X_6=P_2$ 服从对数正态分布。令基本随机变量的均值向量、变异系数向量和相关系数矩阵分别为

$$E(\boldsymbol{X})=\begin{bmatrix}235\text{MPa}\\6\text{m}\\140.9\text{cm}^3\\0.205\text{kN/m}\\10\text{kN}\\10\text{kN}\end{bmatrix}$$

$$\text{Cov}(\boldsymbol{X})=\begin{bmatrix}0.07\\0.05\\0.05\\0.05\\0.20\\0.20\end{bmatrix}$$

和

$$\boldsymbol{R}=\begin{bmatrix}1.0&0.0&0.0&0.5&0.0&0.0\\0.0&1.0&0.8&0.2&0.0&0.0\\0.0&0.8&1.0&0.1&0.0&0.0\\0.5&0.2&0.1&1.0&0.0&0.0\\0.0&0.0&0.0&0.0&1.0&0.8\\0.0&0.0&0.0&0.0&0.8&1.0\end{bmatrix}$$

设定可靠度指标误差允许值为 0.001，则可以由 H-L 算法（经过 3 次迭代）和 R-F 算法（经过 4 次迭代）计算出该钢梁的可靠度指标，计算结果列于表 5.1 中。从表 5.1 中数据可以看出，两种算法的结果差别较大，而且 H-L 算法给出的可靠度指标大于 R-F 算法给出的可靠度指标。由于 R-F 算法考虑了基本随机变量的分布类型和相关性，由其给出的计算结果应该更为精确。

表 5.1　可靠度指标计算结果

算法	设计点						可靠度指标 β
	f_y^* /MPa	l^* /m	w^* /cm^3	q^* /（kN/m）	p_1^* /kN	p_2^* /kN	
H-L	212.62	6.26	134.41	0.21	11.28	13.85	2.754
R-F	220.59	6.04	140.13	0.20	14.38	15.07	2.394

若将非线性极限状态函数在基本随机变量的均值点处进行一阶泰勒级数展开，则得到一个线性函数。在得到的线性函数基础上，利用式（5.16）计算可靠度指标。这种可靠度指标近似计算方法称为一次二阶矩均值点法（first-order second-moment mean value method）。对于例题 5.2，由一次二阶矩均值点法计算的可靠度指标 $\beta=2.653$。该指标也明显大于由 R-F 算法计算的可靠度指标。

5.5 二次可靠度方法

由于设计点附近的失效域对失效概率的贡献最大，因此，当标准正态空间中的极限状态曲面上只有一个设计点且设计点附近的极限状态曲面比较平坦时，一次可靠度方法定义的失效域与实际失效域差别不大，其计算结果可满足结构可靠度计算和设计的精度要求。

由于一次可靠度方法不能区分标准正态空间中具有共同设计点，但在设计点附近弯曲形状不同的极限状态曲面，因此给它们赋予了相同的可靠度指标。对于强非线性极限状态函数，极限状态曲面在设计点附近往往是强烈弯曲的，过设计点的切超平面与设计点附近的极限状态曲面会有较大偏差，导致一次可靠度方法的计算结果具有过大的误差。

改进一次可靠度方法的一种措施是在设计点附近对标准正态空间中的极限状态函数进行二阶泰勒级数展开，得到一个与极限状态曲面在设计点处相切的二次曲面（切超曲面），然后基于得到的二次曲面计算失效概率。这种基于极限状态函数二阶泰勒级数展开的方法称为二次可靠度方法。

不失一般性，考虑 n 个标准正态随机变量的极限状态函数 $g(\boldsymbol{U})$，其在设计点 $\boldsymbol{u}^*=\{u_1^*,u_2^*,\cdots,u_n^*\}$ 的二阶泰勒级数展开为

$$\tilde{g}(\boldsymbol{U})=\nabla g(\boldsymbol{u}^*)^{\mathrm{T}}(\boldsymbol{U}-\boldsymbol{u}^*)+\frac{1}{2}(\boldsymbol{U}-\boldsymbol{u}^*)^{\mathrm{T}}H(\boldsymbol{u}^*)(\boldsymbol{U}-\boldsymbol{u}^*) \tag{5.39}$$

式中，$\nabla g(\boldsymbol{u}^*)$ 为极限状态函数在设计点处的梯度向量；$n\times n$ 维对称矩阵 $H(\boldsymbol{u}^*)$ 为极限状态函数在设计点的二阶导数矩阵，其元素

$$h(\boldsymbol{u}^*)_{ij}=\frac{\partial^2}{\partial U_i\partial U_j}\bigg|\boldsymbol{u}^*,\quad i,j=1,2,\cdots,n \tag{5.40}$$

式（5.39）的两端除以 $\left|\nabla g(\boldsymbol{u}^*)\right|=\sqrt{\nabla g(\boldsymbol{u}^*)^{\mathrm{T}}\nabla g(\boldsymbol{u}^*)}$ 后，得到

$$\hat{g}(\boldsymbol{U})=-\boldsymbol{\alpha}^{\mathrm{T}}(\boldsymbol{U}-\boldsymbol{u}^*)+(\boldsymbol{U}-\boldsymbol{u}^*)^{\mathrm{T}}\boldsymbol{A}(\boldsymbol{U}-\boldsymbol{u}^*) \tag{5.41}$$

式中，$\hat{g}(\boldsymbol{U})=\tilde{g}(\boldsymbol{U})/\left|\nabla g(\boldsymbol{u}^*)\right|$；$\boldsymbol{\alpha}$ 为一次可靠度方法中的敏感性系数向量；$\boldsymbol{A}$ 为 $n\times n$ 维矩阵，其元素

$$a_{ij}=\frac{1}{2}\frac{h(\boldsymbol{u}^*)}{\left|\nabla g(\boldsymbol{u}^*)\right|},\quad i,j=1,2,\cdots,n \tag{5.42}$$

将 $\boldsymbol{U}$ 变换为统计独立标准正态随机向量 $\boldsymbol{U}'$：

$$\boldsymbol{U}'=\boldsymbol{D}\boldsymbol{U} \tag{5.43}$$

式中，旋转矩阵 $\boldsymbol{D}$ 可用标准格拉姆-施密特（Gram-Schmidt）正交化方法得到[78]，其第 n 行向量为 $\boldsymbol{D}_{n\cdot}=\boldsymbol{\alpha}=-\nabla g(\boldsymbol{u}^*)/\left|\nabla g(\boldsymbol{u}^*)\right|$。

在 $\boldsymbol{U}'$-坐标系中，原点为 $\mathbf{0}$，U'_n 轴通过设计点。因此，有

$$\breve{g}(\boldsymbol{U}')=-(U'_n-\beta)+\begin{bmatrix}\boldsymbol{U}''\\U'_n-\beta\end{bmatrix}^{\mathrm{T}}\boldsymbol{B}\begin{bmatrix}\boldsymbol{U}''\\U'_n-\beta\end{bmatrix} \tag{5.44}$$

式中，$\boldsymbol{U}''=(U'_1,U'_2,\cdots,U'_{n-1})$ 为 $n-1$ 维向量；$\beta=\boldsymbol{D}_{n\cdot}^{\mathrm{T}}\boldsymbol{u}^*$ 为几何可靠度指标；$\boldsymbol{B}$ 为 $n\times n$ 维矩阵：

$$\begin{aligned}\boldsymbol{B}&=\boldsymbol{D}\boldsymbol{A}\boldsymbol{D}^{\mathrm{T}}\\&=\frac{1}{2}\boldsymbol{D}\frac{H(\boldsymbol{u}^*)}{\left|\nabla g(\boldsymbol{u}^*)\right|}\boldsymbol{D}^{\mathrm{T}}\end{aligned} \tag{5.45}$$

在二维情况下的 $\boldsymbol{U}$-坐标系、$\boldsymbol{U}'$-坐标系、极限状态曲面和切超曲面如图 5.5 所示。

若令随机变量

$$M=-U'_n+\begin{bmatrix}\boldsymbol{U}''\\U'_n-\beta\end{bmatrix}^{T}\boldsymbol{B}\begin{bmatrix}\boldsymbol{U}''\\U'_n-\beta\end{bmatrix} \tag{5.46}$$

则结构失效概率为

$$P_f=P(M\leqslant-\beta) \tag{5.47}$$

失效概率 P_f 可以由 M 的特征函数①来计算。为了推导 M 的特征函数，需再次对 $\boldsymbol{U}'$ 进行旋转变换，得到统计独立的随机向量：

$$\boldsymbol{Y}=\boldsymbol{P}^{\mathrm{T}}\boldsymbol{U}' \tag{5.48}$$

式中，$n\times n$ 维矩阵 $\boldsymbol{P}$ 的列为矩阵 $\boldsymbol{B}$ 的特征向量。

---

① 随机变量 X 的特征函数为 $E(\mathrm{e}^{iuX})$，由特征函数可以获得 X 的分布函数和统计矩。

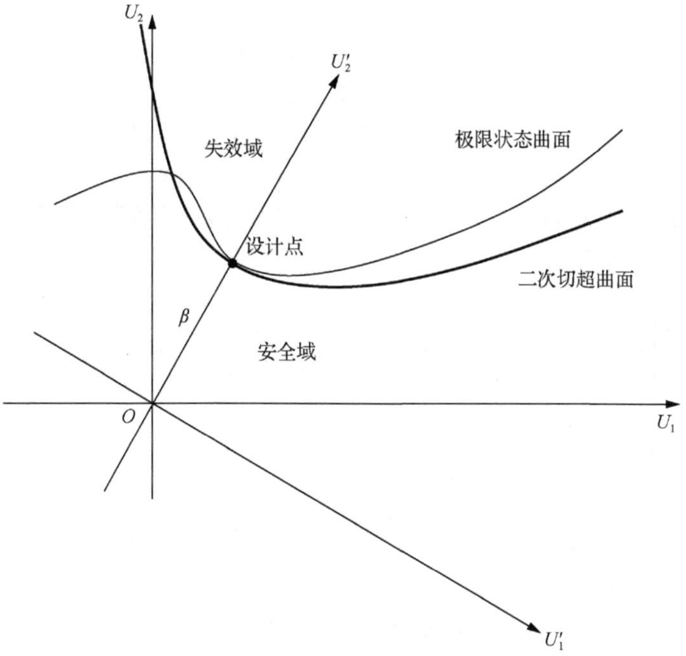

图 5.5 二次切超曲面及坐标变换示意图

若用 $\boldsymbol{\Lambda}$ 表示由矩阵 $\boldsymbol{B}$ 的特征值 $\lambda_i\left(i=1,2,\cdots,n\right)$ 构成的对角矩阵，那么 M 的表达式变为[79]

$$M=-\boldsymbol{P}_{n^*}^{\mathrm{T}}\boldsymbol{Y}+\boldsymbol{Y}^{\mathrm{T}}\boldsymbol{\Lambda}\boldsymbol{Y}-2\beta\boldsymbol{P}_{n^*}^{\mathrm{T}}\boldsymbol{\Lambda}\boldsymbol{Y}+b_{nn}\beta^2 \tag{5.49}$$

式中，$\boldsymbol{P}_{n^*}$ 为 $\boldsymbol{P}$ 的第 n 行向量；b_{nn} 为矩阵 $\boldsymbol{B}$ 的第 n 行第 n 列元素。

因此，M 的特征函数为

$$G_M\left(t\right)=\mathrm{e}^{\nu t}\prod_{i=1}^{n}\frac{1}{\sqrt{1-2\lambda_i t}}\mathrm{e}^{\frac{1}{2}\frac{\gamma_i^2t^2}{1-2\lambda_i t}} \tag{5.50}$$

式中，ν 和 $\gamma_i(i=1,2,\cdots,n)$ 为与设计点 $\boldsymbol{u}^*$ 和极限状态函数 $g(\boldsymbol{U})$ 在 $\boldsymbol{u}^*$ 处曲率有关的常数[79]。

对 M 的特征函数进行逆傅里叶变换，得到 M 的 PDF：

$$f_M\left(m;\lambda_i,\gamma_i,\nu\right)=\mathrm{Re}\left[\frac{1}{2\pi i}\int_{-\infty}^{+\infty}\mathrm{e}^{-mt}G_M\left(t\right)\mathrm{d}t\right] \tag{5.51}$$

对式（5.51）的右端项进行积分，得到 M 的 CDF：

$$\begin{aligned} F_M\left(m;\lambda_i,\gamma_i,\nu\right) &= \int_{-\infty}^{m} f_M\left(s;\lambda_i,\gamma_i,\nu\right)\mathrm{d}s \\ &= \mathrm{Re}\left[\frac{-1}{2\pi i}\int_{-\infty}^{+\infty}\frac{1}{t}\mathrm{e}^{-mt}G_M\left(t\right)\mathrm{d}t\right] \end{aligned} \tag{5.52}$$

上述二次可靠度方法最早由 Tvedt 提出[79]。为了简化失效概率的计算，Tvedt 给出了失效概率的三项式计算式[79-81]：

$$\begin{aligned} P_f \approx{} & \Phi(-\beta)\prod_{j=1}^{n-1}\left(1+\beta\kappa_j\right)^{\frac{1}{2}} + \left[\beta\Phi(-\beta)-\varphi(\beta)\right]\left\{\prod_{j=1}^{n-1}\left(1+\beta\kappa_j\right)^{-\frac{1}{2}} - \prod_{j=1}^{n-1}\left[1+\left(1+\beta\right)\kappa_j\right]^{-\frac{1}{2}}\right\} \\ & +\left(1+\beta\right)\left[\beta\Phi(-\beta)-\varphi(\beta)\right]\left\{\prod_{j=1}^{n-1}\left(1+\beta\kappa_j\right)^{\frac{1}{2}} - \mathrm{Re}\left[\prod_{j=1}^{n-1}\left[1+\left(\mathrm{i}+\beta\right)\kappa_j\right]^{-\frac{1}{2}}\right]\right\} \end{aligned} \tag{5.53}$$

式中，$\mathrm{i}=\sqrt{-1}$；$\kappa_j\left(j=1,2,\cdots,n-1\right)$为由式（5.46）定义的二次切超曲面在设计点处的主曲率，对于凸的失效域，κ_j 取正值。

对于 β 足够大且 $\beta\kappa_j$ 固定不变的情况，式（5.53）的第 1 项能够给出比较好的近似[82]，即

$$P_f \approx \Phi(-\beta)\prod_{j=1}^{n-1}\left(1+\beta\kappa_j\right)^{\frac{1}{2}} \tag{5.54}$$

为了进一步简化数学计算，可以用 $\boldsymbol{U}'$-空间中在设计点处与极限状态曲面相切的抛物面来近似切超曲面。切抛物面的一般表达式为

$$U_n' = \beta + \frac{1}{2}\sum_{i=1}^{n-1} c_i U_i'^2 \tag{5.55}$$

式中，c_i 为切抛物面在设计点处的主曲率。

若假设切抛物面的主曲率与极限状态曲面在设计点处的主曲率一致，则可以容易地计算出系数 c_i，这种构造切抛物面的方法称为曲率拟合方法。由于曲率拟合方法忽略了极限状态函数的二次以上项，Der Kiureghian 等提出了一个构造切抛物面的点拟合方法[10]。Cai 等[83]、Koyluoglu 等[84]以及 Zhao 等[85-86]则分别提出了半经验半理论的二次可靠度方法或考虑曲率修正的可靠度指标。

例题 5.3 考虑下面的n维标准正态空间$\boldsymbol{U}$中的极限状态函数[10, 85]：

$$U_n = \beta + \frac{1}{2}\sum_{j=1}^{n-1} jaU_j^2$$

式中，β为几何可靠度指标；a为正的常数。

标准空间$\boldsymbol{U}$中极限状态曲面的$n-1$个主曲率为$a, 2a, \cdots, (n-1)a$。若令维数$n=10$，可靠度指标$\beta=3.7$，常数$a=0.02$。那么，由 1000000 次模拟的蒙特卡洛方法、一次可靠度方法、二次可靠度方法中的式（5.53）和式（5.54）计算的失效概率分别为1.2×10^{-5}、1.078×10^{-4}、2.733×10^{-5}和2.380×10^{-5}。可见，二次可靠度方法中的式（5.53）和式（5.54）给出的失效概率与蒙特卡洛模拟结果处于同一数量级，而由一次可靠度方法给出的失效概率则比蒙特卡洛模拟结果大了近 1 个数量级。另外，式（5.53）和式（5.54）给出的结果比较一致。

5.6 多设计点问题

根据式（5.27）的定义，设计点$\boldsymbol{u}^*$是带约束优化问题的解。只要函数$h(\boldsymbol{U})$是连续和可微的，总能在极限状态曲面上搜索到一个距标准正态空间（$\boldsymbol{U}$-空间）原点距离最小的点（设计点）。然而，式（5.27）定义的优化问题可能有多个不同的解，每个解都对应一个距$\boldsymbol{U}$-空间原点的最小距离，即可靠度指标。设计点到空间原点的距离不同，设计点的重要性也不同，对应的可靠度指标越小，设计点越重要。距$\boldsymbol{U}$-空间原点距离最小的设计点称为全局设计点，其他设计点则称为局部设计点。

多个设计点的存在会给一次可靠度方法和二次可靠度方法带来一些麻烦，一方面，迭代过程会在一个局部设计点处结束，在这种情况下，一次可靠度方法和二次可靠度方法将不会考虑对失效概率贡献最大的全局设计点附近的失效区域；另一方面，即使迭代过程恰好在全局设计点处结束，但局部设计点附近的失效区域依然对失效概率有贡献，而在全局设计点处进行的对极限状态曲面的近似却不能考虑这些贡献。因此，在对可靠度评估有更高精度要求的情况下，需要搜索到极限状态曲面上的所有设计点。

为了搜索出所有设计点，可以采用不同初始点进行多次重复迭代的方法，然而，这样处理可能得不到预期结果，原因在于从不同初始点开始的迭代有可能收敛到同一个设计点上，而实际的设计点却有多个。为了能够搜索到所有设计点，

Der Kiureghian 等建议每搜索到一个设计点，都在该设计点处设置一个屏障以便下次搜索时能够绕过这个设计点而收敛到其他设计点上[87]。

当存在多个设计点时，可以在每个设计点或其附近构造切超平面，然后由这些切超平面所定义的失效域的交或并来近似真实的失效域，通过对近似失效域的分析得到失效概率。这种结构可靠度方法称为多点一次可靠度方法（multiple-point first-order reliability method，mFORM）。将上述处理方法引入到二次可靠度方法中，可以发展出多点二次可靠度方法（multiple-point second-order reliability method，mSORM）[13]。

由于对应于多个切超曲面的失效域及失效概率的计算过于复杂，因此，也可以考虑构造一个在各设计点及其附近与原极限状态曲面都相切的广义二次切超曲面，然后基于广义二次切超曲面计算结构的失效概率。

6　稀疏网格随机配点方法

结构可靠度指标方法（一次可靠度方法和二次可靠度方法）一般需要建立显式的结构极限状态函数，但在很多情况（如荷载效应由有限元方法分析给出时）下，人们无法获得结构的显式极限状态函数。虽然蒙特卡洛方法能够估计这种情况下的结构失效概率，但是，由于单次模拟（如结构有限元分析）的运算时间可能很长，导致蒙特卡洛方法的计算费用特别高。因此，对于显式极限状态函数难以确定且蒙特卡洛方法的计算费用非常高的结构可靠度计算问题，需要寻求另外的解决方法。

下面介绍的稀疏网格随机配点（sparse grid stochastic collocation，SGSC）方法，一般可以很好地解决隐式极限状态函数的可靠度有效计算问题。

6.1　隐式极限状态函数

考虑极限状态函数

$$Z(\boldsymbol{Y})=R(\boldsymbol{Y})-S(\boldsymbol{Y}) \tag{6.1}$$

式中，抗力$R(\boldsymbol{Y})$和总荷载效应$S(\boldsymbol{Y})$分别为描述结构参数和外荷载的随机变量向量$\boldsymbol{Y}=(Y_1,Y_2,\cdots,Y_n)$的隐式（线性或非线性）函数。

因为$R(\boldsymbol{Y})$和（或）$S(\boldsymbol{Y})$是基本随机变量向量$\boldsymbol{Y}=(Y_1,Y_2,\cdots,Y_n)$的隐式函数，极限状态函数$Z(\boldsymbol{Y})$也是$\boldsymbol{Y}=(Y_1,Y_2,\cdots,Y_n)$的隐式函数，所以不宜采用一次可靠度方法和二次可靠度方法计算结构可靠度。

有很多原因会导致极限状态函数$Z(\boldsymbol{Y})$成为基本随机变量向量$\boldsymbol{Y}=(Y_1,Y_2,\cdots,Y_n)$的隐式函数，其中的一个原因是总荷载效应$S(\boldsymbol{Y})$没有解析解，需要通过有限元方法进行数值计算。如图 6.1 所示，一个 3 跨 6 层框架结构受到水平地震力的作用，由于水平地震作用$F_1,F_2,\cdots,F_6$和材料弹性模量E的变异性不可忽略，因此它们被看作基本随机变量。由于地震作用下框架的内力（如柱端弯矩）和变形（如层间位移）等荷载效应是由有限元方法计算的，因此式（6.1）中的$S(\boldsymbol{Y})$不能表示为基本随机变量的显式函数，导致极限状态函数也不能表示为基本随机变量的显式函数。

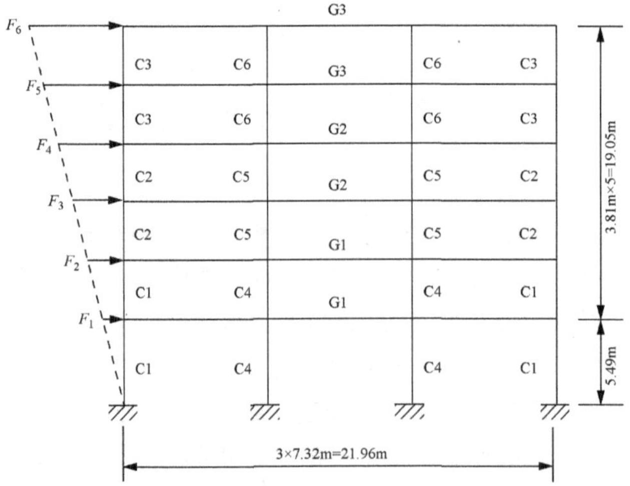

图 6.1　受水平地震作用的框架结构

除了蒙特卡洛方法，可以采用两种方法解决隐式极限状态函数的可靠度计算问题，第一种是构造极限状态函数的近似显式表达式，然后采用一次可靠度方法和二次可靠度方法近似计算结构失效概率；第二种是构造极限状态函数的近似 CDF，然后直接计算结构的失效概率：

$$\begin{aligned} P_f &= P(Z \leqslant 0) \\ &= F_Z(0) \end{aligned} \tag{6.2}$$

无论采用哪种解决方法，都需要获得对应于基本变量空间中某些点（配点）的极限状态函数值，在此基础上完成后续分析。相对而言，第二种解决方法往往更加直接有效，因为它可以采用基于统计矩的方法建立隐式极限状态函数的 CDF。

6.2　极限状态函数的 CDF

6.2.1　极限状态函数的统计矩

根据随机变量函数的统计矩定义，极限状态函数 $Z(Y)$ 的均值 μ_Z、方差 σ_Z^2、偏态系数 $\alpha_{3,Z}$ 和峰度系数 $\alpha_{4,Z}$ 的表达式分别为

$$\mu_Z = \int_{D_Y} Z(\boldsymbol{y}) f_Y(\boldsymbol{y}) \mathrm{d}\boldsymbol{y} \tag{6.3}$$

$$\sigma_Z^2 = \int_{D_Y} \left[Z(\boldsymbol{y}) - \mu_Z \right]^2 f_Y(\boldsymbol{y}) \mathrm{d}\boldsymbol{y} \tag{6.4}$$

$$\alpha_{3,Z}=\frac{1}{\sigma_Z^3}\int_{D_Y}\left[Z(\boldsymbol{y})-\mu_Z\right]^3 f_{\boldsymbol{Y}}(\boldsymbol{y})\mathrm{d}\boldsymbol{y} \tag{6.5}$$

$$\alpha_{4,Z}=\frac{1}{\sigma_Z^4}\int_{D_Y}\left[Z(\boldsymbol{y})-\mu_Z\right]^4 f_{\boldsymbol{Y}}(\boldsymbol{y})\mathrm{d}\boldsymbol{y} \tag{6.6}$$

式中，$D_{\boldsymbol{Y}}$为$\boldsymbol{Y}$的定义域；$Z(\boldsymbol{y})$为由式（6.1）计算的$\boldsymbol{Y}=\boldsymbol{y}$时的函数值；$f_{\boldsymbol{Y}}(\boldsymbol{y})$为$\boldsymbol{Y}$的 jPDF。

式（6.3）～式（6.6）表明，有效计算$Z(\boldsymbol{Y})$的前 4 阶统计矩的关键是多变量积分的有效计算：

$$I^{(k)}=\int_{D_Y} Z(\boldsymbol{y})^4 f_{\boldsymbol{Y}}(\boldsymbol{y})\mathrm{d}\boldsymbol{y},\quad k=1,2,3,4 \tag{6.7}$$

一般来说，式（6.7）涉及的随机变量$Y_1,Y_2,\cdots,Y_n$是统计相关的，而且其中的一部分变量是非正态分布的。为了计算方便，可以利用式(2.81)[逆纳塔夫(Nataf)变换］或式（4.39），用n个统计独立的随机变量表示统计相关的随机变量$Y_1,Y_2,\cdots,Y_n$，然后，采用 Rosenblatt 变换[88]将表示$Y_1,Y_2,\cdots,Y_n$的统计独立随机变量变换为统计独立的标准正态随机变量$U_1,U_2,\cdots,U_n$。因此，多变量积分式（6.7）可以改写为

$$I^{(k)}=\int_{-\infty}^{+\infty}\int_{-\infty}^{+\infty}\cdots\int_{-\infty}^{+\infty}\left\{Z\left[G_1(u_1),G_2(u_2),\cdots,G_n(u_n)\right]\right\}^k \varphi(u_1)\varphi(u_2)\cdots\varphi(u_n)\mathrm{d}u_1\mathrm{d}u_2\cdots\mathrm{d}u_n \tag{6.8}$$

式中，$G_i(\cdot)(i=1,2,\cdots,n)$为将基本随机变量$Y_i(i=1,2,\cdots,n)$变换为统计独立的标准正态随机变量$U_i(i=1,2,\cdots,n)$的变换函数；$\varphi(\cdot)$为标准正态分布的 PDF。

将式（6.7）改写为式（6.8）的形式将为后面介绍的数值积分带来方便。

6.2.2 埃尔米特模型

在已知极限状态函数Z的均值μ_Z、方差σ_Z^2、偏态系数$\alpha_{3,Z}$和峰度系数$\alpha_{4,Z}$的前提下，Winterstein 利用正交埃尔米特多项式①，将变量Z关于标准正态变量U进行了展开[89]：

$$Z=\mu_Z+\sigma_Z\kappa\left[U+c_3\left(U^2-1\right)+c_4\left(U^3-3U\right)\right] \tag{6.9}$$

式中，κ、c_3和c_4均为确定性系数。

令方程（6.9）左右两端的前 4 阶矩相等，得到由Z的偏态系数和峰度系数计

① n 次埃尔米特多项式的一般定义为$\mathrm{He}_n(x)=\mathrm{e}^{1/2x^2}\left(-\partial\mathrm{e}^{-1/2x^2}/\partial x\right)^n$，前 4 个埃尔米特多项式的具体形式分别为$\mathrm{He}_0(x)=1$、$\mathrm{He}_1(x)=x$、$\mathrm{He}_2(x)=x^2-1$和$\mathrm{He}_3(x)=x^3-3x$。埃尔米特多项式满足微分法则$\mathrm{dHe}_n(x)/\mathrm{d}x=n\mathrm{He}_{n-1}(x)$和正交关系$\int_{-\infty}^{+\infty}1/\sqrt{2\pi}\mathrm{e}^{-1/2x^2}\mathrm{He}_n(x)\mathrm{He}_m(x)\mathrm{d}x=n!\delta(n-m)$。

算 κ 、c_3 和 c_4 的近似式[89-90]：

$$\kappa=\frac{1}{\sqrt{1+2c_3^2+6c_4^2}} \tag{6.10}$$

$$c_3=\frac{\alpha_{3,Z}}{4+2\sqrt{1+1.5\left(\alpha_{4,Z}-3\right)}} \tag{6.11}$$

$$c_4=\frac{\sqrt{1+1.5\left(\alpha_{4,Z}-3\right)}-1}{18} \tag{6.12}$$

显然，式（6.11）和式（6.12）要求 $\alpha_{4,Z}\geqslant 7/3$ 。

对式（6.9）进行整理后，得到

$$\left(U-\frac{c_3}{3c_4}\right)^3+C\left(U-\frac{c_3}{3c_4}\right)^2+D(Z)=0 \tag{6.13}$$

式中，系数 C 和 $D(Z)$ 分别为

$$C=-\frac{c_3^2}{3c_4}+\frac{1-3c_4}{c_4} \tag{6.14}$$

和

$$D(Z)=\frac{2c_3^3}{27c_4^3}-\frac{c_3\left(1-3c_4\right)}{3c_4^2}-\frac{c_3}{c_4}-\frac{Z-\mu_Z}{\kappa\sigma_Z c_4} \tag{6.15}$$

解一元三次方程（6.13），并令 $\Delta(Z)=D^2(Z)/4+C^3/27$ ，得到将随机变量 Z 变换到标准正态变量 U 的单调增函数 $T(\cdot)$（即高斯变换）：

$$U=T(Z)=\begin{cases}\sqrt[3]{-\dfrac{D(Z)}{2}+\sqrt{\Delta(Z)}}+\sqrt[3]{-\dfrac{D(Z)}{2}-\sqrt{\Delta(Z)}}, & \Delta(Z)<0\\ W^2\sqrt[3]{-\dfrac{D(Z)}{2}+\sqrt{\Delta(Z)}}+W^3\sqrt[3]{-\dfrac{D(Z)}{2}-\sqrt{\Delta(Z)}}, & \Delta(Z)\geqslant 0\end{cases} \tag{6.16}$$

式中，复数 W 为

$$W=\frac{-1+\sqrt{3}\mathrm{i}}{2} \tag{6.17}$$

其中，$\mathrm{i}=\sqrt{-1}$ 。

对于大多数实际结构，随着变形的增大，结构刚度会退化（软化结构），导致极

限状态函数 Z 出现厚尾部现象①，即 $\alpha_{4,Z}>3$。在这种情况下，式（6.16）简化为

$$\begin{aligned}U&=T(Z)\\&=\left[\sqrt{\xi^2(Z)+c}+\xi(Z)\right]^{\frac{1}{3}}-\left[\sqrt{\xi^2(Z)+c}-\xi(Z)\right]^{\frac{1}{3}}-a\end{aligned} \tag{6.18}$$

其中的函数 $\xi(Z)$ 为

$$\xi(Z)=1.5b\left(a+\frac{Z-\mu_Z}{\kappa\sigma_Z}\right)-a^3 \tag{6.19}$$

式中，$a=c_3/(3c_4)$；$b=1/(3c_4)$；$c=\left(b-1-a^2\right)^3$。

高斯变换公式［式（6.18）］实际上定义了 $\alpha_{4,Z}>3$ 情况下极限状态函数 $Z(\boldsymbol{Y})$ 的 CDF，即 $F_Z(z)=\Phi\left[T(z)\right]$，因此可以由极限状态函数 $Z(\boldsymbol{Y})$ 的前 4 阶统计矩计算结构失效概率：

$$\begin{aligned}P_f&=P(Z\leqslant 0)\\&=P\left[T(Z)\leqslant T(0)\right]\\&=P\left[U\leqslant T(0)\right]\\&=\Phi\left[T(0)\right]\end{aligned} \tag{6.20}$$

由此得到结构的（广义）可靠度指标：

$$\beta=-T(0) \tag{6.21}$$

对于不常见的硬化结构，随着变形的增大，结构刚度逐渐变大，极限状态函数 Z 出现薄尾部的现象。此时，也可以利用埃尔米特多项式展开来获得高斯变换 $U=T(Z)$[89]。

6.2.3　标准化模型

为了进一步提高埃尔米特模型的精度和适用范围，Zhao 等将变量 Z 表示为标准正态变量 U 的三次多项式，然后利用试错法建立了下面的标准展开式[91]：

$$Z=\mu_Z+\sigma_Z\left(-l_1+k_1U+l_1U^2+k_2U^3\right) \tag{6.22}$$

式中的系数由极限状态函数 Z 的前 4 阶统计矩计算：

$$l_1=\frac{\alpha_{3,Z}}{6(1+6l_2)} \tag{6.23}$$

① 若标准随机变量的 PDF 尾部比标准正态随机变量 PDF 的尾部大，称该变量具有厚尾部，否则称该变量具有薄尾部。

$$l_2 = \frac{1}{36}\left(\sqrt{6\alpha_{4,Z} - 8\alpha_{3,Z}^2 - 14} - 2\right) \tag{6.24}$$

$$k_1 = \frac{1 - 3l_2}{1 + l_1^2 - l_2^2} \tag{6.25}$$

$$k_2 = \frac{l_2}{1 + l_1^2 + 12l_2^2} \tag{6.26}$$

式（6.24）要求标准展开式（6.22）的成立条件为

$$\alpha_{4,Z} \geqslant \frac{7 + 4\alpha_{3,Z}^2}{3} \tag{6.27}$$

由式（6.22）可以得到高斯变换：

$$\begin{aligned} U &= T(Z) \\ &= -\frac{\sqrt[3]{2}p}{\sqrt[3]{-q+\Delta}} + \frac{\sqrt[3]{-q+\Delta}}{\sqrt[3]{2}} - \frac{l_1}{3k_2} \end{aligned} \tag{6.28}$$

式中的系数分别为

$$p = \frac{3k_1k_2 - l_1^2}{9k_2^2} \tag{6.29}$$

$$q = \frac{2l_1^3 - 9k_1k_2l_1 + 27k_2^2\left(-l_1 - \dfrac{z - \mu_Z}{\sigma_Z}\right)}{27k_2^3} \tag{6.30}$$

$$\Delta = \sqrt{q^2 + 4p^3} \tag{6.31}$$

同样地，高斯变换公式［式（6.28)］也定义了 $\alpha_{4,Z} \geqslant \left(7 + 4\alpha_{3,Z}^2\right)/3$ 情况下极限状态函数 $Z(\boldsymbol{Y})$ 的 CDF，即 $F_Z(z) = \Phi\left[T(z)\right]$。

6.2.4　移位广义对数正态分布模型

在极限状态函数 $Z(\boldsymbol{Y})$ 前 4 阶统计矩 μ_Z、σ_Z^2、$\alpha_{3,Z}$ 和 $\alpha_{4,Z}$ 的基础上，还可以利用移位广义对数正态分布（shifted generalized lognormal distribution，SGLD）直接建立 $Z(\boldsymbol{Y})$ 的分布模型。移位广义对数正态分布综合了三参数对数正态分布和广义高斯分布的特征，对偏态系数和峰度系数取值范围的要求比较宽松。在建立移位广义对数正态分布的过程中，总是取偏态系数的绝对值。对于偏态系数小于 0 的情况，可以对建立的 PDF 和 CDF 关于随机变量的均值进行镜像处理来得到所需的分布函数。

由移位广义对数正态分布模型，具有正偏态系数的极限状态函数 $Z(\boldsymbol{Y})$ 的 PDF 和 CDF 分别为[92]

$$f_Z(z)=\frac{\alpha}{z-b}\mathrm{e}^{-\frac{1}{r\sigma^r}\left|\ln\frac{z-b}{\theta}\right|^r},\quad z>b \tag{6.32}$$

和

$$F_Z(z)=\frac{1}{2}+\frac{1}{2}\operatorname{sgn}\left(\frac{z-b}{\theta}-1\right)Q\left(\frac{1}{r},\frac{1}{r}\left|\frac{\ln\frac{z-b}{\theta}}{\sigma}\right|^r\right),\quad z>b \tag{6.33}$$

式中，b 为位置参数；θ 为尺度参数；正实数 σ（主要控制偏态）和 r（主要控制峰度）均为形状参数；系数 $\alpha=1/\left[2r^{1/r}\sigma\Gamma(1+1/r)\right]$；$Q(\cdot,\cdot)$ 为不完整低阶伽马函数：

$$Q(s,x)=\frac{1}{\Gamma(s)}\int_0^x t^{s-1}\mathrm{e}^{-t}\mathrm{d}t \tag{6.34}$$

式（6.32）定义的 PDF 是单峰的，且当 σ 大于 0 时为不对称的。在 $\sigma\to 0$ 的极限情况下，移位广义对数正态分布收敛于广义高斯分布（generalized Gaussian distribution，GGD）。移位广义对数正态分布的其他极限情况包括：当 $r=2$ 且 $b=0$ 时，移位广义对数正态分布退化为对数正态分布；当 $r=2$ 但 $b\neq 0$ 时，移位广义对数正态分布退化为三参数对数正态分布；当 $r=1$ 且 $b=0$ 时，移位广义对数正态分布退化为对数拉普拉斯分布；对于 $r\to\infty$ 且 $b=0$ 的情况，移位广义对数正态分布收敛为对数均匀分布。与埃尔米特模型和标准化模型相比，移位广义对数正态分布模型对偏态系数和峰度系数的限制条件要宽松一些。

将方程（6.33）的左端 $F_Z(z)$ 替换为 p，且注意到 $\operatorname{sgn}\left[(z-b)/\theta-1\right]=\operatorname{sgn}(p-1/2)$，可以获得移位广义对数正态分布的逆 CDF：

$$z=F_Z^{-1}(p)=\begin{cases}\theta\mathrm{e}^{\operatorname{sgn}\left(p-\frac{1}{2}\right)\sigma\left[rQ^{-1}\left(\frac{1}{r},\frac{2p-1}{\operatorname{sgn}\left(p-\frac{1}{2}\right)}\right)\right]^{\frac{1}{r}}}+b, & p\neq\frac{1}{2}\\ b+\theta, & p=\frac{1}{2}\end{cases} \tag{6.35}$$

式中，$Q^{-1}(\cdot,\cdot)$ 为不完整低阶伽马函数的逆，即对应于 $\omega=Q(s,x)$ 有 $x=Q^{-1}(s,\omega)$。

虽然移位广义对数正态分布是四参数分布，但其模型参数的估计只涉及 2 个变量，即形状参数σ和r。对于固定的形状参数σ和r，位置参数和尺度参数能够由$b=\mu_Z-\theta\mu_S$和$\theta=\sigma_Z/\sigma_S$计算出来，其中的μ_S和σ_S为缩减变量$S=(Z-b)/\theta$的均值和标准差，其值可利用式（6.36）来计算[92]：

$$E\left[S^k\right]=\frac{1}{\Gamma\left(\dfrac{1}{r}\right)}\sum_{j=0}^{\infty}\frac{(k\sigma)^{2j}}{(2j)!}r^{\frac{2j}{r}}\Gamma\left(\frac{2j+1}{r}\right) \tag{6.36}$$

式中，$\Gamma(\cdot)$为伽马函数；k为原点矩的阶数；j为求和符号中的标号。

式（6.36）表明，S的偏态系数$\alpha_{3,S}(\sigma,r)$和峰度系数$\alpha_{4,S}(\sigma,r)$都是形状参数σ和r的非线性函数，因此，需要采用数值迭代方法求解非线性方程组（6.37），才能计算出已知$\alpha_{3,Z}$和$\alpha_{4,Z}$条件下的形状参数σ和r：

$$\begin{cases}\alpha_{3,S}(\sigma,r)-\alpha_{3,Z}=0\\ \alpha_{4,S}(\sigma,r)-\alpha_{4,Z}=0\end{cases} \tag{6.37}$$

根据经验，迭代求解方程组（6.37）的初值可设为$r=2$，σ满足方程：

$$\alpha_{3,Z}=\left(\mathrm{e}^{\sigma^2}+2\right)\sqrt{\mathrm{e}^{\sigma^2}-2} \tag{6.38}$$

当变量Z的偏态系数小于0时，考虑偏态系数的绝对值，估计移位广义对数正态分布模型的参数b、θ、σ和r，然后对建立的PDF和CDF进行镜像处理，获得需求的移位广义对数正态分布模型。此时，CDF的逆[57]为

$$\begin{aligned}z&=F_Z^{-1}(p)\\&=\begin{cases}2\mu_Z-\theta\mathrm{e}^{\operatorname{sgn}\left(\frac{1}{2}-p\right)\sigma\left[rQ^{-1}\left(\frac{1}{r},\frac{1-2p}{\operatorname{sgn}\left(\frac{1}{2}-p\right)}\right)\right]^{\frac{1}{r}}}-b, & p\neq\dfrac{1}{2}\\ 2\mu_Z-b-\theta, & p=\dfrac{1}{2}\end{cases}\end{aligned} \tag{6.39}$$

例题 6.1 考虑对数正态分布变量和伽马分布变量的高斯变换。假设对数正态分布变量取对数后的均值和标准差分别为1和0.2，伽马分布的形状参数和尺度参数分别为3和1，则对数正态分布变量的均值、标准差、偏态系数和峰度系数分别为2.773、0.560、0.614和3.678，伽马分布变量的均值、标准差、偏态系数和峰度系数分别为3.00、1.732、1.155和5.00。分别采用Rosenblatt变换、埃尔米特模型、标准化模型和移位广义对数正态分布（SGLD）模型对考虑的对数正态分布变量和伽马分布变量进行高斯变换，计算结果分别绘于图6.2和图6.3中。其中的Rosenblatt变换结果可以被当作精确结果。

图 6.2、图 6.3 中曲线表明：对于所考虑的两个随机变量，标准化模型和移位广义对数正态分布模型的精度高于埃尔米特模型的精度，而移位广义对数正态分布（SGLD）模型的精度略高于标准化模型的精度。

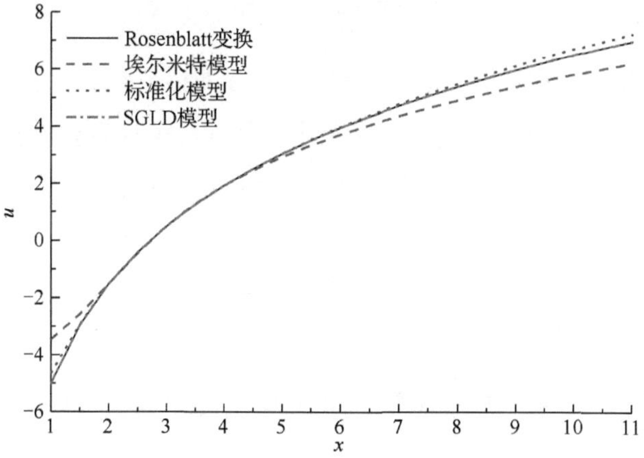

图 6.2 对数正态分布变量的高斯变换

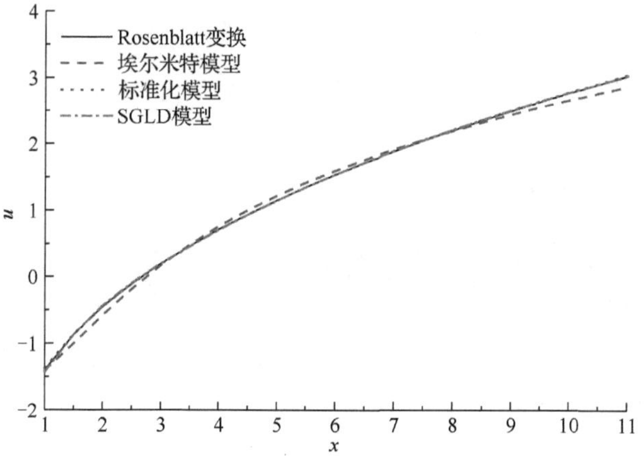

图 6.3 伽马分布变量的高斯变换

6.3 Smolyak 随机配点方法

6.3.1 全张量积随机配点方法

对于基本随机变量向量 $\boldsymbol{Y}=(Y_1,Y_2,\cdots,Y_n)$ 的隐式极限状态函数 $Z(\boldsymbol{Y})$，如果存在确定性（如确定性有限元）的解，那么可以利用随机配点法构造 $Z(\boldsymbol{Y})$ 的近似显式表达式和高阶统计矩的数值计算式。

为了说明随机配点法，首先考虑一维情况，即 $n=1$ 的情况，标准空间中极限状态函数 $Z\left[G(U)\right]$ 的一维拉格朗日插值多项式为

$$\mathscr{Z}^{i}(Z)=\sum_{j=1}^{m_i}Z\left[G\left(u_j^i\right)\right]l_j^i(U) \tag{6.40}$$

式中，指标 $i\in\mathcal{N}_+$ 为正整数；m_i 为依赖于指标 i 的插值点数；$\left\{u_1^i,u_2^i,\cdots,u_{m_i}^i\right\}$ 为对于特定指标 i 的插值点坐标；$G(\cdot)$ 为将变量 Y 变换为标准正态变量 U 的变换函数；$Z\left[G\left(u_j^i\right)\right]$ 为 $U=u_j^i$ 时 $Z\left[G(U)\right]$ 的确定性函数值；l_j^i 为 m_i-1 阶拉格朗日多项式：

$$l_j^i(U)=\prod_{\substack{k=1\\k\neq j}}^{m_i}\frac{\left(U-u_k^i\right)}{\left(u_j^i-u_k^i\right)} \tag{6.41}$$

式（6.41）定义的多项式具有正交性质 $l_j^i\left(u_k^i\right)=\delta_{jk}$，其中的 δ 为克罗内克（Kronecker）符号：

$$\delta_{jk}=\begin{cases}1, & k=j\\0, & k\neq j\end{cases} \tag{6.42}$$

在 $n>1$ 的多维情况下，对多维指标 $\boldsymbol{i}=\left(i_1,i_2,\cdots,i_n\right)\in\mathcal{N}_+^n$，构建 $Z\left[G(\boldsymbol{U})\right]$ 插值多项式的张量积插值公式：

$$\begin{aligned}\mathscr{Z}_n^{\boldsymbol{i}}(Z)&=\mathscr{Z}^{i_1}\otimes\mathscr{Z}^{i_2}\otimes\cdots\otimes\mathscr{Z}^{i_n}\\&=\sum_{j_1=1}^{m_{i_1}}\sum_{j_2=1}^{m_{i_2}}\cdots\sum_{j_n=1}^{m_{i_n}}Z\left[G_1\left(u_{j_1}^{i_1}\right),G_2\left(u_{j_2}^{i_2}\right),\cdots,G_n\left(u_{j_n}^{i_n}\right)\right]\left(l_{j_1}^{i_1}\otimes l_{j_2}^{i_2}\otimes\cdots\otimes l_{j_n}^{i_n}\right)\end{aligned} \tag{6.43}$$

式中，$Z\left[G_1\left(u_{j_1}^{i_1}\right),G_2\left(u_{j_2}^{i_2}\right),\cdots,G_n\left(u_{j_n}^{i_n}\right)\right]$ 为将随机变量 $U_1,U_2,\cdots,U_n$ 替换为确定性值 $u_{j_1}^{i_1},u_{j_2}^{i_2},\cdots,u_{j_n}^{i_n}$ 后极限状态函数 $Z\left[G(\boldsymbol{U})\right]$ 的值。

方程（6.43）定义的函数可当作隐式极限状态函数 $Z(\boldsymbol{Y})$ 在标准正态空间中的响应面方程。类似于式（6.43），构建多维情况下 $Z^k(\boldsymbol{Y})(k=1,2,\cdots)$ 的插值多项式，将得到的插值多项式代入多变量积分式（6.8），可以得到极限状态函数 $Z(\boldsymbol{Y})$ 第 k 阶原点矩计算式：

$$\begin{aligned}I^{(k)}=&\int_{-\infty}^{+\infty}\int_{-\infty}^{+\infty}\cdots\int_{-\infty}^{+\infty}\sum_{j_1=1}^{m_{i_1}}\sum_{j_2=1}^{m_{i_2}}\cdots\sum_{j_n=1}^{m_{i_n}}\left\{Z\left[G_1\left(u_{j_1}^{i_1}\right),G_2\left(u_{j_2}^{i_2}\right),\cdots,G_n\left(u_{j_n}^{i_n}\right)\right]\right\}^k\\&\cdot\left(l_{j_1}^{i_1}\otimes l_{j_2}^{i_2}\otimes\cdots\otimes l_{j_n}^{i_n}\right)\varphi(u_1)\varphi(u_2)\cdots\varphi(u_n)\mathrm{d}u_1\mathrm{d}u_2\cdots\mathrm{d}u_n,\quad k=1,2,\cdots\end{aligned} \tag{6.44}$$

式（6.44）中的多重积分需要数值计算。对每个多维指标 $\boldsymbol{i}$，令每个变量

$U_i(i=1,2,\cdots,n)$ 的插值点与求积节点一致，那么利用拉格朗日插值多项式的正交性质，可以得到多变量积分 $I^{(k)}$ 的数值解：

$$I^{(k)}=\sum_{j_1=1}^{m_{i_1}}\sum_{j_2=1}^{m_{i_2}}\cdots\sum_{j_n=1}^{m_{i_n}}\left\{Z\left[G_1\left(u_{j_1}^{i_1}\right),G_2\left(u_{j_2}^{i_2}\right),\cdots,G_n\left(u_{j_n}^{i_n}\right)\right]\right\}^k p_{j_1}^{i_1}p_{j_2}^{i_2}\cdots p_{j_n}^{i_n},\quad k=1,2,\cdots \tag{6.45}$$

式中，$p_{j_i}^{i_i}$ 为与插值点（求积节点）对应的求积系数，它的具体数值与所选择的数值积分法则有关。

显然，式（6.43）和式（6.45）都需要 $\prod_{j=1}^{n}m_{i_j}$ 次函数（如有限元）计算，函数计算次数随维数 n 和一维插值点数 m_{i_j} 的增大而急剧增大。因此，对于多维问题，张量积随机配点的计算费用非常高。

6.3.2 基于 Smolyak 稀疏网格的随机配点方法

全张量积随机配点方法需要过多配点数的原因在于式（6.43）产生的插值多项式是超完全的，为了构建 $Z\left[G(\boldsymbol{U})\right]$ 的 k 阶插值函数，将一维拉格朗日插值函数都构建成了 k 阶多项式，再经过张量积运算，得到的插值函数不仅包含了所有的 k 次项，还含有大量的更高次项。为了消除不必要的高次项，Smolyak（斯莫利亚克）提出了稀疏网格配点算法[93]，大幅降低了多维情况下的配点数。

Smolyak 稀疏网格由多维指标集 $\boldsymbol{i}\in\mathcal{N}_+^n$ 决定，给定精度水平 q（非负整数）后，可定义集合：

$$\mathcal{H}(q,n)=\left\{\boldsymbol{i}\in\mathcal{N}_+^n,\boldsymbol{i}\geqslant\mathbf{1}:q+1\leqslant\sum_{l=1}^{n}i_l\leqslant q+n\right\} \tag{6.46}$$

式中，$\mathbf{1}=(1,1,\cdots,1)$。

那么，极限状态函数 $Z\left[G(\boldsymbol{U})\right]$ 的 Smolyak 插值函数可以由式（6.47）的以 $\mathscr{Z}^i$ 为项的插值公式给出[94-96]：

$$\mathcal{A}(q,n)=\sum_{\boldsymbol{i}\in\mathcal{H}(q,n)}(-1)^{q+n-|\boldsymbol{i}|}\binom{n-1}{q+n-|\boldsymbol{i}|}\left(\mathscr{Z}^{i_1}\otimes\mathscr{Z}^{i_2}\otimes\cdots\otimes\mathscr{Z}^{i_n}\right) \tag{6.47}$$

式中，$|\boldsymbol{i}|=i_1+i_2+\cdots+i_n$；张量积 $\mathscr{Z}^{i_1}\otimes\mathscr{Z}^{i_2}\otimes\cdots\otimes\mathscr{Z}^{i_n}$ 由式（6.43）定义。

一般来说，精度水平 q 的选择和 m_i 的定义依赖于极限状态函数 $Z\left[G(\boldsymbol{U})\right]$ 的非线性程度。对于弱非线性的 $Z\left[G(\boldsymbol{U})\right]$，可以设 $q=1$。此时，式（6.47）给出的插值函数将不包含随机变量 $U_1,U_2,\cdots,U_n$ 的交叉项，因此 Smolyak 算法退化为求解高维可靠度问题的单变量近似方法[97]或不含交叉项的分解方法[98]。对于强非线性问题，精度水平 q 一般应该大于 1，即 $q \geqslant 2$ 。在这种情况下，如果对每个值 i 都设 $m_i = i$ ，那么由式（6.47）定义的插值函数将是 $q-1$ 次完全多项式。由于完全多项式同样含有太多的项，其中的一些对插值精度的贡献不大，因此为了平衡数值精度和计算效率，在实际应用中通常设 $2 \leqslant q \leqslant 4$ 和

$$m_i = \begin{cases} 1, & i = 1 \\ 2^{i+1}, & i > 1 \end{cases} \tag{6.48}$$

为了确定式（6.47）定义的插值函数，只需计算在式（6.48）的稀疏网格上的极限状态函数 $Z\left[G(\boldsymbol{U})\right]$ 值：

$$Q(q,n) = \bigcup_{\boldsymbol{i} \in \mathcal{H}(q,n)} \left(V^{i_1} \times V^{i_2} \times \cdots \times V^{i_n}\right) \tag{6.49}$$

式中，$V^i = \left\{u_1^i, u_2^i, \cdots, u_{m_i}^i\right\}$ 为被 $\mathscr{Z}^i$ 使用的坐标集。

考虑式（6.8）并利用 $Z^k\left[G(\boldsymbol{U})\right]$ 的 Smolyak 插值函数，可以将多变量积分 $I^{(k)}$ 写成[28]：

$$\begin{aligned} I^{(k)} = & \sum_{\boldsymbol{i} \in \mathcal{H}(q,n)} (-1)^{q+n-|\boldsymbol{i}|} \binom{n-1}{q+n-|\boldsymbol{i}|} \\ & \cdot \int_{-\infty}^{+\infty} \int_{-\infty}^{+\infty} \cdots \int_{-\infty}^{+\infty} \sum_{j_1=1}^{m_{i_1}} \sum_{j_2=1}^{m_{i_2}} \cdots \sum_{j_n=1}^{m_{i_n}} \left\{Z\left[G_1\left(u_{j_1}^{i_1}\right), G_2\left(u_{j_2}^{i_2}\right), \cdots, G_n\left(u_{j_n}^{i_n}\right)\right]\right\}^k \\ & \cdot \left(l_{j_1}^{i_1} \otimes l_{j_2}^{i_2} \otimes \cdots \otimes l_{j_n}^{i_n}\right) \varphi(u_1) \varphi(u_2) \cdots \varphi(u_n) \mathrm{d}u_1 \mathrm{d}u_2 \cdots \mathrm{d}u_n, \quad k = 1, 2, \cdots \end{aligned} \tag{6.50}$$

需要注意的是，虽然式（6.50）右端的多重积分与式（6.44）右端的多重积分在形式上是一样的，但两者的配点规则 $m_{i_j}\,(j = 1, 2, \cdots, n)$ 不同，前者的 m_{i_j} 由 Smolyak 算法计算，后者的 m_{i_j} 由全张量积算法计算。

对于每个多维指标集 $\boldsymbol{i}$，若将每个变量 $U_i\,(i = 1, 2, \cdots, n)$ 的插值点选择为相应的求积节点，那么可以写出方程（6.50）右端积分的数值解：

$$\begin{aligned} I^{(k)} = & \sum_{\boldsymbol{i} \in \mathcal{H}(q,n)} (-1)^{q+n-|\boldsymbol{i}|} \binom{n-1}{q+n-|\boldsymbol{i}|} \\ & \cdot \sum_{j_1=1}^{m_{i_1}} \sum_{j_2=1}^{m_{i_2}} \cdots \sum_{j_n=1}^{m_{i_n}} \left\{Z\left[G_1\left(u_{j_1}^{i_1}\right), G_2\left(u_{j_2}^{i_2}\right), \cdots, G_n\left(u_{j_n}^{i_n}\right)\right]\right\}^k p_{j_1}^{i_1} p_{j_2}^{i_2} \cdots p_{j_n}^{i_n}, \quad k = 1, 2, \cdots \end{aligned} \tag{6.51}$$

式中，$u_{j_i}^{i_i}$ 和 $p_{j_i}^{i_i}$ 分别为插值点（求积节点）坐标及其对应的求积系数。

由式（6.51）可以计算隐式极限状态函数$Z\left[G(\boldsymbol{U})\right]$的$k$阶原点矩，进一步可以计算出$Z\left[G(\boldsymbol{U})\right]$的均值、标准差、偏态系数和峰度系数。

插值点（求积节点）$u_{j_i}^{i_i}$和求积系数$p_{j_i}^{i_i}$的选择是比较灵活的，如果选择高斯-埃尔米特（Gauss-Hermite）积分法则，则有[28, 97]

$$u_{j_i}^{i_i}=\sqrt{2}\xi_{j_i}^{i_i},\quad j_i=1,2,\cdots,m_{i_i} \tag{6.52}$$

$$p_{j_i}^{i_i}=\frac{1}{\sqrt{\pi}}\zeta_{j_i}^{i_i},\quad j_i=1,2,\cdots,m_{i_i} \tag{6.53}$$

式中，$\xi_{j_i}^{i_i}$和$\zeta_{j_i}^{i_i}$分别为高斯-埃尔米特积分法则定义的求积节点和求积系数[78]。

例题 6.2 以例题 4.2 中受弯钢梁抗弯承载能力可靠度的计算说明稀疏网格随机配点法的使用过程和计算效率。该钢梁承载能力极限状态的显式表达式为

$$Z\left(W,F_y,M\right)=WF_y-M$$

其中，基本随机变量的分布及其参数见表 4.1。

利用 Rosenblatt 变换将基本随机变量$Y_1=W$、$Y_2=F_y$和$Y_3=M$变换为标准正态变量U_1、U_2和U_3的函数：

$$Y_1=G_1\left(U_1\right)=\sigma_W U_1+\mu_W$$

$$Y_2=G_2\left(U_2\right)=\mathrm{e}^{U_2\sigma_{\ln F_y}+\mu_{\ln F_y}}$$

$$Y_3=G_3\left(U_3\right)=-\frac{1}{\alpha}\ln\left[-\ln\Phi\left(U_3\right)\right]+\gamma$$

式中，分布参数为$\mu_W=100$；$\sigma_W=4$；$\sigma_{\ln F_y}=\sqrt{\ln\left(1+\sigma_{F_y}^2/\mu_{F_y}^2\right)}=0.0998$；$\mu_{\ln F_y}=\ln\mu_{F_y}-0.5\sigma_{\ln F_y}^2=3.68$；$\alpha=\sqrt{\pi^2/\left(6\sigma_M^2\right)}=0.00641$；$\gamma=\mu_M-0.5772/\alpha=1910$。

因此，在标准正态空间中的极限状态函数为

$$Z\left(U_1,U_2,U_3\right)=\left(4U_1+100\right)\mathrm{e}^{0.0998U_2+3.68}+156\ln\left[-\ln\Phi\left(U_3\right)\right]-1910$$

若设定精度水平$q=2$，则由式（6.46）可以计算多维指标$\boldsymbol{i}=\left(i_1,i_2,i_3\right)$，计算结果为$H(2,3)=\{(1,1,1),(2,1,1),(1,2,1),(1,1,2),(2,2,1),(2,1,2),(1,2,2),(3,1,1),(1,3,1),(1,1,3)\}$。

由式（6.48）定义插值点数，并采用高斯-埃尔米特法则确定插值点（求积节点）坐标和求积系数，得到的稀疏网格上的插值点如图 6.4 所示。虽然计算的插值点总数为 52，但非重叠的插值点只有 31 个。分别设$q=2$、$q=3$和$q=4$，基于

式（6.51）和式（6.46）计算的极限状态函数的前 4 阶统计矩、采用埃尔米特模型计算的结构失效概率和可靠度指标列于表 6.1 中。表 6.1 同时给出了由一次可靠度方法计算的结构失效概率和可靠度指标，由蒙特卡洛方法（10^6 次模拟）估计的极限状态函数前 4 阶统计矩、结构失效概率和可靠度指标。表 6.1 中的相对误差以蒙特卡洛模拟结果为基准。需要说明的是，精度水平 $q=2$、$q=3$ 和 $q=4$ 时，稀疏网格随机配点法产生的总插值点数分别为 52、195 和 609，非重叠插值点数分别约为总插值点数的 3/5。

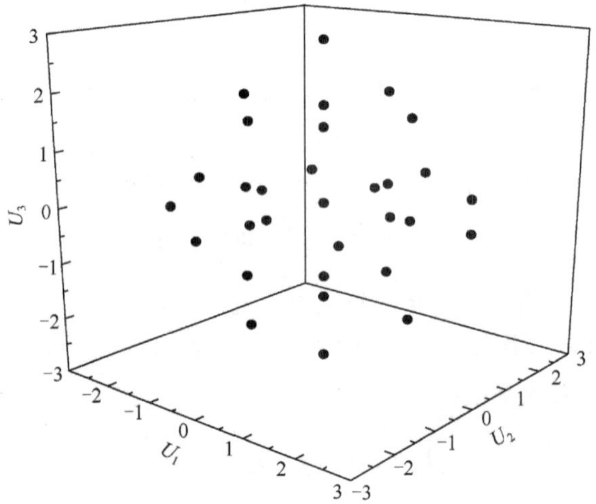

图 6.4　稀疏网格上的插值点

表 6.1　受弯钢梁的可靠度分析结果

方法	μ_Z	σ_Z	$\alpha_{3,Z}$	$\alpha_{4,Z}$	P_f	β
SGSC-$q=2$	1984.39	473.91	0.151	3.216	1.65×10^{-5}	4.152
相对误差	−0.06%	−0.16%	2.70%	0.41%	−54.2%	4.58%
SGSC-$q=3$	1984.39	473.92	0.151	3.198	1.41×10^{-5}	4.188
相对误差	−0.06%	−0.16%	2.70%	−0.09%	−60.8%	7.38%
SGSC-$q=4$	1984.39	473.92	0.151	3.198	1.42×10^{-5}	4.186
相对误差	−0.06%	−0.16%	2.70%	−0.09%	−60.6%	5.44%
FORM 相对误差					2.79×10^{-5} −22.5%	4.030 1.51%
蒙特卡洛模拟	1985.60	474.67	0.147	3.203	3.60×10^{-5}	3.970

表 6.1 中计算结果表明，与蒙特卡洛模拟结果相比，由稀疏网格随机配点法计算的极限状态函数前 4 阶统计矩非常精确，失效概率的相对误差虽然较大，但

计算结果与蒙特卡洛模拟结果处于同一个数量级，可靠度指标的相对误差基本满足工程精度要求。从可靠度指标的角度来看，对本例题所考虑的可靠度计算问题，只需将精度水平设为$q=2$，进行 31（无重叠插值点数）次函数运算，稀疏网格随机配点法能够提供相当精确的可靠度计算值。

例题 6.3 采用稀疏网格随机配点法分析具有隐式极限状态函数的可靠度问题。考虑图 6.1 所示的受水平地震力作用的 3 跨 6 层抗弯钢框架，结构构件所用型钢型号见表 6.2，同一层梁选用相同类型的型钢。在该框架抗震性能分析的二维有限元模型中，框架构件采用相连于框架节点的梁单元进行建模，材料属性只考虑弹性特性。所有构件共用同一个弹性模量E，并令E是均值为 200kN/mm^{2}和变异系数为 0.1 的对数正态分布随机变量。作用在框架结构上的 6 个水平地震力也是对数正态分布随机变量，其均值呈倒三角形分布，屋面处水平地震力为 500 kN、地面处水平地震力为 0，它们的变异系数均为 0.2。因此，该框架结构的可靠度分析涉及 7 个随机变量。

表 6.2 框架构件的型钢型号（AISC 标准）

楼层	外柱	内柱	梁
1,2	C1: W14×159	C4: W27×161	G1:W24×94
3,4	C2: W14×132	C5: W27×114	G2:W24×76
5,6	C3: W14×99	C6: W27×84	G3:W24×55

计算该框架左侧外柱最大层间位移比对设计规范规定的极限层间位移比的超越概率。极限状态方程为

$$Z\left(F_1,F_2,\cdots,F_6,E\right)=\delta_c-\delta\left(F_1,F_2,\cdots,F_6,E\right)$$

式中，$\delta_c=h/250\times100\%=1.272\%$为极限层间位移比，其中的$h$为层高；$\delta\left(F_1,F_2,\cdots,F_6,E\right)$为地震力作用下的层间位移比反应。

图 6.5 表示框架左侧外柱的代表性层间位移比反应样本。从图 6.5 中可以看出：第 3 层层间位移比反应样本值最大。因此，极限状态方程中的层间位移比反应选择为框架左侧外柱第 3 层的层间位移比。

令精度水平$q=3$，一维配点法则m_i由式（6.48）定义，则稀疏网格随机配点法产生的总插值点数为 1884，其中的非重叠插值点数约为 1100。这意味着需要大约 1100 次有限元计算。若采用式（6.52）和式（6.53）确定求积节点和求积系数，则可以由稀疏网格随机配点法计算出所考虑隐式极限状态函数的前 4 阶统计矩，在此基础上，进一步由埃尔米特模型计算出框架的地震失效概率和可靠度指标。稀疏网格随机配点法的计算结果见表 6.3。表 6.3 同时列出了蒙特卡洛模拟结果（10000 个样本）和稀疏网格随机配点法的相对计算误差。

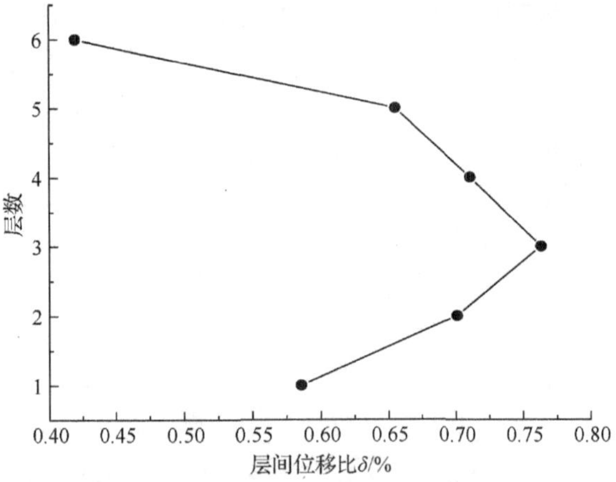

图 6.5　框架结构的层间位移比反应样本

表 6.3　抗弯钢框架地震可靠度计算结果

计算方法	μ_Z	σ_Z	$\alpha_{3,Z}$	$\alpha_{4,Z}$	P_f	β
SGSC	0.45529	0.11690	−0.44224	3.50591	7.61×10^{-4}	3.17
相对误差	0.47%	−1.21%	−5.92%	3.66%	−4.95%	0.32%
蒙特卡洛模拟	0.45318	0.11833	−0.47006	3.38219	8.0×10^{-4}	3.16

表 6.3 中的数值表明，对于所考虑的涉及 7 个基本随机变量的可靠度问题，基于大约 1100 次有限元计算的稀疏网格随机配点法与基于 10000 次有限元计算的蒙特卡洛模拟结果吻合得相当好。

6.4　计算误差与维数缩减

稀疏网格随机配点法的计算误差来自两个方面，一是利用 Smolyak 算法构造极限状态函数插值函数和计算极限状态函数前 4 阶统计矩时产生的误差；二是利用高斯变换构造极限状态函数 CDF 时产生的误差。前者与基本随机变量数目（维数）和精度水平有关。尽管有些研究得出了 Smolyak 算法在随机函数方差估计中的误差预测式[95-96]，但尚无 Smolyak 算法在随机函数的偏态系数和峰度系数估计误差方面的理论研究报道。实际工程实例分析建议[28, 99]，对于材料非线性结构，精度水平 $q = 3$ 或 $q = 4$ 一般能够给出足够精确的极限状态函数的插值函数。另外，为了消除高斯变换造成的极限状态函数的 CDF 模型误差，可以对得到的插值函数进行随机抽样，然后利用获得的样本计算极限状态函数的（非参数）CDF。因为插值函数（多项式）的单次抽样费用非常低，因此，由样本计算极限状态函数的 CDF 的效率是非常高的。

尽管与全张量积配点方法相比，稀疏网格随机配点法的配点数随随机变量维数增长的增长率已大幅减小，但是，对于随机变量维数更大（如维数大于 15）的强非线性极限状态函数，稀疏网格随机配点法可能需要相当多的配点，使其计算费用变得相当高。在这种情况下，可以考虑先对随机变量的维数进行缩减[100-101]，将极限状态函数的基本随机变量数降低到 15 甚至 10 以下，再利用稀疏网格随机配点法进行可靠度计算。

7　结构首次穿越失效

结构可靠度问题可以粗略地分类为时不变可靠度问题和时变可靠度问题。当不考虑结构特性和外荷载的时间变异性，结构抗力、荷载效应和极限状态函数可以用随机变量来描述时，所研究的可靠度问题称为结构时不变可靠度问题。相反，当需要考虑材料性能退化、部分或全部荷载的时间变异性、荷载效应的时间变异性等因素时，结构抗力、荷载效应和极限状态函数需要由关于时间的随机函数或随机过程来描述，此时，所研究的结构可靠度问题称为时变可靠度问题。

结构首次穿越失效是结构时变可靠度分析中的一个重要问题。它假设时间变化的荷载效应一旦在某个时刻超越设定阈值则结构发生失效。显然，结构首次穿越失效分析对包括结构疲劳失效分析在内的一般结构时变可靠度分析也具有重要意义。

本章以受随机荷载作用的结构振动（随机振动）为对象，介绍结构首次穿越失效分析的基本原理和方法。

7.1　随 机 响 应

随机荷载作用下结构线性和非线性响应的估计是结构首次穿越失效分析的重要组成部分。结构随机响应分析，特别是非线性随机响应分析，是非常复杂的问题，存在许多经典的和新发展的分析方法[9, 29, 58, 102]。下面介绍实际工程应用比较广泛的经典方法。

7.1.1　线性响应

1. 单自由度结构

对于受随机荷载作用的单自由度（single-degree-of-freedom，SDoF）线性结构，运动方程为

$$M\ddot{X}+C\dot{X}+KX=F(t) \tag{7.1}$$

式中，M、C和K分别为结构的质量、阻尼系数和刚度；$F(t)$为作用在结构上的随机荷载；X、$\dot{X}$和$\ddot{X}$分别为结构的位移、速度和加速度响应。

方程（7.1）的归一化形式为

$$\ddot{X}+2\zeta\omega_0\dot{X}+\omega_0^2X=Q(t) \tag{7.2}$$

式中，$\omega_0=\sqrt{K/M}$ 为结构无阻尼自然圆频率；$\zeta=C/C_c=C/(2M\omega_0)$ 为结构阻尼比，其中 $C_c=2M\omega_0$ 为结构的临界阻尼；归一化荷载 $Q(t)=F(t)/M$ 。

对于时间 $t\geqslant 0$，方程（7.2）的解为

$$\begin{aligned}X(t)&=\frac{\dot{X}(0)}{\omega_D}\sin\omega_D t+X(0)\cos\omega_D t+\int_0^t Q(\tau)h(t-\tau)\mathrm{d}\tau\\&=\frac{\dot{X}(0)}{\omega_D}\sin\omega_D t+X(0)\cos\omega_D t+\int_0^t Q(t-\tau)h(\tau)\mathrm{d}\tau\end{aligned} \tag{7.3}$$

式中，$X(0)$ 和 $\dot{X}(0)$ 分别为初始时刻的结构位移和速度；$\omega_D=\sqrt{1-\zeta^2}\omega_0$ 为结构阻尼圆频率；$h(t)$ 为单位脉冲响应函数：

$$h(t)=\frac{1}{\omega_D}\mathrm{e}^{-\zeta\omega_0 t}\sin\omega_D t \tag{7.4}$$

假设初始时刻结构静止不动，即 $X(0)=0$ 和 $\dot{X}(0)=0$ 。令归一化荷载 $Q(t)$ 的均值函数和自协方差函数为 $\mu_Q(t)=\mu_F(t)/M$ 和 $\phi_{Q,Q}(t_1,t_2)=\phi_{F,F}(t_1,t_2)/M^2$ ，其中，$\mu_F(t)$ 和 $\phi_{F,F}(t_1,t_2)$ 分别为荷载 $F(t)$ 的均值函数和自协方差函数，则由式（7.3），可以获得响应 $X(t)$ 的均值函数 $\mu_X(t)$ 和自协方差函数 $\phi_{X,X}(t_1,t_2)$：

$$\begin{aligned}\mu_X(t)&=E[X(t)]\\&=\int_0^t\mu_Q(\tau)h(t-\tau)\mathrm{d}\tau\\&=\int_0^t\mu_Q(t-\tau)h(\tau)\mathrm{d}\tau\end{aligned} \tag{7.5}$$

$$\begin{aligned}\phi_{X,X}(t_1,t_2)&=E\{[X(t_1)-\mu_X(t_1)][X(t_2)-\mu_X(t_2)]\}\\&=\int_0^{t_1}\int_0^{t_2}\phi_{Q,Q}(\tau_1,\tau_2)h(t_1-\tau_1)h(t_2-\tau_2)\mathrm{d}\tau_1\mathrm{d}\tau_2\end{aligned} \tag{7.6}$$

若荷载 $F(t)$ 是平稳的，有 $\mu_Q(t)=\mu_Q=\mu_F/M$ 和 $\phi_{Q,Q}(t_1,t_2)=\phi_{Q,Q}(t_2-t_1)=\phi_{F,F}(t_2-t_1)/M^2$ 。假设平稳过程 $F(t)$ 从 $t=-\infty$ 开始作用在结构上，则可以由式（7.5）和式（7.6）得到平稳响应 $X(t)$ 的均值和自协方差函数：

$$\begin{aligned}\mu_X(t)&=\mu_Q\int_{-\infty}^t h(t-\tau)\mathrm{d}\tau\\&\approx\frac{\mu_Q}{\omega_0^2}\end{aligned} \tag{7.7}$$

$$\phi_{X,X}(t_1,t_2)=\int_{-\infty}^{t_1}\int_{-\infty}^{t_2}\phi_{Q,Q}(\tau_2-\tau_1)h(t_1-\tau_1)h(t_2-\tau_2)\mathrm{d}\tau_1\mathrm{d}\tau_2 \tag{7.8}$$

自协方差函数$\phi_{Q,Q}(\tau)$与 PSD 函数$S_{Q,Q}(\omega)$的关系式为

$$\phi_{Q,Q}(\tau)=\int_{-\infty}^{+\infty}S_{Q,Q}(\omega)\mathrm{e}^{\mathrm{i}\omega\tau}\mathrm{d}\omega \tag{7.9}$$

将式（7.9）代入方程（7.8），则有

$$\phi_{X,X}(t_1,t_2)=\int_{-\infty}^{+\infty}\left[\int_{-\infty}^{t_1}h(t_1-\tau_1)\mathrm{e}^{-\mathrm{i}\omega\tau_1}\mathrm{d}\tau_1\right]\left[\int_{-\infty}^{t_2}h(t_2-\tau_2)\mathrm{e}^{\mathrm{i}\omega\tau_2}\mathrm{d}\tau_2\right]S_{Q,Q}(\omega)\mathrm{d}\omega \tag{7.10}$$

式中，$\mathrm{i}=\sqrt{-1}$。

在式（7.10）中引入变换函数：

$$\begin{aligned}H(\omega)&=\int_{0}^{+\infty}h(\tau)\mathrm{e}^{-\mathrm{i}\omega\tau}\mathrm{d}\tau\\&=\frac{1}{\omega_0^2-\omega^2+2\mathrm{i}\zeta\omega_0\omega}\end{aligned} \tag{7.11}$$

并经过简单的变换后，可将自协方差函数$\phi_{X,X}(t_1,t_2)$表示为

$$\phi_{X,X}(t_1,t_2)=\int_{-\infty}^{+\infty}H(\omega)H^*(\omega)S_{Q,Q}(\omega)\mathrm{e}^{\mathrm{i}\omega(t_2-t_1)}\mathrm{d}\omega \tag{7.12}$$

式中，$H^*(\omega)$为$H(\omega)$的复数共轭。

对比式（7.9）和式（7.12），可以得到由平稳荷载的功率谱密度函数计算平稳位移响应$X(t)$的功率谱密度函数的公式：

$$S_{X,X}(\omega)=|H(\omega)|^2S_{Q,Q}(\omega) \tag{7.13}$$

同样地，可以得到速度响应$\dot{X}(t)$及加速度响应$\ddot{X}(t)$的（非平稳和平稳）均值函数、自协方差函数和功率谱密度函数的计算式，以及响应$X(t)$、$\dot{X}(t)$和$\ddot{X}(t)$的互协方差函数和协功率谱密度函数的计算式。

当荷载$F(t)$为白噪声过程时，容易推导出 SDoF 线性结构随机响应协方差函数和互协方差函数的解析解[64, 102]。对于$F(t)$为高斯过程的情况，非平稳响应$X(t)$、$\dot{X}(t)$和$\ddot{X}(t)$是联合高斯的，而平稳响应$X(t)$、$\dot{X}(t)$和$\ddot{X}(t)$则是统计独立的高斯过程。

2. 多自由度结构

对于自由度$n>1$的多自由度（multi-degree-of-freedom，MDoF）线性结构，运动方程为

$$\boldsymbol{M}\ddot{\boldsymbol{X}}+\boldsymbol{C}\dot{\boldsymbol{X}}+\boldsymbol{K}\boldsymbol{X}=\boldsymbol{F}(t) \tag{7.14}$$

式中，$\boldsymbol{M}$、$\boldsymbol{C}$ 和 $\boldsymbol{K}$ 分别为 $n\times n$ 维质量、阻尼和刚度矩阵；$\boldsymbol{F}(t)$ 为 $n\times 1$ 维随机荷载向量；$\boldsymbol{X}$、$\dot{\boldsymbol{X}}$ 和 $\ddot{\boldsymbol{X}}$ 分别为位移、速度和加速度响应向量。

在实际工程中，由于 $\boldsymbol{M}$ 通常是正定的，有非零特征值，因此逆矩阵 $\boldsymbol{M}^{-1}$ 存在。令 $n\times n$ 维矩阵 $\boldsymbol{\theta}$ 为矩阵 $\boldsymbol{M}^{-1}\boldsymbol{K}$ 的特征向量矩阵，即 $\boldsymbol{\theta}$ 的列为 $\boldsymbol{M}^{-1}\boldsymbol{K}$ 的特征向量，则有

$$\boldsymbol{M}^{-1}\boldsymbol{K}\boldsymbol{\theta}=\boldsymbol{\theta}\boldsymbol{\lambda} \tag{7.15}$$

式中，$\boldsymbol{\lambda}$ 为 $n\times n$ 维对角矩阵，其中的 (j,j) 元素是对应于 $\boldsymbol{\theta}$ 第 j 列的特征值。

由于无论 $\boldsymbol{M}^{-1}\boldsymbol{K}$ 是否有重复特征值，总可以构造出与质量矩阵 $\boldsymbol{M}$ 和刚度矩阵 $\boldsymbol{K}$ 正交的特征向量矩阵 $\boldsymbol{\theta}$[103]，因此可以定义下面的 2 个对角矩阵（广义质量矩阵和广义刚度矩阵）：

$$\hat{\boldsymbol{M}}=\boldsymbol{\theta}^{\mathrm{T}}\boldsymbol{M}\boldsymbol{\theta} \tag{7.16}$$

$$\hat{\boldsymbol{K}}=\boldsymbol{\theta}^{\mathrm{T}}\boldsymbol{K}\boldsymbol{\theta} \tag{7.17}$$

为了化简 MDoF 运动方程（7.14），可将响应 $\boldsymbol{X}$ 表示为 $\boldsymbol{M}^{-1}\boldsymbol{K}$ 的特征向量的线性展开。为此，定义向量 $\boldsymbol{Z}$ 使得 $\boldsymbol{Z}$ 的第 j 个分量为 $\boldsymbol{X}$ 在第 j 个特征向量上的投影：

$$\boldsymbol{X}=\boldsymbol{\theta}\boldsymbol{Z} \tag{7.18}$$

将式（7.18）代入式（7.14）并将得到的方程两侧同乘 $\boldsymbol{\theta}^{\mathrm{T}}$，则有

$$\boldsymbol{\theta}^{\mathrm{T}}\boldsymbol{M}\boldsymbol{\theta}\ddot{\boldsymbol{Z}}+\boldsymbol{\theta}^{\mathrm{T}}\boldsymbol{C}\boldsymbol{\theta}\dot{\boldsymbol{Z}}+\boldsymbol{\theta}^{\mathrm{T}}\boldsymbol{K}\boldsymbol{\theta}\boldsymbol{Z}=\boldsymbol{\theta}^{\mathrm{T}}\boldsymbol{F}(t) \tag{7.19}$$

根据式（7.16）和式（7.17），可将式（7.19）写为

$$\ddot{\boldsymbol{Z}}+\boldsymbol{\beta}\dot{\boldsymbol{Z}}+\boldsymbol{\lambda}\boldsymbol{Z}=\hat{\boldsymbol{M}}^{-1}\boldsymbol{\theta}^{\mathrm{T}}\boldsymbol{F}(t) \tag{7.20}$$

其中的矩阵 $\boldsymbol{\beta}$ 由下面的公式定义：

$$\begin{aligned}\hat{\boldsymbol{C}}&=\boldsymbol{\theta}^{\mathrm{T}}\boldsymbol{C}\boldsymbol{\theta}\\&=\hat{\boldsymbol{M}}\boldsymbol{\beta}\end{aligned} \tag{7.21}$$

当 $\boldsymbol{\beta}$ 为对角矩阵时，方程（7.20）的第 j 行具有简单形式：

$$\ddot{Z}_j+\beta_{j,j}\dot{Z}_j+\lambda_{j,j}Z_j=\frac{1}{\hat{M}_{j,j}}\sum_{l=1}^{n}\theta_{l,j}F_l(t) \tag{7.22}$$

式中，$\beta_{j,j}$、$\lambda_{j,j}$ 和 $\hat{M}_{j,j}$ 分别为 $\boldsymbol{\beta}$、$\boldsymbol{\lambda}$ 和 $\hat{\boldsymbol{M}}$ 的 (j,j) 元素；$\theta_{l,j}$ 为 $\boldsymbol{\theta}$ 的 (l,j) 元素；$F_l(t)$ 为 $\boldsymbol{F}(t)$ 的第 l 个元素。

方程（7.22）表明，响应 $Z_j(t)$ 可以通过求解一个与响应 $Z_k(t)(k\neq j)$ 的控制方程完全解耦的控制方程来得到，而且，$Z_j(t)$ 的控制方程类似于一个 SDoF 线性

结构的运动方程。方程（7.22）称为 MDoF 运动方程（7.14）的第 j 阵型方程。

若定义阵型频率 ω_j 和阵型阻尼 ζ_j 使得关系式 $\omega_j = \lambda_{j,j}^{1/2}$ 和 $2\omega_j\zeta_j = \beta_{j,j}$ 成立，则得到形式上与 SDoF 线性结构运动方程（7.2）完全一致的 MDoF 线性结构振动的第 j 阵型方程：

$$\ddot{Z}_j + 2\omega_j\zeta_j\dot{Z}_j + \omega_j^2 Z_j = Q_j(t) \tag{7.23}$$

其中的第 j 阵型广义力：

$$\begin{aligned} Q_j(t) &= \frac{1}{\hat{M}_{j,j}}\sum_{l=1}^{n}\theta_{l,j}F_l(t) \\ &= \frac{1}{\hat{M}_{j,j}}\boldsymbol{\theta}_j^{\mathrm{T}}\boldsymbol{F}(t) \end{aligned} \tag{7.24}$$

式中，向量 $\boldsymbol{\theta}_j$ 为矩阵 $\boldsymbol{\theta}$ 的第 j 列。

类似于式（7.5）和式（7.6），$Z_j(t)$ 的均值函数 $\mu_{Z_j}(t)$ 以及 $Z_i(t)$ 和 $Z_j(t)$ 的协方差函数 $\phi_{Z_i,Z_j}(t_1,t_2)$ 分别为

$$\begin{aligned} \mu_{Z_j}(t) &= \int_0^t \mu_{Q_j}(\tau)h_j(t-\tau)\mathrm{d}\tau \\ &= \int_0^t \mu_{Q_j}(t-\tau)h_j(\tau)\mathrm{d}\tau \end{aligned} \tag{7.25}$$

$$\phi_{Z_i,Z_j}(t_1,t_2) = \int_0^{t_1}\int_0^{t_2}\phi_{Q_i,Q_j}(\tau_1,\tau_2)h_i(t_1-\tau_1)h_j(t_2-\tau_2)\mathrm{d}\tau_1\mathrm{d}\tau_2 \tag{7.26}$$

式中，$h_j(t)$ 为第 j 阵型的单位脉冲响应函数；$\mu_{Q_j}(t)$ 为广义力 $Q_j(t)$ 的均值函数；$\phi_{Q_i,Q_j}(t_1,t_2)$ 为广义力 $Q_i(t)$ 和 $Q_j(t)$ 的协方差函数。它们的具体数值可由荷载 $\boldsymbol{F}(t)$ 的均值向量 $\boldsymbol{\mu}_{\boldsymbol{F}}(t)$ 和协方差矩阵 $\boldsymbol{\phi}_{\boldsymbol{F},\boldsymbol{F}}(t_1,t_2)$ 得到：

$$\begin{aligned} \mu_{Q_j}(t) &= E\left[Q_j(t)\right] \\ &= \frac{1}{\hat{M}_{j,j}}\sum_{l=1}^{n}\theta_{l,j}\mu_{F_l} \\ &= \frac{1}{\hat{M}_{j,j}}\boldsymbol{\theta}_j^{\mathrm{T}}\boldsymbol{\mu}_{\boldsymbol{F}}(t) \end{aligned} \tag{7.27}$$

$$\begin{aligned} \phi_{Q_i,Q_j}(t_1,t_2) &= \mathrm{Cov}\left[Q_i(t_1),Q_j(t_2)\right] \\ &= \frac{1}{\hat{M}_{i,i}\hat{M}_{j,j}}\boldsymbol{\theta}_i^{\mathrm{T}}\boldsymbol{\phi}_{\boldsymbol{F},\boldsymbol{F}}(t_1,t_2)\boldsymbol{\theta}_j \end{aligned} \tag{7.28}$$

同样地，可以给出平稳响应 $Z_j(t)$ 的均值函数以及平稳响应 $Z_i(t)$ 和 $Z_j(t)$ 的

协方差函数。当荷载向量 $\boldsymbol{F}(t)$ 的所有分量都是高斯过程时，阵型响应 $Z_j(t)(j=1,2,\cdots,n)$ 也将是高斯的。

若荷载向量 $\boldsymbol{F}(t)$ 的分量是互平稳的，广义力 $Q_i(t_1)$ 和 $Q_j(t_2)$ 的协方差函数 $\phi_{Q_i,Q_j}(\tau)$ 与 $Q_i(t_1)$ 和 $Q_j(t_2)$ 的协功率谱密度函数 $S_{Q_i,Q_j}(\omega)$ 之间存在关系：

$$\phi_{Q_i,Q_j}(\tau)=\int_{-\infty}^{+\infty}S_{Q_i,Q_j}(\omega)\mathrm{e}^{\mathrm{i}\omega\tau}\mathrm{d}\omega \tag{7.29}$$

由于 $i\neq j$ 时的 $\phi_{Q_i,Q_j}(\tau)$ 不一定是 τ 的偶函数，因此协功率谱密度函数 $S_{Q_i,Q_j}(\omega)$ 有可能是复数的，但傅里叶变换公式（7.29）的逆确保式（7.30）成立：

$$\begin{aligned}S_{Q_i,Q_j}(\omega)&=S^*_{Q_i,Q_j}(\omega)\\&=S_{Q_i,Q_j}(-\omega)\end{aligned} \tag{7.30}$$

实际上，当已知荷载 $\boldsymbol{F}(t)$ 的功率谱密度函数矩阵 $\boldsymbol{S}_{\boldsymbol{F},\boldsymbol{F}}(\omega)$ 时，根据式(7.24)，可以由 $\boldsymbol{S}_{\boldsymbol{F},\boldsymbol{F}}(\omega)$ 计算协功率谱密度函数 $S_{Q_i,Q_j}(\omega)$：

$$S_{Q_i,Q_j}(\omega)=\frac{1}{\hat{M}_{i,i}\hat{M}_{j,j}}\boldsymbol{\theta}_i^{\mathrm{T}}\boldsymbol{S}_{\boldsymbol{F},\boldsymbol{F}}(\omega)\boldsymbol{\theta}_j \tag{7.31}$$

推广 SDoF 线性结构中式（7.12），可以得到阵型响应 $Z_i(t)$ 和 $Z_j(t)$ 的协方差函数：

$$\phi_{Q_i,Q_j}(\tau)=\int_{-\infty}^{+\infty}H_i(\omega)H_j^*(\omega)S_{Q_i,Q_j}(\omega)\mathrm{e}^{\mathrm{i}\omega(t_2-t_1)}\mathrm{d}\omega \tag{7.32}$$

式中频响函数（传递函数）：

$$\begin{aligned}H_j(\omega)&=\int_0^{\infty}h_j(\tau)\mathrm{e}^{-\mathrm{i}\omega\tau}\mathrm{d}\tau\\&=\frac{1}{\omega_j^2-\omega^2+2\mathrm{i}\zeta_j\omega_j\omega}\end{aligned} \tag{7.33}$$

因此，阵型响应 $Z_i(t)$ 和 $Z_j(t)$ 的协功率谱密度函数：

$$S_{Z_i,Z_j}(\omega)=H_i(\omega)H_j^*(\omega)S_{Q_i,Q_j}(\omega) \tag{7.34}$$

需要注意的是，协功率谱密度函数 $S_{Z_i,Z_j}(\omega)$ 也满足式（7.30）定义的性质。

由式（7.18）可以得到由阵型响应 $\boldsymbol{Z}$ 的协方差矩阵 $\boldsymbol{\phi}_{\boldsymbol{Z},\boldsymbol{Z}}(t_1,t_2)$ 和功率谱密度函数矩阵 $\boldsymbol{S}_{\boldsymbol{Z},\boldsymbol{Z}}(\omega)$ 计算 MDoF 线性结构响应 $\boldsymbol{X}$ 的协方差矩阵 $\boldsymbol{\phi}_{\boldsymbol{X},\boldsymbol{X}}(t_1,t_2)$ 和功率谱密度函数矩阵 $\boldsymbol{S}_{\boldsymbol{X},\boldsymbol{X}}(\omega)$ 的计算式分别为

$$\boldsymbol{\phi}_{\boldsymbol{X},\boldsymbol{X}}(t_1,t_2)=\boldsymbol{\theta}\boldsymbol{\phi}_{\boldsymbol{Z},\boldsymbol{Z}}(t_1,t_2)\boldsymbol{\theta}^{\mathrm{T}} \tag{7.35}$$

和

$$\boldsymbol{S}_{\boldsymbol{X},\boldsymbol{X}}(\omega)=\boldsymbol{\theta}\boldsymbol{S}_{\boldsymbol{Z},\boldsymbol{Z}}(\omega)\boldsymbol{\theta}^{\mathrm{T}} \tag{7.36}$$

式中，矩阵$\boldsymbol{\phi}_{\boldsymbol{Z},\boldsymbol{Z}}(t_1,t_2)$和$\boldsymbol{S}_{\boldsymbol{Z},\boldsymbol{Z}}(\omega)$的元素分别由式（7.32）和式（7.34）计算得到。

例题 7.1 图 7.1 表示的 3 自由度串联质量-刚度-阻尼系统为一 3 层框架结构的简化力学分析模型。假设该 MDoF 线性系统的集中质量分别受到水平随机荷载 $F_1(t)$、$F_2(t)$ 和 $F_3(t)$ 的作用，结构阻尼为瑞利阻尼，阵型阻尼比 $\zeta_j=0.05(j=1,2,3)$。

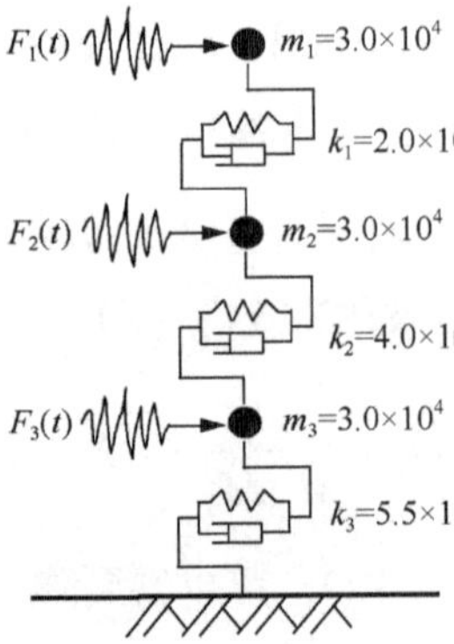

图 7.1　某 3 层框架的简化力学分析模型（质量单位为 kg，刚度单位为 kN/m）

该 MDoF 系统的运动方程由式（7.14）定义，其中的响应向量、质量矩阵、刚度矩阵、阻尼矩阵和荷载向量分别为

$$\boldsymbol{X}=\begin{bmatrix} X_1(t) \\ X_2(t) \\ X_3(t) \end{bmatrix}$$

$$\boldsymbol{M}=\begin{bmatrix} m_1 & 0 & 0 \\ 0 & m_2 & 0 \\ 0 & 0 & m_3 \end{bmatrix}$$

$$\boldsymbol{K}=\begin{bmatrix} k_1 & -k_1 & 0 \\ -k_1 & k_1+k_2 & -k_2 \\ 0 & -k_2 & k_2+k_3 \end{bmatrix}$$

$$\boldsymbol{C}=a\boldsymbol{M}+b\boldsymbol{K}$$

和

$$\boldsymbol{F}(t)=\begin{bmatrix}F_1(t)\\F_2(t)\\F_3(t)\end{bmatrix}$$

式中，a和b均为比例常数。

根据式（7.15）计算的特征向量矩阵和特征值矩阵分别为

$$\boldsymbol{\theta}=\begin{bmatrix}0.8359 & -0.5378 & 0.1097\\0.4987 & 0.6605 & -0.5613\\0.2294 & 0.5238 & 0.8203\end{bmatrix}$$

和

$$\boldsymbol{\lambda}=\begin{bmatrix}268.96 & 0 & 0\\0 & 1458.42 & 0\\0 & 0 & 4078.95\end{bmatrix}$$

假设水平荷载$F_1(t)$、$F_2(t)$和$F_3(t)$为互不相干的具有相同功率谱密度函数S_0的零均值高斯白噪声过程，则由式（7.31）和式（7.34）可以计算出平稳阵型响应的功率谱密度函数矩阵。图 7.2 和图 7.3 绘出了第 1 阵型平稳响应的（双边）功率谱密度函数以及第 1 阵型平稳响应与第 2 阵型平稳响应（双边）协功率谱密度函数的模。注意，第 1 阵型平稳响应与第 2 阵型平稳响应的协功率谱密度函数是复函数。从图 7.3 可以看出，第 1 阵型平稳响应与第 2 阵型平稳响应的协功率谱密度函数值非常小，第 1 阵型平稳响应与第 2 阵型平稳响应的协功率谱密度函数可以忽略不计。

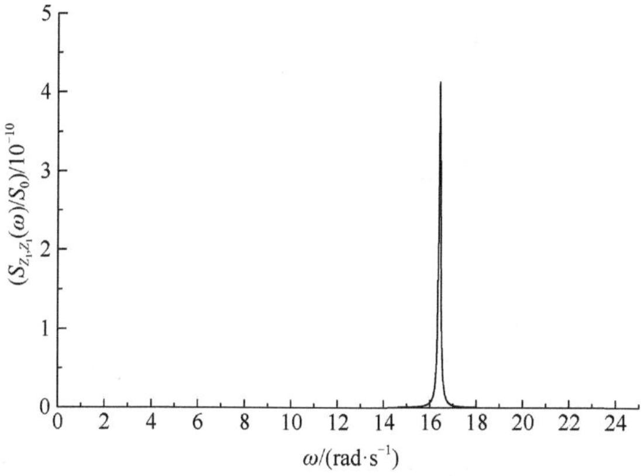

图 7.2 平稳阵型响应$Z_1(t)$的功率谱密度函数

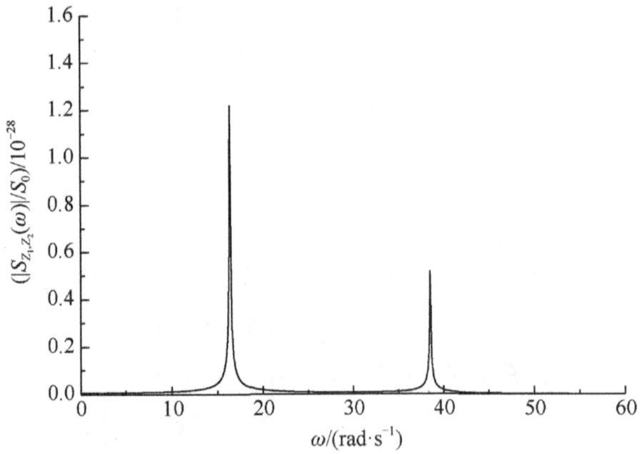

图 7.3　平稳阵型响应 $Z_1(t)$ 和 $Z_2(t)$ 的协功率谱密度函数的模

在阵型响应功率谱密度函数矩阵的基础上，可以利用式（7.36）计算系统平稳响应的功率谱密度函数矩阵。图 7.4 绘出了平稳响应 $X_1(t)$ 的（双边）功率谱密度函数的模。图 7.4 再次说明，第 1 阵型对系统响应的贡献远大于第 2 阵型对系统响应的贡献。

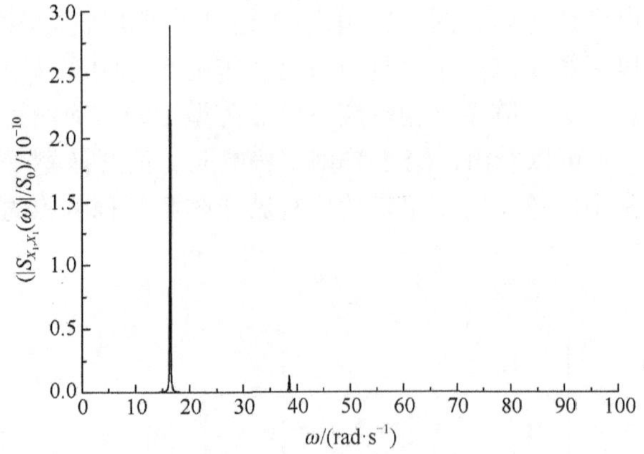

图 7.4　系统平稳响应 $X_1(t)$ 的功率谱密度函数的模

对获得的功率谱密度函数 $S_{X_1,X_1}(\omega)$ 从 $-\infty$ 到 $+\infty$ 进行积分，可以计算出平稳响应 $X_1(t)$ 的 0 阶谱矩，即方差 $\sigma_{X_1}^2$。

7.1.2　滞回非线性响应

结构振动过程中的内力响应往往表现出明显的滞回特性，结构内力（恢复力）与反复的变形（位移）之间不仅呈现出非线性关系，而且这种非线性关系还具有记忆性，即任一时刻的恢复力不仅取决于当前时刻的位移状况，还依赖于该时刻之前的变化历程。图 7.5 表示了恢复力 F_S 与位移 x 的理想滞回曲线。

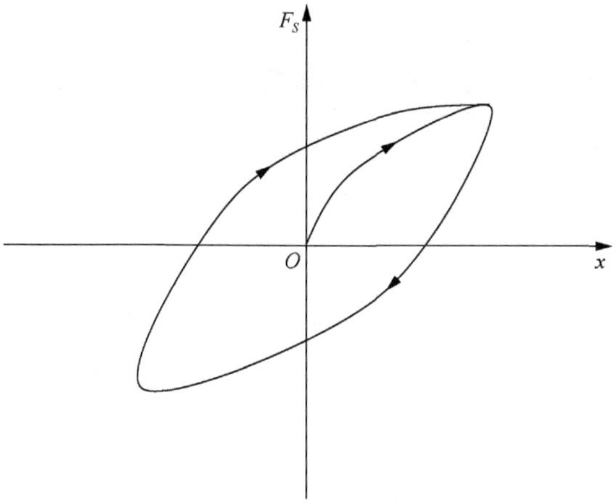

图 7.5 理想滞回曲线

1. Bouc-Wen 滞回恢复力模型

描述结构滞回恢复力的数学模型主要分为折线型模型和光滑型模型。因为在随机响应估计（特别是统计等价线性化）方面具有优势，以 Bouc-Wen 模型为代表的光滑型模型被广泛地应用于结构的随机振动分析[104-105]。

Bouc-Wen 模型假设结构任一自由度上的恢复力等于刚度为 αk 的弹簧力和大小为 $(1-\alpha)kz$ 的阻尼力之和：

$$F_S(x,\dot{x}) = \alpha kx + (1-\alpha)kz \tag{7.37}$$

式中，k 为刚度；α 为刚度系数，其值通常取为结构屈服后刚度与屈服前刚度之比；z 为滞回位移。

滞回位移 z 与结构位移 x 的关系满足一阶微分方程：

$$\dot{z} = A\dot{x} - \beta|\dot{x}||z|^{n-1}z - \gamma\dot{x}|z|^n \tag{7.38}$$

式中，$\dot{x}$ 为结构位移 x 的一阶导数；A 为滞回曲线的尺寸参数；β 和 γ 为滞回曲线的形状参数；n 为控制滞回曲线“尖锐”程度的参数，$n \to \infty$ 的情况对应于理想弹-塑性材料。

Baber 等在考虑系统能量耗散的影响和引入“滑移-锁定”元件后[106-107]，进一步发展了 Bouc-Wen 模型，建立了描述退化和捏拢滞回曲线的恢复力模型。在该模型中，结构的位移 x 等于 Bouc-Wen 模型中的弹簧变形 x_1 与“滑移-锁定”元件的变形 x_2 之和：

$$x = x_1 + x_2 \tag{7.39}$$

滞回位移 z 与弹簧变形 x_1 的关系满足一阶微分方程：

$$\dot{z}=\frac{1}{\eta}\left\{A\dot{x}_1-\nu\left[\beta\left|\dot{x}_1\right|\left|z\right|^{n-1}z+\gamma\dot{x}_1\left|z\right|^{n}\right]\right\} \tag{7.40}$$

式中，参数 β、γ 和 n 与式（7.38）中的参数一致；参数 A、ν 和 η 则是描述退化性质的响应历程的函数：

$$A=A_0-\delta_A\varepsilon \tag{7.41}$$

$$\nu=1+\delta_\nu\varepsilon \tag{7.42}$$

$$\eta=1+\delta_\eta\varepsilon \tag{7.43}$$

其中的系统能量耗散 $\varepsilon(t)$ 满足微分方程：

$$\dot{\varepsilon}=(1-\alpha)k\dot{x}z \tag{7.44}$$

滞回位移 z 与“滑移-锁定”元件变形 x_2 之间的关系满足微分方程：

$$\dot{x}_2=f(z)\dot{z} \tag{7.45}$$

其中的函数 $f(z)$ 为

$$f(z)=2ag(z) \tag{7.46}$$

式中，$g(z)$ 为单（尖）峰函数，且与 z 轴围成图形的面积为 1（目的是使总滑移量为 $2a$）；与其他退化参数一样，滑移量 a 是响应历程的函数：

$$a=\delta_a\varepsilon \tag{7.47}$$

为计算方便，在应用中可将函数 $g(z)$ 选择为具有零均值、小方差 σ^2 的正态 PDF 函数，因此控制滞回位移 z 与“滑移-锁定”元件变形 x_2 之间关系的微分方程（7.44）变为

$$\dot{x}_2=\sqrt{\frac{2}{\pi}}\frac{a}{\sigma}\mathrm{e}^{-\frac{z^2}{2\sigma^2}}\dot{z} \tag{7.48}$$

由于原 Bouc-Wen 模型和“滑移-锁定”元件之间没有任何质量，因此 $\dot{x}$、$\dot{x}_1$ 和 $\dot{x}_2$ 的符号是一致的。

注意到

$$\dot{x}_2=\dot{x}-\dot{x}_1 \tag{7.49}$$

设定$\operatorname{sgn}(\dot{x}_1)=\operatorname{sgn}(\dot{x})$，并将方程（7.40）和方程（7.49）代入方程（7.48），得

$$\dot{x}_1=\frac{\eta\dot{x}}{1+\sqrt{\frac{2}{\pi}}\frac{a}{\sigma}\mathrm{e}^{-\frac{z^2}{2\sigma^2}}\left[A-\nu\left(\beta\operatorname{sgn}(\dot{x})|z|^{n-1}z+\gamma|z|^n\right)\right]} \tag{7.50}$$

式（7.37）、式（7.39）、式（7.40）和式（7.48）构成了描述具有退化和捏拢性质的滞回恢复力模型，而式（7.37）、式（7.40）～式（7.43）、式（7.49）和式（7.50）组成的常微分方程组则用于随机模拟运算[107]。

对于强非对称滞回曲线，Song 等提出了广义 Bouc-Wen 模型[108]。广义 Bouc-Wen 模型的滞回位移z与结构位移x之间关系的控制微分方程为

$$\dot{z}=\dot{x}\left[A-|z|^n\psi(x,\dot{x},z)\right] \tag{7.51}$$

其中的形控函数：

$$\begin{aligned}\psi(x,\dot{x},z)=&\beta_1\operatorname{sgn}(\dot{x}z)+\beta_2\operatorname{sgn}(x\dot{x})+\beta_3\operatorname{sgn}(xz)\\&+\beta_4\operatorname{sgn}(\dot{x})+\beta_5\operatorname{sgn}(z)+\beta_6\operatorname{sgn}(x)\end{aligned} \tag{7.52}$$

式中，参数$\beta_1,\beta_2,\cdots,\beta_6$为不随结构响应值变化的形状参数。

广义 Bouc-Wen 模型能够控制 6 个“相位”的形函数，即它是有 6 个自由度的形控模型。图 7.6 表示了在一个完整反复拉压试验中由x、$\dot{x}$和z的符号组合确定的 6 个“相位”。图中的$\psi_i\,(i=1,2,\cdots,6)$代表在第i个“相位”的形控函数$\psi(x,\dot{x},z)$的值。

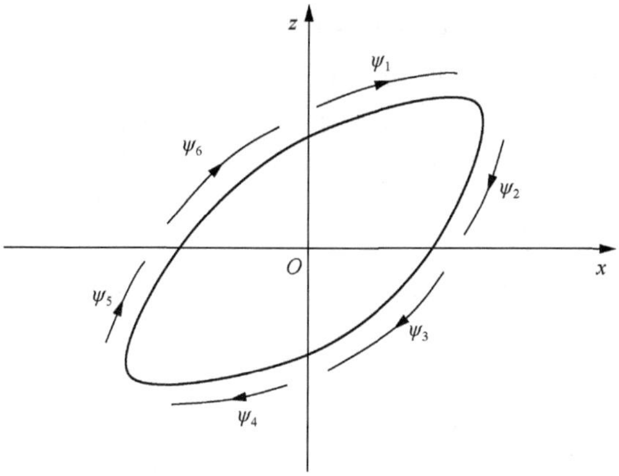

图 7.6 广义 Bouc-Wen 模型的形控函数值

表 7.1 列出了图 7.6 中 6 个不同“相位”的x、$\dot{x}$和z的符号组合和相应的形控函数值。

表 7.1　广义 Bouc-Wen 模型的形控函数值

相位	x	$\dot{x}$	z	$\psi(x,\dot{x},z)$
1	+	+	+	$\psi_1=\beta_1+\beta_2+\beta_3+\beta_4+\beta_5+\beta_6$
2	+	−	+	$\psi_2=-\beta_1-\beta_2+\beta_3-\beta_4+\beta_5+\beta_6$
3	+	−	−	$\psi_3=\beta_1-\beta_2-\beta_3-\beta_4-\beta_5+\beta_6$
4	−	−	−	$\psi_4=\beta_1+\beta_2+\beta_3-\beta_4-\beta_5-\beta_6$
5	−	+	−	$\psi_5=-\beta_1-\beta_2+\beta_3+\beta_4-\beta_5-\beta_6$
6	−	+	+	$\psi_6=\beta_1-\beta_2-\beta_3+\beta_4+\beta_5-\beta_6$

定义形控函数的值ψ_i与形状参数的值β_i之间关系的矩阵计算式为

$$\begin{bmatrix}\psi_1\\\psi_2\\\psi_3\\\psi_4\\\psi_5\\\psi_6\end{bmatrix}=\begin{bmatrix}1&1&1&1&1&1\\-1&-1&1&-1&1&1\\1&-1&-1&-1&-1&1\\1&1&1&-1&-1&-1\\-1&-1&1&1&-1&-1\\1&-1&-1&1&1&-1\end{bmatrix}\begin{bmatrix}\beta_1\\\beta_2\\\beta_3\\\beta_4\\\beta_5\\\beta_6\end{bmatrix} \tag{7.53}$$

和

$$\begin{bmatrix}\beta_1\\\beta_2\\\beta_3\\\beta_4\\\beta_5\\\beta_6\end{bmatrix}=\begin{bmatrix}1&0&1&1&0&1\\0&-1&-1&0&-1&-1\\1&1&0&1&1&0\\1&-1&0&-1&1&0\\0&1&-1&0&-1&1\\1&0&1&-1&0&-1\end{bmatrix}\begin{bmatrix}\psi_1\\\psi_2\\\psi_3\\\psi_4\\\psi_5\\\psi_6\end{bmatrix} \tag{7.54}$$

形控函数的值ψ_i应根据反复拉压试验数据由试错法[108]或遗传算法[109]进行估计。

例题 7.2 图 7.7 表示了某支撑型 200kV 管母线（直径 170mm）温度伸缩节的反复拉压试验。试验目的是测量该伸缩节的径向恢复力与相对位移关系曲线，为由母线相连互感器及其支架结构的随机振动分析提供滞回恢复力模型。

图 7.8 中的点线为设定加载程序下的伸缩节恢复力与相对位移关系的试验曲线。图 7.8 中试验曲线表明该伸缩节的径向滞回恢复力具有强非对称性，因此需采用广义 Bouc-Wen 模型来建立滞回恢复力的解析模型。基于试验数据，采用试错方法得到广义 Bouc-Wen 模型的参数估计值为$k=599.0\text{N/cm}$、$\alpha=0.15$、

$A=1.0$、$n=1.0$、$\varphi_1=0.65\text{cm}^{-1}$、$\varphi_2=-0.35\text{cm}^{-1}$、$\varphi_3=8.55\text{cm}^{-1}$、$\varphi_4=9.50\text{cm}^{-1}$、$\varphi_5=8.50\text{cm}^{-1}$和$\varphi_6=1.50\text{cm}^{-1}$。采用获得的形控函数值，由式（7.52）计算的形状参数为$\beta_1=5.05\text{cm}^{-1}$、$\beta_2=-4.55\text{cm}^{-1}$、$\beta_3=4.58\text{cm}^{-1}$、$\beta_4=0.00\text{cm}^{-1}$、$\beta_5=-3.98\text{cm}^{-1}$和$\beta_6=-0.45\text{cm}^{-1}$。

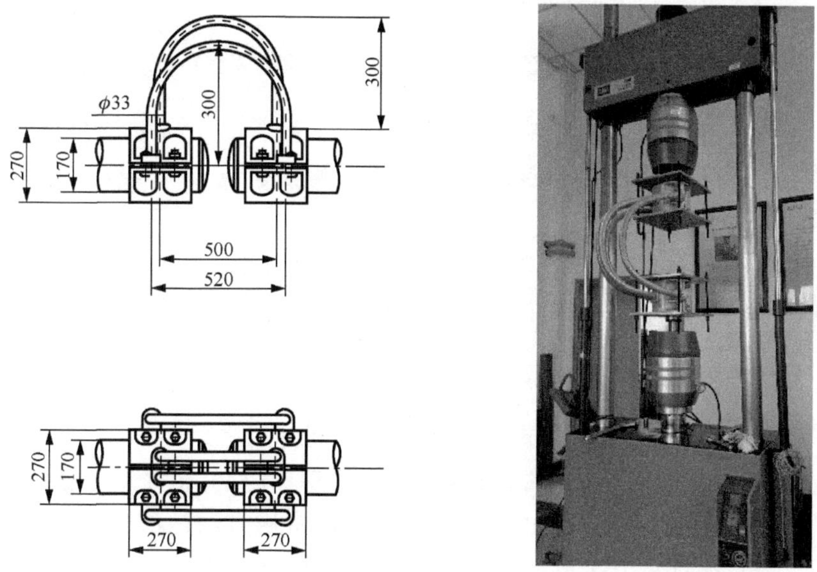

（a）几何尺寸　　　　　　　　　　（b）拉压试验

图 7.7　管母线温度伸缩节反复拉压试验

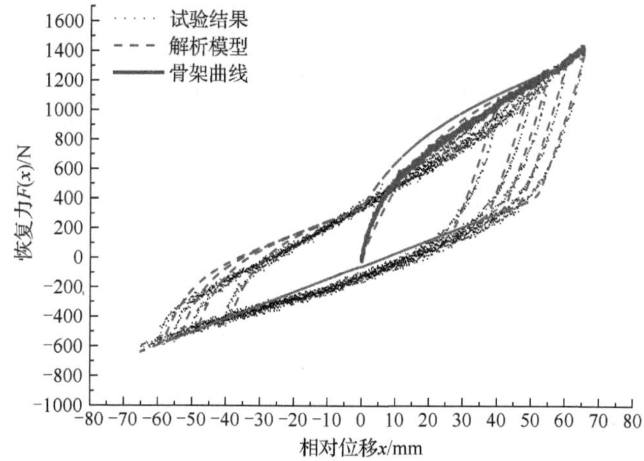

图 7.8　伸缩节恢复力与相对位移关系曲线

图7.8中的虚线为由代入上述参数的广义Bouc-Wen模型绘出的恢复力与相对

位移关系曲线。图 7.8 中的曲线表明，解析模型给出的曲线与试验曲线吻合良好，能够比较准确地描述伸缩节滞回恢复力与相对位移关系的强非对称性。

2. 统计等价线性化

对于 MDoF 滞回非线性结构，结构滞回恢复力与位移的关系可由式（7.37）定义，因此，结构的运动方程为

$$\boldsymbol{M}\ddot{\boldsymbol{X}}+\boldsymbol{C}\dot{\boldsymbol{X}}+\boldsymbol{\alpha}\boldsymbol{K}\boldsymbol{X}+(\mathbf{1}-\boldsymbol{\alpha})\boldsymbol{K}\boldsymbol{Z}=\boldsymbol{F}(t) \tag{7.55}$$

式中，$\boldsymbol{\alpha}$ 为 (j,j) 元素对应于响应 $X_j(t)$ 的刚度系数 α_j 的 $n\times n$ 维对角矩阵；$\mathbf{1}$ 为 $n\times n$ 维单位矩阵；$\boldsymbol{Z}$ 为 $1\times n$ 维滞回位移向量；其他符号的意义与式（7.14）中相应符号的意义一致。

控制滞回位移 $Z_j(t)(j=1,2,\cdots,n)$ 变化率的微分方程由 Bouc-Wen 模型（或其改进模型）给出：

$$\dot{Z}=A_j\dot{X}_j-\beta_j\left|\dot{X}_j\right|\left|Z_j\right|^{n-1}Z_j-\gamma_j\dot{X}_j\left|Z_j\right|^{n},\quad j=1,2,\cdots,n \tag{7.56}$$

式中，下角标 j 符号的意义与式（7.38）中对应符号的意义一致。

因为微分方程（7.56）是非线性的，因此方程（7.55）和方程（7.56）定义了结构的非线性随机振动问题。求解此类问题的常用方法是统计等价线性化方法。统计等价线性化方法最早由 Caughey[110]和 Iwan[111]提出，其核心思想是在响应统计特征偏差最小的意义上构造非线性系统的等价线性系统，使得原非线性系统的响应估计能够由等价线性系统的响应估计来近似，从而简化非线性系统的求解过程。此后，人们在实际工程应用[112]、数学原理[113]、计算技术[114]等方面，对统计等价线性化方法进行了不断的研究和发展。具体到方程（7.55）和方程（7.56）定义的滞回非线性随机振动问题，经过 Wen[115]、Baber 等[106]以及 Hurtado 等[116-117]等学者的深入研究，建立了得到广泛应用的（高斯和非高斯）统计等价线性化方法。

为了便于理解，考虑由方程（7.57）定义的 SDoF 滞回非线性随机振动系统：

$$M\ddot{X}+C\dot{X}+\alpha KX+(1-\alpha)KZ=F(t) \tag{7.57}$$

$$\begin{aligned}\dot{Z}&=h(\dot{X},Z)\\&=A\dot{X}-\beta\left|\dot{X}\right|\left|Z\right|^{n-1}Z-\gamma\dot{X}\left|Z\right|^{n}\end{aligned} \tag{7.58}$$

其中各符号的意义与式（7.1）和式（7.38）中对应符号的意义一致。

方程（7.58）的等价线性形式可以写为

$$\dot{Z}=s_{\mathrm{e}}X+c_{\mathrm{e}}\dot{X}+k_{\mathrm{e}}Z \tag{7.59}$$

式中，s_e、c_e和k_e均为确定性系数，其数值是通过令由式（7.60）定义的均方差的期望值最小来计算的：

$$\varepsilon^2=\left[h\left(\dot{X},Z\right)-\left(s_eX+c_e\dot{X}+k_eZ\right)\right]^2 \tag{7.60}$$

假设状态向量$\boldsymbol{Y}=\left(X,Z,\dot{X}\right)$的均值向量为零且具有联合高斯特性，那么可以计算出系数s_e、c_e和k_e的值[114-115]：

$$s_e=0 \tag{7.61}$$

$$\begin{aligned}c_e&=E\left(\frac{\partial}{\partial\dot{X}}h\right)\\&=A-\beta F_1-\gamma F_2\end{aligned} \tag{7.62}$$

$$\begin{aligned}k_e&=E\left(\frac{\partial}{\partial Z}h\right)\\&=-\beta F_3-\gamma F_4\end{aligned} \tag{7.63}$$

其中的$F_i\left(i=1,2,3,4\right)$为

$$F_1=\frac{\sigma_Z^n}{\pi}\Gamma\left(\frac{n+2}{2}\right)2^{\frac{n}{2}}I_S \tag{7.64}$$

$$F_2=\frac{\sigma_Z^n}{\sqrt{\pi}}\Gamma\left(\frac{n+2}{2}\right)2^{\frac{n}{2}} \tag{7.65}$$

$$F_3=\frac{n\sigma_{\dot{X}}\sigma_Z^{n-1}}{\pi}\Gamma\left(\frac{n+2}{2}\right)2^{\frac{n}{2}}\left[2\left(1-\rho_{\dot{X},Z}^2\right)^{\frac{n+1}{2}}+\rho_{\dot{X},Z}I_S\right] \tag{7.66}$$

$$F_4=\frac{n\rho_{\dot{X},Z}\sigma_{\dot{X}}\sigma_Z^{n-1}}{\sqrt{\pi}}\Gamma\left(\frac{n+1}{2}\right)2^{\frac{n}{2}} \tag{7.67}$$

式中，$\Gamma(\cdot)$为伽马函数；系数I_S由式（7.68）计算得到：

$$I_S=2\int_l^{\frac{\pi}{2}}\sin^n\theta\mathrm{d}\theta \tag{7.68}$$

其中的积分下限：

$$l=\tan^{-1}\frac{\sqrt{1-\rho_{\dot{X},Z}^2}}{\rho_{\dot{X},Z}} \tag{7.69}$$

为了给出$F_i\left(i=1,2,3,4\right)$表达式中状态变量的方差和相关系数（协方差）表达式，将方程（7.57）和方程（7.59）写成矩阵形式的一阶微分方程：

$$\frac{\mathrm{d}}{\mathrm{d}t}\boldsymbol{Y}=\boldsymbol{GY}+\boldsymbol{Q} \tag{7.70}$$

式中，

$$\boldsymbol{G}=\begin{bmatrix}0 & 0 & 0\\ 0 & k_{\mathrm{e}} & c_{\mathrm{e}}\\ -\alpha\omega_0^2 & -(1-\alpha)\omega_0^2 & -2\zeta\omega_0\end{bmatrix} \tag{7.71}$$

$$\boldsymbol{Q}=\begin{bmatrix}0\\ 0\\ \dfrac{F(t)}{M}\end{bmatrix} \tag{7.72}$$

式中，ω_0 和 ζ 分别为等价线性系统的自然圆频率和阻尼比。

令状态变量的协方差矩阵 $\boldsymbol{\Sigma}(t)=E\left(\boldsymbol{Y}\boldsymbol{Y}^{\mathrm{T}}\right)$，则控制 $\boldsymbol{\Sigma}(t)$ 变化率的微分方程[114-115]：

$$\frac{\mathrm{d}}{\mathrm{d}t}\boldsymbol{\Sigma}=\boldsymbol{G}\boldsymbol{\Sigma}+\boldsymbol{\Sigma}\boldsymbol{G}^{\mathrm{T}}+\boldsymbol{B} \tag{7.73}$$

其中的矩阵 $\boldsymbol{B}$ 为由力函数 $\boldsymbol{Q}$ 与状态向量 $\boldsymbol{Y}$ 乘积的期望值构成的矩阵。如果 $F(t)/M$ 为散粒噪声过程，则除了元素 $B_{3,3}=I(t)$ 以外，其他元素 $B_{i,j}=0$，这里的 $I(t)$ 为散粒噪声的强度函数。对于白噪声过程，有 $I(t)=2\pi S$，其中的 S 为白噪声过程的 PSD 函数。

平稳荷载（此时 $\boldsymbol{B}$ 独立于 t）作用下的平稳协方差矩阵 $\boldsymbol{\Sigma}$ 满足李雅普诺夫（Liapunov）微分方程：

$$\boldsymbol{G}\boldsymbol{\Sigma}+\boldsymbol{\Sigma}\boldsymbol{G}^{\mathrm{T}}+\boldsymbol{B}=\boldsymbol{0} \tag{7.74}$$

由于 $\boldsymbol{G}$ 中的 k_{e} 和 c_{e} 依赖于响应统计量，因此需要采用迭代过程求解方程（7.73）或方程（7.74）。为了启动迭代运算，可将初始值选为刚度等于非线性系统屈服前刚度的线性系统的解。另外，当荷载是非平稳的或者对平稳荷载作用下系统瞬态响应进行估计时，需要在每个时间步都对方程（7.73）进行数值求解，以便给出依赖于时间 t 的协方差矩阵 $\boldsymbol{\Sigma}$[106, 118]。

上述高斯等价线性化一般能够给出滞回非线性结构二阶响应矩的良好近似，但是，对于强非线性或强荷载作用的情况，高斯等价线性化往往出现低估位移响应的现象。注意到滞回位移 Z 通常集中在其最大值 $z_u=\partial\left[A/(\beta+\gamma)\right]^{1/n}$ 附近的现象，Hurtado 等建议采用下面的混合 PDF 描述 Z 的概率分布[116]：

$$f_Z(z)=(1-2p)\varphi_Z(z)+p\delta(z-z_u)+p\delta(z+z_u) \tag{7.75}$$

式中，$\varphi_Z(z)$为单变量正态分布 PDF；p为加权系数，其值的选择应给出标准情况下蒙特卡洛模拟结果的最好近似；$\delta(\cdot)$为狄拉克函数。

类似地，令变量对(X,Z)和$(\dot{X},Z)$的 jPDF 为

$$f_{V,Z}(v,z)=(1-2p)\varphi_{V,Z}(v,z)+p\delta(z-z_u)\varphi_V(v)+p\delta(z+z_u)\varphi_V(v) \quad (7.76)$$

式中，V为X或$\dot{X}$；$\varphi_{V,Z}(v,z)$为二元正态分布 jPDF。

另外，假设变量X和$\dot{X}$依然为联合高斯的。为了分开高斯部分和狄拉克部分对线性化参数计算值的贡献，将它们的密度函数进行虚拟分离：

$$f_V(v)=(1-2p)\varphi_V(v)+2p\varphi_V(v) \quad (7.77)$$

$$f_{X,\dot{X}}(x,\dot{x})=(1-2p)\varphi_{X,\dot{X}}(x,\dot{x})+2p\varphi_{X,\dot{X}}(x,\dot{x}) \quad (7.78)$$

式（7.77）和式（7.78）给出滞回位移Z的二阶矩关系式：

$$E(Z^2)=(1-2p)\sigma_Z^2+2pz_u^2 \quad (7.79)$$

从而计算出Z的方差：

$$\sigma_Z^2=\frac{E(Z^2)-2pz_u^2}{1-2p} \quad (7.80)$$

同样地，可以得到关系式

$$\sigma_{XZ}=\frac{E(XZ)}{1-2p} \quad (7.81)$$

$$\sigma_V^2=E(V^2) \quad (7.82)$$

$$\sigma_{X\dot{X}}=E(X\dot{X}) \quad (7.83)$$

式（7.80）～式（7.83）中的期望值可以通过求解方程（7.73）或方程（7.74）来得到。

将假设的混合 PDF 代入 Bouc-Wen 模型，给出线性化系数向量$\boldsymbol{C}=(s_e,c_e,k_e)^{\mathrm{T}}$

$$\boldsymbol{C}^{\mathrm{T}}=(1-2p)\begin{bmatrix}s_g & c_g & k_g\end{bmatrix}+2p\begin{bmatrix}s_d & c_d & k_d\end{bmatrix}\boldsymbol{\Pi}^{-1} \quad (7.84)$$

式中，下角标 g 和 d 分别为线性化参数中的高斯部分和狄拉克部分；3×3维协方差矩阵$\boldsymbol{\Pi}$为

$$\boldsymbol{\Pi}=E\begin{bmatrix}X^2 & X\dot{X} & XZ\\ \dot{X}X & \dot{X}^2 & \dot{X}Z\\ ZX & Z\dot{X} & Z^2\end{bmatrix} \quad (7.85)$$

线性化参数中的高斯部分由式（7.61）～式（7.63）定义，狄拉克部分由封闭形式式（7.86）给出：

$$s_{\mathrm{d}}=\sigma_{X\dot{X}}\left(A-\gamma z_u^n\right) \tag{7.86}$$

$$c_{\mathrm{d}}=\sigma_{\dot{X}}^2\left(A-\gamma z_u^n\right) \tag{7.87}$$

$$k_{\mathrm{d}}=-\sigma_{\dot{X}}\beta z_u^{n+1}\sqrt{\frac{2}{\pi}} \tag{7.88}$$

非高斯线性化的效果与加权系数 p 的选择有关。由于在高斯荷载作用下结构弹性范围内的响应是高斯的，因此高斯密度 $\varphi_Z(z)$ 在极限值 z_u 以外的面积是高斯线性化误差的间接度量。基于上述考虑，可将系数 p 定义为[117]

$$p=r\Phi_Z\left(-z_u\right) \tag{7.89}$$

式中，$\Phi_Z(\cdot)$ 为正态分布的 CDF；系数 r 一般为绝对值小于 1 的负实数，其具体数值可以通过试错法来确定。

在合理选择系数 r 的情况下，非高斯线性化的效果（特别是对于位移响应估计问题）普遍优于高斯线性化的效果。

7.2 首次穿越失效分析

有些情况下，结构的（内力或变形）动力响应一旦超越其极限值就可能发生结构损坏。在结构可靠性分析中，这种失效模式称为首次穿越失效。结构首次穿越失效是一种脆性失效①，它可能属于安全性问题，也可能属于适用性问题。当为安全性问题时，极限值可以是结构的最大抗力值；当为适用性问题时，极限值可以为结构的允许变形值。极限值既可以是根据结构设计或施工规范所计算的极限承载力、临界变形或临界裂缝，也可以是由结构试验或实际工程经验所确定的安全界限。另外，根据实际情况或精度要求，极限值可以定义为确定性的数值、随机变量或随机过程。

结构的首次穿越失效与动力响应的时间长度有关。这个时长可以与随机荷载作用在结构上的持续时间一致（如地震动持时），也可以根据实际情况选择为更长的时间区间，譬如需要考虑结构抗力退化时，时长可参考抗力退化时间来确定。对于受随机风荷载和随机波浪荷载作用的结构，虽然荷载的作用时间较长，但结构响应可能很快进入平稳状态，此时，为节省计算费用，可以将计算时间截止在

① 导致结构或构件完全丧失预定功能的失效称为脆性失效，相反，在失效后结构或构件还能维持预定功能（如承载能力）的失效称为延性失效。

结构响应进入平稳状态后的某一时刻，借助数学模型进行实际时间区间内的结构首次穿越失效分析。

结构的首次穿越失效概率也可以由蒙特卡洛方法、解析方法和模拟与解析混合的方法来进行计算。下面主要介绍后两种方法中具有代表性的计算方法。

7.2.1 高斯响应的首次穿越分析

1. 泊松过程假设

对于结构随机响应 $X(t)$ 和界限水平 $b \geqslant 0$，结构在时间区间 $[0,t]$ 内的首次穿越失效概率定义为

$$P_f(t) = P\{\exists \tau \in [0,t] : X(\tau) > b\} \tag{7.90}$$

$$P_f(t) = P\{\exists \tau \in [0,t] : |X(\tau)| > b\} \tag{7.91}$$

或

$$P_f(t) = P\{\exists \tau \in [0,t] : A(\tau) > b\} \tag{7.92}$$

式中， $A(t)$ 为随机响应 $X(t)$ 的包络过程①。

式（7.90）～式（7.92）分别定义了单壁（B 类）、双壁（D 类）和圆壁（E 类）首次穿越失效问题。实际工程经常考虑的是 B 类和 D 类首次穿越失效问题。

首先考虑 B 类首次穿越失效问题。令 $\nu_X^+(b;t)$ 为 $X(t)$ 从下向上穿越界限 b 的平均穿越率（正斜率穿越率的期望），则在时间区间 $[0,t]$ 内 $X(t)$ 从下向上穿越界限 b 的总次数的平均值（正斜率穿越次数总数的期望）为

$$n_X^+(b;t) = \int_0^t \nu_X^+(b;\tau)\,\mathrm{d}\tau \tag{7.93}$$

当 $X(t)$ 是平稳过程时，将出现平稳穿越的情况，此时的平均穿越率 $\nu_X^+(b;t)$ 不依赖于时间 t，式（7.93）简化为

$$n_X^+(b;t) = \nu_X^+(b;t)t \tag{7.94}$$

为了计算随机响应 $X(t)$ 对界限 b 的首次穿越概率，Coleman 假设 $X(t)$ 对 b 的穿越事件为泊松随机过程，即在两个互斥（不重叠）的时间区间内所发生的穿越事件的数目是互相独立的随机变量[119]。根据泊松过程假设，在时间区间 $[0,t]$ 内 $X(t)$ 向上穿越界限 b 的次数 M 为 m 的概率为

① 包络过程的定义见 3.6 节。

$$P_M(M=m)=\frac{\left[n_X^+(b;t)\right]^m}{m!}\mathrm{e}^{-n_X^+(b;t)}$$
$$=\frac{\left[\int_0^t \nu_X^+(b;\tau)\mathrm{d}\tau\right]^m}{m!}\mathrm{e}^{-\int_0^t \nu_X^+(b;\tau)\mathrm{d}\tau} \tag{7.95}$$

根据式（7.90）和全概率公式，$X(t)$对b的首次穿越概率等价于 1 减去穿越次数$M=0$的概率，因此由式（7.95）可以得到

$$P_f(t)=1-P_M(M=0)$$
$$=1-\mathrm{e}^{-n_X^+(b;t)}$$
$$=1-\mathrm{e}^{-\int_0^t \nu_X^+(b;\tau)\mathrm{d}\tau} \tag{7.96}$$

如果考虑的时间区间$[0,t]$内在平稳穿越阶段内，初始时刻$t=0$的结构失效概率$P_f(0)\neq 0$，则结构首次穿越概率的表达式变为

$$P_f(t)=1-\left[1-P_f(0)\right]P_M(M=0)$$
$$=1-\left[1-P_f(0)\right]\mathrm{e}^{-n_X^+(b;t)}$$
$$=1-\left[1-P_f(0)\right]\mathrm{e}^{-\int_0^t \nu_X^+(b;\tau)\mathrm{d}\tau} \tag{7.97}$$

对于 D 类和 E 类首次穿越失效问题，失效概率的计算式依然可以采用式（7.96）和式（7.97）的形式，只是需要将其中的平均穿越率和穿越次数分别替换为$X(t)$对双壁的平均穿越率$\nu_X(b;t)$和平均穿越次数$n_X(b;t)$以及$X(t)$对圆壁的平均穿越率$\nu_A^+(b;t)$和平均穿越次数$\nu_A^+(b;t)$。

2. 响应过程的统计特征

正如基于泊松假设的计算方法所要求的那样，结构首次穿越失效概率的计算需要方差函数、协方差函数和平均穿越率等响应过程的统计特征。

首先考虑零均值非平稳高斯响应过程$X(t)$，其时变谱特征的一般表达式为[120]

$$C_{n,m}(t)=(-1)^m \mathrm{i}^{n+m}\int_{-\infty}^{+\infty} S_{X^{(n)},X^{(m)}}(t,\omega)\mathrm{d}\omega \tag{7.98}$$

式中，$\mathrm{i}=\sqrt{-1}$；$X^{(n)}$为$X(t)$关于时间t的n阶导数；$S_{X^{(n)},X^{(m)}}(t,\omega)$为$X^{(n)}$和$X^{(m)}$的（双边）演化协功率谱密度函数。

式(7.98)定义的谱特征也称为$X(t)$非几何谱矩。在数值上，$C_{0,0}(t)$等于$X(t)$的方差函数，$C_{1,1}(t)$等于$X(t)$的一阶导数$\dot{X}(t)$的方差函数，$C_{0,1}(t)$的虚部

$\mathrm{Im}\left[C_{0,1}(t)\right]$等于$X(t)$和$\dot{X}(t)$协方差函数的负值，$C_{0,1}(t)$的实部$\mathrm{Re}\left[C_{0,1}(t)\right]$用来计算由式（3.26）定义的$X(t)$的带宽因子：

$$\zeta^2(t)=1-\frac{\left\{\mathrm{Re}\left[C_{0,1}(t)\right]\right\}^2}{C_{0,0}(t)C_{1,1}(t)} \tag{7.99}$$

对于白噪声$W(t)$作用下的线性结构系统，在时域中可以方便地计算谱特征$C_{0,0}(t)$、$C_{1,1}(t)$和$-\mathrm{Im}\left[C_{0,1}(t)\right]$[121-122]：

$$\begin{aligned}C_{0,0}(t)&=\sigma_X^2(t)\\&=\int_0^t\int_0^t h(t,\tau_1)h(t,\tau_2)\phi_{W,W}(\tau_2-\tau_1)\mathrm{d}\tau_1\mathrm{d}\tau_2\\&=2\pi S_0\int_0^t h^2(t,\tau)\mathrm{d}\tau\end{aligned} \tag{7.100}$$

$$\begin{aligned}C_{1,1}(t)&=\sigma_{\dot{X}}^2(t)\\&=\int_0^t\int_0^t \dot{h}(t,\tau_1)\dot{h}(t,\tau_2)\phi_{W,W}(\tau_2-\tau_1)\mathrm{d}\tau_1\mathrm{d}\tau_2\\&=2\pi S_0\int_0^t \dot{h}^2(t,\tau)\mathrm{d}\tau\end{aligned} \tag{7.101}$$

$$\begin{aligned}-\mathrm{Im}\left[C_{0,1}(t)\right]&=\sigma_{X,\dot{X}}(t)\\&=\int_0^t\int_0^t h(t,\tau_1)\dot{h}(t,\tau_2)\phi_{W,W}(\tau_2-\tau_1)\mathrm{d}\tau_1\mathrm{d}\tau_2\\&=2\pi S_0\int_0^t h(t,\tau)\dot{h}(t,\tau)\mathrm{d}\tau\end{aligned} \tag{7.102}$$

式中，$h(t,\tau)$为在时间τ施加单位脉冲导致结构系统在时间$t>\tau$的响应值$x(t)$；$\dot{h}(t,\tau)$为$h(t,\tau)$关于时间t的一阶导数；$\phi_{W,W}(\tau)$为白噪声$W(t)$的协方差函数；S_0为白噪声$W(t)$的双边PSD函数；$\phi_{W,W}(\tau)$和S_0之间具有关系$\phi_{W,W}(\tau)=\phi_{W,W}(t,t+\tau)=2\pi S_0\delta(\tau)$，其中的$\delta(\tau)$为狄拉克$\delta$函数。

谱特征$\mathrm{Re}\left[C_{0,1}(t)\right]$为$X(t)$和$\dot{\hat{X}}(t)$的协方差函数，这里的随机过程$\hat{X}(t)$是$h(t,\tau_1)$与白噪声$W(t)$的希尔伯特变换的卷积[121-122]：

$$\hat{X}(t)=\frac{1}{\pi}\int_0^t h(t,\tau)\int_{-\infty}^{+\infty}\frac{W(s)}{\tau-s}\mathrm{d}s\mathrm{d}\tau \tag{7.103}$$

导数过程$\dot{\hat{X}}(t)$则为

$$\dot{\hat{X}}(t)=\frac{1}{\pi}\int_0^t \dot{h}(t,\tau)\int_{-\infty}^{+\infty}\frac{W(s)}{\tau-s}\mathrm{d}s\mathrm{d}\tau \tag{7.104}$$

因此，可将 $\mathrm{Re}\left[C_{0,1}(t)\right]$ 表达为双重时域积分的形式：

$$\begin{aligned}\mathrm{Re}\left[C_{0,1}(t)\right]&=E\left[X(t)\dot{X}(t)\right]\\&=\int_0^t\int_0^t h(t,\tau_1)\dot{h}(t,\tau_2)\frac{1}{\pi}\int_{-\infty}^{+\infty}\frac{\phi_{W,W}(\tau_1-s)}{\tau_2-s}\mathrm{d}s\mathrm{d}\tau_1\mathrm{d}\tau_2\\&=2S_0\int_0^t\int_0^t\frac{h(t,\tau_1)\dot{h}(t,\tau_2)}{\tau_2-\tau_1}\mathrm{d}\tau_1\mathrm{d}\tau_2\end{aligned}\tag{7.105}$$

需要注意的是，式（7.100）～式（7.102）和式（7.105）的推导中利用了狄拉克 δ 函数的筛选性质 $\int_{-\infty}^{+\infty}f(x)\delta(x-t_0)\mathrm{d}x=f(t_0)$；另外，为了节省计算时间，可以采用矩阵运算方法进行它们右端项中的积分计算[122]。

若只考虑平稳高斯响应 $X(t)$，那么上述谱特征的频域计算更为简单。零均值平稳高斯响应 $X(t)$ 的（单边）PSD 函数 $S_{X,X}(\omega)$ 可由 7.1.1 节介绍的方法得到，然后由式（7.106）计算 $X(t)$ 的谱矩 $\lambda_j\ (j=0,1,2)$：

$$\lambda_j=2\int_0^{+\infty}\omega^j S_{X,X}(\omega)\mathrm{d}\omega\tag{7.106}$$

式（7.106）定义的零阶谱矩 λ_0 为 $X(t)$ 的方差 σ_X^2，二阶谱矩 λ_2 为 $\dot{X}(t)$ 的方差 $\sigma_{\dot{X}}^2$，一阶谱矩 λ_1 则用于计算 $X(t)$ 的谱带宽因子：

$$\zeta^2=1-\frac{\lambda_1^2}{\lambda_0\lambda_2}\tag{7.107}$$

对于非平稳响应 $X(t)$，因为 $X(t)$ 和 $\dot{X}(t)$ 是联合高斯的，根据式（3.51），可以得到 $X(t)$ 对单壁的平均穿越率（B 类）计算式[106]：

$$\begin{aligned}\nu_X^+(b;t)=&\frac{1}{2\pi}\frac{\sigma_{\dot{X}}(t)}{\sigma_X(t)}\\&\cdot\left\{\sqrt{1-\rho^2(t)}\mathrm{e}^{-\frac{1}{1-\rho^2(t)}\frac{b^2}{2\sigma_X^2(t)}}+\sqrt{2\pi}\rho(t)\frac{b}{\sigma_X(t)}\mathrm{e}^{-\frac{b^2}{2\sigma_X^2(t)}}\varPhi\left[\frac{\rho(t)}{\sqrt{1-\rho^2(t)}}\frac{b}{\sigma_X(t)}\right]\right\}\end{aligned}\tag{7.108}$$

式中，$\rho(t)$ 为 $X(t)$ 和 $\dot{X}(t)$ 的相关系数函数；$\varPhi(\cdot)$ 为标准正态变量的 CDF。

根据对称性，$X(t)$ 对双壁的平均穿越率（D 类）为

$$\nu(b;t)=2\nu_X^+(b;t)\tag{7.109}$$

由于$X(t)$的带宽因子$\zeta(t)$是由式（7.99）或式（7.107）定义的，$X(t)$对圆壁的平均穿越率（E 类）应由式（3.92）计算，因此有

$$\nu_X^+(b;t)=\sqrt{2\pi}\zeta(t)\frac{b}{\sigma_X(t)}\nu_X^+(b;t) \tag{7.110}$$

当穿越过程达到平稳状态时，响应$X(t)$和$\dot{X}(t)$是相互独立的平稳高斯过程，界限b与时间无关，而且$X(t)$的前几阶谱矩可由式（7.106）计算，因此，通过简化式（7.108）～式（7.110），得到平稳响应$X(t)$对界限b的 B 类、D 类和 E 类平均穿越率计算式：

$$\nu_X^+(b)=\frac{1}{2\pi}\frac{\sigma_{\dot{X}}}{\sigma_X}\mathrm{e}^{-\frac{b^2}{2\sigma_X^2}} \tag{7.111}$$

$$\nu(b)=2\nu_x^+(b)\frac{1}{\pi}\frac{\sigma_{\dot{X}}}{\sigma_X}\mathrm{e}^{-\frac{b^2}{2\sigma_X^2}} \tag{7.112}$$

和

$$\begin{aligned}\nu_X^+(b)&=\frac{1}{\sqrt{2\pi}}\frac{\sigma_{\dot{X}}}{\sigma_X}\zeta\frac{b}{\sigma_X}\mathrm{e}^{-\frac{b^2}{2\sigma_X^2}}\\&=\sqrt{2\pi}\zeta\frac{b}{\sigma_X}\nu_X^+(b)\end{aligned} \tag{7.113}$$

3. Vanmarcke 近似

泊松过程假设给出了结构首次穿越失效概率的简明解析计算式，但也给计算结果带来了一定的误差。当响应$X(t)$为窄带过程时，它的峰倾向于聚集成群地出现，形成峰簇，如图 7.9 所示。只有界限水平b趋于无限大时，穿越事件才是独立的，泊松过程假设才是渐近正确的，而对于实际感兴趣的界限，由于独立穿越假设高估了总穿越次数的平均值，因此泊松过程假设会高估结构的首次穿越失效概率。另外，当响应$X(t)$为宽带过程时，对于大的b，由于过程的峰会在高幅值

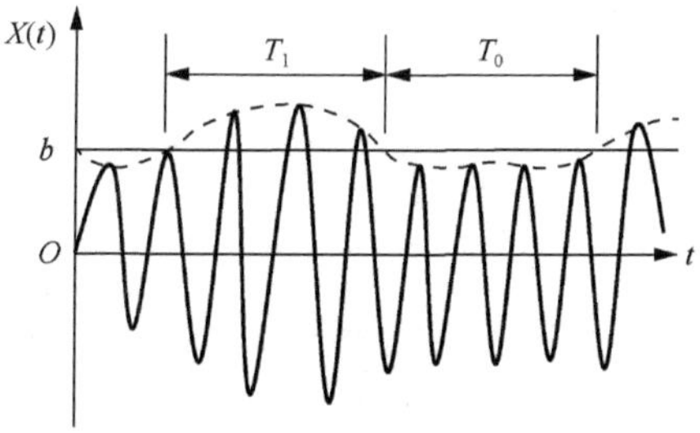

图 7.9 随机过程及其包络的 B 类穿越

注：实线为随机过程；虚线为包络过程；T_1为过程处于界限之上的时间；T_0为过程处于界限之下的时间。

处连续出现，所以泊松过程假设会高估结构的首次穿越失效概率；对于小的或中等的b，因为泊松过程假设忽略了过程停留在界限之上的时间，所以会低估结构的首次穿越概率。

以高斯过程对时不变界限水平b的首次穿越时间概率分布为研究对象，Vanmarcke 对穿越事件的泊松过程假设进行了修正，建立了结构首次穿越失效概率的近似计算方法（Vanmarcke 近似）[123]。根据 Vanmarcke 近似，可将结构首次穿越失效概率表达式（7.97）改写为

$$P_f(t)=1-A(t_0)\mathrm{e}^{-\int_0^t \alpha(b;\tau)\mathrm{d}\tau} \tag{7.114}$$

或

$$P_f(t)=1-A(t_0)\mathrm{e}^{-\alpha(b)t} \tag{7.115}$$

式中，$\alpha(b;t)$和$\alpha(b)$分别称为（结构失效的）非平稳和平稳极限衰减率；$A(t_0)$为初始时刻$X(t)$处于界限b之下的概率（结构初始可靠度）。

首先，Vanmarcke 进行了宽带过程处于小或中等界限之下和之上时间（两种状态）的概率分析，获得了极限衰减率和初始可靠度计算式，将其代入式（7.114）或式（7.115），可以得到相应的结构首次穿越失效概率表达式。以非平稳穿越为例，宽带响应关于小或中等界限的极限衰减率和初始可靠度计算分别如下。

对于 B 类穿越问题：

$$\alpha_{\mathrm{B}}^{(1)}(t)=\frac{\nu_X^+(b;t)}{1-\phi\left[\dfrac{b}{\sigma_X(t)}\right]} \tag{7.116}$$

$$A_{\mathrm{B}}^{(1)}(t_0)=1-\phi\left[\frac{b}{\sigma_X(t_0)}\right] \tag{7.117}$$

对于 D 类穿越问题：

$$\alpha_{\mathrm{D}}^{(1)}(t)=\frac{2\nu_X^+(b;t)}{1-2\phi\left[\dfrac{b}{\sigma_X(t)}\right]} \tag{7.118}$$

$$A_{\mathrm{D}}^{(1)}(t_0)=1-2\phi\left[\frac{b}{\sigma_X(t_0)}\right] \tag{7.119}$$

对于 E 类穿越问题：

$$\alpha_{\mathrm{E}}^{(1)}(t)=\frac{\dfrac{1}{\sqrt{2\pi}}\dfrac{\sigma_{\dot{X}}(t)}{\sigma_X(t)}\zeta(t)\dfrac{b}{\sigma_X(t)}}{\mathrm{e}^{\frac{b^2}{2\sigma_X^2(t)}}-1} \tag{7.120}$$

$$A_{\mathrm{E}}^{(1)}\left(t_0\right)=1-\mathrm{e}^{-\frac{b^2}{2\sigma_X^2(t_0)}} \tag{7.121}$$

式中，下角标 B 、 D 和 E 为穿越类型，上角标 (1) 代表序号；函数 $\phi(r)=1/2\left[1-\operatorname{erf}\left(r/\sqrt{2}\right)\right]$，其中的 $\operatorname{erf}(s)=2/\sqrt{\pi}\int_0^s \mathrm{e}^{-z^2}\mathrm{d}z$ 为误差函数。

其次，Vanmarcke 分析了随机过程的成群穿越问题，由 B 类穿越和 D 类穿越与 E 类穿越的比例关系，给出了考虑 B 类穿越和 D 类穿越聚集成群出现影响的极限衰减率和初始可靠度计算式。以非平稳穿越为例①，具体如下。

对于 B 类穿越问题：

$$\alpha_{\mathrm{B}}^{(2)}(t)=\nu_X^+(b;t)\left[1-\mathrm{e}^{-\sqrt{2\pi}\zeta(t)\frac{b}{\sigma_X(t)}}\right] \tag{7.122}$$

$$A_{\mathrm{B}}^{(2)}\left(t_0\right)=1 \tag{7.123}$$

对于 D 类穿越问题：

$$\alpha_{\mathrm{D}}^{(2)}(t)=2\nu_X^+(b;t)\left[1-\mathrm{e}^{-\sqrt{\frac{\pi}{2}}\zeta(t)\frac{b}{\sigma_X(t)}}\right] \tag{7.124}$$

$$A_{\mathrm{D}}^{(2)}\left(t_0\right)=1 \tag{7.125}$$

最后，同时考虑两态问题和穿越事件聚集成群出现的影响，Vanmarcke 给出了更适合低界限水平的极限衰减率和初始可靠度计算式。

对于 B 类穿越问题：

$$\alpha_{\mathrm{B}}^{(3)}(t)=\frac{\nu_X^+(b;t)\left[1-\mathrm{e}^{-\sqrt{2\pi}\zeta(t)\frac{b}{\sigma_X(t)}}\right]}{1-\mathrm{e}^{-\frac{b^2}{2\sigma_X^2(t)}}} \tag{7.126}$$

$$A_{\mathrm{B}}^{(3)}\left(t_0\right)=1-\mathrm{e}^{-\frac{b^2}{2\sigma_X^2(t_0)}} \tag{7.127}$$

对于 D 类穿越问题：

$$\alpha_{\mathrm{D}}^{(3)}(t)=\frac{2\nu_X^+(b;t)\left[1-\mathrm{e}^{-\sqrt{\frac{\pi}{2}}\zeta(t)\frac{b}{\sigma_X(t)}}\right]}{1-\mathrm{e}^{-\frac{b^2}{2\sigma_X^2(t)}}} \tag{7.128}$$

① 包络过程的群穿效应可以忽略不计。

$$A_{\mathrm{D}}^{(3)}(t_0)=1-\mathrm{e}^{-\frac{b^2}{2\sigma_X^2(t_0)}} \tag{7.129}$$

窄带过程 $X(t)$ 对较小 b 的穿越聚集群也可能连续出现，对这种超级群穿现象，Vanmarcke 建议用等效带宽因子 $\zeta^{\mathrm{e}}(t)=\zeta^{1+q}(t)$ 替换第二种和第三种极限衰减率计算式中的带宽因子 $\zeta(t)$，并根据数值模拟结果将系数 q 取为 0.2。如果进一步考虑谱带更宽过程 $X(t)$ 对更大 b 的超级群穿现象，也可将等效带宽因子取为依赖于相对界限 $b/\sigma_X(t)$ 的函数，即 $\zeta^{\mathrm{e}}(t)=1.15-\zeta(t)\log\left[b/\sigma_X(t)\right]^{1.6}$[124]。

类似于泊松过程假设中的处理方法，上述非平稳穿越情况下的 Vanmarcke 近似可以简化到平稳穿越的情况。

4. Langley 近似

考虑随机过程的峰聚集现象，Langley 提出了结构首次穿越失效概率的一种近似计算方法[125]。以高斯响应的平稳 B 类穿越情况为例，假设响应处于界限之下的时间 T_0 服从指数分布，并对峰簇持续时间 T_1 和峰簇间隔时间 T_0+T_1 的期望与平均穿越率和平均峰簇尺度 $\langle cs\rangle$（连续出现在界限水平 b 上的峰的数目）的关系进行分析，可以得到式（7.115）中初始可靠度和极限衰减率的计算式分别为

$$\begin{aligned}A(t_0)&=\frac{E(T_0)}{E(T_0+T_1)}\\&=1-\mathrm{e}^{-\frac{b^2}{2\sigma_X^2}}\end{aligned} \tag{7.130}$$

和

$$\begin{aligned}\alpha(b)&=\frac{1}{E(T_0)}\\&=\frac{\nu_X^+(b)}{A(t_0)\langle cs\rangle}\end{aligned} \tag{7.131}$$

通过峰簇中峰连续出现的概率分析，对于窄带平稳高斯过程 $X(t)$，峰簇尺度大于等于 n 的概率为[125]

$$P(cs\geqslant n)=2\left\{1-\Phi\left[\frac{b}{\sigma_X}\frac{1-\dfrac{R_{X,X}(\tau_n)}{\sigma_X^2}}{\sqrt{1-\left(\dfrac{R_{X,X}(\tau_n)}{\sigma_X^2}\right)^2}}\right]\right\} \tag{7.132}$$

式中，$R_{X,X}(\tau_n)=E[X(t)X(t+\tau_n)]$为$X(t)$的相关函数（也是协方差函数）在第$n$个峰处的值。

注意到cs正好等于n的概率是$P(cs\geqslant n)-P(cs\geqslant n+1)$，可以得到平均峰簇尺度的近似计算式：

$$\begin{aligned}\langle cs\rangle&=1+\sum_{n=2}^{\infty}n\left[P(cs\geqslant n)-P(cs\geqslant n+1)\right]\\&\approx 1+\sum_{n=2}^{\infty}P(cs\geqslant n)\end{aligned}\tag{7.133}$$

由于随着n的增大，$P(cs\geqslant n)$有非零极限值$2\left[1-\Phi(b/\sigma_X)\right]$，因此需要对方程（7.133）右端的无穷和进行截断。根据峰簇尺度概率的界限分析和窄带高斯过程的峰为瑞利分布的假设，对于窄带高斯过程，截断点n_U由$P(cs\geqslant n)=2\left[X(t_n)>b\right]=2\mathrm{e}^{-b^2/(2\sigma_X^2)}$确定，其中的$X(t_n)$为峰簇中第$n$连续出现的峰。

由于对于宽带高斯过程，式（7.133）给出符合物理意义的$\langle cs\rangle=1$，因此，虽然式（7.133）是在窄带高斯过程条件下推导得出的，它也适用于宽带高斯过程。

对于D类穿越情况，结构的初始可靠度应为$A(t_0)=1-2\mathrm{e}^{-b^2/(2\sigma_X^2)}$，式（7.132）中的$R_{X,X}(\tau_n)$应为$X(t)$的相关函数在第$n$个峰或谷处的值。

例题 7.3 计算图 7.1 中框架结构分析模型受到水平随机地面加速度作用时的首次穿越失效概率。结构的简化力学分析模型如图 7.10 所示。与例题 7.1 一样，假设结构阻尼为瑞利阻尼，阵型阻尼比$\zeta_j\ (j=1,2,3)$。结构的失效概率定义为在地震动持续时间区间$[0,T]$内框架顶层位移值响应的绝对值$|X(t)|$首次超越设定安全界限水平b的概率。为了充分考虑非平稳穿越情况，假设地面加速度$\ddot{U}_g(t)$为非平稳高斯过程：

$$\ddot{U}_g(t)=m(t)A(t)$$

式中，$m(t)=0.093t^3\mathrm{e}^{-0.5t}$为强度调制函数；$A(t)$为平稳过滤高斯白噪声过程，其功率谱密度函数$S_{A,A}(\omega)$为金井清-田治见宏加速度谱：

$$S_{A,A}(\omega)=S_0\frac{\omega_g^4+4\omega_g^2\zeta_g^2\omega^2}{\left(\omega^2-\omega_g^2\right)^2+4\omega_g^2\zeta_g^2\omega^2}$$

式中，参数$S_0=0.0156\ \mathrm{m^2/s^3}$；$\omega_g=15.7\ \mathrm{rad/s}$；$\zeta_g=0.6$。

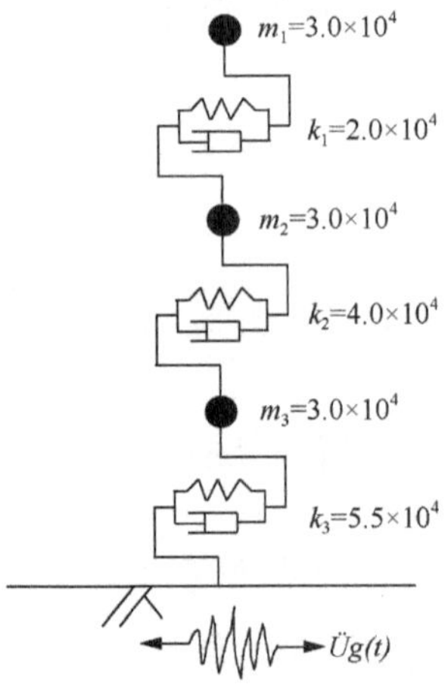

图 7.10　结构简化分析模型

（质量单位为 kg，刚度单位为 kN/m）

若将图 7.10 中的 3 自由度线性系统、调制函数 $m(t)$ 和金井清-田治见宏振子看作一个整体线性系统，那么图 7.10 所示的受非平稳过滤高斯白噪声激励的 3 自由度线性系统与一个受高斯白噪声激励的整体线性系统是等价的。根据单位脉冲响应函数的定义[126]，对应于响应 $X(t)$ 的单位脉冲响应函数为[122]

$$h_X(t,\tau)=\int_0^{t-\tau}h_S(t,\tau+s)m(\tau+s)h_f(s)\mathrm{d}s$$

式中，$h_S(t,\tau+s)$ 为结构对应于响应 $X(t)$ 的单位脉冲响应函数，即由 $\tau+s$ 时刻施加于结构上的单位脉冲地面加速度所导致的在 t 时刻响应 $X(t)$ 的数值；$h_f(s)$ 为金井清-田治见宏振子绝对加速度的单位脉冲响应函数。

结构单位脉冲响应函数 $h_S(t,\tau+s)$ 可以通过对图 7.10 中的 3 自由度线性系统进行振型分析来获得，由于此处考虑的结构是时不变的，因此有 $h_S(t,\tau+s)=h_S(t-\tau-s)$。金井清-田治见宏振子绝对加速度响应的单位脉冲响应函数则有显式解：

$$h_g(s)=2\zeta_g\omega_g\dot{h}(s)+\omega_g^2h(s)$$

式中，$h(s)=(1/\omega_{Dg})\mathrm{e}^{-\zeta_g\omega_g s}\sin\omega_{Dg}s$ 为金井清-田治见宏振子位移响应的单位脉冲响应函数；$\omega_{Dg}=\sqrt{1-\zeta_g^2}\omega_g$ 为金井清-田治见宏振子的阻尼圆频率；$\dot{h}(s)$ 为 $h(s)$ 的一阶导数。

显然，导数过程 $\dot{X}(t)$ 的单位脉冲响应函数为

$$\dot{h}_X(t,\tau)=\int_0^{t-\tau}\dot{h}_S(t,\tau+s)m(\tau+s)h_f(s)\mathrm{d}s$$

式中，$\dot{h}_S(t,\tau+s)$ 为 $h_S(t,\tau+s)$ 的一阶导数。

由式（7.100）～式（7.102）和式（7.105）计算的位移响应 $X(t)$ 的非几何谱矩绘于图 7.11 中。将得到的非几何谱矩代入式（7.99），得到 $X(t)$ 的谱带宽系数，如图 7.12 所示。图 7.12 表明，响应 $X(t)$ 从开始时的宽带过程快速变成近似窄带过程。图 7.13 绘出了响应 $X(t)$ 对 $b=3.5\max_{0\leqslant t\leqslant T}\sigma_X(t)$ 的 D 类穿越的平均穿越率 $2\nu_X^+(t)$ 和极限衰减率 $\alpha_D^{(3)}(t)$ 的计算结果，其中的 $T=20\,\mathrm{s}$，而式（7.128）中的谱带宽用等效谱带宽 $\zeta^{\mathrm{e}}(t)=\zeta^{1.2}(t)$ 代替，以便考虑低界限的影响。利用得到的平均穿越率和极限衰减率，采用泊松过程假设和 Vanmarcke 近似可以计算结构的首次穿越失效概率，计算结果绘于图 7.14 中。图 7.13 和图 7.14 中的曲线表明，Vanmarcke 近似给出的结果都要小于由泊松过程假设得到的结果。

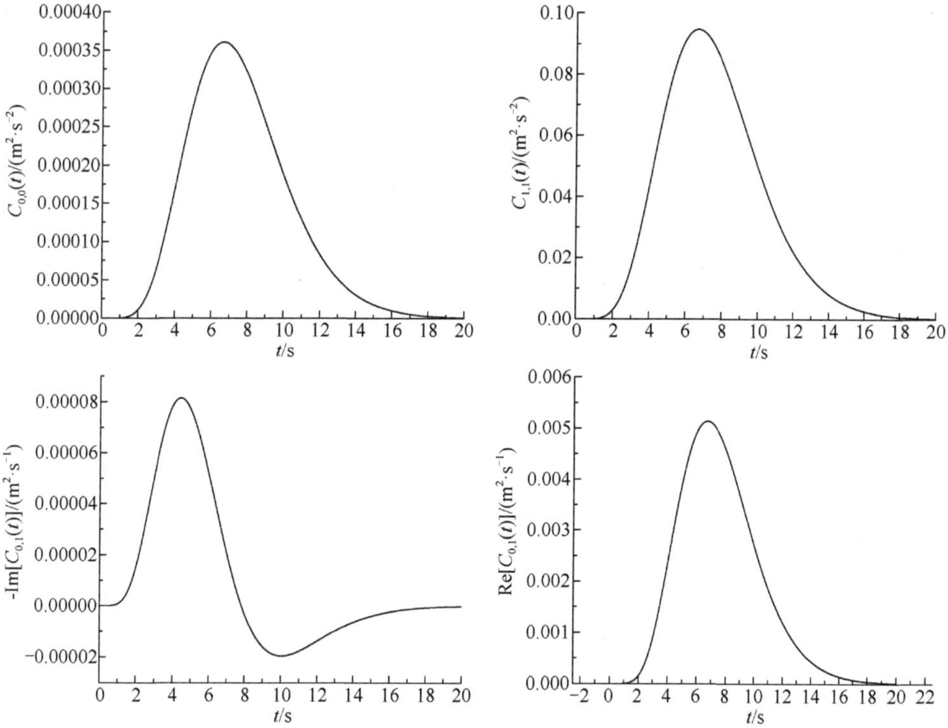

图 7.11 响应 $X(t)$ 的非几何谱矩

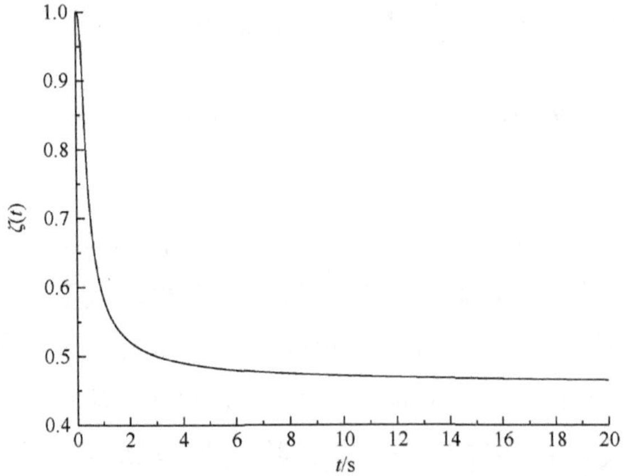

图 7.12　响应 $X(t)$ 的谱带宽系数

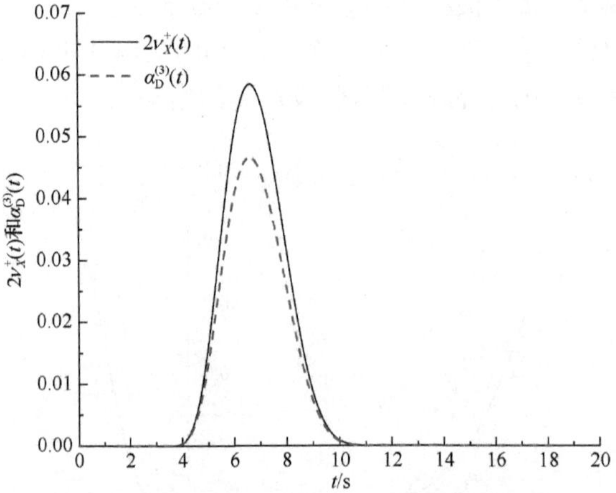

图 7.13　响应 $X(t)$ 的平均穿越率和极限衰减率

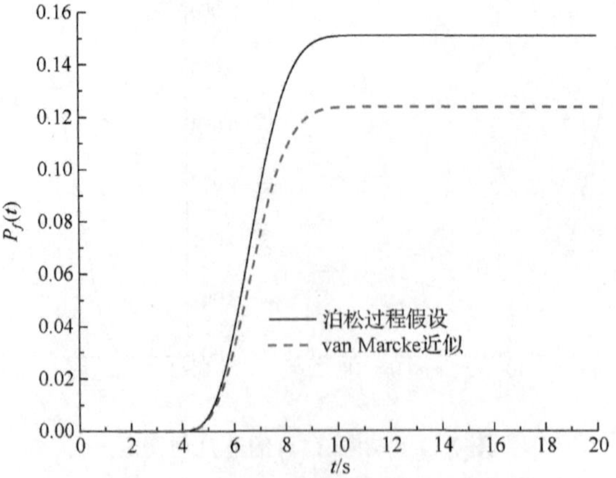

图 7.14　结构首次穿越概率计算值

7.2.2　非高斯响应的首次穿越分析

如果结构振动表现出明显的材料或几何非线性特征，或者虽然结构处于线性振动状态，但引起结构振动的随机荷载是非高斯的，那么结构的随机响应将是非高斯的。当作用在结构上的随机荷载是高斯的时，通过统计等价线性化的处理，将原结构的非高斯随机响应近似为高斯随机响应，从而由近似高斯响应的首次穿越概率分析来近似计算原结构的首次穿越失效概率。这种等价线性化的分析方法，对弱非线性和失效概率不是特别小的情况是合适的，而对于外部荷载是非高斯的和首次穿越失效概率特别小的情况，等价线性化方法一般会导致比较大的计算误差。

为了有效计算非高斯结构响应的微小首次穿越概率，人们提出了各种有效计算方法，如埃尔米特模型方法[89]、子集模拟方法[53, 62]、尾部等价线性化方法[127-128]、首次穿越分析的一次可靠度方法[129]、渐近抽样方法[55]和极值理论方法[56, 92, 130]等。其中，半数值半理论的埃尔米特模型方法和极值理论方法容易推广到非线性结构疲劳失效评估和极值响应估计。下面重点介绍这两种计算方法。

1.　埃尔米特模型方法

埃尔米特模型方法特别适合平稳响应的首次穿越概率计算。若已（由相对少量的响应样本）估计出非高斯响应$X(t)$的前 4 阶响应矩，即均值$\mu_X(t)$、标准差$\sigma_X(t)$、偏态系数$\alpha_{3,X}(t)$和峰度系数$\alpha_{4,X}(t)$，则可以利用埃尔米特模型将非高斯过程$X(t)$展开为关于标准高斯过程$U(t)$的级数（4 阶埃尔米特级数展开）：

$$\begin{aligned}X &= g(U) \\ &= \mu_X + \sigma_X \kappa\left[U + c_3 \mathrm{He}_3(U) + c_4 \mathrm{He}_4(U)\right] \\ &= \mu_X + \sigma_X \kappa\left[U + c_3\left(U^2 - 1\right) + c_4\left(U^3 - 3U\right)\right]\end{aligned} \tag{7.134}$$

式中，$\mathrm{He}_n(\cdot)$为n阶埃尔米特级数；系数κ、c_3和c_4由$X(t)$的前 4 阶响应矩来计算，即（见 6.2.2 节）

$$\kappa = \frac{1}{\sqrt{1 + 2c_3^2 + 6c_4^2}} \tag{7.135}$$

$$c_3 = \frac{\alpha_{3,X}}{4 + 2\sqrt{1 + 1.5\left(\alpha_{4,X} - 3\right)}} \tag{7.136}$$

$$c_4 = \frac{\sqrt{1+1.5\left(\alpha_{4,X}-3\right)}-1}{18} \tag{7.137}$$

需要注意的是，对于非平稳响应，系数κ、c_3和c_4随时间变化。

当结构刚度随变形的增大而发生退化现象时，或者对于受风荷载和波浪荷载作用的结构，响应$X(t)$出现软化的现象，则$\alpha_{4,X}(t)>3$。此时，可以利用式（6.18）将非高斯响应$X(t)$变换为标准高斯响应：

$$\begin{aligned} U &= g^{-1}(X) \\ &= \left[\sqrt{\xi^2(X)+c}+\xi(X)\right]^{\frac{1}{3}} - \left[\sqrt{\xi^2(X)+c}-\xi(X)\right]^{\frac{1}{3}} - a \end{aligned} \tag{7.138}$$

其中的函数$\xi(X)$为

$$\xi(X) = 1.5b\left(a+\frac{X-\mu_X}{\kappa\sigma_X}\right) - a^3 \tag{7.139}$$

式中，$a=c_3/(3c_4)$、$b=1/(3c_4)$和$c=\left(b-1-a^2\right)^3$。

同样地，对于非平稳响应，系数a、b和c以及函数$g(\cdot)$和$\xi(\cdot)$都随时间变化。

对于平稳响应$X(t)$，利用埃尔米特级数的正交性质，可以推导出$X(t)$的协方差函数$\phi_{X,X}(\tau)$和功率谱密度函数$S_{X,X}(\omega)$的级数展开式[9, 89-90]分别为

$$\phi_{X,X}(\tau) = (\sigma_X\kappa)^2\left[\phi_{U,U}(\tau) + 2!c_3^2\phi_{U,U}^2(\tau) + 3!c_4^2\phi_{U,U}^3(\tau)\right] \tag{7.140}$$

和

$$S_{X,X}(\omega) = (\sigma_X\kappa)^2\left\{S_{U,U}(\omega) + 2!c_3^2\left[S_{U,U}(\omega)\right]_2 + 3!c_4^2\left[S_{U,U}(\omega)\right]_3\right\} \tag{7.141}$$

式中，$\phi_{U,U}(\tau)$和$S_{U,U}(\omega)$分别为标准高斯过程$U(t)$的协方差函数和功率谱密度函数，$\left[S_{U,U}(\omega)\right]_n\ (n=2,3)$为$S_{U,U}(\omega)$的$n$重卷积。

当已获得非高斯响应$X(t)$的协方差函数和功率谱密度函数时，可以通过数值求解方程（7.140）和方程（7.141）来获得标准高斯过程$U(t)$的协方差函数和功率谱密度函数。一般来讲，方程（7.140）右端和方程（7.141）右端的二次和三次项的系数都很小，因此，"传递"过程$U(t)$的协方差函数（相关系数函数）$\phi_{U,U}(\tau)$与响应过程$X(t)$的归一化协方差函数（近似的相关系数函数）$\phi_{X,X}(\tau)/(\sigma_X\kappa)^2$之间的差别并不明显，同样地，$S_{U,U}(\omega)$与$S_{X,X}(\omega)/(\sigma_X\kappa)^2$之间的差别也不明显。

总之，至少对于平稳响应$X(t)$，埃尔米特模型（在理论上）能够"完全"描述"传递"过程$U(t)$，而非高斯响应过程$X(t)$对界限水平b的穿越问题则变成了标准高斯随机过程$U(t)$对$\xi=g^{-1}(b)$的穿越问题，相关的首次穿越概率可以由

Vanmarcke 近似或 Langley 近似来计算。需要注意的是，在计算（“传递”的）标准高斯过程$U(t)$对ξ的平均穿越率$\nu_U^+(\xi)$时，为了避免计算导数过程$\dot{U}(t)$的标准差，可以令$\nu_U^+(\xi)=\nu_0 e^{-\xi^2/2}$，其中的$\nu_0$为响应过程$X(t)$的平均循环率，其值可由$X(t)$的样本函数近似估计，也可由式$\nu_0=\omega_0/(2\pi)$近似计算，这里的$\omega_0$为结构线性振动的无阻尼基本圆频率。对于高频响应$X(t)$，文献[90]给出了简单的首次穿越概率近似计算式。

例题 7.4 考虑例题 7.3 中的 3 层剪切型框架模型。该模型具有瑞利阻尼，第 1 阵型和第 2 阵型阻尼比均为 5%，其他结构参数见图 7.10 中数值。结构第i层的层间滞回恢复力为

$$f_{i,S}=k_i\left[\alpha\Delta X_i+(1-\alpha)Z_i\right],\quad i=1,2,3$$

$$\dot{Z}_i=-\gamma\left|\Delta\dot{X}_i\right|Z_i\left|Z_i\right|^{n-1}-\beta\Delta\dot{X}_i\left|Z_i\right|^n+A\Delta\dot{X}_i,\quad i=1,2,3$$

式中，ΔX_i和Z_i分别为第i层层间位移的弹性和滞回分量；$\Delta\dot{X}_i$为ΔX_i的一阶导数；参数$\alpha=0.1$、$n=2$、$A=1$和$\gamma=\beta=A/(2x_y^n)$，其中的屈服位移为$x_y=0.01\,\mathrm{m}$。

假设作用在结构上的地面运动加速度为平稳过滤高斯白噪声过程，其 PSD 函数及其参数与例题 7.3 中的数值一致。令参考时间长度$T=20\,\mathrm{s}$，计算结构第 3 层平稳层间位移比响应$\delta(t)=100\times\Delta X_3/h_3=100\times\left[X_3(t)-X_2(t)\right]/h_3$对结构倒塌界限水平$\hat{\delta}=100\times1/50=2.0$的 D 类首次穿越概率，这里的$X_3(t)$和$X_2(t)$分别为框架第 3 层和第 2 层的楼面位移响应，$h_3=3.6\,\mathrm{m}$为框架第 3 层的结构层高。

由 2000 个响应样本计算响应$\delta(t)$的统计特征。图 7.15 绘出了$\delta(t)$的方差$\sigma_\delta^2(t)$和峰度系数$\alpha_{4,\delta}(t)$随时间t的变化曲线（由于对称性，$\delta(t)$的均值函数和偏态系数函数都为零）。由于大约在$t>4\,\mathrm{s}$后$\delta(t)$响应开始进入平稳状态，因此取$t\in[8,18]$的平稳响应进行首次穿越概率的计算。在该时间段内，$\delta(t)$的标准差和峰度系数的平均值近似为 0.468 和 3.350。图 7.16 给出了平稳响应$\delta(t)$的协方差函数$\phi_{\delta,\delta}(\tau)$、自相关系数函数$\rho_{\delta,\delta}(t)=\phi_{\delta,\delta}(\tau)/\phi_{\delta,\delta}(0)$以及由式（7.138）定义的“传递”过程$U(t)$的协方差函数$\phi_{U,U}(\tau)$（也是相关系数函数$\rho_{U,U}(\tau)$）的计算结果。图中计算结果表明，相关系数函数$\rho_{\delta,\delta}(t)$和$\rho_{U,U}(\tau)$几乎完全一致。利用$\delta(t)$的前 4 阶矩计算结果，可以计算出界限水平$\hat{\delta}$的“传递”值$\xi=g^{-1}\left(\hat{\delta}\right)=3.739$。

至此可以计算出响应过程$\delta(t)$的平均循环率$\nu_0=1.5\,\mathrm{s}^{-1}$、“传递”过程$U(t)$关于$\xi$的 D 类平均穿越率$2\nu_U^+(\xi)=0.00276\,\mathrm{s}^{-1}$、平均峰簇尺度$\langle cs\rangle=1.014$、D 类初始可靠度$A(t_0=8)=0.998$和极限衰减率$\alpha(\xi)=0.00273$，最终计算出$t\in[8,18]$的结构首次穿越失效（倒塌）概率$P_f=0.0287$。

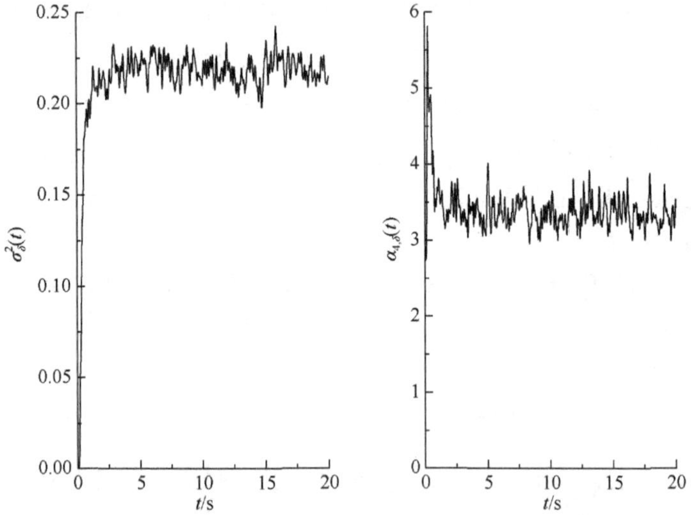

图 7.15　$\delta(t)$ 的方差和峰度系数随时间 t 的变化曲线

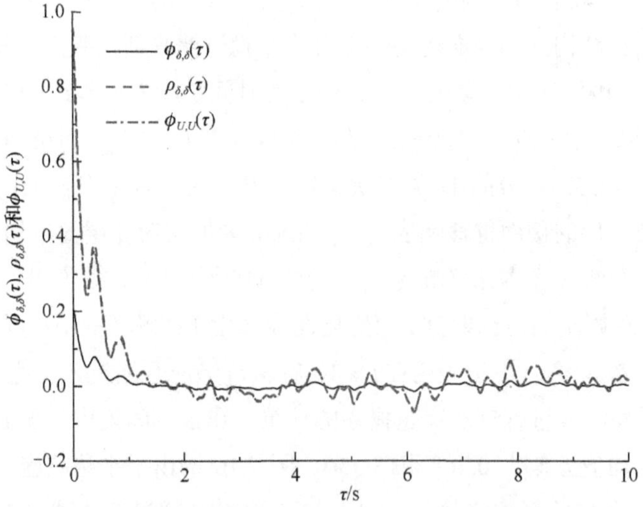

图 7.16　$\delta(t)$ 和 $U(t)$ 的协方差函数和相关系数函数计算结果

2. 极值理论方法

极值理论方法利用随机响应 $X(t)$ 对时不变界限水平 b 的首次穿越概率等价于 $X(t)$ 的极值对 b 的超越概率这一性质，通过构建 $X(t)$ 的极值（特别是尾部）的分布函数，间接计算 $X(t)$ 对 b 的首次穿越概率。$X(t)$ 的极值分布函数的尾部，既可以根据首次穿越概率分布尾部的衰减规律来创建[56]，也可以通过拟合首次穿越概率分布的“身体”来创建[57, 130]。这里介绍后一种方法。

根据定义，随机过程$X(t)$对b的首次穿越概率为

$$
\begin{aligned}
P_f(t) &= P\left[\exists \tau \in [0,t]: X(\tau) > b\right] \\
&= 1 - P\left[\forall \tau \in [0,t]: X(\tau) \leqslant b\right] \\
&= 1 - P\left[\max_{0 \leqslant \tau \leqslant t} X(\tau) \leqslant b\right] \\
&= 1 - F_Z(b)
\end{aligned} \tag{7.142}
$$

式中，$Z = \max\limits_{0 \leqslant \tau \leqslant t} X(\tau)$为$X(\tau)$在时间区间$[0,t]$内的最大值；$F_Z(\cdot)$为$Z$的 CDF。

为了由存在的概率分布模型构建最大值（极值）Z的分布尾部，所选择的分布模型应该具有较大的偏态和峰度方面的灵活性或具有较大的极值描述方面的灵活性。为此，可以将移位广义对数正态分布模型[92]和广义极值分布（generalized extreme value distribution，GEVD）模型[130-131]选择为Z的分布函数。

1）极值响应的移位广义对数正态分布模型

由式（6.32），具有正偏态系数的极值响应Z的 CDF 为

$$
F_Z(z) = \frac{1}{2} + \frac{1}{2}\mathrm{sgn}\left(\frac{z-\varepsilon}{\theta} - 1\right) Q\left(\frac{1}{r}, \frac{1}{r}\left|\frac{\ln\dfrac{z-\varepsilon}{\theta}}{\sigma}\right|^r\right), \quad z > \varepsilon \tag{7.143}
$$

式中，ε为位置参数；其他参数的意义与式（6.32）中参数的意义一致。

由于移位广义对数正态分布模型的独立参数只有形状参数$\sigma > 0$和$r > 0$，因此，可采用一种称为两支撑点的方法，由相对少量的响应样本估计移位广义对数正态分布模型的四个参数ε、θ、σ和r[95]，从而获得用于估计微小首次穿越概率的Z的尾部分布函数。

令由少量响应样本估计的两个支撑点分别为(z_1, P_1)和(z_2, P_2)，其中的P_1和$P_2\,(P_2 < P_1)$为Z对$z_1 > \varepsilon$和$z_2 > \varepsilon$的超越概率。由此，可以获得两个独立方程：

$$
1 - P_1 = \frac{1}{2} + \frac{1}{2}\mathrm{sgn}\left(\frac{z_1-\varepsilon}{\theta} - 1\right) Q\left(\frac{1}{r}, \frac{1}{r}\left|\frac{\ln\dfrac{z_1-\varepsilon}{\theta}}{\sigma}\right|^r\right) \tag{7.144}
$$

$$
1 - P_2 = \frac{1}{2} + \frac{1}{2}\mathrm{sgn}\left(\frac{z_2-\varepsilon}{\theta} - 1\right) Q\left(\frac{1}{r}, \frac{1}{r}\left|\frac{\ln\dfrac{z_2-\varepsilon}{\theta}}{\sigma}\right|^r\right) \tag{7.145}
$$

结合 6.2.4 节中定义的参数σ和r与参数ε和θ的关系，采用迭代方法求解上

面的两个独立方程，可以得到模型参数σ、r、ε和θ的数值解。启动迭代过程的初值与6.2.4节建议的求解方程（6.36）的初值一致。

在实际计算中，可令$P_1 \approx 0.1$和$P_2 \approx 0.01$，取多组（如5～7组）支撑点，得到参数σ、r、ε和θ的最优解，减小模型参数和尾部超越概率估计的变异性。另外，对于滞回非线性结构，为估计$P_f(t) \in \left[10^{-4}, 10^{-5}\right]$水平的首次穿越概率，可令样本数量（容量）为2000。

2）极值响应的广义极值分布模型

若将响应过程$X(\tau)$离散为独立同分布随机变量$X_1 = X(t = \Delta t), X_2 = X(t = 2\Delta t), \cdots, X_m = X(t = m\Delta t)$，其中的$\Delta t$为微小的离散时间步长，则极值响应$Z = \max\left\{X_1, X_2, \cdots, X_m\right\}$。根据单变量极值理论[130-131]，可以证明$Z$属于广义极值分布：

$$F_Z(z) = \mathrm{e}^{-\left[1+\xi\left(\frac{z-\mu}{\sigma}\right)^{-\frac{1}{\xi}}\right]} \tag{7.146}$$

式中，$\mu \in \mathbf{R}$、$\sigma > 0$和$\xi \in \mathbf{R}$分别为位置、尺寸和形状参数；Z的取值范围由不等式$1 + \xi(z - \mu)/\sigma > 0$确定，即当$\xi > 0$时，$z > \mu - \sigma/\xi$，当$\xi < 0$时，$z < \mu - \sigma/\xi$。

广义极值分布包含了极值Ⅰ、Ⅱ和Ⅲ型分布。例如，当$\xi = 0$时，广义极值分布退化为耿贝尔（极值Ⅰ型）分布。因此，在描述极值分布方面，广义极值分布模型具有相当大的灵活性。

广义极值分布的对数似然函数为

$$\ell(\mu, \sigma, \xi) = -\mu \log \sigma - \left(1 + \frac{1}{\xi}\right) \sum_{i=1}^{N} \log\left[1 + \frac{\xi(z_i - \mu)}{\sigma}\right] - \sum_{i=1}^{N} \log\left[1 + \frac{\xi(z_i - \mu)}{\sigma}\right]^{-\frac{1}{\xi}} \tag{7.147}$$

式中，N为响应样本数，$z_i (i = 1, 2, \cdots, N)$。

需要注意的是，对于响应样本数量不是特别多的情况，与由两个支撑点得到的移位广义对数正态分布模型相比，按上述方法建立的广义极值分布模型对极值响应Z分布尾部的描述可能不够好。

例题 7.5 考虑例题7.3中的层间位移比响应$\delta(t)$，本例题由移位广义对数正态分布模型构造极值响应$Z = \max\limits_{0 \leqslant \tau \leqslant 20} \delta(\tau)$的尾部分布函数，从而计算$\delta(t)$（D类）的微小首次穿越概率。

由2000个$\delta(t)$的样本函数，得到极值Z的2000个样本，采用两支撑点方法计算出移位广义对数正态分布模型的参数$\varepsilon = 0.343$、$\theta = 1.164$、$\sigma = 0.158$和$r = 1.728$。图7.17绘出了获得的移位广义对数正态分布模型的尾部超越概率，由此可以确定响应过程$\delta(t)$对高界限（D类）的微小首次穿越概率。

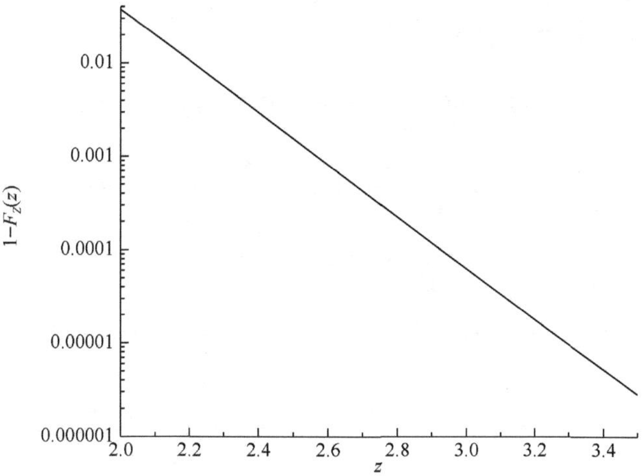

图 7.17 极值响应 Z 的尾部超越概率

7.3 向量过程平均穿越率的两种计算方法

在实际工程中，有时需要计算响应向量过程 $\boldsymbol{X}(t)=\left(X_1(t),X_2(t),\cdots,X_n(t)\right)$ 在时间区间 $[0,T]$ 内对安全域界限（曲面）$\boldsymbol{G}=\boldsymbol{g}(x,t)=0$ 的首次穿越概率[132]，此时，会遇到向量过程平均穿越率 $\nu_{\boldsymbol{X}}^{+}(\boldsymbol{G},t)$ 的计算问题。显然，将标量可微过程的莱斯公式推广到向量可微过程的情况，可以得到平均穿越率 $\nu_{\boldsymbol{X}}^{+}(\boldsymbol{G},t)$ 的解析表达式[133]。实际上，如果 $\boldsymbol{X}(t)$ 在曲面 $\boldsymbol{G}$ 上并紧接着进入失效域，那么，将会出现一次穿越，因此有式（7.148）[134]：

$$\nu_{\boldsymbol{X}}^{+}(\boldsymbol{G},t)=\int_{\boldsymbol{G}}\int_{0}^{\infty} f_{\boldsymbol{X},\dot{X}_N}\left(x,\dot{x}_N\right)\mathrm{d}\dot{x}_N\mathrm{d}x \tag{7.148}$$

式中，$\dot{\boldsymbol{X}}_N(t)=-\boldsymbol{\alpha}^{\mathrm{T}}\dot{\boldsymbol{X}}(t)$ 为 $\boldsymbol{X}(t)$ 在曲面单元 $\Delta\boldsymbol{G}$ 方向上的速度；$f_{\boldsymbol{X},\dot{\boldsymbol{X}}_N}\left(x,\dot{x}_N\right)$ 为 $\boldsymbol{X}(t)$ 和 $\dot{\boldsymbol{X}}_N(t)$ 的 jPDF。

对于标准高斯向量 $\boldsymbol{X}(t)$，如果 $\boldsymbol{g}(\boldsymbol{x},t)=\boldsymbol{\alpha}^{\mathrm{T}}\boldsymbol{x}+\beta$ 以及 $\boldsymbol{\phi}_{\boldsymbol{X},\dot{\boldsymbol{X}}}(t)=\mathbf{0}$ 和 $\boldsymbol{\phi}_{\dot{\boldsymbol{X}},\dot{\boldsymbol{X}}}(t)=\mathrm{diag}\left\{\sigma_{\dot{X}_i}^2\right\}$，则式（7.148）可简化为

$$\nu_{\boldsymbol{X}}^{+}(\boldsymbol{G},t)=\varphi(\beta)\frac{1}{\sqrt{2\pi}}\left(\sum_{i=1}^{n}\alpha_i^2\sigma_{\dot{X}_i}^2\right)^{\frac{1}{2}} \tag{7.149}$$

式中，$\varphi(\cdot)$ 为标准正态变量的 PDF；α_i 为向量 $\boldsymbol{\alpha}$ 的第 i 个元素。

另外，在结构可靠度分析中，随机向量过程的平均穿越率也常解释为并联系统安全（失效）域概率的敏感度[135]：

$$\nu_{\boldsymbol{X}}^{+}(\boldsymbol{G},t)=\lim_{\Delta t\to 0^{+}}\frac{1}{\Delta t}P\left[g(\boldsymbol{x},t)>0\cap g(\boldsymbol{x},t+\Delta t)<0\right] \tag{7.150}$$

$$\begin{aligned}\nu_{\boldsymbol{X}}^{+}(\boldsymbol{G},t)&=\frac{\mathrm{d}}{\mathrm{d}t}P\left[M_1(t)>0\cap M_2(t,\theta)<0\right]_{\theta=0}\\&=\frac{\mathrm{d}}{\mathrm{d}t}P(t,\theta)_{\theta=0}\end{aligned} \tag{7.151}$$

式中，$M_1(t)=\dot{g}(\boldsymbol{x},t)$；$M_2(t,\theta)=g(\boldsymbol{x},t)+\dot{g}(\boldsymbol{x},t)\theta$；$P(t,\theta)$为并联系统安全（失效）域的概率。

式（7.150）和式（7.151）右端的联合概率可由一次可靠度方法或二次可靠度方法进行计算[136]。

最后需要说明的是，与标量响应过程的穿越一样，向量响应过程的穿越也会出现聚集成群的现象，采用泊松近似计算此类结构首次穿越失效概率时，有可能导致比较大的计算误差。

8　结构体系可靠度

完整的结构是由板、梁、柱、基础等结构构件和吊顶、壁橱、隔墙等非结构构件组成的构件体系，构件失效之间存在传递关系、逻辑关系和相依性，因此，结构可靠度本质上是由多种构件按一定方式组成的系统的可靠度，其分析和计算应采用系统可靠度理论来完成。然而，由于构件及其体系失效模式的复杂性，结构体系可靠度的分析和计算通常是相当复杂的，目前的理论和方法还不能满足大型复杂结构体系可靠度的精确分析和计算要求[137-139]。本章重点介绍和讲解结构体系可靠度计算的基本概念、原理和方法。

8.1　构 件 类 型

一个或若干个结构构件和非结构构件的失效不一定导致整体结构的失效，但会对相连构件的失效产生影响，影响方式和程度依赖于所涉及构件的失效模式。结构体系的可靠度计算通常考虑两类构件：脆性构件和延性构件。如果构件在失效后完全失去作用，则可将其视为脆性构件；相反，在失效后仍维持承载能力的构件可看作延性构件。具体来说，对于钢筋混凝土结构，主要承受拉力或剪力作用的构件一般属于脆性构件，主要承受压力或弯矩作用的构件则一般视为延性构件。

脆性构件和延性构件的（广义）力-变形曲线如图 8.1 所示。为了便于结构体系的可靠度计算，特别是为了在结构可靠度分析的系统模型（可靠性框图）中区分这两类构件，可使用图 8.2 所示的符号表示脆性构件和延性构件。

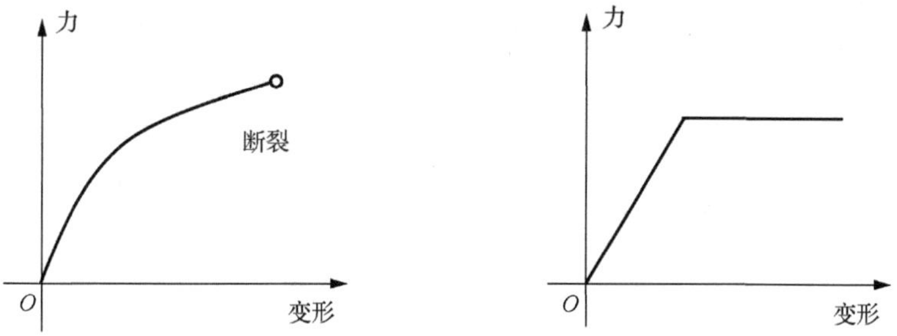

(a) 脆性构件　　(b) 延性构件

图 8.1　两类构件的力-变形曲线

图 8.2　脆性构件和延性构件的表示符号

8.2　系 统 模 型

在结构体系的可靠度计算中，根据构件失效与结构部分和整体失效之间的逻辑关系，可以采用串联系统、并联系统或混合系统来建立结构体系的系统模型。

8.2.1　串联系统

对于串联系统，任意一个元件失效将立刻导致整个系统的失效。等价地，对于串联系统来说，只有当系统的所有元件都处于安全状态时，系统才处于安全状态。如图 8.3 所示的静定桁架，如果其中的任意一个杆件失效，那么，这个桁架将不再具有承担外荷载的能力，因此这个桁架可以视为一个串联系统。分别考虑脆性构件和延性构件的情况，由构件符号组成的图 8.3 所示框架的串联系统模型如图 8.4 所示。由于施加在图 8.3 所示桁架中每个杆件上的轴力都是 P，因此可以认为其串联系统受到外荷载 P 的作用，如图 8.4 所示。

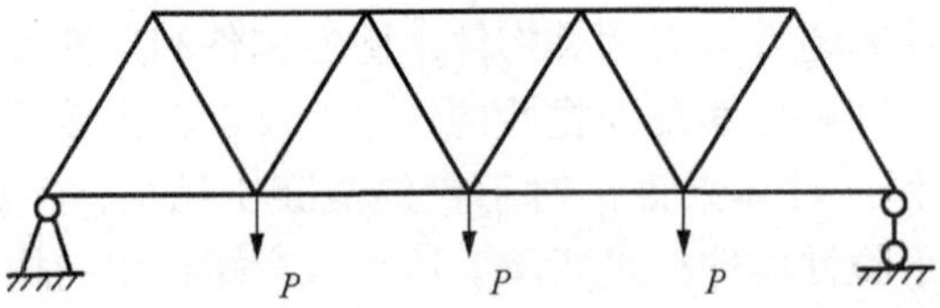

图 8.3　静定桁架

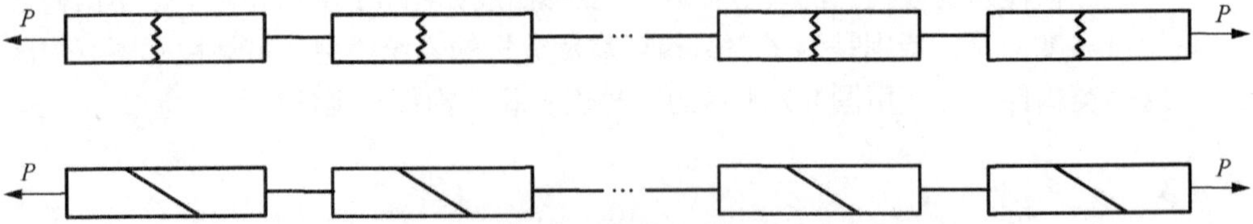

图 8.4　静定桁架的串联系统模型

对于可以用串联系统描述的结构，若分别用随机变量 $R_i\left(i=1,2,\cdots,n\right)$ 和 $S_i\left(i=1,2,\cdots,n\right)$ 表示结构中第 i 个构件的抗力及其荷载效应，那么结构的失效概率为

$$\begin{aligned}P_f &= P\left(n\text{个构件中的任意一个处于失效状态}\right)\\ &=1-P\left(\text{所有}n\text{个构件都处于安全状态}\right)\\ &=1-P\left[\left(R_1>S_1\right)\cap\left(R_2>S_2\right)\cdots\cap\left(R_n>S_n\right)\right]\end{aligned} \tag{8.1}$$

假设结构所有构件的抗力及其荷载效应都是统计独立的，那么式（8.1）可以简化为

$$\begin{aligned}P_f &= 1-P\left[(R_1>S_1)\cap(R_2>S_2)\cdots\cap(R_n>S_n)\right] \\ &= 1-\left[1-P(R_1\leqslant S_1)\right]\left[1-P(R_2\leqslant S_2)\right]\cdots\left[1-P(R_n\leqslant S_n)\right] \\ &= 1-\prod_{i=1}^{n}\left(1-P_{fi}\right)\end{aligned} \tag{8.2}$$

式中，$P_{fi}=P(R_i\leqslant S_i)$ 为第 i 个构件的失效概率。

式（8.2）表明，若系统元件的失效是相互独立的，那么串联系统的失效概率不小于它的任何一个元件的失效概率。串联系统模型通常用于描述静定的杆系结构。

8.2.2 并联系统

对于并联系统，所有元件都失效后整体系统才失效，或者说，只要一个元件处于安全状态，系统就处于安全状态。如图 8.5 所示的简单框架结构，柱底端与地面固结，柱顶端与梁铰接，在 *AB* 柱的顶端受到水平推力的作用。假设框架柱不会出现剪切破坏，那么，只有 *AB* 柱和 *DC* 柱的底端都出现受弯破坏（失效）的情况，框架才出现倒塌（失效）状态，因此，这个框架可以描述为包含两个元件（*AB* 柱和 *DC* 柱）的并联系统。

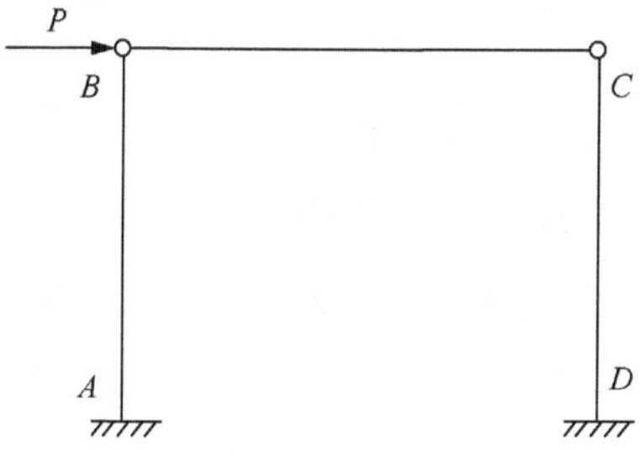

图 8.5 受水平力作用的框架结构

组成并联系统的元件（代表结构构件），可能是延性的，也可能是脆性的。元件都为延性的并联系统如图 8.6（a）所示，而图 8.6（b）则表示了元件都为脆性的并联系统。

对于图 8.6（a）所示的情况，即结构构件都是完全延性的情况，构件失效后其承载能力不变，因此，系统强度（结构总承载力）R 为

$$R=\sum_{i=1}^{n}R_i \tag{8.3}$$

式中，$R_i\ (i=1,2,\cdots,n)$ 为第 i 个元件的强度（第 i 个构件的承载力）。

因此，如果能够确定结构的总荷载效应S，那么就可以得到整体结构的功能函数：

$$Z = R - S \tag{8.4}$$

从而进行结构体系可靠度的计算和设计。

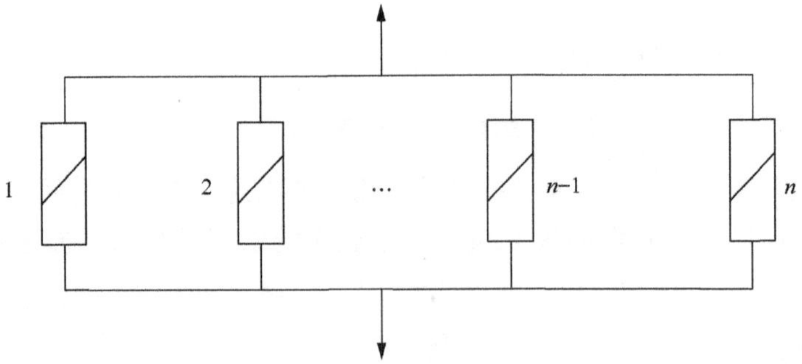

（a）元件均为延性

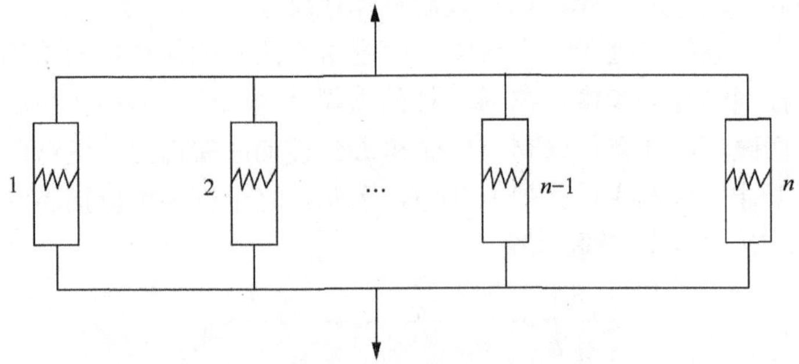

（b）元件均为脆性

图 8.6　一般的并联系统模型

另外，也可以由并联系统的失效定义直接计算结构体系的失效概率：

$$\begin{aligned} P_f &= P(\text{所有}n\text{个构件都处于失效状态}) \\ &= P\left[(R_1 \leqslant S_1) \cap (R_2 \leqslant S_2) \cdots \cap (R_n \leqslant S_n)\right] \end{aligned} \tag{8.5}$$

式中，各符号的意义与式（8.1）中相应符号的意义一致。

在结构所有构件的抗力及其荷载效应都是统计独立的情况下，式（8.5）可以简化为

$$\begin{aligned} P_f &= P(R_1 \leqslant S_1) P(R_2 \leqslant S_2) \cdots P(R_n \leqslant S_n) \\ &= \prod_{i=1}^{n} P_{fi} \end{aligned} \tag{8.6}$$

式（8.6）表明，在元件失效独立的假设下，由延性元件组成的并联系统的失效概率不大于它的任何一个元件的失效概率。并联系统模型可以用于描述延性材料的超静定杆系结构。

对于图 8.6（b）所示的并联系统，问题要复杂得多。对于构件均为脆性的结构，若一个或若干个构件失效，它（们）就会完全失去作用，从而改变结构的形式、荷载分布和其余构件的荷载效应。构件的失效概率与其失效顺序有关，存在多种导致整体结构失效的构件失效的组合方式，即结构体系的失效模式。图 8.6（b）可以看作是由脆性构件组成的结构的某一个体系失效模式的系统模型，其失效概率可用式（8.6）来计算。

8.2.3　混合系统

混合系统是指多个并联系统的串联系统。当已识别出含有脆性构件的超静定结构的所有或多个最可能体系失效模式时，可以将描述它们的并联系统串联起来，形成描述整体结构的混合系统。例如，若在图 8.5 所示框架的 BC 梁上增加一个垂直向下作用的集中荷载 Q[38]，如图 8.7 所示，那么除了由水平推力 P 引起的 AB 柱和 DC 柱底端受弯破坏（假设为脆性构件失效）会导致该框架失效以外，由垂直压力 Q 引起的 BC 梁 E 截面的受弯破坏（假设为脆性构件失效）也会导致该框架失效。因此，该框架有两个失效模式，由它们组成的该框架的混合系统模型如图 8.8 所示。

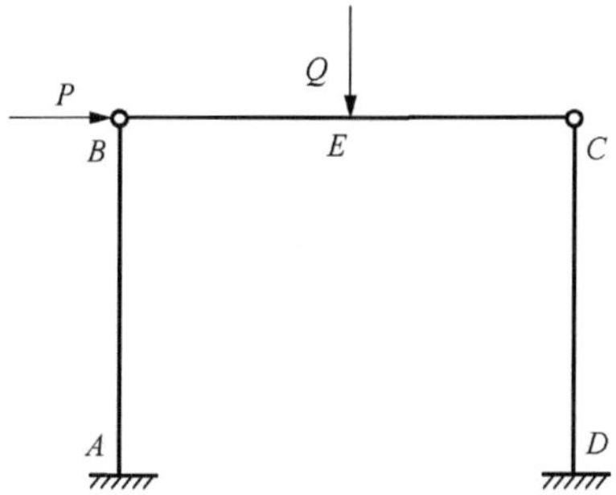

图 8.7　受水平力和垂直力作用的框架结构

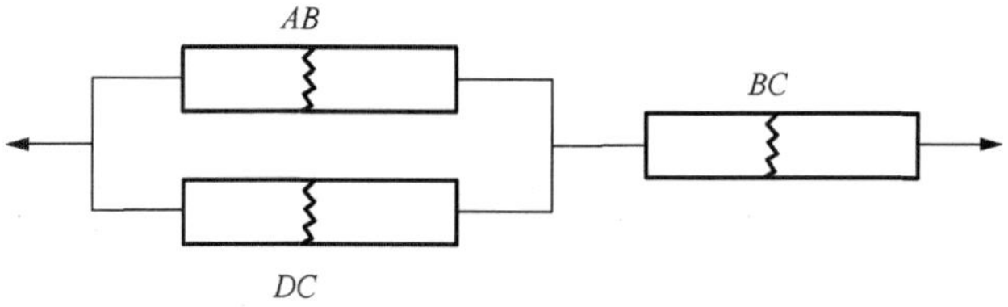

图 8.8　受水平力和垂直力作用的框架结构的混合系统模型

根据并联系统和串联系统的失效定义，可以给出混合系统失效概率的计算式。以图 8.8 所示的混合系统为例，系统失效概率为

$$P_f = 1 - P\left\{\left[\left(R_{AB} > S_{AB}\right) \cup \left(R_{DC} > S_{DC}\right)\right] \cap \left(R_{BC} > S_{BC}\right)\right\} \tag{8.7}$$

式中，R_{AB}、R_{DC}和R_{BC}分别为构件AB、DC和BC的抗力；S_{AB}、S_{DC}和S_{BC}分别为构件AB、DC和BC的荷载效应。

假设构件AB、DC和BC的抗力和荷载效应都是统计独立的，式（8.7）可以简化为

$$\begin{aligned} P_f &= 1-\left[1-P\left(R_{AB} \leqslant S_{AB}\right)P\left(R_{DC} \leqslant S_{DC}\right)\right]\left[1-P\left(R_{BC} \leqslant S_{BC}\right)\right] \\ &= 1-\left(1-P_{fAB}P_{fDC}\right)\left(1-P_{fBC}\right) \end{aligned} \tag{8.8}$$

式中，P_{fAB}、P_{fDC}和P_{fBC}分别为构件AB、DC和BC的失效概率。

例题 8.1 本例题从德·摩根（De Morgan）定理的角度理解串联系统和并联系统失效概率的计算式（8.1）和计算式（8.5）。令$E_i = R_i \leqslant S_i\left(i=1,2,\cdots,n\right)$为系统第$i$个元件的失效事件，那么对于只有安全状态和失效状态的两态元件，事件E_i的补事件$\overline{E_i} = R_i > S_i\left(i=1,2,\cdots,n\right)$则为第$i$个元件的安全事件。

对于串联系统，安全事件为

$$\overline{E_S} = \bigcap_{i=1}^{n}\overline{E_i}$$

由德·摩根定理，串联系统的失效事件为

$$\begin{aligned} E_S &= \overline{\overline{E_S}} \\ &= \overline{\bigcap_{i=1}^{n}\overline{E_i}} \\ &= \bigcup_{i=1}^{n}\overline{\overline{E_i}} \\ &= \bigcup_{i}^{n}E_i \end{aligned}$$

对于并联系统，安全事件为

$$\overline{E_P} = \bigcup_{i=1}^{n}\overline{E_i}$$

根据德·摩根定理，系统的失效事件为

$$\begin{aligned} E_P &= \overline{\overline{E_P}} \\ &= \overline{\bigcup_{i=1}^{n}\overline{E_i}} \\ &= \bigcap_{i=1}^{n}\overline{\overline{E_i}} \\ &= \bigcap_{i=1}^{n}E_i \end{aligned}$$

8.3　系统可靠度的计算

一旦建立了结构体系的系统模型，接下来需要进行系统可靠度的计算，从而评估结构的可靠性。在元件失效的统计独立假设下，可以利用式（8.2）、式（8.6）或式（8.8）计算相关的系统可靠度。然而，由于结构构件的抗力之间以及结构构件的荷载效应之间存在着相关性，构件的失效往往是统计相关的，导致系统元件的失效之间是统计相关的。因此，系统可靠度的计算通常涉及结构构件的失效相关性分析问题和元件相关失效情况下的系统可靠度估计问题，计算的精度和效率往往是难以兼顾的。

8.3.1　构件失效的相关性分析

对于一般结构来说，特别是对于含有脆性构件的超静定结构来说，构件失效相关性的有效分析问题是相当复杂的，也许只有基于弹塑性有限元计算的随机抽样方法才能有效解决这一问题，但其计算费用也会特别昂贵。

解决相关性分析问题的一个近似方法是先设法构造出构件的极限状态函数（可以采用第 6 章介绍的稀疏网格随机配点法），再获得相应的设计点、可靠度指标和敏感性系数（采用第 5 章介绍的一次可靠度方法），最后计算构件失效之间的相关系数。

假设结构第 i 个构件和第 j 个构件的极限状态函数分别为

$$Z_i = g_i\left(\boldsymbol{X}\right) \tag{8.9}$$

和

$$Z_j = g_j\left(\boldsymbol{X}\right) \tag{8.10}$$

式中，$\boldsymbol{X} = \left(X_1, X_2, \cdots, X_n\right)$ 为结构可靠度分析涉及的统计独立随机变量向量。

当原基本随机变量为统计相关时，可以采用第 4 章介绍的基于协方差矩阵的变换方法，用统计独立随机的变量表示统计相关的基本随机变量。

在式（8.9）和式（8.10）的基础上，采用 R-F 算法计算出第 i 个构件和第 j 个构件的可靠度指标 β_i 和 β_j 以及敏感性系数向量 $\boldsymbol{\alpha}_i$ 和 $\boldsymbol{\alpha}_j$，则在标准空间中的第 i 个构件和第 j 个构件的失效相关系数[13, 140-141]为

$$\rho_{i,j} = \boldsymbol{\alpha}_i^{\mathrm{T}} \boldsymbol{\alpha}_j \tag{8.11}$$

式（8.11）定义的相关系数的几何意义是在同一标准空间中的由原点与两个不同极限状态曲面的设计点连线形成的夹角的余弦。

8.3.2 系统可靠度的估计

在结构构件的可靠度指标和失效相关系数计算的基础上，可以基于描述结构的系统模型进行结构体系的可靠度（失效概率）计算。系统可靠度的计算方法主要分为两类，一类是界限估计方法，另一类是点估计方法。界限估计相对简单，只需要已知部分（一般低于 3 个）构件的联合失效概率，而点估计则需要已知所有构件的联合失效概率。

1. 界限估计

Cornell 于 1967 年提出了一个串联系统失效概率的宽界限（Cornell 界限）计算式[142]：

$$\max_{1\leqslant i\leqslant n}\left(P_{fi}\right)\leqslant P_f\leqslant 1-\prod_{i=1}^{n}\left(1-P_{fi}\right) \tag{8.12}$$

Cornell 界限分别由最弱连接假定和独立失效假定确定系统失效概率的下界和上界。这种处理方法虽然简化了计算，但是给出的界限通常是相当宽的。为此，Ditlevsen 于 1979 年提出了串联系统可靠度的窄界限（Ditlevsen 界限）计算式[143]：

$$P_{f1}+\sum_{i=2}^{n}\max\left(P_{fi}-\sum_{j=1}^{i-1}P_{fij},0\right)\leqslant P_f\leqslant\sum_{i=1}^{n}P_{fi}-\sum_{i=2}^{n}\max_{j<i}\left(P_{fij}\right) \tag{8.13}$$

式中，P_{fij} 为第 i 个和第 j 个系统元件的联合失效概率，可由对应构件的可靠度指标 β_i 和 β_j 及式（8.11）定义的相关系数 $\rho_{i,j}$ 获得：

$$P_{fij}=\Phi_2\left(-\beta_i,-\beta_j;\rho_{i,j}\right) \tag{8.14}$$

式中，$\Phi_2(\cdot)$ 为二元标准正态 CDF。

式（8.13）表明，系统元件的排序和“配对”影响着 Ditlevsen 界限，为了获得较佳的 Ditlevsen 界限，需要考虑多种系统元件的排序和“配对”情况。

由于并联系统和混合系统的失效概率可由串联系统的失效概率表示出来，因此，Cornell 界限和 Ditlevsen 界限可以用于计算并联系统和混合系统的失效概率界限。

为了解决元件排序和“配对”对系统可靠度界限的影响问题，获得有限信息条件下的“真实”可靠度界限，Song 和 Der Kiureghian 利用线性规划（linear programming，LP）算法及其求解器（商业或开源软件），提出了系统可靠度的 LP 界限[144]。估计系统可靠度界限的 LP 具有

$$\min(\max)\quad \boldsymbol{c}^{\mathrm{T}}\boldsymbol{p} \tag{8.15}$$

$$\text{s.t.}\quad \boldsymbol{a}_1\boldsymbol{p}=\boldsymbol{b}_1 \tag{8.16}$$

$$\boldsymbol{a}_2\boldsymbol{p}\geqslant\boldsymbol{b}_2 \tag{8.17}$$

式中，$\boldsymbol{p}=(p_1,p_2,\cdots)$为“决策”或“设计”变量向量；$\boldsymbol{c}$为系数向量；$\boldsymbol{c}^{\mathrm{T}}\boldsymbol{p}$是线性“目标”或“费用”函数；$\boldsymbol{a}_1$和$\boldsymbol{b}_1$、$\boldsymbol{a}_2$和$\boldsymbol{b}_2$为分别定义等式约束和不等式约束的系数矩阵和向量。

在式（8.17）中，向量之间的不等式一定是关于逐个元件的。如果向量$\boldsymbol{p}$满足所有的约束条件，那么它就称为可行的。LP 问题的解是最小化（最大化）目标函数的一个可行的$\boldsymbol{p}$。

为了建立系统可靠度界限的线性规划模型，需要将系统元件失效事件$E_i(i=1,2,\cdots,n)$的样本空间划分为2^n个互斥且完备（mutually exclusive and collectively exhaustive，MECE）的事件e_i，其中，每个 MECE 事件e_i由元件事件E_i和其补事件$\overline{E}_i$的交构成。如图 8.9 所示，以 3 个事件的情况为例，共有$2^3=8$个 MECE 事件，分别为$e_1=E_1E_2E_3$、$e_2=\overline{E_1}E_2E_3$、$e_3=E_1\overline{E_2}E_3$、$e_4=E_1E_2\overline{E_3}$、$e_5=\overline{E_1}\,\overline{E_2}E_3$、$e_6=\overline{E_1}E_2\overline{E_3}$、$e_7=E_1\overline{E_2}\,\overline{E_3}$和$e_8=\overline{E_1E_2E_3}$。令$p_i=P(e_i)(i=1,2,\cdots,2^n)$为基本 MECE 事件的概率。这些概率作为系统模型可靠度界限的 LP 问题中的设计变量。

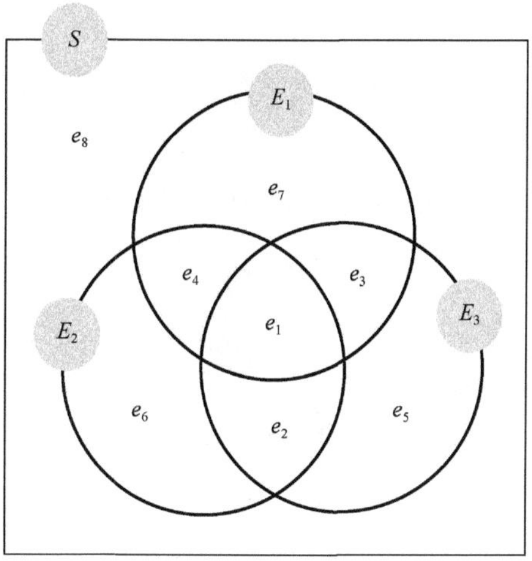

图 8.9　3 个事件样本空间的基本 MECE 事件[144]

根据基本概率原理，概率$\boldsymbol{p}=(p_1,p_2,\cdots,p_{2^n})$受到线性约束：

$$\sum_{i=1}^{2^n}p_i=1 \tag{8.18}$$

$$p_i\geqslant 0,\quad \forall i \tag{8.19}$$

其中，约束(8.18)类似于行向量$\boldsymbol{a}_1$的元素都是 1 和$\boldsymbol{b}_1$退化为 1 时的约束(8.16)，约束（8.19）类似于$\boldsymbol{a}_2$为2^n阶单位矩阵、$\boldsymbol{b}_2$为元素都是 0 的2^n维向量。

由于基本 MECE 事件是互斥的，因此，它们的任何子集的概率都是相应 MECE 事件的概率的和。在实际问题的分析中，任何元件事件和元件事件交的概率都是组成它们的基本 MECE 事件的概率的和。例如，对于上面提到的具有 3 个元件的系统模型，概率计算式（8.20）～式（8.25）成立：

$$P(E_1)=P_{f1} \\ =p_1+p_3+p_4+p_7 \tag{8.20}$$

$$P(E_2)=P_{f2} \\ =p_1+p_2+p_4+p_6 \tag{8.21}$$

$$P(E_3)=P_{f3} \\ =p_1+p_2+p_3+p_5 \tag{8.22}$$

$$P(E_1E_2)=P_{f12} \\ =p_1+p_4 \tag{8.23}$$

$$P(E_1E_3)=P_{f13} \\ =p_1+p_3 \tag{8.24}$$

$$P(E_2E_3)=P_{f23} \\ =p_1+p_2 \tag{8.25}$$

元件事件和元件事件交的概率的一般计算式如下：

$$P(E_i)=P_{fi} \\ =\sum_{r:e_r\subseteq E_i} p_r \tag{8.26}$$

$$P(E_iE_j)=P_{fij} \\ =\sum_{r:e_r\subseteq E_iE_j} p_r \tag{8.27}$$

$$P(E_iE_jE_k)=P_{fijk} \\ =\sum_{r:e_r\subseteq E_iE_jE_k} p_r \\ \vdots \tag{8.28}$$

在绝大多数的结构可靠度计算问题中，单、双和（有时）三元件概率是已知的或可以计算的。在这种情况下，上面的表达式提供了变量 $\boldsymbol{p}$ 的形式为式（8.16）的线性等式约束，其中，矩阵 $\boldsymbol{a}_1$ 的元素为 0 或 1、向量 $\boldsymbol{b}_1$ 的元素为已知的事件概率。另一种情况是给定了元件的不等式约束，如 $p_i \leqslant 0.1$、$0.01 \leqslant P_{ij} \leqslant 0.02$ 或

$P_i \leqslant P_j$，那么上面的表达式则提供了变量 $\boldsymbol{p}$ 的形式为式（8.17）的线性等式约束。

元件事件的任何布尔函数都可以认为是由基本 MECE 事件的子集组成的，因此，系统事件 $E_{\rm sys}$ 的概率都能写成 $P\left(E_{\rm sys}\right)=\boldsymbol{c}^{\rm T}\boldsymbol{p}$ 的形式，其中，向量 $\boldsymbol{c}$ 的元素为 0 或 1。表 8.1 列出了 $n=3$ 元件系统的向量 $\boldsymbol{c}$ 的元素，包括串联系统、并联系统以及由割集和链集①形式表示的一般系统。

表 8.1　3 元件系统目标函数 $\boldsymbol{c}^{\rm T}\boldsymbol{p}$ 的系数 c_i

系统	基本 MECE 事件							
	e_1	e_2	e_3	e_4	e_5	e_6	e_7	e_8
	设计变量							
	p_1	p_2	p_3	p_4	p_5	p_6	p_7	p_8
$E_1 \cup E_2 \cup E_3$	1	1	1	1	1	1	1	0
$E_1E_2E_3$	1	0	0	0	0	0	0	0
$E_1E_2 \cup E_3$	1	1	1	1	1	0	0	0
$\left(E_1 \cup E_2\right)\left(\bar{E}_2 \cup E_3\right)$	1	1	1	0	0	0	1	0

有效性调查表明，对于串联系统、并联系统和更一般系统，LP 界限总是比 Cornell 界限和 Ditlevsen 界限更窄一些[144]。

2. 点估计

在元件所对应的结构构件的可靠度指标 $\beta_i\left(i=1,2,\cdots,n\right)$ 和失效相关系数 $\rho_{i,j}\left(i,j=1,2,\cdots,n,i\neq j\right)$ 都已知的情况下，由 n 个元件组成的串联系统和并联系统失效概率的一般表达式为

$$P_f=\int_{\Omega}\varphi_n\left(z;R\right)\mathrm{d}z \tag{8.29}$$

式中，Ω 为在由 n 个标准正态随机变量组成的空间中的系统失效域，对于串联系统有 $\Omega=\left[\left(Z_1\leqslant-\beta_1\right)\cup\left(Z_2\leqslant-\beta_2\right)\cup\cdots\cup\left(Z_n\leqslant-\beta_n\right)\right]$，对于并联系统有 $\Omega=\left[\left(Z_1\leqslant-\beta_1\right)\cap\left(Z_2\leqslant-\beta_2\right)\cap\cdots\cap\left(Z_n\leqslant-\beta_n\right)\right]$；$\varphi_n\left(\cdot\right)$ 为 n 元标准正态 PDF。

式（8.29）的本质是多元标准正态 CDF 值的计算问题。虽然随机抽样方法能够计算多元标准正态的 CDF 值[145-146]，然而，为与一次可靠度方法结合得更紧密，结构可靠度领域倾向于采用基于条件概率或条件可靠度指标的方法近似计算该 CDF 值[147-150]。在该类 CDF 值计算方法中，由 Kang 和 Song 提出的顺序整合（sequential compounding，SC）方法比较有效[150]。

① 此处的割集是指删除它们后系统就分裂成两个非连接系统的元件集合，链集是指只要它们存在系统就不会分裂成非连接系统的元件集合。割集和链集是推导一般系统可靠度计算式的有用工具。

SC 方法对由逻辑运算（并或交）耦合的两个元件进行序列整合，直到系统事件化简成一个单个的整合事件，最终由单变量标准正态 CDF 计算式（8.29）定义的失效概率。

为了便于表达，令 $E_i\left(i=1,2,\cdots,n\right)$ 为系统元件的失效事件。对于元件事件逻辑交（代表并联系统模型的失效事件）的情况，首次整合的概率公式为

$$P\left(E_1\cap E_2\cap\cdots\cap E_n\right)=P\left(E_{1\text{且}2}\cap E_3\cap\cdots\cap E_n\right)\tag{8.30}$$

显然，为了进行下一步整合，需要知道整合事件 $E_{1\text{且}2}=E_1\cap E_2$ 的可靠度指标 $\beta_{1\text{且}2}$ 以及 $E_{1\text{且}2}$ 与每个剩余系统元件事件 $E_k\left(k=3,4,\cdots,n\right)$ 之间的相关系数 $\rho_{1\text{且}2,k}\left(k=3,4,\cdots,n\right)$。由于整合过程不应改变整合事件的概率，因此，可靠度指标 $\beta_{1\text{且}2}$ 为

$$\begin{aligned}\beta_{1\text{且}2}&=-\Phi^{-1}\left[P\left(E_1\cap E_2\right)\right]\\&=-\Phi^{-1}\left[\Phi_2\left(-\beta_1,-\beta_2;\rho_{1,2}\right)\right]\end{aligned}\tag{8.31}$$

式中，$\Phi\left(\cdot\right)$ 为单变量标准正态 CDF；$\Phi_2\left(\cdot\right)$ 为二元标准正态 CDF。

方程（8.31）右端的二元标准正态 CDF 可以由单重数值积分来计算[13]：

$$\Phi_2\left(-\beta_1,-\beta_2;\rho_{1,2}\right)=\Phi\left(-\beta_1\right)\Phi\left(-\beta_2\right)+\int_0^{\rho_{1,2}}\varphi_2\left(-\beta_1,-\beta_2;\rho\right)\mathrm{d}\rho\tag{8.32}$$

获得可靠度指标 $\beta_{1\text{且}2}$ 后，利用整合过程不改变 3 个事件逻辑交 $\Omega_\cap=\left[\left(Z_1\leqslant-\beta_1\right)\cap\left(Z_2\leqslant-\beta_2\right)\right]\cap\left(Z_k\leqslant-\beta_k\right)$ 的概率的性质，可以得到计算整合事件 $\beta_{1\text{且}2}$ 与剩余事件之间相关系数 $\rho_{1\text{且}2,k}$ 的方程：

$$\Phi_3\left(-\beta_1,-\beta_2,-\beta_k;\rho_{1,2},\rho_{1,k},\rho_{2,k}\right)=\Phi_2\left(-\beta_{1\text{且}2},-\beta_k;\rho_{1\text{且}2,k}\right)\tag{8.33}$$

式中，$\Phi_3\left(\cdot\right)$ 为三元标准正态 CDF。

数值求解方程（8.33），可以获得 $\rho_{1\text{且}2,k}$ 值。为了更有效地求解方程（8.33），首先利用下面的条件概率来分解方程（8.33）中的 jCDF：

$$P\left(Z_1\leqslant-\beta_1\cap Z_2\leqslant-\beta_2\middle|Z_k\leqslant-\beta_k\right)\Phi\left(-\beta_k\right)=P\left(Z_{1\text{且}2}\leqslant-\beta_{1\text{且}2}\middle|Z_k\leqslant-\beta_k\right)\Phi\left(-\beta_k\right)\tag{8.34}$$

式中，$Z_{1\text{且}2}$ 为耦合事件的标准正态变量。

方程（8.34）的两端同除以 $\Phi\left(-\beta_k\right)$ 后，得到如下方程：

$$\Phi_2\left(-\beta_{1|k},-\beta_{2|k};\rho_{1,2|k}\right)=\Phi\left(-\beta_{1\text{且}2|k}\right)\tag{8.35}$$

其中给定的 $Z_k \leqslant -\beta_k$ 的条件可靠度指标和条件相关系数可由式（8.36）～式（8.39）进行精确计算[151]：

$$\beta_{1|k} = \frac{\beta_1 - \rho_{1,k} A}{\sqrt{1-\rho_{1,k}^2 B}} \tag{8.36}$$

$$\beta_{2|k} = \frac{\beta_2 - \rho_{2,k} A}{\sqrt{1-\rho_{2,k}^2 B}} \tag{8.37}$$

$$\rho_{1,2|k} = \frac{\rho_{1,2} - \rho_{1,k}\rho_{2,k} B}{\sqrt{1-\rho_{1,k}^2 B}\sqrt{1-\rho_{2,k}^2 B}} \tag{8.38}$$

$$\beta_{1且2|k} = \frac{\beta_{1且2} - \rho_{1且2,k} A}{\sqrt{1-\rho_{1且2,k}^2 B}} \tag{8.39}$$

式中，$A=\varphi\left(-\beta_k\right)/\Phi\left(-\beta_k\right)$，$B=A\left(-\beta_k+A\right)$，其中的 $\varphi(\cdot)$ 为单变量标准正态 PDF。

将式（8.36）～式（8.39）代入式（8.35）并参考式（8.32），可以将方程（8.35）的左端表示为单重数值积分的形式：

$$\Phi_2\left(-\beta_{1|k},-\beta_{2|k};\rho_{1,2|k}\right)=\Phi\left(-\beta_{1|k}\right)\Phi\left(-\beta_{2|k}\right)+\int_0^{\rho_{1,2|k}}\varphi_2\left(-\beta_{1|k},-\beta_{2|k};\rho\right)\mathrm{d}\rho \tag{8.40}$$

从而得到可以快速计算出所求的相关系数 $\rho_{1且2,k}\in[-1,1]$ 的方程：

$$\Phi\left(-\beta_{1|k}\right)\Phi\left(-\beta_{2|k}\right)+\int_0^{\rho_{1,2|k}}\varphi_2\left(-\beta_{1|k},-\beta_{2|k};\rho\right)\mathrm{d}\rho=\Phi\left(-\beta_{1且2|k}\right) \tag{8.41}$$

按上述方法顺序整合完所有元件事件，获得终极整合事件 $E_{1且2且\cdots且n}$ 的可靠度指标 $\beta_{1且2且\cdots且n}$，最终得到并联系统失效概率的有效计算式：

$$P\left(E_1\cap E_2\cap\cdots\cap E_n\right)=\Phi\left(-\beta_{1且2且\cdots且n}\right) \tag{8.42}$$

对于元件事件 $E_i\left(i=1,2,\cdots,n\right)$ 逻辑并（代表串联系统模型的失效事件）的情况，首次整合的概率公式为

$$P\left(E_1\cup E_2\cup\cdots\cup E_n\right)=P\left(E_{1或2}\cup E_3\cup\cdots\cup E_n\right) \tag{8.43}$$

与元件事件 $E_i\left(i=1,2,\cdots,n\right)$ 逻辑交的情况一样，为了进行下一步整合，需要知道整合事件 $E_{1或2}=E_1\cup E_2$ 的可靠度指标 $\beta_{1或2}$ 以及 $E_{1或2}$ 与每个剩余系统元件事件 $E_k\left(k=3,4,\cdots,n\right)$ 之间的相关系数 $\rho_{1或2,k}\left(k=3,4,\cdots,n\right)$。首先，利用德·摩根定理和标准正态分布的对称性，可以获得整合事件的可靠度指标：

$$\begin{aligned}\beta_{1或2} &= -\Phi^{-1}\left[P\left(E_1 \cup E_2\right)\right] \\ &= 1-\Phi^{-1}\left[1-P\left(\overline{E_1} \cap \overline{E_2}\right)\right] \\ &= \Phi^{-1}\left[P\left(\overline{E_1} \cap \overline{E_2}\right)\right] \\ &= \Phi^{-1}\left[\Phi_2\left(\beta_1, \beta_2; \rho_{1,2}\right)\right]\end{aligned} \tag{8.44}$$

由于整合过程不改变事件 $\Omega_{\cup} = \left[\left(Z_1 \leqslant -\beta_1\right) \cup \left(Z_2 \leqslant -\beta_2\right)\right] \cap \left(Z_k \leqslant -\beta_k\right)$ 的概率，因此，关系式（8.45）成立：

$$\int_{\Omega_{\cup}} \varphi_3\left(z_1, z_2, z_k; \rho_{1,2}, \rho_{1,k}, \rho_{2,k}\right) \mathrm{d}z = \Phi_2\left(-\beta_{1或2}, -\beta_k; \rho_{1或2,k}\right) \tag{8.45}$$

利用分析元件事件逻辑交问题时所采用的分解和近似方法，可将方程（8.31）近似表示为

$$1-\Phi_2\left(-\beta_{1|k}, -\beta_{2|k}; \rho_{1,2|k}\right) = \Phi\left(-\beta_{1或2|k}\right) \tag{8.46}$$

其中，

$$\beta_{1或2|k} = \frac{\beta_{1或2} - \rho_{1或2,k} A}{\sqrt{1-\rho_{1或2,k}^2 B}} \tag{8.47}$$

将式（8.40）中的 $-\beta_{1|k}$ 和 $-\beta_{2|k}$ 分别替换为 $\beta_{1|k}$ 和 $\beta_{2|k}$，则得到方程（8.46）中的二元标准正态 CDF 的单重数值积分计算式，从而容易解出 $\rho_{1或2,k}$ 值。

按上述方法将所有元件事件顺序整合为一个事件 $E_{1或2或\cdots或n}$ 后，得到整合事件 $E_{1或2或\cdots或n}$ 的可靠度指标 $\beta_{1或2或\cdots或n}$，从而得到串联系统失效概率的有效计算式：

$$P\left(E_1 \cup E_2 \cup \cdots \cup E_n\right) = \Phi\left(-\beta_{1或2或\cdots或n}\right) \tag{8.48}$$

在一般情况下，SC 方法是相当有效的。但是，当比较多元件之间的相关系数大于 0.9 时，SC 方法有可能出现无解的情况，这是 SC 方法的一个局限性。

例题 8.2 考虑 n 元件失效事件的逻辑交事件 $E_{\text{sys}} = E_1 \cap E_2 \cap \cdots \cap E_n$，$E_{\text{sys}}$ 也是 n 元件并联系统的失效事件。假设 n 个元件为等可靠的和等相关的，即 $\beta_i = \beta\left(i=1,2,\cdots,n\right)$ 和 $\rho_{i,j} = \rho\left(i,j=1,2,\cdots,n, i \neq j\right)$。事件 E_{sys} 的概率存在精确解[152]：

$$P\left(E_{\text{sys}}\right) = \int_{-\infty}^{+\infty} \left[\Phi\left(\frac{-\beta-\sqrt{\rho} s}{\sqrt{1-\rho}}\right)\right]^n \varphi(s) \mathrm{d}s$$

令$\beta = 3.2$，由SC方法计算的概率$P\left(E_{sys}\right)$关于事件数n和相关系数ρ的变化情况如图8.10所示。图中同时绘出了$P\left(E_{sys}\right)$的精确解。图8.10中曲线表明，对于本例题所考虑的系统可靠度问题，在SC方法的适用范围内，其计算精度虽然随事件数n和相关系数ρ的增大而略有降低，但总体上还是非常高的，但是对于$n = 10$和$\rho = 0.9$以及$n = 15$和$\rho = 0.9$的情况，SC方法不能计算出结果。

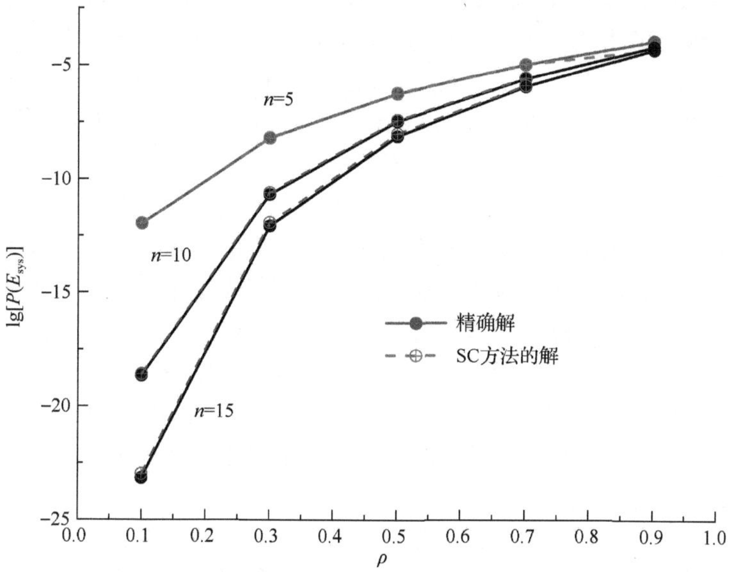

图8.10 概率$P\left(E_{sys}\right)$的近似解和精确解

结构体系可靠度计算是结构可靠度方法的重要内容之一，也是目前结构可靠度理论和方法的薄弱环节之一。结构体系可靠度计算的根本困难在于难以客观地和有效地分析实际工程结构（包括杆系结构）的失效模式。对于实际工程结构，即使假设了构件失效是理想脆性的或理想延性的，但是由于结构形式和荷载分布是随构件失效及其排列和组合而改变的，结构构件（无论是按静力性能还是按动力性能）的可靠度和失效相关性分析依然是相当困难的，结构体系失效模式的完全识别和有效识别更加困难。

另外，结构体系可靠度的计算不仅应是正向有效的，还应是可反向操作的。在设定体系可靠度后，能够有效分析各构件的可靠度及其失效相关性，是基于可靠度的结构设计的关键。

9 生命线工程网络系统可靠度

城市生命线工程是指维持城市居民生活和生产活动所必不可少的交通、能源、通信、给排水等城市基础设施。1971 年，Duke 等在进行圣费尔南多大地震的震害调查时，发现输电系统、交通系统、供水系统和煤气系统的地震灾害严重影响城市的功能和震后恢复，便将这些基础设施命名为城市生命线工程[153]。目前，生命线工程已经成为地震工程领域的重要组成部分。

城市生命线工程一般都分布在一个广阔的地理范围内，在抗震性能和地震可靠度评估中，其系统特征通常由网络来描述，网络的顶点（节点）代表生命线工程中的节点型设备、结构或设施，而网络的边则代表生命线工程中的线型设备、结构或设施。由于生命线工程承担着运载电流、水流、气流、交通流和信息流的功能，而这些被运载的流一般都是有流向的，因此，生命线工程网络一般是有向的图。另外，根据生命线设备、结构和设施的失效情况，生命线工程网络可以划分为点权网络、边权网络和一般赋权网络。点权网络仅考虑节点型设备、结构或设施的失效，因此，在点权网络中只有节点具有失效概率（权）。类似地，边权网络仅考虑边型设备、结构或设施的失效，只有网络的边具有失效概率；一般赋权网络则同时考虑节点型和边型设备、结构或设施的失效，网络的节点和边都具有失效概率。代表性生命线工程网络系统的特征列于表 9.1 中。

表 9.1　代表性生命线工程网络系统的特征

生命线工程	节点	边	流	方向	赋权
给水系统	水厂、泵站	供水管线	供水量、压力、流速	有向	一般赋权
电力系统	电厂、变电站、输电塔	供电线路	电压、电流	有向	点权或一般赋权
煤气系统	煤气、储气罐	供气线路	供气流量、压力	有向	一般赋权
交通系统	车站、港口、码头、机场	交通线路（桥梁、隧道等）	运输通行量	有向或无向	边权
通信系统	电台、交换台	通信线路	信息量	有向或无向	点权或一般赋权

考虑载流功能，生命线工程可靠度评估的重要指标是在地震发生时或发生

后生命线网络系统的连通可靠度[154-155]，而具体的评估和计算则会遇到生命线设备、结构或设施的可靠度计算和失效相依性分析问题，以及网络可靠度计算中的 NP 难题（简单来说是计算费用随网络规模呈非多项式增加的问题）[156]。前者可由本书第 4～8 章介绍的结构可靠度方法来解决，而后者是本章着重解决的问题。

9.1　基本理论知识

生命线工程网络可靠度的计算涉及图论和布尔代数等专业知识，下面介绍一些相关的基本概念、理论和定理。更全面的图论和布尔代数等学科的理论知识可参见文献[157]和[158]。

9.1.1　图的定义

图为空间的一些点（顶点）和连接这些点的线（边）的集合。可以采用 $G=(V,E)$ 来表示某个图，其中 V 代表顶点的集合，E 代表边的集合。

若图 $G=(V,E)$ 的顶点数 n 和边数 m 都是有限的，则称图 G 为有限图；否则，称图 G 为无限图。若图 $G=(V,E)$ 中所有边的两个顶点是无序的，称 G 为无向图，如图 9.1（a）所示；反之，若图 $G=(V,E)$ 中每一条边都被规定一个方向，则称图 G 是有向的，如图 9.1（b）所示。

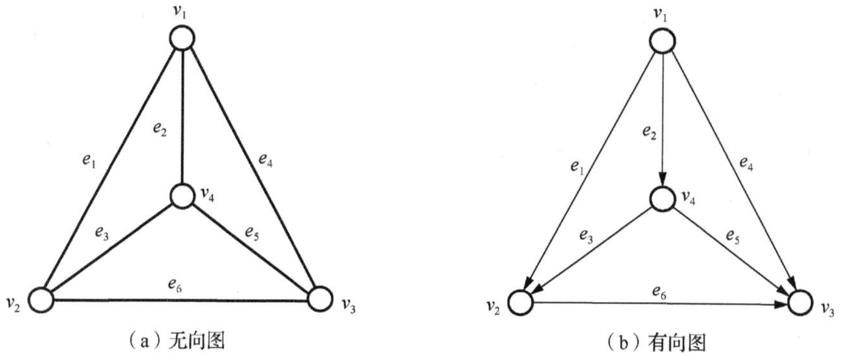

图 9.1　无向图和有向图示意图

对于图 $G=(V,E)$ 和图 $G'=(V',E')$，若有 $V'\subseteq V$ 和 $E'\subseteq E$，则图 G' 为图 G 的一个子图；若 $V'\subset V$ 和 $E'\subset E$，则图 G' 是图 G 的一个真子图。

9.1.2 图的存储

图有多种计算机存储方式，常用的存储方式主要有两种：邻接矩阵方式和邻接向量矩阵方式。

1. 邻接矩阵方式

图的邻接矩阵可用二维数组来表示。对于无向图 $G=(V,E)$，其邻接矩阵 $\boldsymbol{A}=(a_{ij})$ 为 n 阶方阵，其中的元素为

$$a_{ij}=\begin{cases}1, & 若v_i与v_j邻接\\ 0, & 否则\end{cases} \tag{9.1}$$

例如，无向图 9.1（a）的邻接矩阵为

$$\boldsymbol{A}=\begin{bmatrix}0&1&1&1\\1&0&1&1\\1&1&0&1\\1&1&1&0\end{bmatrix} \tag{9.2}$$

由于无向图的邻接矩阵是对称的，因此，仅需存入下（或上）三角矩阵。

对于有向图 $G=(V,E)$，它的邻接矩阵 $\boldsymbol{A}=(a_{ij})$ 也是 n 阶方阵，其中的元素为

$$a_{ij}=\begin{cases}1, & 若\langle v_i,v_j\rangle\in E\\ 0, & 否则\end{cases} \tag{9.3}$$

式中，$\langle v_i,v_j\rangle$ 为从顶点 v_i 到 v_j 的连线。

有向图 9.1（b）的邻接矩阵为

$$\boldsymbol{A}=\begin{bmatrix}0&1&1&1\\0&0&1&0\\0&0&0&0\\0&1&1&0\end{bmatrix} \tag{9.4}$$

有向图的邻接矩阵一般不具有对称性。

邻接矩阵不仅能用数组的形式把图存储在计算机中，而且通过它本身的矩阵运算也可以直接得到图的最小路。但由于邻接矩阵要占用 $O(n^2)$ 的空间，矩阵运算量比较大，因此，对于大型图，一般不采用这种方法寻找图的最小路。

2. 邻接向量矩阵方式

图的邻接向量矩阵也可用二维数组来表示，数组的 i 行各列元素表示与顶点 v_i 邻接的各顶点的编号，若元素为 0，则表示此顶点无邻接顶点。

例如，无向图 9.1（a）的邻接向量矩阵为

$$\boldsymbol{A}=\begin{bmatrix}2 & 3 & 4\\1 & 3 & 4\\1 & 2 & 4\\1 & 2 & 3\end{bmatrix} \tag{9.5}$$

有向图 9.1（b）的邻接向量矩阵为

$$\boldsymbol{A}=\begin{bmatrix}2 & 3 & 4\\3 & & \\0 & & \\2 & 3 & \end{bmatrix} \tag{9.6}$$

除了邻接矩阵和邻接向量矩阵，还可以采用边的邻接顶点向量矩阵来存储图，这时的存储矩阵 $\boldsymbol{A}$ 为 $m\times 2$ 阶矩阵，其中，i 行 1 列元素表示第 i 条边的起顶点，i 行 2 列元素表示第 i 条边的终顶点。

9.1.3 图的连通性

图的连通性分析对生命线工程网络可靠度的计算特别关键。图的连通性分析常用的概念如下。

（1）路径：在图 $G=(V,E)$ 中，把边的一个序列 $\langle v_{i_1},v_{i_2}\rangle,\langle v_{i_2},v_{i_3}\rangle,\cdots,\langle v_{i_{k-1}},v_{i_k}\rangle$ 称为从顶点 v_{i_1} 到 v_{i_k} 的一条路径，并称 v_{i_1} 为路径的起点，v_{i_k} 为路径的终点。一条路径也可以用顶点的序列表示，如 $v_{i_1},v_{i_2},\cdots,v_{i_k}$。

（2）简单路径：边不重复，但顶点可以重复的路径。

（3）基本路径：顶点不重复的路径。

（4）最小边路径：若从简单路径中去掉任何一条边后不再是从 v_{i_1} 到 v_{i_k} 的路径。

（5）最小点路径：若从基本路径中去掉任何一个顶点后不再是从 v_{i_1} 到 v_{i_k} 的路径。

（6）最短路径：从图 $G=(V,E)$ 的顶点 v_{i_1} 出发，沿边到达顶点 v_{i_k} 的所有路径中，各边上的权值之和最小的一条路径。

（7）连通图：对于无向图 $G=(V,E)$，若任意两点之间至少有一条路径，则

称图$G=(V,E)$为连通图；否则，称其为非连通图或分离图。连通图的概念可以推广到有向图。

（8）割点集：在连通图$G=(V,E)$中，若去掉n_k个顶点及与这些顶点关联的边，图将不连通，则称顶点集$\{v_{n_1},v_{n_2},\cdots,v_{n_k}\}$为图的一个割点集。

（9）最小割点集：去掉割点集$\{v_{n_1},v_{n_2},\cdots,v_{n_k}\}$中的任何一个顶点，图$G=(V,E)$恢复连通，则称此割点集为最小割点集。

（10）割边集：在连通图$G=(V,E)$中，若去掉n_k个边，图将不连通，则称边集$\{e_{n_1},e_{n_2},\cdots,e_{n_k}\}$为图的一个割边集。

（11）最小割边集：若去掉割边集$\{e_{n_1},e_{n_2},\cdots,e_{n_k}\}$中的任何一条边，图恢复连通，则称此割边集为最小割边集。

9.1.4　最小路（割）的求解方法

图的最小路和最小割的求解是一个多次搜索判断过程，常用的搜索方法包括深度优先搜索（depth first search，DFS）算法和宽度优先搜索（breadth first search，BFS）算法。

1. 深度优先搜索算法

深度优先搜索算法从某一顶点v_0开始，只找v_0的某一个邻接顶点v_1，记下v_1的父顶点v_0，然后再找v_1的某一个未查过的邻接顶点v_2，依此类推。当从某一个顶点v_i无法再向下查找时，退回到它的父顶点v_{i-1}，然后找v_{i-1}的另一个未查过的邻接点，直到找到终点为止。

以图 9.1（b）为例，采用深度优先搜索法搜索从v_1到v_4的最小路过程如下：从v_1找到一个邻接顶点v_2，再从v_2找到一个邻接顶点v_3，由于v_3没有可以到达的邻接顶点，所以退回到v_2，由于v_2没有新的未查过的邻接顶点，所以退回到v_1，从v_1找到v_4，至此搜索到一条最小路$\{v_1,v_4\}$或$\{e_2\}$。

可见，深度优先搜索算法的特点是尽量向前搜索，只有碰壁才回头。

2. 宽度优先搜索算法

宽度优先搜索算法与深度优先搜索算法的特点不同，它具有层次的特点。如果从某一顶点v_0开始搜索，它首先查遍与v_0相邻的顶点，把这些顶点作为第一层的点，然后由第一层中的各点出发，向前搜索尚未查找过的邻接点，并将它们归为第二层的点，依此类推直到找到终点为止。

仍然以图 9.1（b）为例，采用宽度优先搜索算法搜索从v_1到v_4的最小路过程如下：从v_1找到其全部邻接顶点v_2、v_3和v_4，得到一条最小路$\{v_1,v_4\}$或$\{e_2\}$；再分别从v_2和v_3，搜索其未查过的全部邻接顶点，由于v_2没有未查过的邻接顶点，v_3没有邻接顶点，所以没搜索到第二层顶点，搜索结束。

可见，宽度优先搜索算法能够直接搜索到图最小路集中的一条最短路经。

根据系统可靠度理论中对偶系统和对偶结构函数的性质，通过对最小路进行变换，可以得到图的最小割。

9.1.5　迪杰斯特拉算法

生命线工程网络可靠度的计算可能遇到从确定的单个起点到单个终点的非负权边的最短路径问题，此时，可采用求解两个顶点间最短路径的迪杰斯特拉（Dijkstra）算法计算涉及的最短路径。迪杰斯特拉算法的大致思想是[159]：将赋权图$G=(V,E)$的顶点集合V分为两组，第一组为已求出最短路径的顶点集合S（初始时S只有起点），第二组为其余未确定最短路径的顶点集合U，然后按最短路径长度的递增顺序依次将集合U的顶点转移进集合S，直至集合S含有终点为止，从而求出图$G=(V,E)$的两顶点之间的最短路径及其长度。

考虑图9.2（a）所示的无向图，边旁边的数字表示该边的权值，求从起点$v_0=0$到终点$v_k=5$的最短路径的步骤如下：

（1）集合$S=\{0\}$和$U=\{1,2,3,4,5\}$，顶点0到本顶点的路径长度为0，顶点0到其邻接顶点1和2的最短路径长度等于6和3，因此，将顶点2从集合U转移进集合S。

（2）集合$S=\{0,2\}$和$U=\{1,3,4,5\}$，顶点0经过顶点2到顶点2邻接顶点1、3和4的最短路径长度等于5、6和7，因此，将顶点1从集合U转移进集合S。

（3）集合$S=\{0,1,2\}$和$U=\{3,4,5\}$，顶点0经过顶点2到顶点2邻接顶点3和4的最短路径长度等于6和7，顶点0经过顶点2和1到顶点1邻接顶点3的最短路径长度等于10，因此，将顶点3从集合U转移进集合S，且从顶点0到顶点3的最短路径为023，其长度为6。

（4）集合$S=\{0,1,2,3\}$和$U=\{4,5\}$，顶点0经过顶点2到顶点2的邻接顶点4的最短路径长度等于7，顶点0经过顶点2和3到顶点3邻接顶点4和5的最短路径长度等于8和9，因此，将顶点4从集合U转移进集合S，且从顶点0到顶点4的最短路径为024，其长度为7。

（5）集合$S=\{0,1,2,3,4\}$和$U=\{5\}$，顶点0经过顶点2和3到顶点3邻接顶点5的最短路径长度等于9，顶点0经过顶点2和4到顶点4邻接顶点5的最短路径长度等于12，因此，将顶点5从集合U转移进集合S，且从顶点0到顶点5的最短路径为0235，其长度为9。

（6）集合 $S=\{0,1,2,3,4,5\}$ 和 $U=\varnothing$，因为终点 5 已经在集合 S 中，因此，从起点 0 到终点 5 的最短路径已经解出，最短路径为 0235，长度为 9。

图 9.2（b）标示出了求解最短路径过程中的从顶点 0 到搜索到的顶点的最短路径长度。

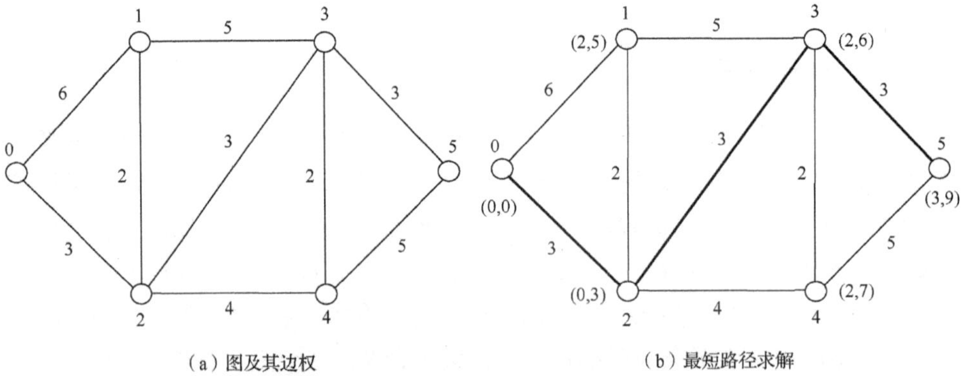

图 9.2　采用迪杰斯特拉算法求解图的最短路径

9.1.6　布尔代数运算

1. 变量运算

布尔变量（Boolean variable）是有两种逻辑状态的变量，它包含真和假两个值，在表达式中通常将真和假分别赋予整数 1 和 0。在两态网络系统可靠度分析中，元件或系统的状态变量为布尔变量，其值取 1 代表元件或系统处于安全状态，取 0 则代表元件或系统处于失效状态。

布尔变量之间只存在下述三种基本运算，任何复杂的逻辑运算都可以通过这三种运算来实现。

1）“并”运算

“并”运算又称为逻辑和运算，两个变量 x 和 y 的“并”运算的逻辑关系为

$$F=x\cup y \tag{9.7}$$

式中，“并”运算符 $\cup$ 为变量 x 和 y 中只要有一个变量取 1，则运算结果 $F=1$；若 x 和 y 全取 0，则 $F=0$。

通过互斥化，在概率的意义上，可以将“并”运算写成代数和的形式：

$$\begin{aligned}F&=x\cup y\\&=x+\overline{x}y\end{aligned} \tag{9.8}$$

式中，正上标“－”为逻辑“反”运算符。

2）“交”运算

“交”运算又称为逻辑乘运算，两个变量x和y的“交”运算的逻辑关系为

$$F = x \cap y \tag{9.9}$$

或

$$F = x \cdot y \tag{9.10}$$

式中，“交”运算符$\cap$或“·”（有时可省略）为只有变量x和y全取1时，运算结果F才等于1；否则F等于0。在复杂表达式中可省略“交”运算符。

3）“反”运算

“反”运算又称为逻辑非。变量x的“反”运算的表达式为

$$F = \overline{x} \tag{9.11}$$

式中，“反”运算符“－”的含义为：若x取1，则$F=0$；反之，若x取0，则$F=1$。

基本布尔代数运算的优先级为：“反”运算最高，“交”运算其次，“并”运算最低。

2. 基本定律

对生命线工程网络可靠度计算有用的布尔代数基本定律如下。

1）交换律

$$x \cup y = y \cup x \tag{9.12}$$

$$xy = yx \tag{9.13}$$

2）结合律

$$x \cup (y \cup z) = (x \cup y) \cup z \tag{9.14}$$

$$x(yz) = (xy)z \tag{9.15}$$

3）吸收律

$$x \cup xy = x \tag{9.16}$$

$$x(x \cup y) = x \tag{9.17}$$

4）幂等律

$$x \cup x = x \tag{9.18}$$

$$xx = x \tag{9.19}$$

5）分配律

$$x \cup yz = (x \cup y)(x \cup z) \tag{9.20}$$

$$x(y \cup z) = xy \cup xz \tag{9.21}$$

6）主元律

$$0 \cup x = x \tag{9.22}$$

$$1 \cdot x = x \tag{9.23}$$

7）补元律

$$x \cup \overline{x} = 1 \tag{9.24}$$

$$x\overline{x} = 0 \tag{9.25}$$

3. 重要定理

生命线工程网络可靠度的计算会用到下面的几个布尔代数定理。

1）容斥定理（概率加法公式）

$$P\left(\bigcup_{k=1}^{m} x_k\right) = \sum_{j=1}^{m} (-1)^{j-1} \sum_{1 \leqslant i_1 < i_2 \cdots < i_j \leqslant m} P\left(\prod_{l=1}^{j} x_{i_l}\right) \tag{9.26}$$

当式（9.26）中的变量为互斥时，式（9.26）简化为

$$P\left(\bigcup_{k=1}^{m} x_k\right) = \sum_{k=1}^{m} P(x_k) \tag{9.27}$$

当式（9.26）中的变量为独立时，式（9.26）变为

$$P\left(\bigcup_{k=1}^{m} x_k\right) = 1 - \prod_{k=1}^{m}\left[1 - P(x_k)\right] \tag{9.28}$$

2）德·摩根定理

在概率论中，德·摩根定理的一般形式为

$$\overline{x_1 \cup x_2 \cup \cdots \cup x_n} = \overline{x_1}\,\overline{x_2} \cdots \overline{x_n} \tag{9.29}$$

和

$$\overline{x_1 x_2 \cdots x_n} = \overline{x_1} \cup \overline{x_2} \cup \cdots \cup \overline{x_n} \tag{9.30}$$

根据互斥和公式 $x \cup y = x + \overline{x}y$ 对式（9.30）进行变换，可以得到非常重要的互斥型德·摩根定理：

$$\begin{aligned} \overline{x_1 x_2 \cdots x_n} &= \overline{x_1} \cup \overline{x_2} \cup \cdots \cup \overline{x_n} \\ &= \overline{x_1} \cup \overline{x_2} \cup \cdots \cup \overline{x_{n-2}} \cup \left(\overline{x_{n-1}} + x_{n-1}\overline{x_n}\right) \\ &= \overline{x_1} \cup \overline{x_2} \cup \cdots \cup \overline{x_{n-3}} \cup \left(\overline{x_{n-2}} + x_{n-2}\overline{x_{n-1}} + x_{n-1}x_{n-2}\overline{x_n}\right) \\ &= \cdots \\ &= \overline{x_1} + x_1\overline{x_2} + \cdots + x_1 x_2 \cdots \overline{x_n} \end{aligned} \tag{9.31}$$

需要强调的是，式（9.29）～式（9.31）对独立变量和相关变量都适用，另外，式（9.31）是将要在 9.4 节中介绍的递推分解算法（recursive decomposition algorithm，RDA）的理论基础之一。

3）香农（Shannon）定理

香农定理的一般形式为

$$\overline{f\left(x_1,x_2,\cdots,x_n,0,1,\cup,\cap\right)}=f\left(\overline{x_1},\overline{x_2},\cdots,\overline{x_n},1,0,\cap,\cup\right) \tag{9.32}$$

式中，$f(\cdot)$为布尔函数。

香农定理表明，任何布尔函数的反函数可以通过对该函数的所有变量取“反”，并将常量 0 换为 1，1 换为 0，运算符“$\cup$”换为“$\cap$”及运算符“$\cap$”换为“$\cup$”而得到。香农定理是网络系统可靠度分析的理论基础之一，对建立二分决策图和系统失效树起到关键作用。

4）全概率分解定理

全概率分解定理与香农定理有相似之处，都可以用于网络系统的分解和化简。全概率分解定理的理论基础是概率理论中的全概率公式，在系统可靠度分析中，全概率分解定理的形式为

$$f\left(x_1,x_2,\cdots,x_i,\cdots,x_n\right)=x_i f\left(x_1,x_2,\cdots,1,\cdots,x_n\right)+\overline{x_i} f\left(x_1,x_2,\cdots,0,\cdots,x_n\right) \tag{9.33}$$

和

$$f\left(x_1,x_2,\cdots,x_i,\cdots,x_n\right)=\left[x_i+f\left(x_1,x_2,\cdots,1,\cdots,x_n\right)\right]\cdot\left[\overline{x_i}+f\left(x_1,x_2,\cdots,0,\cdots,x_n\right)\right] \tag{9.34}$$

其中，式（9.33）的应用最为普遍。

对于网络系统来说，分解单元的选取有如下规定：

（1）任一无向单元。

（2）任一有向单元，若其两端点中有一端只有流出（或流入）单元。

选取分解单元后，网络系统可靠度为

$$R_{\mathrm{sys}}=p_i\cdot P\left(\text{分解单元安全系统}\right)+\left(1-p_i\right)\cdot P\left(\text{分解单元失效系统}\right) \tag{9.35}$$

式中，p_i为分解单元的可靠度。

9.1.7 系统可靠度分析基础

1．结构函数

结构函数是描述系统可靠度逻辑关系的数学工具。设某系统由 n 个部件（元件）组成，用布尔变量 x_i 表示第 i 个部件（元件）的状态，则系统的结构函数：

$$\phi(\boldsymbol{x}) = \phi(x_1, x_2, \cdots, x_n) = \begin{cases} 1, & \text{当系统安全} \\ 0, & \text{当系统失效} \end{cases} \tag{9.36}$$

如果系统中每个部件都与系统有关，且系统的结构函数是单调非减的，则称此系统为单调关联系统，称 $\phi(\boldsymbol{x})$ 为单调关联结构函数。在概率的意义上，单调关联结构函数 $\phi(\boldsymbol{x})$ 有下述重要性质：

$$\prod_{i=1}^{n} x_i \leqslant \phi(\boldsymbol{x}) \leqslant \bigcup_{i=1}^{n} x_i \tag{9.37}$$

其中，最右端项 $\bigcup_{i=1}^{n} x_i = 1 - \prod_{i=1}^{n}(1 - x_i)$。

2. 最小路（割）

网络系统的最小路（径）和最小割（集）与图的最小路（径）和最小割（集）的定义一致。对于最小路 $x_{i_1} x_{i_2} \cdots x_{i_k}$，当 $x_{i_1} = x_{i_2} = \cdots = x_{i_k} = 1$ 时，结构函数为

$$\phi(\boldsymbol{x}) = \phi(x_{i_1}, x_{i_2}, \cdots, x_{i_k}) = 1 \tag{9.38}$$

对于最小割 $x_{i_1} x_{i_2} \cdots x_{i_k}$，当 $x_{i_1} = x_{i_2} = \cdots = x_{i_k} = 0$ 时，结构函数为

$$\phi(\boldsymbol{x}) = \phi(x_{i_1}, x_{i_2}, \cdots, x_{i_k}) = 0 \tag{9.39}$$

3. 对偶与互补

1）对偶

令系统 S 的结构函数为 $\phi(\boldsymbol{x})$，若另一系统 S^{D} 的结构函数为

$$\phi^{\mathrm{D}}(\boldsymbol{x}) = 1 - \phi(1 - \boldsymbol{x}) \tag{9.40}$$

式中，$(1 - \boldsymbol{x}) = (1 - x_1, 1 - x_2, \cdots, 1 - x_n)$。

系统 S^{D} 为系统 S 的对偶系统，$\phi^{\mathrm{D}}(\boldsymbol{x})$ 为 $\phi(\boldsymbol{x})$ 的对偶结构函数。对偶系统和对偶结构函数具有下面的两个性质：

（1）S 系统的一个路是 S^{D} 系统的一个割，反之亦然；S 系统的一个割是 S^{D} 系统的一个路，反之亦然。

（2）结构函数的元素不变，运算符 $\cap \Leftrightarrow \cup$ 即得对偶结构函数，反之亦然，其中的“$\Leftrightarrow$”表示互换。

利用上面的两个性质，可以进行网络系统最小路与最小割的互换。

2）互补

令系统 S 的结构函数为 $\phi(\boldsymbol{x})$，定义 $\phi(\boldsymbol{x})$ 的补函数为

$$\bar{\phi}(\boldsymbol{x})=1-\phi(\boldsymbol{x}) \tag{9.41}$$

实际上，$\phi(\boldsymbol{x})$ 的元素取“反”，运算符 $\cap \Leftrightarrow \cup$ 即得 $\bar{\phi}(\boldsymbol{x})$，反之亦然。利用互补关系，可以进行系统的可靠度和失效概率的相互变换。

9.2　生命线工程网络可靠度计算的不交最小路（割）方法

当已获得组成生命线系统的设备、结构或设施的可靠度和失效相关性信息后，生命线工程网络可靠度的计算就变成了网络连通可靠度的计算问题。对于生命线系统元件数目少、组织结构简单以及单起点（源点）和单终点（汇点）的两端点网络可靠度（node-pair reliability）问题，可以采用下面介绍的不交最小路（割）方法来进行计算。

9.2.1　边权网络

对于边权生命线网络（图）$G=(V,E)$，假设 m 条边中的任何一条在灾害过后都只有安全和失效两种状态。令边的状态向量 $\boldsymbol{x}=(x_1,x_2,\cdots,x_m)$，其中，$x_i(i=1,2,\cdots,m)$ 为布尔变量。也就是说，如果边 e_i 处于安全状态则 $x_i=1$；反之，如果边 e_i 处于失效状态则 $x_i=0$。网络 $G=(V,E)$ 的状态可由结构函数表示：

$$\phi(\boldsymbol{x})=\begin{cases}1, & \text{如果网络处于安全状态}\\ 0, & \text{如果网络处于失效状态}\end{cases} \tag{9.42}$$

因此结构函数 $\phi(\boldsymbol{x})$ 依然为布尔变量。

若网络 $G=(V,E)$ 的全部 n_P 条最小路（径）为 $P(1),P(2),\cdots,P(n_P)$，那么由最小路表示的网络结构函数：

$$\begin{aligned}\phi(\boldsymbol{x})&=\bigcup_{s=1}^{n_P}P(s)\\&=\bigcup_{s=1}^{n_P}\prod_{i\in P(s)}x_i\end{aligned} \tag{9.43}$$

式中，$\prod\limits_{i\in P(s)}x_i$ 为最小路 $P(s)$ 的结构函数。

类似地，若网络 $G=(V,E)$ 的全部 n_C 个最小割为 $C(1),C(2),\cdots,C(n_C)$，那么由最小割表示的网络结构函数：

$$\begin{aligned}\phi(\boldsymbol{x})&=\bigcap_{t=1}^{n_C}C(t)\\&=1-\bigcup_{t=1}^{n_C}\prod_{j\in C(t)}\left(1-x_j\right)\end{aligned}\tag{9.44}$$

式中，$\prod_{j\in C(t)}\left(1-x_j\right)$ 为最小割 $C(t)$ 的结构函数。注意，式（9.44）利用了布尔变量的德 · 摩根定理。

网络 $G=(V,E)$ 的全部最小路和最小割可由 Lin 方法的深度优先算法求解[160]。求出的不同最小路中可能含有相同的边，导致不同最小路的结构函数包含了相同的布尔变量。对于最小割，也可能发生同样的现象。

对式（9.43）或式（9.44）定义的结构函数求期望，可以得到网络 $G=(V,E)$ 的可靠度 R_S 的一般表达式：

$$\begin{aligned}R_S&=E\left[\phi(\boldsymbol{x})\right]\\&=E\left(\bigcup_{s=1}^{n_P}\prod_{i\in P(s)}x_i\right)\end{aligned}\tag{9.45}$$

或

$$\begin{aligned}R_S&=E\left[\phi(\boldsymbol{x})\right]\\&=1-E\left[\bigcup_{t=1}^{n_C}\prod_{j\in C(t)}\left(1-x_j\right)\right]\end{aligned}\tag{9.46}$$

虽然可以利用式（9.26）定义的容斥定理（同时需要利用吸收律进行布尔代数运算）计算式（9.45）或式（9.46）中的期望值，但容斥定理给出的展开式为 $2^{n_P}-1$ 或 $2^{n_C}-1$ 项积之和，对于大的 n_P 或 n_C，计算量非常大[156]。

若用互斥和方法处理式（9.45）或式（9.46）中的逻辑并，则可以得到

$$\begin{aligned}R_S&=E\left(\bigcup_{s=1}^{n_P}\prod_{i\in P(s)}x_i\right)\\&=E\left(\prod_{i\in P(1)}x_i\right)+E\left(\overline{\prod_{i\in P(1)}x_i}\prod_{i\in P(2)}x_i\right)+\cdots+E\left(\overline{\prod_{i\in P(1)}x_i\prod_{i\in P(2)}x_i\cdots\prod_{i\in P(n_P-1)}x_i}\prod_{i\in P(n_P)}x_i\right)\end{aligned}\tag{9.47}$$

或

$$\begin{aligned}R_S &= 1-E\left[\bigcup_{t=1}^{n_C}\prod_{j\in C(t)}\left(1-x_j\right)\right]\\&=1-\left\{E\left[\prod_{j\in C(1)}\left(1-x_j\right)\right]+E\left[\overline{\prod_{j\in C(1)}\left(1-x_j\right)}\prod_{j\in C(2)}\left(1-x_j\right)\right]+\cdots\right.\\&\quad\left.+E\left[\overline{\prod_{j\in C(1)}\left(1-x_j\right)\prod_{j\in C(2)}\left(1-x_j\right)\cdots\prod_{j\in C(n_C-1)}\left(1-x_j\right)}\prod_{j\in C(n_C)}\left(1-x_j\right)\right]\right\}\end{aligned} \tag{9.48}$$

式（9.47）和式（9.48）定义的不交型乘积技术（disjoint product technique，DPT）称为计算网络可靠度的不交最小路算法和不交最小割算法，其中，互斥的结构函数 $\overline{\prod_{i\in P(1)}x_i\cdots\prod_{i\in P(k-1)}x_i}\prod_{i\in P(k)}x_i$ 或 $\overline{\prod_{j\in C(1)}\left(1-x_j\right)\cdots\prod_{j\in C(l-1)}\left(1-x_j\right)}\prod_{j\in C(l)}\left(1-x_j\right)$ 所对应的事件是网络 $G=(V,E)$ 的一个不交最小路或不交最小割。因此，若能获得网络 $G=(V,E)$ 的全部不交最小路或不交最小割，则可以具体写出式（9.47）或式（9.48）。

1975 年 Aggarwal 和 Misra 提出了不交最小路的求解方法[161]，1979 年 Arunkumar 和 Lee 提出了不交最小割的求解方法[162]，我国学者则给出了四个不交型积之和定理，方便了不交最小路的计算机计算[160]。这四个不交型积之和定理如下：

（1）若 $P(i)$ 和 $P(j)$ 无共同边，则直接展开 $\overline{P(i)}P(j)$。

（2）若 $P(i)$ 和 $P(j)$ 有共同边，则 $\overline{P(i)}P(j)=\overline{P(i\leftarrow j)}P(j)$。

（3）若 $P(i)$ 和 $P(k)$ 有共同边，$P(j)$ 和 $P(k)$ 也有共同边，则 $\overline{P(i)P(j)}P(k)=\overline{P(i\leftarrow k)P(j\leftarrow k)}P(k)$。

（4）若 $P(i)$ 和 $P(k)$ 有共同边，$P(j)$ 和 $P(k)$ 也有共同边，且 $P(i\leftarrow k)$ 含于 $P(j\leftarrow k)$，则 $\overline{P(i)P(j)}P(k)=\overline{P(j\leftarrow k)}P(k)$。

其中，符号 $P(i\leftarrow j)$ 为最小路 $P(i)$ 中有而 $P(j)$ 中没有的边元素的布尔积，$\overline{P(i)}$ 是 $P(i)$ 的逻辑反。

以定理中的第二个定理为例，假设 $P(i)=abcde$，$P(j)=bd$，其中的 a、b、c、d 和 e 均代表图 $G=(V,E)$ 的边，同时将它们看作布尔变量，则利用布尔代数运算的基本定理可以得到

$$\overline{P(i)}=\overline{a}+a\overline{b}+ab\overline{c}+abc\overline{d}+abcd\overline{e} \tag{9.49}$$

$$\begin{aligned}\overline{P(i\leftarrow j)}P(j)&=\overline{ace}bd\\&=\overline{a}bd+ab\overline{c}d+abcd\overline{e}\end{aligned} \tag{9.50}$$

定理中的其他三种情况，可类似计算。需要注意的是，在网络的最小路已全部求出并且未进行不交（互斥）化之前，应将最小路按由短至长的顺序进行排列，而在计算每条不交（互斥）最小路时，都需要运用吸收律进行布尔变量的归并，以确保计算正确。

显然，不交型积之和定理可以推广应用于 $\left[\prod_{s=1}^{n_p}\overline{P(s\leftarrow n_P)}\right]P(n_P)$ 的情况，则式（9.45）变为

$$\begin{aligned}R_S&=P_r\left[\bigcup_{i=1}^{n_P}P(i)\right]\\&=P_r\left[P(1)\right]+\sum_{j=2}^{n_P}P_r\left[\prod_{k=1}^{j-1}\overline{P(k\leftarrow j)}P(j)\right]\\&=\sum_{s=1}^{n_{DP}}P_r\left[DP(s)\right]\end{aligned}\tag{9.51}$$

式中，$DP(s)$ 为网络的第 s 个不交最小路，且有 $DP(1)=P(1)$；n_{DP} 为不交最小路总数，一般 $n_{DP}>n_P$。

式（9.51）中的概率计算 $P_r(\cdot)$ 等价于相应最小路或不交最小路结构函数的期望运算。另外，上述不交最小路方法可以直接推广到由最小割计算边权网络可靠度的情况，形成不交最小割方法。

例题 9.1 图 9.3 为具有 6 个顶点 11 条边的边权有向网络，顶点序号标在顶点的旁边，边序号标在边的旁边。假设网络边的失效是相互独立的，每条边的可靠度为 $r_i=E(x_i)=0.9(i=1,2,\cdots,11)$，网络的源点为顶点 4，汇点为顶点 6。要求计算该边权网络的连通可靠度。

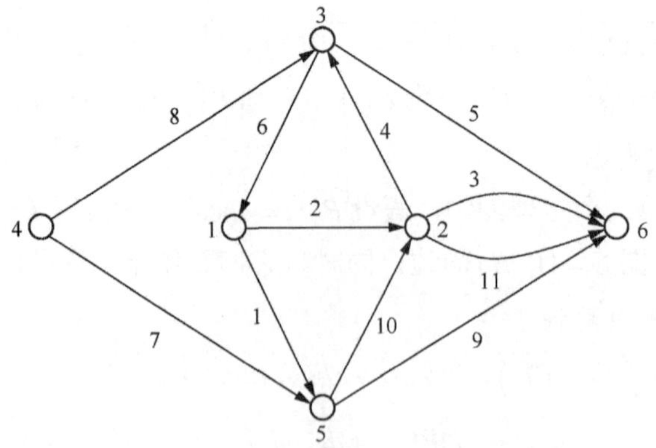

图 9.3　边权有向网络

首先，用邻接向量矩阵将该网络存储在计算机里，邻接向量矩阵的具体形式为

$$
\boldsymbol{A}=\begin{bmatrix} 5 & 2 \\ 6 & 3 \\ 6 & 1 \\ 5 & 3 \\ 6 & 2 \\ 2 & \end{bmatrix}
$$

接下来，采用深度优先的 Lin 算法求出该有向网络的所有最小路，得到的由短至长排序的最小路集为

$$
\boldsymbol{P}=\begin{bmatrix} 8 & 7 & 7 & 7 & 8 & 8 & 8 \\ 5 & 9 & 10 & 10 & 6 & 6 & 6 \\ & & 3 & 4 & 1 & 2 & 1 \\ & & & 5 & 9 & 3 & 10 \\ & & & & & & 3 \end{bmatrix}
$$

其中的每一列为由边表示的最小路，共计 7 条最小路。

然后，利用四个不交型积之和定理对求出的最小路进行不交化，得到该网络的 10 个不交最小路：

$$
\boldsymbol{DP}=\begin{bmatrix} 5 & \overline{5} & 5 & 3 & 2 & 3 & 1 & \overline{3} & 1 & 2 \\ 8 & 7 & 7 & \overline{5} & 3 & 5 & \overline{2} & 4 & 2 & 3 \\ & 9 & \overline{8} & 7 & \overline{5} & 7 & \overline{5} & 5 & \overline{3} & \overline{5} \\ & & 9 & \overline{9} & 6 & \overline{8} & 6 & 7 & \overline{5} & 6 \\ & & & 10 & \overline{7} & \overline{9} & \overline{7} & \overline{8} & 6 & 7 \\ & & & & 8 & 10 & 8 & \overline{9} & \overline{7} & 8 \\ & & & & & & 9 & 10 & 8 & \overline{9} \\ & & & & & & & & 9 & 10 \end{bmatrix}
$$

最后，由式（9.51）并考虑独立失效的条件，得到该网络可靠度的计算值 $R_S = 0.987269$ 。

9.2.2 点权网络

对于点权生命线工程网络，类似于边权网络系统的可靠度计算方法，也可以分三步进行两端点可靠度的计算：

（1）建立生命线工程系统的网络图 $G=(V,E)$ 模型，采用邻接向量矩阵的方法

存储图 $G=(V,E)$，确定网络各顶点的可靠度及其失效相关系数，确定网络的起点和终点。

（2）采用深度优先的 Lin 算法求出网络图 $G=(V,E)$ 的全部最小路，利用四个不交型积之和定理对求得的最小路进行不交化，获得网络的全部不交最小路。

（3）由网络各顶点的可靠度及其失效相关系数，计算所有不交最小路的发生概率及其代数和，得到生命线工程网络的可靠度。

由于 Lin 算法是求边权网络最小路的搜索方法，因此，对于点权网络，输出矩阵中的某些列很可能不是顶点最小路。以图 9.3 所示的有向网络为例，假设该网络为点权网络，对输出矩阵 $\boldsymbol{P}$ 的 3～7 列，从每列中去掉一些顶点后，该列依然是一条顶点路径，根据顶点最小路的定义，它们并不是点最小路，在进行点权网络的可靠度计算时应去除它们。在实际操作中，可以利用布尔代数运算的吸收律 $x\cup xy=x$，对由 Lin 算法求出的用顶点表示的边权网络最小路集矩阵 $\boldsymbol{P}$ 进行吸收运算，可以得到相应的点权网络的最小路矩阵。

上述步骤同样适用于由最小割计算点权网络可靠度的情况。

例题 9.2 以图 9.3 中的网络图为例。假设该网络为点权网络，顶点失效之间相互独立，每个顶点的可靠度为 $r_i=E(x_i)=0.9(i=1,2,\cdots,6)$，网络的源点和汇点仍然为顶点 4 和顶点 6。要求计算该点权网络的连通可靠度。

对于该点权网络图，首先，采用例题 9.1 中的邻接向量矩阵将其存储在计算机里，另外，也依然采用 Lin 算法求出该网络由边表示的最小路集，如例题 9.1 中的矩阵 $\boldsymbol{P}$。

其次，由边最小路集 $\boldsymbol{P}$ 转换成由网络顶点表示的最小路集 $\boldsymbol{P}'$：

$$\boldsymbol{P}'=\begin{bmatrix}4&4&4&4&4&4&4\\5&3&5&5&3&3&3\\6&6&2&2&1&1&1\\&&6&3&5&2&5\\&&&6&6&6&2\\&&&&&&6\end{bmatrix}$$

然后，由布尔代数运算的吸收律对顶点最小路集 $\boldsymbol{P}'$ 中的最小路进行吸收归并运算，得到该点权网络的真实最小路集 $\boldsymbol{P}''$：

$$\boldsymbol{P}''=\begin{bmatrix}4&4\\5&3\\6&6\end{bmatrix}$$

接下来，采用四个不交型积之和定理对矩阵 ***P″*** 中的顶点最小路进行不交化，得到不交最小路集：

$$\boldsymbol{DP}=\begin{bmatrix}4 & 4\\5 & 3\\6 & \overline{5}\\ & 6\end{bmatrix}$$

最后，基于不交最小路集 ***DP***，得到该独立失效点权网络的可靠度计算值 $R_S=0.8019$。

本例题在进行最小路不交化时，提前指定了最小路 $P(1)=x_4x_5x_6$ 和 $P(2)=x_4x_3x_6$，使得不交最小路为

$$\begin{aligned}DP(1)&=P(1)\\&=x_4x_5x_6\\DP(2)&=\overline{P(1)}P(2)\\&=\overline{P(1\leftarrow 2)}P(2)\\&=\overline{x_5}x_4x_3x_6\end{aligned}$$

在这种情况下，不交型积之和：

$$\begin{aligned}DP(1)+DP(2)&=x_4x_5x_6+\overline{x_5}x_4x_3x_6\\&=x_4x_5x_6+(1-x_5)x_4x_3x_6\\&=x_4x_3x_6+(1-x_3)x_4x_5x_6\\&=x_4x_3x_6+\overline{x_3}x_4x_5x_6\end{aligned}$$

上面等式的右端为不交最小路 $DP(1)=x_4x_3x_6$ 和 $DP(2)=\overline{x_3}x_4x_5x_6$ 之和，而这两个不交最小路是在令最小路 $P(1)=x_4x_3x_6$ 和 $P(2)=x_4x_5x_6$ 的情况下得到的。可见，对于同一个最小路集，虽然最小路的排序不同可能导致不同表达形式的不交最小路（集），但是，这些不交最小路集的本质是一致的，它们的元素之和是恒等的。

9.2.3 一般赋权网络

对于顶点和边都存在安全和失效两种状态的一般赋权网络，顶点的失效将导致与其相连的边失去连接功能，相当于这些边失效；反过来，与某顶点相连的所有边失效将导致该顶点失去节点功能，相当于该顶点失效。因此，在一般赋权网络的不交最小路和不交最小割中，顶点和边的状态变量（布尔变量）是相依的，计算不交最小路和不交最小割的发生概率时，需要考虑顶点和边失效状态的这种相依性。

Torrieri 于 1994 年提出了一种计算一般赋权有向网络不交最小路发生概率的算法（Torrieri 算法）[163]。该算法把顶点可靠度嵌入边中，将一般赋权有向网络等价变换为失效独立的边权网络，通过计算独立失效边权有向网络不交边最小路的发生概率，得到一般赋权有向网络不交最小路的发生概率，从而避免了联合失效概率的计算。对于一般赋权无向网络，把无向边等价为失效完全相关的两条有向边，然后按边规模扩大一倍的有向网络来考虑，Torrieri 算法依然成立。

现以有向网络为例介绍如何利用 Torrieri 算法计算一般赋权网络不交最小路（割）的发生概率。图 9.4 为一般赋权网络的一个代表性不交最小路（割）的示意图，其中，圆代表网络的 m 个顶点，带箭头的实线代表在该不交最小路（割）中进入（指向）网络各顶点的边，$Q_i\left(i=1,2,\cdots,m\right)$ 和 $G_i\left(i=1,2,\cdots,m\right)$ 分别为在该不交最小路（割）中指向第 i 顶点的边中处于安全状态和失效状态的边数。

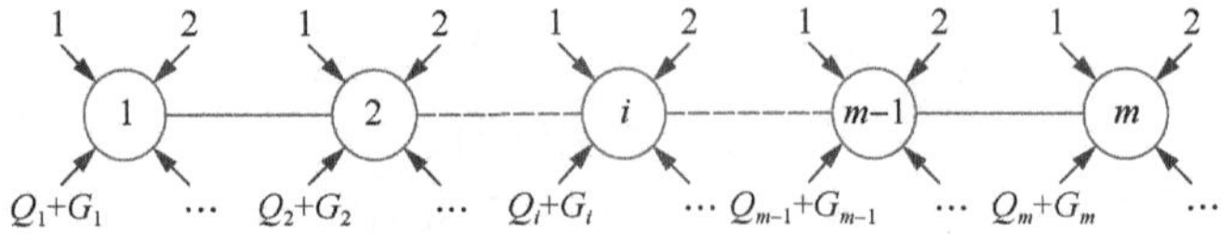

图 9.4　一般赋权网络不交最小路（割）示意图

首先考虑不交最小路发生概率的计算。令图 9.4 表示一般赋权网络图 $G=\left(V,E\right)$ 的第 j 个不交最小路，其结构函数为 $\gamma_j\left(\boldsymbol{x},\boldsymbol{y}\right)$：

$$\gamma_j\left(\boldsymbol{x},\boldsymbol{y}\right)=\prod_{i=1}^{m}\alpha_i\left(\boldsymbol{x},\boldsymbol{y}\right) \tag{9.52}$$

式中，$\alpha_i\left(\boldsymbol{x},\boldsymbol{y}\right)\left(i=1,2,\cdots,m\right)$ 为与第 i 顶点有关的结构函数；$\boldsymbol{x}=\left(x_1,x_2,\cdots,x_m\right)$ 和 $\boldsymbol{y}=\left(y_1,y_2,\cdots,y_n\right)$ 分别为网络顶点和边的状态变量（布尔变量）向量。

结构函数 $\alpha_i\left(\boldsymbol{x},\boldsymbol{y}\right)$ 须考虑下面三种情况来建立。

情况 1：如果顶点 i 没有任何入边，即 $Q_i=G_i=0$，那么，要么该顶点是源点，要么该顶点没出现在这个不交最小路中。因此有

$$\alpha_i\left(\boldsymbol{x},\boldsymbol{y}\right)=\begin{cases}x_i, & \text{顶点 } i \text{ 是源点}\\ 1, & \text{顶点 } i \text{ 没出现在这个不交最小路中}\end{cases} \tag{9.53}$$

情况 2：如果顶点 i 有处于安全状态的入边，即 $Q_i\geqslant 1$，那么该顶点一定具有节点功能（等价于处于安全状态）。因此有

$$\alpha_i\left(\boldsymbol{x},\boldsymbol{y}\right)=x_i\prod_{k=1}^{Q_i}y_k,\quad \text{当} G_i=0 \tag{9.54}$$

或

$$\alpha_i(\boldsymbol{x},\boldsymbol{y})=x_i\prod_{k=1}^{Q_i}y_k\prod_{l=1}^{G_i}(1-y_l),\quad 当G_i\geqslant 1 \tag{9.55}$$

情况 3：如果顶点i有入边但都处于失效状态，即$G_i\neq 0$且$Q_i=0$，那么，要么该顶点处于失效状态，要么该顶点处于安全状态但它的所有入边处于失效状态。因此有

$$\alpha_i(\boldsymbol{x},\boldsymbol{y})=(1-x_i)+x_i\prod_{l=1}^{G_i}(1-y_l) \tag{9.56}$$

由式（9.53）～式（9.56），可以得到基于不交最小路集计算的一般赋权网络可靠度：

$$R_S=\sum_{j=1}^{n_{DP}}E\left[\gamma_j(\boldsymbol{x},\boldsymbol{y})\right] \tag{9.57}$$

式中，n_{DP}为不交最小路总数。

若基于不交最小割集计算一般赋权网络的可靠度，则需要注意 Torrieri 算法没涉及源点（只考虑顶点的入边），因而遗漏了源点失效的情况。令$\beta_j(\boldsymbol{x},\boldsymbol{y})(j=1,2,\cdots,n_{DC})$为根据式（9.52）以及式（9.53）～式（9.56）定义的不交最小割的结构函数，那么一般赋权网络的可靠度也可以表示为

$$R_S=1-\left\{E(1-x_S)+\sum_{j=1}^{n_{DC}}E\left[\beta_j(\boldsymbol{x},\boldsymbol{y})\right]\right\} \tag{9.58}$$

式中，x_S为源点的状态变量（布尔变量）。

例题 9.3 假设图 9.3 为一般赋权网络，顶点和边的失效是相互独立的，顶点可靠度为$r_i=E(x_i)=0.9(i=1,2,\cdots,6)$，边可靠度为$r_i=E(y_i)=0.9(i=1,2,\cdots,11)$，要求计算该网络从顶点 4 到顶点 6 的连通可靠度。

为了计算该一般赋权网络的可靠度，首先需要求解出它的由边表示的不交最小路集，这个不交最小路集为例题 9.1 中的矩阵 $\boldsymbol{DP}$ 。然后，利用 Torrieri 算法计算网络可靠度，其中的关键是计算各个不交最小路的发生概率。根据式（9.52）以及式（9.53）～式（9.56），各不交最小路的发生概率为

$$\begin{aligned}E\left[\gamma_1(\boldsymbol{x},\boldsymbol{y})\right]&=1\cdot 1\cdot E(x_3y_8)\cdot E(x_4)\cdot 1\cdot E(x_6y_5)\\&=0.59049\end{aligned}$$

$$E\left[\gamma_2(\boldsymbol{x},\boldsymbol{y})\right]=1\cdot1\cdot1\cdot E(x_4)\cdot E(x_5y_7)\cdot E\left[x_6y_9(1-y_5)\right]$$
$$=0.059049$$

$$E\left[\gamma_3(\boldsymbol{x},\boldsymbol{y})\right]=1\cdot1\cdot E\left[(1-x_3)+x_3(1-y_8)\right]\cdot E(x_4)\cdot E(x_5y_7)\cdot E(x_6y_5y_9)$$
$$=0.100974$$

$$E\left[\gamma_4(\boldsymbol{x},\boldsymbol{y})\right]=1\cdot E(x_2y_{10})\cdot E(x_3)\cdot E(x_4)\cdot E(x_5y_7)\cdot E\left[x_6y_3(1-y_5)(1-y_9)\right]$$
$$=0.00430467$$

$$E\left[\gamma_5(\boldsymbol{x},\boldsymbol{y})\right]=E(x_1y_6)\cdot E(x_2y_2)\cdot E(x_3y_8)\cdot E(x_4)\cdot E\left[(1-x_5)+x_5(1-y_7)\right]$$
$$\cdot E\left[x_6y_3(1-y_5)\right]$$
$$=0.007736099$$

$$E\left[\gamma_6(\boldsymbol{x},\boldsymbol{y})\right]=1\cdot E(x_2y_{10})\cdot E\left[(1-x_3)+x_3(1-y_8)\right]\cdot E(x_4)\cdot E(x_5y_7)$$
$$\cdot E\left[x_6y_3y_5(1-y_9)\right]$$
$$=0.00817888$$

$$E\left[\gamma_7(\boldsymbol{x},\boldsymbol{y})\right]=E(x_1y_6)\cdot E\left[(1-x_2)+x_2(1-y_2)\right]\cdot E(x_3y_8)\cdot E(x_4)$$
$$\cdot E\left[x_5y_1(1-y_7)\right]\cdot E\left[x_6y_9(1-y_5)\right]$$
$$=0.000736099$$

$$E\left[\gamma_8(\boldsymbol{x},\boldsymbol{y})\right]=1\cdot E(x_2y_4y_{10})\cdot E\left[(1-x_3)+x_3(1-y_8)\right]\cdot E(x_4)\cdot E(x_5y_7)$$
$$\cdot E\left[x_6y_5(1-y_3)(1-y_9)\right]$$
$$=0.000817888$$

$$E\left[\gamma_9(\boldsymbol{x},\boldsymbol{y})\right]=E(x_1y_6)\cdot E(x_2y_2)\cdot E(x_3y_8)\cdot E(x_4)\cdot E\left[x_5y_1(1-y_7)\right]$$
$$\cdot E\left[x_6y_9(1-y_3)(1-y_5)\right]$$
$$=0.000313811$$

$$E\left[\gamma_{10}(\boldsymbol{x},\boldsymbol{y})\right]=E(x_1y_6)\cdot E\left[x_2y_2(1-y_{10})\right]\cdot E(x_3y_8)\cdot E(x_4)\cdot E(x_5y_7)$$
$$\cdot E\left[x_6y_3(1-y_5)(1-y_9)\right]$$
$$=0.000313811$$

基于上面的不交最小路发生概率计算值，由式（9.57）可以得到该一般赋权网络的可靠度 $R_S=0.772539$ 。可见，一般赋权网络的可靠度小于只考虑边失效或只考虑顶点失效时的网络可靠度。

9.3 相依失效下结构函数的期望值

由于受到一致的或空间相关的外部荷载（如地震作用或风荷载等）作用以及生命线设备、结构或设施之间的相互联系和作用，组成生命线工程网络系统的单体设备、结构或设施往往是相依失效的，它们在外荷载作用下的失效往往具有相关性。这种相依失效的一个典型例子是高压变电站中相连断路器的地震失效。通常，高压变电站的断路器由下部的桁架结构支撑到一定高度，断路器本身则与带伸缩节（调节温度变形，如图 7.7 所示）的硬母线相连，因此，地震作用下的相邻两个断路器之间存在相互作用，出现相依失效的情况[164-165]。

考虑生命线单体设备、结构或设施的相依失效后，生命线工程网络系统的顶点状态变量 $x_i\left(i=1,2,\cdots,m\right)$ 和（或）边状态变量 $y_i\left(i=1,2,\cdots,n\right)$ 成为相关的布尔变量，不交最小路和不交最小割结构函数的期望变成了相关布尔变量串的联合概率。由第 8 章介绍的 SC 方法可以进行这种联合概率的计算。为此，先要采用一次可靠度方法计算出生命线单体设备、结构或设施的可靠度指标和失效相关性。另外，也可以先由 Copula 函数构造出生命线单体设备、结构或设施的极限状态函数的联合概率分布。然后，利用基本概率运算法则计算不交最小路和不交最小割结构函数的期望。例如，对于一般赋权生命线工程网络，若 $F_{Z_1,Z_2,\cdots,Z_{m+n}}$ 为由 Copula 函数建立的 m 个顶点型结构（或设备或设施）和 n 个边型结构（或设备或设施）的极限状态函数的 jCDF，令某代表性不交最小路或不交最小割的结构函数为

$$
\begin{aligned}
\xi\left(\boldsymbol{x},\boldsymbol{y}\right)=&x_1x_2\cdots x_{O_x}\left(1-x_{O_x+1}\right)\left(1-x_{O_x+2}\right)\cdots\left(1-x_{O_x+F_x}\right)\\
&\cdot y_1y_2\cdots y_{O_y}\left(1-y_{O_y+1}\right)\left(1-y_{O_y+2}\right)\cdots\left(1-y_{O_y+F_y}\right)
\end{aligned}
\tag{9.59}
$$

式中，O_x 和 F_x 分别为处于安全状态（$Z_i>0,i=1,2,\cdots,O_x$）和失效状态（$Z_i\leqslant 0,i=O_x+1,O_x+2,\cdots,O_x+F_x$）的顶点数目；$O_y$ 和 F_y 分别为处于安全状态（$Z_i>0,i=m+1,m+2,\cdots,m+O_y$）和失效状态（$Z_i\leqslant 0,i=m+O_y+1,m+O_y+2,\cdots,m+O_y+F_y$）的边数目。

那么，由定义的顶点、边序号和容斥定理可以得到结构函数$\xi(\boldsymbol{x},\boldsymbol{y})$的期望：

$$
\begin{aligned}
E\left[\xi(\boldsymbol{x},\boldsymbol{y})\right] &= E\left[x_1\cdots x_{O_x}\left(1-x_{O_x+1}\right)\cdots\left(1-x_{O_x+F_x}\right)y_1\cdots y_{O_y}\left(1-y_{O_y+1}\right)\cdots\left(1-y_{O_y+F_y}\right)\right] \\
&= P\big(Z_1>0,\cdots,Z_{O_x}>0,Z_{O_x+1}\leqslant 0,\cdots,Z_{O_x+F_x}\leqslant 0,Z_{O_x+F_x+1}\leqslant\infty,\cdots, \\
&\qquad Z_m\leqslant\infty,Z_{m+1}>0,\cdots,Z_{m+O_y}>0,Z_{m+O_y+1}\leqslant 0,\cdots, \\
&\qquad Z_{m+O_y+F_y}\leqslant 0,Z_{m+O_y+F_y+1}\leqslant\infty,\cdots,Z_{m+n}\leqslant\infty\big) \\
&= F_{Z_1\ldots Z_{m+n}}\Big(\underbrace{\infty,\cdots,\infty}_{O_x},\underbrace{0,\cdots,0}_{F_x},\underbrace{\infty,\cdots,\infty}_{m-O_x-F_x},\underbrace{\infty,\cdots,\infty}_{O_y},\underbrace{0,\cdots,0}_{F_y},\underbrace{\infty,\cdots,\infty}_{n-O_y-F_y}\Big) \\
&\quad -\sum_{1\leqslant i\leqslant O_x\text{或}m+1\leqslant i\leqslant m+O_y}F_{Z_1\ldots Z_{m+n}}\Big(\underbrace{\infty,\cdots,\overset{\text{第}i\text{个}}{0},\cdots,\infty}_{O_x},\underbrace{0,\cdots,0}_{F_x},\underbrace{\infty,\cdots,\infty}_{m-O_x-F_x}, \\
&\qquad \underbrace{\infty,\cdots,\overset{\text{或第}i\text{个}}{0},\cdots,\infty}_{O_y},\underbrace{0,\cdots,0}_{F_y},\underbrace{\infty,\cdots,\infty}_{n-O_y-F_y}\Big) \\
&\quad +\sum_{1\leqslant i<j\leqslant O_x\text{或}m+1\leqslant i<j\leqslant m+O_y}F_{Z_1\ldots Z_{m+n}}\Big(\underbrace{\infty,\cdots,\overset{\text{第}i\text{个}}{0},\cdots,\overset{\text{第}j\text{个}}{0},\cdots,\infty}_{O_x},\underbrace{0,\cdots,0}_{F_x}, \\
&\qquad \underbrace{\infty,\cdots,\infty}_{m-O_x-F_x},\underbrace{\infty,\cdots,\overset{\text{或第}i\text{个}}{0},\cdots,\overset{\text{或第}j\text{个}}{0},\cdots,\infty}_{O_y},\underbrace{0,\cdots,0}_{F_y},\underbrace{\infty,\cdots,\infty}_{n-O_y-F_y}\Big) \\
&\quad \cdots \\
&\quad (-1)^{O_x+O_y}F_{Z_1\ldots Z_{m+n}}\Big(\underbrace{0,\cdots,0}_{O_x+F_x},\underbrace{\infty,\cdots,\infty}_{m-O_x-F_x},\underbrace{0,\cdots,0}_{O_y+F_y},\underbrace{\infty,\cdots,\infty}_{n-O_y-F_y}\Big)
\end{aligned}
\tag{9.60}
$$

由式（9.60）计算出所有不交最小路（割）的发生概率后，便容易获得相依失效生命线工程系统的可靠度。需要注意的是，在构建式（9.60）中生命线单体设备、结构或设施极限状态函数的 jCDF 时，需要根据极限状态函数概率分布的特征，选择不同类型的边际分布模型（如正态分布或极值分布）和 Copula 函数（如正态 Copula 函数或极值 Copula 函数）；同时在估计边际分布模型和 Copula 函数的参数时，往往先要计算出一定规模的生命线单体设备、结构或设施极限状态函数的样本。

9.4 递推分解算法

随着社会的进步和发展，城市生命线系统越来越庞大和复杂，大型复杂生命线工程网络可靠度的有效计算问题也越来越突出。由于需要求出网络的所有最小路（或割），并对所有的最小路（或割）进行不交化，因此，9.2 节介绍的传统不交最小路（割）方法并不适用于大型复杂生命线工程网络可靠度的有效计算。

为了解决大型复杂网络系统可靠度的有效计算问题，人们提出了启发式算法[166]、实时不交化算法[167-168]和优化二分决策图方法[169]。其中，实时不交化算法利用网络分析树技术来逐个获得网络的不交最小路，克服了传统不交最小路方法需要首先获得网络的所有最小路才能计算网络不交最小路的缺陷，为大型复杂网络可靠度的有效计算提供了重要思路。正是在实时不交化算法的启发下，提出了递推分解算法 [18, 156, 170]，大幅提高了生命线工程网络可靠度计算的效率。递推分解算法被提出后，得到了国内外学者的不断发展[171-173]和较为广泛的应用[174-175]，使之成为大型生命线工程网络可靠度计算的代表性非模拟算法。下面介绍最初的朴素的递推分解算法及其代表性改进算法。

9.4.1 朴素的递推分解算法

以点权生命线工程网络为例。假设网络 $G=(V,E)$ 有 n_P 条最小路 $P(1),P(2),\cdots,P(n_P)$，那么，根据布尔代数的吸收律，网络 $G=(V,E)$ 的结构函数为

$$\begin{aligned}\phi(\boldsymbol{x}) &= \bigcup_{s=1}^{n_P}\prod_{i\in P(s)} x^{(i)} \\ &= \prod_{i\in P(1)} x^{(i)} \cup \left[\bigcup_{s=1}^{n_P}\prod_{i\in P(s)} x^{(i)}\right] \\ &= \prod_{i\in P(1)} x^{(i)} \cup \phi(\boldsymbol{x})\end{aligned} \tag{9.61}$$

式中，$\boldsymbol{x}$ 为网络顶点的状态变量向量；$x^{(i)}$ 为最小路 $P(s)$ 中第 i 个顶点的状态变量；$\prod_{i\in P(s)} x^{(i)}$ 为最小路 $P(s)$ 的结构函数。

由互斥运算，可以将式（9.61）改写为

$$\phi(\boldsymbol{x}) = \prod_{i\in P(1)} x^{(i)} + \overline{\prod_{i\in P(1)} x^{(i)}}\phi(\boldsymbol{x}) \tag{9.62}$$

根据式（9.31）定义的互斥型德·摩根定理，有

$$\overline{\prod_{i\in P(1)} x^{(i)}}=\left(1-x^{(1)}\right)+x^{(1)}\left(1-x^{(2)}\right)+\cdots+x^{(1)}x^{(2)}\cdots\left(1-x^{(n_1)}\right) \tag{9.63}$$

式中，n_1为最小路$P(1)$含有的顶点数。

将式（9.63）代入式（9.62），可以得到

$$\begin{aligned}\phi(\boldsymbol{x})=&\prod_{i\in P(1)} x^{(i)}+\left(1-x^{(1)}\right)\phi(\boldsymbol{x})+x^{(1)}\left(1-x^{(2)}\right)\phi(\boldsymbol{x})+\cdots\\&+x^{(1)}x^{(2)}\cdots\left(1-x^{(n_1)}\right)\phi(\boldsymbol{x})\end{aligned} \tag{9.64}$$

可见，利用最小路$P(1)$可以将网络$G=(V,E)$的结构函数$\phi(\boldsymbol{x})$分解成关于$\phi(\boldsymbol{x})$的多项式的（代数）和。另外，根据式（9.25）定义的补元律，式（9.64）中的$\left(1-x^{(i)}\right)\phi(\boldsymbol{x})(i=1,2,\cdots,n_1)$项意味着$\phi(\boldsymbol{x})$中所有含有$x^{(i)}$的布尔变量串都不再发挥作用。换句话说，用删除网络$G=(V,E)$中对应于$x^{(i)}$的顶点的子图$G^{\left(-x^{(i)}\right)}=G\left(V^{\left(-x^{(i)}\right)},E\right)$的结构函数$\phi\left(\boldsymbol{x}^{\left(-x^{(i)}\right)}\right)$替换$\left(1-x^{(i)}\right)\phi(\boldsymbol{x})$中的$\phi(\boldsymbol{x})$，不会改变$\left(1-x^{(i)}\right)\phi(\boldsymbol{x})$的结果。因此，可以将式（9.64）简化为

$$\begin{aligned}\phi(\boldsymbol{x})=&\prod_{i\in P(1)} x^{(i)}+\left(1-x^{(1)}\right)\phi\left(\boldsymbol{x}^{\left(-x^{(1)}\right)}\right)+x^{(1)}\left(1-x^{(2)}\right)\phi\left(\boldsymbol{x}^{\left(-x^{(2)}\right)}\right)+\cdots\\&+x^{(1)}x^{(2)}\cdots\left(1-x^{(n_1)}\right)\phi\left(\boldsymbol{x}^{\left(-x^{(n_1)}\right)}\right)\end{aligned} \tag{9.65}$$

式（9.65）为对原图$G=(V,E)$及其结构函数进行首次分解后得到的结构函数计算式。接下来按照上述对结构函数$\phi(\boldsymbol{x})$和网络图$G=(V,E)$的分解方法对每个结构函数$\phi\left(\boldsymbol{x}^{\left(-x^{(i)}\right)}\right)(i=1,2,\cdots,n_1)$及其对应的子图$G^{\left(-x^{(i)}\right)}=G\left(V^{\left(-x^{(i)}\right)},E\right)$ $(i=1,2,\cdots,n_1)$进行分解。由于子图$G^{\left(-x^{(i)}\right)}$有可能是非连通的（不存在从指定源点到指定汇点的任何路径），因此，当遇到非连通图$G^{\left(-x^{(i)}\right)}$时，可将含有结构函数$\phi\left(\boldsymbol{x}^{\left(-x^{(i)}\right)}\right)$的项从式（9.65）中删除；同时，根据不交最小割的定义，可知该结构函数$\phi\left(\boldsymbol{x}^{\left(-x^{(i)}\right)}\right)$前的布尔变量串$x^{(1)}x^{(2)}\cdots\left(1-x^{(i)}\right)$是原图$G=(V,E)$的一个不交最小割的结构函

数。另外，根据式（9.19）定义的幂等律，若求出的连通子图 $G^{\left(-x^{(i)}\right)}=G\left(V^{\left(-x^{(i)}\right)},E\right)$ 的最小路中含有 $\phi\left(\boldsymbol{x}^{\left(-x^{(i)}\right)}\right)$ 前布尔变量串包含的顶点，那么该顶点的状态（布尔）变量应被 $\phi\left(\boldsymbol{x}^{\left(-x^{(i)}\right)}\right)$ 前的布尔变量串吸收，从而不参加式（9.63）定义的互斥化运算。

上述分解过程可以不断地递推进行下去直到不再存在连通子图，此时，原图 $G=(V,E)$ 的所有不交最小路和不交最小割都已求出，因此，可以获得由完备的不交最小路 $DP(1),DP(2),\cdots,DP(n_{DP})$ 和不交最小割 $DC(1),DC(2),\cdots,DC(n_{DC})$ 的结构函数表示的网络 $G=(V,E)$ 的结构函数，分别为

$$\phi(\boldsymbol{x})=\sum_{k=1}^{n_{DP}}\prod_{i\in DP(k,+)}x^{(i)}\prod_{j\in DP(k,-)}\left(1-x^{(j)}\right)\tag{9.66}$$

和

$$\phi(\boldsymbol{x})=1-\sum_{k=1}^{n_{DC}}\prod_{i\in DC(k,+)}x^{(i)}\prod_{j\in DC(k,-)}\left(1-x^{(j)}\right)\tag{9.67}$$

式中，$DP(k,+)$ 和 $DP(k,-)$ 分别为不交最小路 $DP(k)$ 中处于安全状态和处于失效状态的顶点的状态（布尔）变量集；$DC(k,+)$ 和 $DC(k,-)$ 则分别为不交最小割 $DC(k)$ 中处于安全状态和处于失效状态的顶点的状态（布尔）变量集；另外，$DP(1)=P(1)$。

对式（9.66）或式（9.67）定义的结构函数取期望，则得到网络 $G=(V,E)$ 的可靠度：

$$R_G=\sum_{k=1}^{n_{DP}}E\left[\prod_{i\in DP(k,+)}x^{(i)}\prod_{j\in DP(k,-)}\left(1-x^{(j)}\right)\right]\tag{9.68}$$

或

$$R_G=1-\sum_{k=1}^{n_{DC}}E\left[\prod_{i\in DC(k,+)}x^{(i)}\prod_{j\in DC(k,-)}\left(1-x^{(j)}\right)\right]\tag{9.69}$$

对于大型的生命线工程网络，递推分解算法可能无法在可接受的计算时间内求出它的所有不交最小路和不交最小割。但是，由于递推分解算法具有不断地求出新的不交最小路和不交最小割的功能，因此，可以通过设定网络可靠度上下界限的差值 δ，近似计算生命线工程网络的可靠度：

$$\begin{aligned}\tilde{R}_G &= \frac{1}{2}\left(R_{G,U} - R_{G,L}\right) \\ &= \frac{1}{2}\left\{1 - \sum_{k=1}^{\tilde{n}_{DC}} E\left[\prod_{i \in DC(k,+)} x^{(i)} \prod_{j \in DC(k,-)} \left(1 - x^{(j)}\right)\right]\right. \\ &\quad \left. - \sum_{k=1}^{\tilde{n}_{DP}} E\left[\prod_{i \in DP(k,+)} x^{(i)} \prod_{j \in DP(k,-)} \left(1 - x^{(j)}\right)\right]\right\}\end{aligned} \tag{9.70}$$

式中，$\tilde{n}_{DP}$和$\tilde{n}_{DC}$分别为满足可靠度上下界限差值δ条件下的不交最小路和不交最小割数目；$R_{G,U} = 1 - \sum_{k=1}^{\tilde{n}_{DC}} E\left[\prod_{i \in DC(k,+)} x^{(i)} \prod_{j \in DC(k,-)} \left(1 - x^{(j)}\right)\right]$为网络可靠度的上界；$R_{G,L} = \sum_{k=1}^{\tilde{n}_{DP}} E\left[\prod_{i \in DP(k,+)} x^{(i)} \prod_{j \in DP(k,-)} \left(1 - x^{(j)}\right)\right]$为网络可靠度的下界。

显然，式（9.70）给出的生命线工程网络可靠度的计算误差$\varepsilon \leqslant 0.5\delta$。

递推分解算法的运算过程如图 9.5 所示。图中所示的原始网络$G = (V, E)$为具有 4 个顶点的点权网络，它的源点为顶点 1，汇点为顶点 4。在递推分解过程中，原始网络图和子图的最小路都可由宽度优先搜索算法或深度优先搜索算法求出。首先，求出原图$G = (V, E)$的一条最小路$P(1) = DP(1) = 124 \Rightarrow x_1 x_2 x_4$；然后，根据$\overline{P(1)} = \bar{1} + 1\bar{2} + 12\bar{4} = (1 - x_1) + x_1(1 - x_2) + x_1 x_2 (1 - x_4)$分解原图，求出不交最小路$DP(2) = 1\bar{2}34 \Rightarrow x_1(1 - x_2) x_3 x_4$与不交最小割$DC(1) = \bar{1} \Rightarrow (1 - x_1)$和$DC(2) = 12\bar{4} \Rightarrow x_1 x_2 (1 - x_4)$；接下来，基于互斥运算$\overline{34} = \bar{3} + 3\bar{4} \Rightarrow (1 - x_3) + x_3(1 - x_4)$对连通子图$G^{(-x_2)} = \left(V^{(-x_2)}, E\right)$继续进行分解，求出不交最小割$DC(3) = 1\overline{23} \Rightarrow x_1(1 - x_2)(1 - x_3)$和$DC(4) = 1\bar{2}3\bar{4} \Rightarrow x_1(1 - x_2) x_3 (1 - x_4)$，并完成递推分解过程；最终得到原始网络$G = (V, E)$的结构函数：

$$\phi(\boldsymbol{x}) = x_1 x_2 x_4 + x_1(1 - x_2) x_3 x_4 \tag{9.71}$$

和

$$\phi(\boldsymbol{x}) = (1 - x_1) + x_1 x_2 (1 - x_4) + x_1(1 - x_2)(1 - x_3) + x_1(1 - x_2) x_3 (1 - x_4) \tag{9.72}$$

对于边权生命线工程网络系统，将递推分解运算中顶点的状态（布尔）变量替换为边的状态（布尔）变量后，上述递推分解算法依然成立。对于一般赋权生命线工程网络系统，则需要在边权网络的基础上进行递推分解运算，并由 9.2.3 节介绍的改进型 Torrieri 算法构造不交最小路和不交最小割的结构函数。由于改进型 Torrieri 算法不能识别出源点的失效状态，因此，在由不交最小割构造一般赋权生命线工程网络的结构函数时，需要补充源点失效的情况，见式（9.58）。

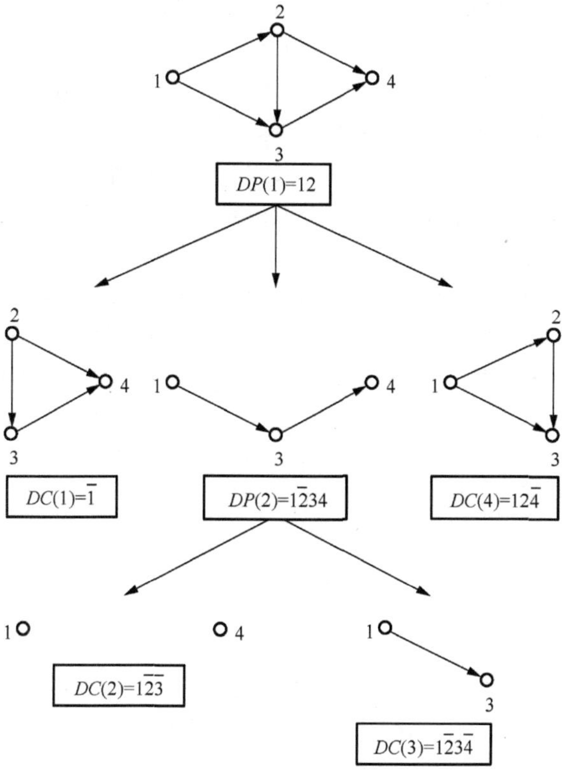

图 9.5 递推分解算法的运算过程

同样地，对于大型边权和一般赋权生命线工程网络系统，可以采用式（9.70）计算系统可靠度的上下界和相应的近似值。

9.4.2 多源点多汇点问题

通常情况下，生命线工程系统的可靠度是灾害发生时或灾害发生后生命线网络从多个源点到多个汇点的连通可靠度，如地震后城市供水管网系统从多个水厂到达多个用户端的连通可靠度。此时，需要计算网络系统的多源点多汇点可靠度。

多源点多汇点网络的最小路定义为系统任一源点到达任一汇点的最小路。多源点多汇点网络最小路的传统计算方法是先求出所有源点到达所有汇点的所有最小路，然后集合成网络系统的路径集。由于多个源点和多个汇点在网络系统中是相互连接的，按传统方法求出的路径集中的某些路径并不是最小路，因此，还需要对求出的路径进行吸收归并运算，最终形成真正的（完全）最小路集。

然而，在递推分解算法中，每求出一个不交路径后，都要立刻对其发生概率进行累加计算，然后删除它，没有机会对不同的路径进行吸收归并运算，因此，必须保证求出的每个路径都是多源点多汇点网络系统的真实最小路。

对于传统方法导致的多源点多汇点网络系统的伪最小路问题，可通过增设一个单向连接各源点或汇点的虚拟顶点的方法来解决：在多源点情况下，连接虚拟顶点和源点的边单向指向源点；在多汇点情况下，连接虚拟顶点和汇点的边单向指向虚拟顶点。设置的虚拟顶点和虚拟单向边是完全安全的，即它们的可靠度恒为 1，而且它们不参加递推分解运算，只起到连接系统源点或汇点的作用。设置虚拟顶点后，递推分解算法计算的两虚拟顶点的两终端可靠度即为原系统的多源点多汇点系统可靠度。

以图 9.6 中的两源点单汇点边权网络系统为例。系统的两个源点分别为顶点 S_1 和 S_2，汇点为顶点 T，增设的单向指向两个源点的虚拟顶点为 S。不设虚拟顶点 S 时，对于源点 S_1，最小路集为 $\{1,32\}$，对于源点 S_2，最小路集为 $\{2\}$，由吸收律和不交型积之和定理，该网络系统以边变量表示的结构函数为

$$\begin{aligned}\phi(G)&=1\cup 32\cup 2\\&=1\cup 2\\&=1+\overline{1}2\\&=x_1+(1-x_1)x_2\end{aligned}\tag{9.73}$$

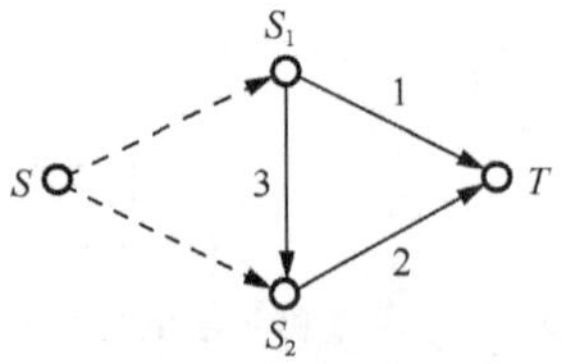

图 9.6　两源点单汇点边权网络系统及虚拟顶点

增设虚拟顶点 S 后，根据递推分解算法，从虚拟顶点 S 到汇点 T 的以边变量表示的系统结构函数为

$$\begin{aligned}\phi(G)&=1+\overline{1}\cdot\phi\left(G^{(-1)}\right)\\&=1+\overline{1}\cdot\left[2+\overline{2}\cdot\phi\left(G^{(-1-2)}\right)\right]\\&=1+\overline{1}2\\&=x_1+(1-x_1)x_2\end{aligned}\tag{9.74}$$

通过比较式（9.73）和式（9.74）可知，由递推分解算法给出的从虚拟顶点 S 到汇点 T 的结构函数与由传统方法给出的从源点 S_1 和 S_2 到汇点 T 的结构函数是一致的。

容易证明，增设虚拟顶点的方法对于多源点多汇点的（点权、边权和一般赋权）生命线网络系统都是适用的。

例题 9.4 考虑图 9.3 所示的 6 个顶点 11 条边的有向网络图，网络的源点和汇点分别为顶点 4 和顶点 6。

分别假设该网络为独立失效点权（ID-N）、独立失效边权（ID-E）、独立失效一般赋权（ID-G）、相依失效点权（D-N）、相依失效边权（D-E）和相依失效一般赋权（D-G）网络。网络顶点和边所对应的极限状态函数 $Z_i = R_i - S_i\left(i=1,2,\cdots,17\right)$ 的 CDF 为 $F_{Z_i}\left(z_i\right)$，因此，网络顶点和边的可靠度 $r_i = 1 - F_{Z_i}\left(0\right)$。极限状态函数 $Z_i = R_i - S_i\left(i=1,2,\cdots,17\right)$ 的 jCDF 由 Gumbel-Hougaard Copula 函数定义：

$$F_{Z_1 Z_2 \cdots Z_{17}}\left(z_1, z_2, \cdots, z_{17}\right) = \mathrm{e}^{-\left[\left(-\ln u_1\right)^{\theta} + \left(-\ln u_2\right)^{\theta} + \cdots + \left(-\ln u_{17}\right)^{\theta}\right]^{\frac{1}{\theta}}}$$

式中，$u_i = F_{Z_i}\left(z_i\right), i=1,2,\cdots,17$；参数 $\theta \geqslant 1$ 度量了极限状态函数的相依程度：当 $\theta=1$ 时，$Z_i\left(i=1,2,\cdots,17\right)$ 相互独立，而当 $\theta=\infty$ 时，$Z_i\left(i=1,2,\cdots,17\right)$ 完全相依。

表 9.2 给出了 6 种网络的元件可靠度和 Copula 模型参数。

表 9.2　网络图 9.3 的元件可靠度和元件极限状态函数 Copula 模型的参数

元件可靠度		D-G（θ=2）	ID-G（θ=1）	D-N（θ=2）	ID-N（θ=1）	D-E（θ=2）	ID-E（θ=1）
顶点	1	0.99	0.99	0.99	0.99		
	2	0.98	0.98	0.98	0.98		
	3	0.97	0.97	0.97	0.97		
	4	0.96	0.96	0.96	0.96		
	5	0.95	0.95	0.95	0.95		
	6	0.94	0.94	0.94	0.94		
边	1	0.99	0.99			0.99	0.99
	2	0.98	0.98			0.98	0.98
	3	0.97	0.97			0.97	0.97
	4	0.96	0.96			0.96	0.96
	5	0.95	0.95			0.95	0.95
	6	0.94	0.94			0.94	0.94
	7	0.93	0.93			0.93	0.93
	8	0.92	0.92			0.92	0.92
	9	0.91	0.91			0.91	0.91
	10	0.90	0.90			0.90	0.90
	11	0.89	0.89			0.89	0.89

由递推分解算法计算的网络可靠度列于表 9.3 中。由于该网络的规模较小，递推分解算法很容易求出所有的不交最小路和不交最小割，精确计算网络可靠度。另外，表 9.3 也表明，由递推分解算法求出的边权、点权和一般赋权网络的不交

最小路数目与由传统的不交最小路方法求出的不交最小路数目是一致的（见例题 9.1～例题 9.3）。

表 9.3　递推分解算法计算结果

网络类型	$R_{G,U}$	$R_{G,L}$	R_G	n_{DP}	n_{DC}
D-G	0.915140	0.915140	0.915140	10	14
ID-G	0.889892	0.889892	0.889892	10	14
D-N	0.927549	0.927549	0.927549	2	1
ID-N	0.901046	0.901046	0.901046	2	1
D-E	0.946772	0.946772	0.946772	10	14
ID-E	0.993104	0.993104	0.993104	10	14

例题 9.5 图 9.7 所示为 20 世纪 90 年代的上海主干供水管网系统图（管径大于 500 mm）。图 9.7 中的浦西地区主干供水管网系统有 434 个顶点和 742 条边，有 8 座水厂（源点），分别由顶点 1、52、126、242、379、380、381 和 382 表示。由于地下管道的地震可靠度远小于地上设施和建筑的地震可靠度，因此，假设浦西主干供水管网为边权网络系统。另外，由于浦西主干供水管网具有 8 个源点（水厂），因此，在计算从 8 个源点到指定用户的可靠度时，增设虚拟顶点 435，并通过 8 条分别指向 8 个源点的完全可靠的有向边，将该虚拟顶点与 8 个源点相连接。

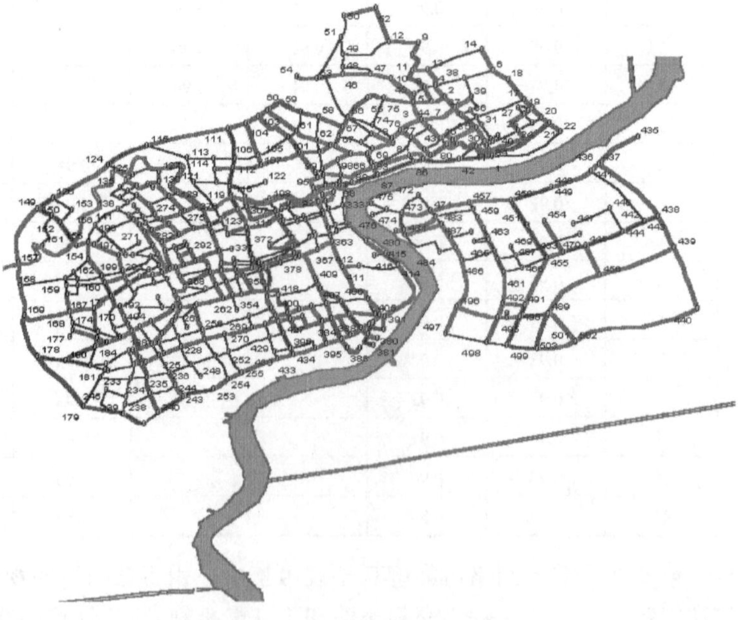

图 9.7　上海主干供水管网

令地下管道的严重破坏事件为失效状态事件，考虑地震行波和地基不均匀沉降作用，可计算出 50 年超越概率为 10%的地震作用的浦西主干供水管网的失效概率[170, 176]。假设地下管网的地震失效为统计独立的。

由于浦西主干供水管网过于庞大和复杂，递推分解算法无法在可接受的计算时间内求出它的所有不交最小路和不交最小割，因此，设定可靠度上下界限的差值 $\delta = 0.01\%$，计算满足设定计算误差的网络可靠度近似值 $\tilde{R}_G$。

表 9.4 给出了浦西主干供水管网从源点（水厂）到部分汇点（用户端）的地震可靠度计算结果。从计算结果来看，在所有的用户端中，大约 16%的网络地震可靠度在 0.9 之上，49%的网络地震可靠度在 0.7～0.9，其余的网络地震可靠度低于 0.7。

表 9.4 上海市浦西主干供水管网地震可靠度计算结果

汇点	45	65	120	200	258	290	425
$\tilde{R}_G$	0.950964	0.825653	0.773250	0.664123	0.509791	0.477885	0.692535

9.4.3 选择性递推分解算法

朴素的递推分解算法采用宽度优先算法或深度优先算法求解原图和子图的最小路，求出的是原图和子图的含有最少系统元件（网络的边）的最小路，而不是原图和子图的可靠度（发生概率）最大的最小路，即最可靠路径。因此，朴素的递推分解算法不能按照发生概率从大到小的顺序求出原图的不交最小路和不交最小割，不能使（大型）生命线工程网络系统可靠度的上下界限以最快的速度收敛。

为了按照发生概率从大到小的顺序求出原图的不交最小路和不交最小割，Lim 和 Song 对朴素的递推分解算法进行了两点改进[171]：①用改进的迪杰斯特拉算法替换宽度优先算法或深度优先算法来求解原图和子图的最可靠（最小）路经；②按布尔变量串（系数）发生概率从大到小的顺序选择进行分解的子图。其中的关键改进是将迪杰斯特拉算法[159,177]引入递推分解算法，以便尽可能快地求出原图的发生概率更大的那些不交最小路和不交最小割。

图 9.8 表示了改进的迪杰斯特拉算法求解点权网络最可靠路径的计算过程。在计算过程中（在任一中间时间步），网络顶点将分为 S（永久标记）组和 $\bar{S}$（临时标记）组。当路径可靠度标签 $r(i)$（即源点到顶点 i 的最可靠路径可靠度的下界限）被永久确定时，顶点 i 被永久标记。被临时标记顶点的路径可靠度标签会在未来的时间步被不断更新，直到它们也被永久标记。

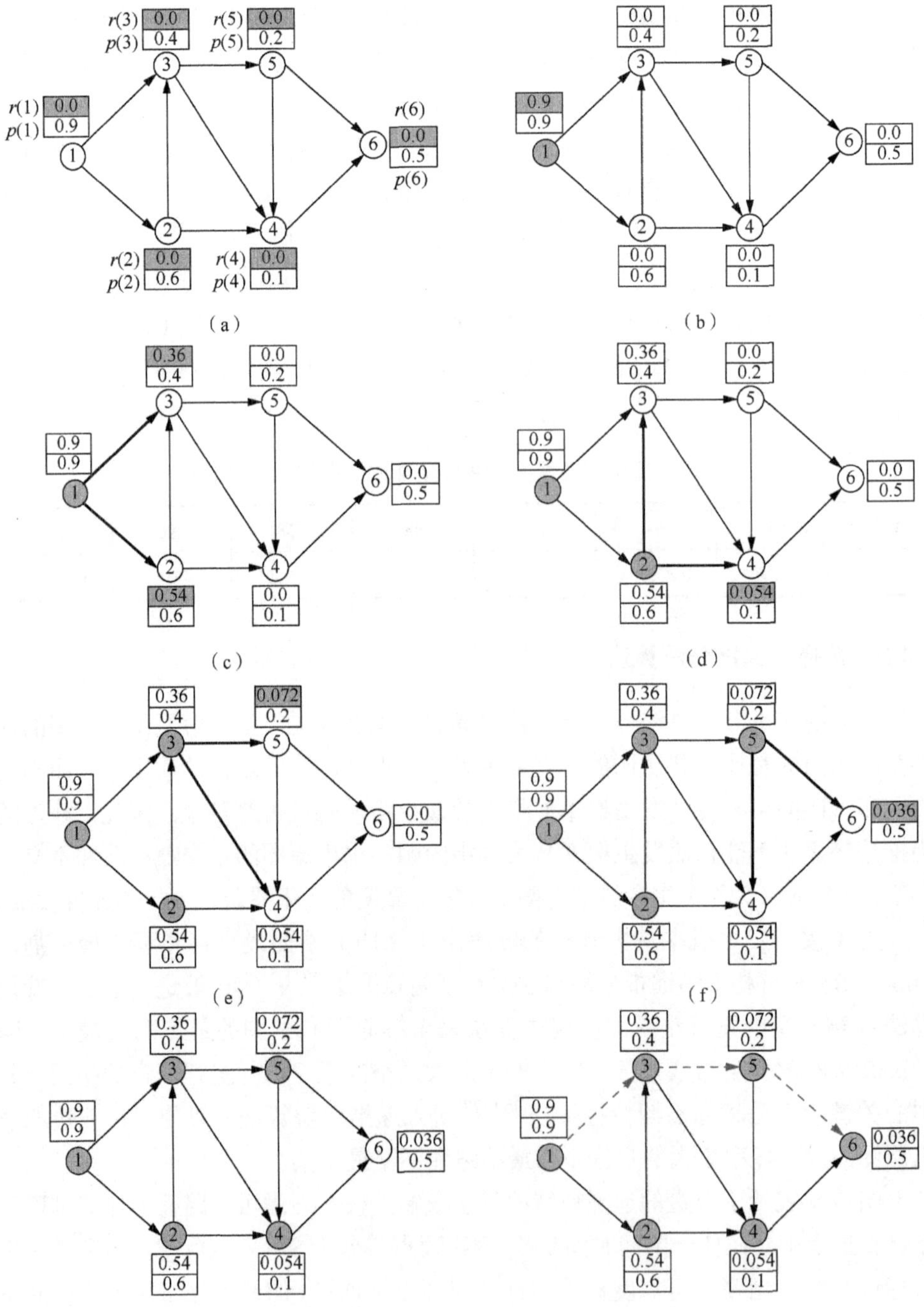

图 9.8　最可靠路径求解方法示意图[171]

例如，在图 9.8（a）表示的第一步，所有的路径可靠度标签$r(i)$都被初始化为零且没有顶点被永久标记（被永久标记的顶点和被临时标记的顶点分别由实心圆和空心圆表示）。接下来，对于源点 1，由于没有可能进一步更新当前顶点的路径可靠度下界限，因此，用当前顶点的可靠度$p(1)$永久地标记$r(1)$，如图 9.8（b）所示。对于图 9.8（c）～图 9.8（g）所示的各个时间步，由路径上顶点可靠度的乘积计算从源点到其每个相邻顶点的路径可靠度，从而找到路径可靠度最大的临时标记顶点。例如，在图 9.8（c）中，由于路径 12 的可靠度大于路径 13 的可靠度，因此选择顶点 2。在此过程中，只有当新计算的路径可靠度大于前一个标记值时，才更新路径可靠度$r(i)$。当所有的入边都被考虑了后，相应的顶点将被永久标记。当所有的顶点都属于S组时，运算结束，并通过回溯标签轨迹识别从源点到达汇点的最可靠路径，如图 9.8（h）所示。

由于改进的迪杰斯特拉算法由元件可靠度的乘积近似估计路径可靠度，因此，如果网络元件失效的统计相依性较大的话，由该算法计算出的路径不一定是最可靠的。但是，对于元件失效是正相关的情况，总体上来说，改进的迪杰斯特拉算法能够先找到可靠度最大的那些路径。对于求出的不交最小路和不交最小割，则考虑元件失效的统计相依性，计算它们的发生概率。

为了加速网络可靠度上下界限的收敛速度，还需要在每一级分解前选择出对提高网络可靠度上下界限的收敛速度贡献最大的（待分解）子图。选择性递推分解算法采用的策略是选择式（9.50）中具有最大期望值的布尔变量串系数所对应的子图作为待分解子图。如果待分解子图不存在从源点到达汇点的路径，则将对应的布尔变量串作为当前分解级求出的发生概率最大的不交最小路的结构函数；相反，如果待分解子图具有任意一条从源点到达汇点的路径，则将该子图选择为分解子图，由改进的迪杰斯特拉算法求出它的最可靠路径，加入下一级分解运算。

对于图 9.9 所示的由 20 个顶点型设施和 36 个边型设施构成的假想的生命线工程无向网络系统，文献[171]分别采用朴素的递推分解算法和选择性递推分解算法计算了从顶点 1 到顶点 20 的网络震后连通可靠度。图 9.10 对比了朴素的递推分解算法和选择性递推分解算法的可靠度上下界限的收敛率。图 9.10 中的可靠度上下界限曲线表明，对于所考虑的生命线工程网络系统，选择性递推分解算法显著提高了朴素的递推分解算法的收敛速度。

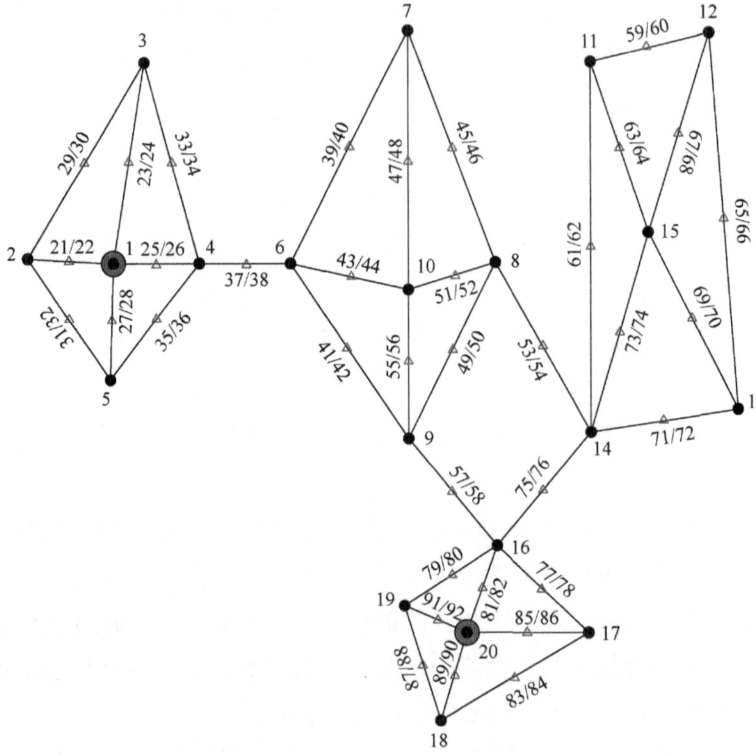

图 9.9　具有 20 个顶点型设施和 36 个边型设施的无向网络系统[171]

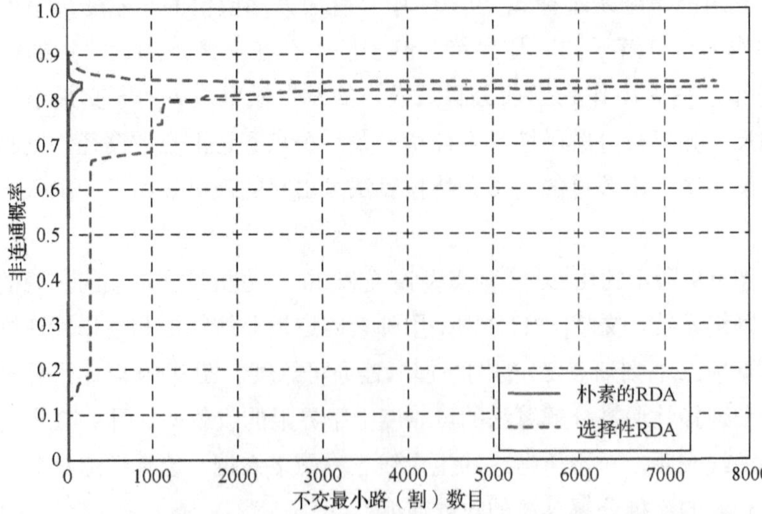

图 9.10　朴素的递推分解算法和选择性递推分解算法的可靠度上下界限的收敛率对比[171]

9.4.4 推广的递推分解算法

朴素的递推分解算法和选择性递推分解算法适用于统计独立和相依失效大型生命线工程网络系统的静力可靠度计算，而接下来介绍的推广的递推分解算法则可以计算相依失效大型生命线工程网络系统的动力可靠度。

推广的递推分解算法对朴素的递推分解算法和选择性递推分解算法进行了 3 个方面的改进[173]：①基于随机过程的极值分析计算生命线单体结构、设备或设施的动力可靠度；②利用多元 Gumbel-Hougaard Copula 函数估计生命线单体结构、设备或设施的联合失效概率；③在充分考虑生命线单体结构、设备或设施失效相依性的基础上求解原图及子图的最可靠路径。

根据第 7 章介绍的结构首次穿越失效分析，生命线工程网络系统中顶点型和边型单体结构、设备或设施的动力可靠度分别为

$$\begin{aligned} r_i &= E(x_i) \\ &= 1 - P\left\{\exists \tau \in [0,T]: X_i(\tau) > b_i\right\} \\ &= P\left[\max_{0 \leqslant \tau \leqslant T} X_i(\tau) \leqslant b_i\right] \\ &= P(Z_i \leqslant b_i) \\ &= F_{Z_i}(b_i) \end{aligned} \tag{9.75}$$

和

$$\begin{aligned} r_j &= E(y_j) \\ &= 1 - P\left\{\exists \tau \in [0,T]: Y_j(\tau) > b_{m+j}\right\} \\ &= P\left[\max_{0 \leqslant \tau \leqslant T} Y_j(\tau) \leqslant b_{m+j}\right] \\ &= P(Z_{m+j} \leqslant b_{m+j}) \\ &= F_{Z_{m+j}}(b_{m+j}) \end{aligned} \tag{9.76}$$

式中，$X_i(\tau)(i=1,2,\cdots,m)$ 和 $Y_j(\tau)(j=1,2,\cdots,n)$ 分别为顶点型和边型单体结构、设备或设施的随机响应过程；$b_i(i=1,2,\cdots,m)$ 和 $b_{m+j}(j=1,2,\cdots,n)$ 分别为顶点型和边型单体结构、设备或设施对应于响应 $X_i(\tau)$ 和 $Y_j(\tau)$ 的安全域界限（阈值）；$Z_i = \max\limits_{0 \leqslant \tau \leqslant T} X_i(\tau)$ 和 $Z_{m+j} = \max\limits_{0 \leqslant \tau \leqslant T} Y_j(\tau)$ 分别为随机过程 $X_i(\tau)$ 和 $Y_j(\tau)$ 在时间区间 $[0,T]$ 内的最大值（极值响应）；$F_{Z_i}(z_i)$ 和 $F_{Z_{m+j}}(z_{m+j})$ 分别为极值响应 Z_i 和 Z_{m+j} 的 CDF。

极值响应分布 $F_{Z_i}(z_i)(i=1,2,\cdots,m+n)$ 可以为第 7 章介绍的移位广义对数正态分布或广义极值分布，但是，无论采用哪种分布模型来描述 $F_{Z_i}(z_i)$，都需要先

获得极值响应 Z_i 的 N 个样本，再由矩方法或两支撑点方法估计分布 $F_{Z_i}(z_i)$ 的模型参数。样本容量 N 的大小则由拟估计的极值分布 $F_{Z_i}(z_i)$ 的尾部位置决定，当拟估计的超越概率 $P(Z_i > b_i)$ 在 $\left[10^{-4},10^{-6}\right]$ 区间内时，样本容量 N 一般可取为 2000 左右。这些响应样本也将用于估计极值响应 $Z_i\,(i=1,2,\cdots,m+n)$ 联合分布的参数。

在确定了边际分布 $F_{Z_i}(z_i)(i=1,2,\cdots,m+n)$ 后，采用 Gumbel-Hougaard Copula 函数构建极值响应 $Z_i\,(i=1,2,\cdots,m+n)$ 的 jCDF：

$$F_{Z_1Z_2\cdots Z_{m+n}}(z_1,z_2,\cdots,z_{m+n}) = \mathrm{e}^{-\left[(-\ln u_1)^\theta+(-\ln u_2)^\theta+\cdots+(-\ln u_{n+m})^\theta\right]^{\frac{1}{\theta}}} \tag{9.77}$$

式中，$u_i = F_{Z_i}(z_i), i=1,2,\cdots,m+n$。

Copula 参数 θ 则由整体 Kendall 秩相关系数 $\tau(\theta)$ 和样本 Kendall 秩相关系数 $\hat{\tau}$ 的等价关系 $\tau(\theta)=\hat{\tau}$ 经计算获得。整体 Kendall 秩相关系数 $\tau(\theta)$ 和样本 Kendall 秩相关系数 $\hat{\tau}$ 的计算公式分别为

$$\tau(\theta)=\frac{1}{2^{m+n-1}-1}\left\{-1+2^{m+n-1}\sum \mathbb{C}_{m_1,m_2,\ldots,m_n}\frac{(M-1)!}{(m+n-1)!}\left(\frac{1}{2\theta}\right)^{M-1}\cdot\prod_{q=1}^{m+n}\left[\frac{\Gamma\left(q-\frac{1}{\theta}\right)}{\Gamma\left(1-\frac{1}{\theta}\right)}\right]^{m_q}\right\} \tag{9.78}$$

和

$$\hat{\tau}=\frac{1}{2^{m+n-1}-1}\left[-1+\frac{2^{m+n}}{N(N-1)}\sum_{i\neq j} I\left(z_i \leqslant z_j\right)\right] \tag{9.79}$$

式中，$\mathbb{C}_{m_1,m_2,\ldots,m_n}=(m+n)!/(m_1!m_2!\cdots m_{m+n}!)\cdot 1/\left\{(1!)^{m_1}(2!)^{m_2}\cdots\left[(m+n)!\right]^{m_{m+n}}\right\}$；$M=m_1+m_2+\cdots+m_{m+n}$，其中 m_i 的定义见式（2.98）的说明。

当生命线单体结构、设备或设施的数目 $n+m\leqslant 60$ 时，由等价关系 $\tau(\theta)=\hat{\tau}$ 和式(9.79)可以容易求出 Copula 参数 θ 满足条件 $\theta\geqslant 1$ 的数值解。但是，当 $n+m>60$ 时，非线性方程 $\tau(\theta)=\hat{\tau}$ 的求解并不容易，计算时间可能变得特别长。因此，对于 $n+m>60$ 的高维情况，建议采用拟合公式计算 Copula 参数 θ 的近似值 $\hat{\theta}$：

$$\hat{\theta}=a\mathrm{e}^{-\frac{m+n}{b}}+c \tag{9.80}$$

式中，a、b 和 c 均为拟合系数。

拟合系数 a、b 和 c 的取值依赖于样本 Kendall 秩相关系数 $\hat{\tau}$，具体数值见表 9.5。表 9.5 中的系数值是在 $n+m\in[10,35]$ 的情况下获得的，但对于 $n+m$ 不大于 150 的情况，一般能够保证拟合公式（9.80）具有足够的计算精度[178]。

表 9.5 拟合系数 a 、b 和 c 的取值

$\hat{\tau}$	a	b	c	$\hat{\tau}$	a	b	c
0.01	−0.2455	43.2120	1.2250	0.50	−2.6052	19.5042	4.2661
0.05	−0.5543	24.5753	1.5080	0.55	−2.9695	19.4590	4.8130
0.10	−0.7995	21.8107	1.7707	0.60	−3.4134	19.4237	5.4857
0.15	−1.0029	20.8452	2.0123	0.65	−3.9723	19.3952	6.3392
0.20	−1.1937	20.3580	2.2544	0.70	−4.7047	19.3733	7.4648
0.25	−1.3844	20.0636	2.5076	0.75	−5.7157	19.3560	9.0267
0.30	−1.5830	19.8709	2.7805	0.80	−7.2151	19.3431	11.3528
0.35	−1.7965	19.7345	3.0816	0.85	−9.6921	19.3322	15.2081
0.40	−2.0319	19.6359	3.4206	0.90	−14.6148	19.3247	22.8875
0.45	−2.2978	19.5615	3.8098	0.95	−29.3210	19.3218	45.8658

在由式（9.77）建立了极值响应 $Z_i\left(i=1,2,\cdots,m+n\right)$ 的 jCDF 后，可以利用式（9.60）计算递推分解出的不交最小路和不交最小割的发生概率。在具体使用式（9.60）时，需要进行 2 个简单变换[173]：①由于在首次穿越失效模式下，$Z_i \leqslant b_i$ 代表安全状态，$Z_i > b_i$ 代表失效状态，因此，此时式（9.60）中的 O_x（O_y）和 F_x（F_y）应该分别是处于失效状态和安全状态的点（边）数目；②式（9.60）中的安全域界限“0”应该被替换为阈值 $b_i\left(i=1,2,\cdots,m\right)$ 和 $b_{m+j}\left(j=1,2,\cdots,n\right)$。

基于生命线单体结构、设备或设施极值响应联合概率分布的 Gumbel-Hougaard Copula 函数模型，可以在充分考虑失效相依性的基础上求解生命线网络及子图的最可靠路径。以网络图 $G=\left(V,E\right)$ 为例，其最可靠路径 p 的结构函数可以表示为

$$\eta_p\left(\boldsymbol{x},\boldsymbol{y}\right)=\prod_{i\in \boldsymbol{i}_p} x_i \prod_{j\in \boldsymbol{j}_p} y_j \tag{9.81}$$

式中，$\boldsymbol{i}_p$ 和 $\boldsymbol{j}_p$ 分别为顶点型和边型结构、设备或设施状态变量序号的集合。

根据式（9.77）定义的网络 $G=\left(V,E\right)$ 元件极值响应的 jCDF，可将路径 p 的发生概率写为

$$\begin{aligned} E\left[\eta_p\left(\boldsymbol{x},\boldsymbol{y}\right)\right] &= E\left[\prod_{i\in \boldsymbol{i}_p} x_i \prod_{j\in \boldsymbol{j}_p} y_j\right] \\ &= \mathrm{e}^{-\sum\limits_{i\in \boldsymbol{i}_p}\left(-\ln u_i\right)^{\theta}-\sum\limits_{j\in \boldsymbol{j}_p}\left(-\ln u_j\right)^{\theta}-\left(-\ln 1\right)^{\theta}-\cdots-\left(-\ln 1\right)^{\theta}} \\ &= \mathrm{e}^{-\sum\limits_{i\in \boldsymbol{i}_p}\left(-\ln u_i\right)^{\theta}-\sum\limits_{j\in \boldsymbol{j}_p}\left(-\ln u_j\right)^{\theta}} \end{aligned} \tag{9.82}$$

式中，$u_i = F_{Z_i}(b_i), i \in i_p$ 和 $u_j = F_{Z_j}(b_j), j \in j_p$ 分别为顶点型和边型结构、设备或设施的动力可靠度。

式（9.82）表明，网络 $G=(V,E)$ 的最可靠路径必须是网络 $G=(V,E)$ 中使 $\sum_{i\in i_p}(-\ln u_i)^\theta + \sum_{j\in j_p}(-\ln u_j)^\theta$ 取最小值的那个路径。因此，通过重新将权 $(-\ln u_i)^\theta$ $(i=1,2,\cdots,m)$ 和 $(-\ln u_j)^\theta$ $(j=m+1,m+2,\cdots,m+n)$ 赋予网络 $G=(V,E)$ 中的顶点和边，可以通过改进迪杰斯特拉算法来求解相依失效网络 $G=(V,E)$ 的最可靠路径。

以图 9.11（a）所示的一般赋权有向网络为例。该网络具有 $m=6$ 个顶点和 $n=9$ 条边，源点和汇点分别为顶点 1 和顶点 6。假设网络 6 个顶点（元件）的动力可靠度依次为 $u_1=0.95$、$u_2=0.85$、$u_3=0.80$、$u_4=0.70$、$u_5=0.75$ 和 $u_6=0.90$，网络 9 条边（元件）具有相同的动力可靠度 $u_j=0.95(j=7,8,\cdots,15)$，定义 17 个系统元件极值响应联合分布的 Gumbel-Hougaard Copula 函数的模型 $\theta=2$。采用改进的迪杰斯特拉算法求解图 9.11（a）所示网络的运算过程如图 9.11（b）～（g）所示。在图 9.11（b）～（g）中，被标记 $\inf = 9999$ 的顶点为未被搜索到的顶点，被小于 $\inf = 9999$ 的数值标记的顶点为已被搜索的顶点，该数值为从源点到当前顶点的路径的可靠度，其数值大小为 $\sum_{i\in i'_p}(-\ln u_i)^\theta + \sum_{j\in j'_p}(-\ln u_j)^\theta$，式中的 i'_p 和 j'_p 分别为从源点到当前顶点的路径上的顶点和边的序号集，虚线圆和虚线代表可能不属于最可靠路径的顶点和边，实线圆和实线则代表可能属于最可靠路径的顶点和边。当汇点被小于 $\inf = 9999$ 的数值标记后，通过路径回溯可以确定最可靠路径。对于图 9.11（a）所示的网络，图 9.11（g）显示最可靠路径经过顶点 1、顶点 3、顶点 5 和顶点 6。

应该注意到，如果图 9.11（a）是原生命线网络的分解子图，而且在式（9.65）中与其对应的结构函数前的系数中含有该子图某些顶点和边的状态变量，那么，在采用改进的迪杰斯特拉算法求解图 9.11（a）的最可靠路径时，这些顶点和边的可靠度应设定为 1。另外，在相依失效的情况下，由子图最可靠路径形成的原图的不交最小路的发生概率有可能小于由子图最短路径形成的原图的不交最小路的发生概率，因此进行了最可靠路径选择的递推分解算法的收敛率是有可能小于朴素的递推分解算法的收敛率的。

至于（待分解）子图的选择，推广的递推分解算法沿用了选择性递推分解算法的策略，即选择式（9.65）中具有最大期望值的布尔变量串系数所对应的子图作为待分解子图。同样地，在失效相依的情况下，这种（待分解）子图的选择策略不一定能够提高递推分解算法的收敛率。

上述推广的递推分解算法也适用于元件失效独立的生命线工程网络系统，还可以退化到点权或边权生命线工程网络系统的情况。

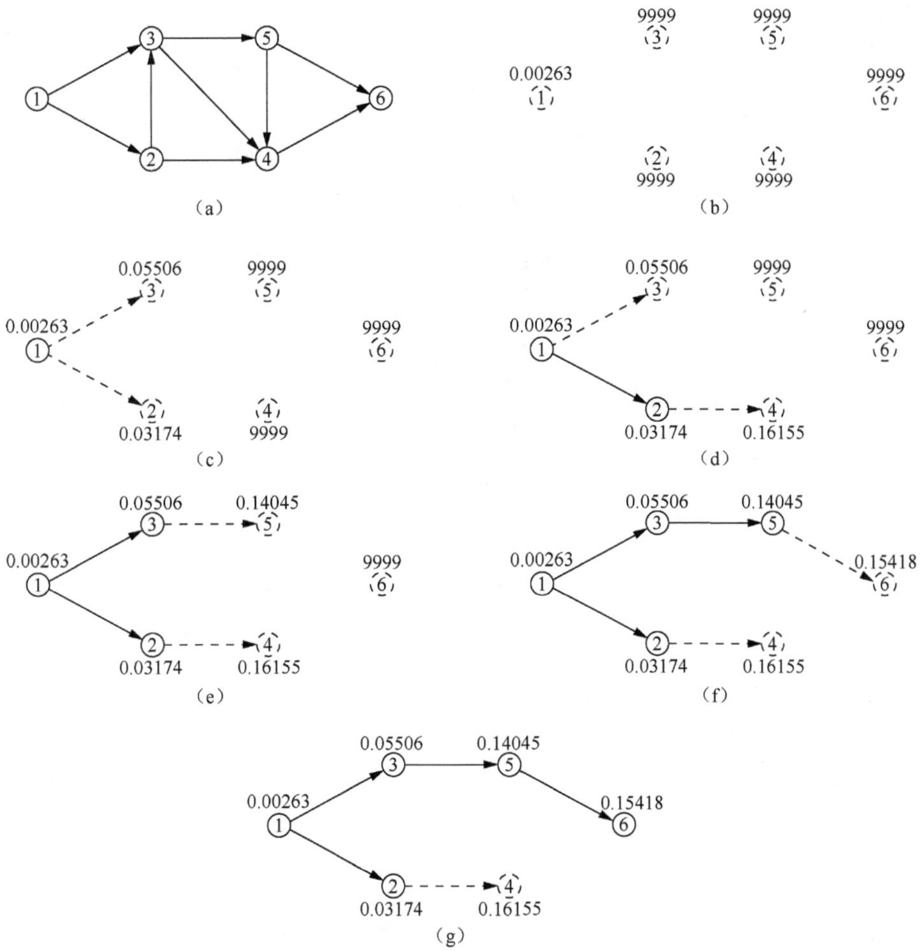

图 9.11 充分考虑失效相依性的最可靠路径求解过程

例题 9.6 图 9.12 所示为某一假想的输电工程网络系统，其中的 24 个顶点代表 24 个输电塔，38 条边代表 38 条输电线，细实线和粗实线表示相应的输电线分别为软母线和硬母线，由软母线连接的输电塔之间的动力相互作用较小，可以忽略不计，而由硬母线连接的输电塔之间的动力相互作用较大，不可忽略。令该输电工程网络的源点和汇点分别为顶点 1 和顶点 24。

为了简化输电塔的地震响应计算，假设可以将输电塔简化为广义单自由度系统，因此，地震作用下考虑相互作用的输电塔的运动方程为[164-165]

$$\boldsymbol{M}\ddot{\boldsymbol{X}}+\boldsymbol{C}\dot{\boldsymbol{X}}+\boldsymbol{F}_S\left(\boldsymbol{X},\dot{\boldsymbol{X}},\boldsymbol{Z}\right)=-\boldsymbol{L}\ddot{U}_g\left(t\right)$$

其中，

$$\boldsymbol{X}=\begin{bmatrix} X_i(t) \\ X_j(t) \end{bmatrix}$$

$$\boldsymbol{M}=\begin{bmatrix} m_i & 0 \\ 0 & m_j \end{bmatrix}$$

$$\boldsymbol{C}=\begin{bmatrix} c_i+c_0 & -c_0 \\ -c_0 & c_j+c_0 \end{bmatrix}$$

$$\boldsymbol{F}_S\left(\boldsymbol{X},\dot{\boldsymbol{X}},\boldsymbol{Z}\right)=\begin{bmatrix} k_iX_i(t)-f_S\left[\Delta X(t),\Delta\dot{X}(t),Z(t)\right] \\ k_jX_j(t)-f_S\left[\Delta X(t),\Delta\dot{X}(t),Z(t)\right] \end{bmatrix}$$

$$\boldsymbol{L}=\begin{bmatrix} l_i \\ l_j \end{bmatrix}$$

式中，$\boldsymbol{X}$ 为由 $X_i(t)$ 和 $X_j(t)$ 组成的向量；$\dot{\boldsymbol{X}}$ 和 $\ddot{\boldsymbol{X}}$ 分别为 $\boldsymbol{X}$ 关于 t 的一阶和二阶导数；$\ddot{U}_g(t)$ 为基底加速度；$X_i(t)$ 和 $X_j(t)$ 分别为第 i 个和第 j 个存在相互作用的输电塔顶端相对于基底的位移响应；$\Delta X(t)=X_j(t)-X_i(t)$ 为第 i 个和第 j 个输电塔顶端的相对位移响应；m_s、c_s、k_s 和 $l_s\,(s=i,j)$ 分别为第 i 个和第 j 个输电塔广义单自由度系统模型的质量、阻尼系数、刚度和外部惯性力系数；c_0 为连接第 i 个和第 j 个输电塔的硬母线的黏滞阻尼系数；$f_S\left[\Delta X(t),\Delta\dot{X}(t),Z(t)\right]$ 为第 i 个和第 j 个输电塔之间的恢复力，其值由 Bouc-Wen 模型计算：

$$f_S\left[\Delta X(t),\Delta\dot{X}(t),Z(t)\right]=\alpha k_0\Delta X(t)+(1-\alpha)k_0Z(t)$$

$$\dot{Z}(t)=\Delta\dot{X}(t)\left\{A-\left|Z(t)\right|^n\left[\beta+\gamma\mathrm{sgn}\left(\Delta\dot{X}(t)Z(t)\right)\right]\right\}$$

其中的参数取值为 $\alpha=0.206$、$A=1.0$、$n=1.0$、$\beta=0.175$ 和 $\gamma=0.176$。

不考虑相互作用的输电塔的运动方程为

$$m_k\ddot{X}_k+c_k\dot{X}_k+k_kX_k=-l_k\ddot{U}_g(t)$$

其中符号的意义与考虑相互作用的输电塔运动方程中符号的意义一致。

地面运动加速度过程 $\ddot{U}_g(t)$ 为由金井清-田治见宏功率谱模型定义的零均值平稳高斯过程，持续时间 $T=20\,\mathrm{s}$，其双边功率谱密度函数为

$$S_{\text{T-K}}(\omega)=\frac{\omega_g^4+4\omega_g^2\zeta_g^2\omega^2}{\left(\omega_g^2-\omega^2\right)^2+4\omega_g^2\zeta_g^2\omega^2}S_0$$

式中，$\omega_g = 15.6\text{rad/s}$、$\zeta_g = 0.6$ 和 $S_0 = 156\text{cm}^2/\text{s}^3$。

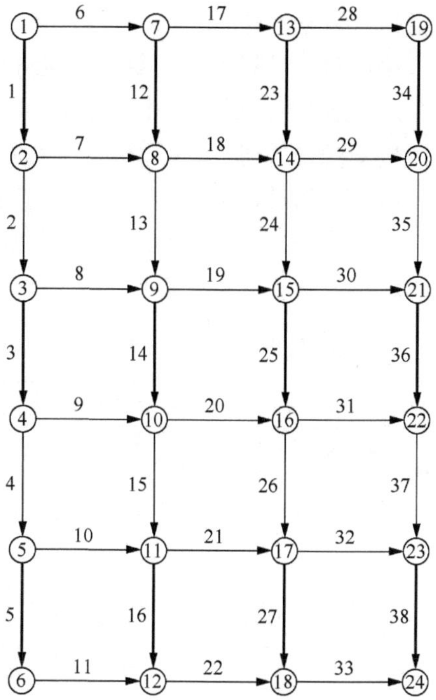

图 9.12 格栅型一般赋权生命线工程网络系统

假设输电塔具有相同参数 $k_0 = 25.7\text{kN/m}$、$c_0 = 0$ 和 $\zeta_i = c_i \Big/ \left(2\sqrt{m_i k_i}\right) = 0.02$ $(i = 1, 2, \cdots, 24)$。为了避免出现完全相依失效的情况，令输电塔的等价质量 $m_i\,(i = 1, 2, \cdots, 24)$ 和刚度 $k_i\,(i = 1, 2, \cdots, 24)$ 各不相同，具体数值列于表 9.6 中。需要注意的是，参数 $l_i = m_i\,(i = 1, 2, \cdots, 24)$。

令输电塔顶端相对于基底的位移绝对值响应的极值为 $X_i\,(i = 1, 2, \cdots, 24)$，以及相邻输电塔顶端的相对位移绝对值响应的极值为 $Y_j\,(j = 1, 2, \cdots, 38)$。采用广义极值分布建立极值响应 $X_i\,(i = 1, 2, \cdots, 24)$ 和 $Y_j\,(j = 1, 2, \cdots, 38)$ 的分布模型。由蒙特卡洛方法生成 2000 个 $X_i\,(i = 1, 2, \cdots, 24)$ 和 $Y_j\,(j = 1, 2, \cdots, 38)$ 的样本，基于生成的响应样本，利用最大似然法估计各极值响应的广义极值分布模型参数 (μ, σ, ξ)，参数估计值列于表 9.7 中。基于 2000 个极值响应样本估计的极值 $X_i\,(i = 1, 2, \cdots, 24)$ 和 $Y_j\,(j = 1, 2, \cdots, 38)$ 的样本 Kendall 秩相关系数 $\hat{\tau} = 0.003480$，由此（通过求解非线性方程 $\tau(\theta) = \hat{\tau}$）计算出定义极值响应 $X_i\,(i = 1, 2, \cdots, 24)$ 和 $Y_j\,(j = 1, 2, \cdots, 38)$ 联合分布的 Gumbel-Hougaard Copula 函数的模型参数 $\theta = 1.078$。

对应于极值 $X_i\left(i=1,2,\cdots,24\right)$ 和 $Y_j\left(j=1,2,\cdots,38\right)$ 的安全界限水平列于表 9.8 中。由各极值响应的广义极值分布模型和安全界限，可以计算出输电塔和母线的动力可靠度，计算结果也列于表 9.8 中。

基于上述分析结果，采用推广的递推分解算法可以近似计算该假想输电工程网络的动力地震可靠度，计算结果列于表 9.9 中。表 9.9 中的计算结果表明：推广的递推分解算法能够在可接受的计算时间内计算出该假想输电工程网络满足工程要求的动力地震可靠度近似值。另外，从表 9.9 给出的计算结果也可以看出：只进行分解子图选择的推广的递推分解算法的收敛率比既进行最可靠路径选择又进行分解子图选择的推广的递推分解算法的收敛率高。

表 9.6　输电塔的等价质量和刚度

顶点编号 i	m_i/kg	k_i/（kN·m^{-1}）	顶点编号 i	m_i/kg	k_i/（kN·m^{-1}）	顶点编号 i	m_i/kg	k_i/（kN·m^{-1}）
1	370.6	143.9	9	357.0	169.0	17	473.4	144.1
2	232.5	209.1	10	184.4	191.3	18	168.8	232.8
3	427.6	150.3	11	492.2	151.0	19	411.0	158.2
4	191.6	161.9	12	180.9	161.5	20	237.2	233.0
5	487.3	174.0	13	399.1	163.8	21	504.1	170.5
6	178.0	186.6	14	228.0	190.1	22	169.7	163.9
7	419.2	182.3	15	409.1	178.2	23	452.6	132.7
8	242.4	164.9	16	191.3	206.5	24	220.6	183.1

表 9.7　极值响应广义极值分布模型参数的估计值

响应	μ/cm	σ/cm	ξ	响应	μ/cm	σ/cm	ξ
X_1	−0.131	0.609	3.502	X_{12}	−0.153	0.196	1.421
X_2	−0.138	0.170	1.293	X_{13}	−0.129	0.575	3.363
X_3	−0.139	0.654	3.876	X_{14}	−0.123	0.185	1.380
X_4	−0.110	0.194	1.437	X_{15}	−0.123	0.510	3.305
X_5	−0.136	0.634	3.762	X_{16}	−0.105	0.135	1.053
X_6	−0.137	0.153	1.160	X_{17}	−0.119	0.735	4.24
X_7	−0.132	0.547	3.273	X_{18}	−0.128	0.120	0.912
X_8	−0.109	0.224	1.667	X_{19}	−0.132	0.608	3.506
X_9	−0.105	0.448	2.807	X_{20}	−0.138	0.153	1.175
X_{10}	−0.104	0.135	1.081	X_{21}	−0.128	0.691	3.987
X_{11}	−0.123	0.753	4.344	X_{22}	−0.130	0.173	1.300

续表

响应	μ/cm	σ/cm	ξ	响应	μ/cm	σ/cm	ξ
X_{23}	−0.140	0.795	4.522	Y_{19}	−0.119	0.551	2.533
X_{24}	−0.137	0.206	1.498	Y_{20}	−0.121	0.118	0.654
Y_1	−0.134	0.499	3.075	Y_{21}	−0.106	0.155	0.608
Y_2	−0.121	0.645	3.812	Y_{22}	−0.137	0.153	1.168
Y_3	−0.119	0.509	3.236	Y_{23}	−0.116	0.448	2.863
Y_4	−0.112	0.486	3.09	Y_{24}	−0.111	0.460	2.725
Y_5	−0.132	0.524	3.244	Y_{25}	−0.117	0.420	2.660
Y_6	−0.116	0.593	2.592	Y_{26}	−0.107	0.723	4.336
Y_7	−0.126	0.241	1.630	Y_{27}	−0.118	0.637	3.786
Y_8	−0.132	0.782	4.543	Y_{28}	−0.129	0.514	2.123
Y_9	−0.136	0.220	1.622	Y_{29}	−0.131	0.193	1.224
Y_{10}	−0.133	0.913	4.550	Y_{30}	−0.121	0.817	4.659
Y_{11}	−0.150	0.222	1.497	Y_{31}	−0.147	0.193	1.309
Y_{12}	−0.109	0.385	2.483	Y_{32}	−0.109	0.525	2.070
Y_{13}	−0.113	0.457	2.664	Y_{33}	−0.145	0.179	1.354
Y_{14}	−0.091	0.357	2.388	Y_{34}	−0.131	0.508	3.143
Y_{15}	−0.116	0.757	4.471	Y_{35}	−0.118	0.681	3.992
Y_{16}	−0.117	0.601	3.668	Y_{36}	−0.123	0.550	3.360
Y_{17}	−0.111	0.348	1.451	Y_{37}	−0.135	0.775	4.350
Y_{18}	−0.112	0.216	1.392	Y_{38}	−0.122	0.646	3.942

表 9.8　输电塔和母线的安全界限和动力可靠度计算值

响应	b/cm	r	响应	b/cm	r	响应	b/cm	r
X_1	5.1	0.961	X_{12}	1.9	0.954	X_{23}	6.6	0.962
X_2	1.7	0.947	X_{13}	4.8	0.952	X_{24}	1.9	0.903
X_3	5.5	0.954	X_{14}	1.9	0.969	Y_1	4.8	0.990
X_4	1.9	0.939	X_{15}	4.2	0.931	Y_2	6.0	0.987
X_5	5.4	0.959	X_{16}	1.3	0.877	Y_3	5.0	0.989
X_6	1.53	0.949	X_{17}	5.5	0.863	Y_4	4.8	0.988
X_7	4.6	0.948	X_{18}	1.2	0.944	Y_5	5.0	0.988
X_8	2.2	0.938	X_{19}	4.5	0.853	Y_6	3.8	0.907
X_9	3.9	0.942	X_{20}	1.5	0.922	Y_7	1.9	0.742
X_{10}	1.4	0.937	X_{21}	5.0	0.821	Y_8	6.9	0.979
X_{11}	6.3	0.957	X_{22}	1.6	0.870	Y_9	1.9	0.778

续表

响应	b/cm	r	响应	b/cm	r	响应	b/cm	r
Y_{10}	6.2	0.881	Y_{20}	1.0	0.973	Y_{30}	6.5	0.931
Y_{11}	1.8	0.805	Y_{21}	1.0	0.948	Y_{31}	1.5	0.710
Y_{12}	3.0	0.791	Y_{22}	1.5	0.927	Y_{32}	3.5	0.961
Y_{13}	4.0	0.972	Y_{23}	4.0	0.952	Y_{33}	1.8	0.956
Y_{14}	3.0	0.856	Y_{24}	3.5	0.857	Y_{34}	4.5	0.963
Y_{15}	5.5	0.796	Y_{25}	3.5	0.902	Y_{35}	5.5	0.926
Y_{16}	5.8	0.990	Y_{26}	6.5	0.973	Y_{36}	4.5	0.912
Y_{17}	2.5	0.975	Y_{27}	5.0	0.891	Y_{37}	6.5	0.970
Y_{18}	2.0	0.967	Y_{28}	3.0	0.865	Y_{38}	6.0	0.982
Y_{19}	4.0	0.960	Y_{29}	1.5	0.814			

表 9.9　输电工程网络动力地震可靠度的计算结果

δ	未进行最可靠路径和分解子图的选择			进行最可靠路径和分解子图的选择			只进行分解子图的选择		
	$\tilde{R}_G$	$\tilde{n}_{DP}$	$\tilde{n}_{DC}$	$\tilde{R}_G$	$\tilde{n}_{DP}$	$\tilde{n}_{DC}$	$\tilde{R}_G$	$\tilde{n}_{DP}$	$\tilde{n}_{DC}$
0.100	0.853026	187	11	0.851947	124	8	0.849130	163	14
0.050	0.848931	671	295	0.850241	814	166	0.850860	663	193
0.020	0.842556	3338	2382	0.842196	5492	2772	0.842517	3224	2220
0.010	0.838433	8949	9564	0.838689	11033	7825	0.838452	8765	8789
0.002		9734	>50000		18859	>50000	0.837988	9818	10044

9.5　生命线工程网络系统可靠度计算的蒙特卡洛方法

对于特别复杂的生命线工程网络系统，或者在验证新方法有效性时，可采用蒙特卡洛方法计算生命线工程网络的可靠度。失效独立网络可靠度计算的蒙特卡洛方法的一般步骤是[179]：首先，从由均匀分布随机数生成器和元件安全（运行）概率向量 $\boldsymbol{p}=\left(p_1,p_2,\cdots,p_m\right)$ 生成的 mK 个独立样本中，产生 m 维元件状态向量的 K 个样本 $\boldsymbol{x}^k=\left(x_1^k,x_2^k,\cdots,x_m^k\right)\left(k=1,2,\cdots,K\right)$；然后，由确定性的网络连通性分析，计算向量 $\boldsymbol{x}^k\left(k=1,2,\cdots,K\right)$ 中使网络结构函数 $\phi\left(\boldsymbol{x}^k\right)=1$ 的元素个数 $\hat{K}$；最后，计算网络可靠度 R_G 的无偏估计 $\hat{R}_G=\hat{K}/K$ 及其方差的界限

$R_G(1-R_G)/K$。对于相依失效生命线工程网络系统，应基于元件的联合失效概率分布和概率向量 $\boldsymbol{p}=(p_1,p_2,\cdots,p_m)$ 产生样本 $\boldsymbol{x}^k=(x_1^k,x_2^k,\cdots,x_m^k)(k=1,2,\cdots,K)$。对于高可靠性生命线工程网络系统，为了提高计算效率，可以采用方差缩减蒙特卡洛方法进行网络可靠度的估计[180-181]。

例题 9.7 对于图 9.12 所示的相依失效一般赋权生命线网络工程系统，保持例题 9.6 中的动力可靠度及其极值响应的边际和联合分布函数等基本信息不变，借助 Gumbel-Hougaard Copula 函数的随机数生成技术[182]，由 10000 次模拟的蒙特卡洛估计的网络地震可靠度为 $\hat{R}_G=0.8407$。

10 基于可靠度的结构设计

基于可靠度的设计（reliability-based design，RBD）以结构可靠度（可靠度指标或失效概率）为设计目标，使设计的结构（构件或体系）具有或近似具有预先设定的（目标）可靠度。目标可靠度可以依据专家的判断或合理的分析来选择，并且依赖于所考虑的失效模式[183]。

当前规范采纳的基于可靠度的设计方法是荷载-抗力系数设计（load and resistance factor design，LRFD）方法或多安全系数设计（multiple safety factor design，MSFD）方法。荷载-抗力系数设计方法具有确定性的设计格式，保持了传统设计方法（如允许应力方法）的安全系数形式，而且不需要对每个结构设计都进行详细的可靠度分析。

另一种数学上更严谨的直接考虑不确定性的基于可靠度的设计方法是基于可靠度的设计优化（reliability-based design optimization，RBDO）。基于可靠度的设计优化寻求经济性和安全性的平衡，通过求解有可靠度（或失效概率）约束的总费用最小化问题，获得结构的最优化设计。

本章的主要内容是讲解荷载-抗力系数设计方法和基于可靠度的设计优化的基本原理、格式和优化方法。为了更好地理解荷载-抗力系数设计方法和基于可靠度的设计优化，下面首先简要介绍传统的允许应力方法。

10.1 允许应力方法

基于试验和预测的现代结构设计方法起源于意大利文艺复兴时期[9]。当时，石和砖是主要的土木工程结构材料，重力是结构荷载中起主导作用的分量。在这种环境下，自然地将应力选择为控制变量并基于允许应力进行结构设计。随着科学技术（特别是材料力学和结构力学）的进步，允许应力方法也不断发展，时至今日，允许应力方法仍然是一种经常采用的结构设计方法。

允许应力方法首先保守地估计作用在结构上的荷载，然后由弹性分析计算由这些荷载作用产生的结构应力，最后进行结构设计以使计算应力小于失效（如屈服、屈曲或断裂）发生时的应力。

允许应力方法的一般表达形式为

$$f < \frac{f_u}{K} \tag{10.1}$$

式中，f 为由于施加荷载而产生的应力；f_u 为极限应力；K 是依赖于失效特性的数值大于 1 的安全系数。

安全系数 K 的取值通常来自经验丰富的工程师的判断，且受材料强度变异性的影响较大。对于强度离散性大的材料（如砂浆和铸铁等），工程师们倾向于选择大的 K 值。对于同一种材料，安全系数的取值越大意味着设计的结构（构件）越安全；同时，也意味着结构造价（初始建造费用）越高。合理地选择安全系数，可使设计的结构能够保持安全性和经济性的平衡。自 19 世纪后期以来，随着正规结构计算的出现，安全系数有逐渐减小的趋势。例如，对于钢材的受拉屈服，在 1880 年，安全系数 $K=2.5$，而到了 1940 年，安全系数已降低到了 $K=1.67$[184]。

允许应力方法虽然简单易用，但它存在两个主要缺陷：一是对于同一个失效模式，安全系数的大小会随抗力（极限应力）计算公式的改变而改变，缺乏公式不变性[13]；二是没有考虑材料强度、几何尺寸和外部荷载的不确定性。由于缺乏公式不变性，安全系数的选择需要（伴随着）抗力计算公式的定义，因此，允许应力方法给结构设计规范①的制定带来了极大不便，理论清晰和格式统一的结构设计规范不应该在设定安全系数的同时还定义抗力的具体计算公式。由于没有考虑材料强度和外部荷载的不确定性，在安全系数相同的情况下，允许应力方法不能使设计的结构具有相同的安全性。特别是对于采用了新材料或可变荷载占主导作用的结构，因为材料性能和荷载效应的不确定性更大，允许应力方法无法定量计算结构的安全裕量（可靠度或失效概率）。

除了上述两个缺陷，允许应力方法还存在无法为材料或几何非线性行为明显的结构设定一个统一的允许应力的问题，也不适用于允许效应建模困难的结构的设计，如考虑倾覆失效的建筑和挡土墙的设计。

10.2 荷载-抗力系数设计方法

10.2.1 一般格式

受到允许应力方法的启发，荷载-抗力系数设计方法②将名义（特征或标准）抗力和各个名义（特征或标准）荷载效应分量都赋予安全系数，形成具有多个安全系数的确定性表达的结构设计格式（公式）。对于设计公式中的安全系数，则在

① 在 19 世纪晚期，土木工程结构领域开始引入设计规范[9]。

② 我国建筑结构可靠性设计统一标准将荷载-抗力系数设计方法（或多安全系数设计方法）称为半概率极限状态设计方法。

特定失效模式的极限状态函数的基础上，采用一次可靠度方法或二次可靠度方法进行结构可靠度分析，从而计算出满足可靠度目标的具体数值。由于引入了抗力和荷载效应分量的（多个）安全系数，因此，荷载-抗力系数设计方法比允许应力方法更为灵活。由于分项安全系数是由结构可靠度分析得到的，它们满足可靠度目标的要求且具有公式不变性，因此，荷载-抗力系数设计方法克服了允许应力方法的前述两个主要缺陷。另外，在极限状态函数保持为凸的情况下（绝大多数结构工程的极限状态函数都是凸的），由荷载-抗力系数设计方法设计的任意两个（安全）结构的设计参数之间的某组参数值设计的结构也将是安全的[13]，因此，荷载-抗力系数设计方法也适用于非线性行为明显的结构的设计。

文献[9]记载，早在 20 世纪 40 年代，丹麦的混凝土和岩土标准已经采用了分项安全系数方法指导工程设计。根据文献[184]，20 世纪 70 年代的欧洲结构设计规范［《不同类型结构和材料的通用统一规则》(*Common Unified Rules for Different Types of Construction and Material*)，Bulletin d'Information No. 116-E］和加拿大建筑标准［《建筑钢结构——极限状态设计》(*Steel Structures for Building—Limit State Design*)，CSA Standard No. S16.1-1974］最早采用了分项安全系数的结构设计方法。另外，也有观点认为荷载-抗力系数设计方法是由 Ravindra 等于 1978 年正式提出的[185]。

荷载-抗力系数设计方法的一般表达形式为

$$\phi R_n \geqslant \sum_{i=1}^{M} \gamma_i Q_{ni} \tag{10.2}$$

式中，R_n 为按规范条文计算的名义强度；$Q_{ni}\left(i=1,2,\cdots,M\right)$ 为由结构受力分析确定的名义荷载效应；ϕ 为相当于允许应力方法中安全系数的倒数的抗力系数；$\gamma_i\left(i=1,2,\cdots,M\right)$ 为与荷载效应 Q_{ni} 相关的荷载系数。

不等式（10.2）的右端也常称为抗力需求 U_d：

$$U_d = \sum_{i=1}^{M} \gamma_i Q_{ni} \tag{10.3}$$

平均抗力 μ_R、名义抗力 R_n 和设计（折减）抗力 ϕR_n 以及平均荷载效应 μ_{Q_i}、名义荷载效应 Q_{ni} 和设计荷载效应 $\gamma_i Q_{ni}$ 之间的关系示于图 10.1 中。对于抗力，均值、名义值和设计值之间的关系一般为 $\phi R_n < R_n \leqslant \mu_R$。对于荷载效应，当由即时点观测值计算频率时，均值和名义值之间一般存在关系 $\mu_{Q_i} \leqslant Q_{ni}$，但当由设计基准期内最大观测值计算频率时，有可能出现 $\mu_{Q_i} > Q_{ni}$ 的情况。另外，无论采用哪种测量值计算频率，在理论上都存在设计值 $\gamma_i Q_{ni}$ 大于名义值 Q_{ni} 和设计值 $\gamma_i Q_{ni}$ 小于名义值 Q_{ni} 的两种可能，即荷载系数 γ_i 存在大于 1 和小于 1 的两种可能。

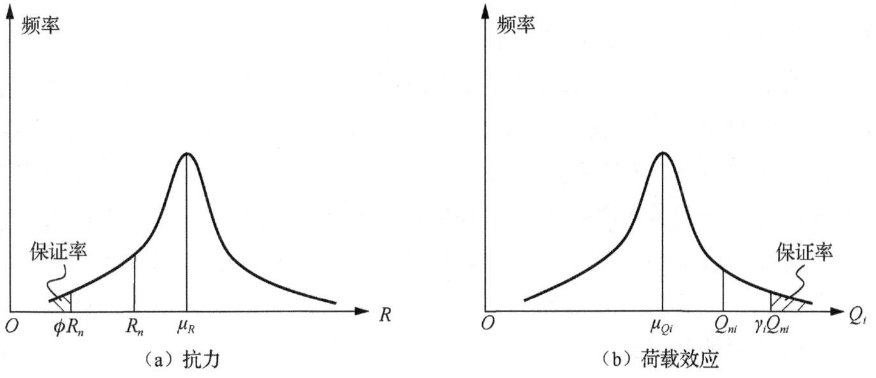

图 10.1 均值、名义值和设计值之间的关系

抗力和荷载效应的名义值可以为抗力和荷载效应的平均值，但更一般地，是将抗力和荷载效应的名义值取为抗力和荷载效应概率分布的某一分位值。对于后一种情况，抗力和荷载效应的名义值与它们的平均值之间存在一定的偏差，称为抗力和荷载效应的偏差系数，计算式如下：

$$\lambda_R = \frac{\mu_R}{R_n} \tag{10.4}$$

和

$$\lambda_{Q_i} = \frac{\mu_{Q_i}}{Q_{ni}} \tag{10.5}$$

10.2.2 安全系数的计算

1. 试错法

如果由式（10.2）设计的结构对于所考虑的失效模式具有预先设定的（目标）可靠度，那么在采用一次可靠度方法进行结构可靠度分析时，式（10.2）中抗力和荷载效应的设计值应与抗力和荷载效应变量空间中设计点的坐标一致。因此，抗力系数和荷载效应系数应为

$$\phi = \frac{r^*}{R_n} \tag{10.6}$$

$$\gamma_i = \frac{q_i^*}{Q_{ni}}, \quad i = 1, 2, \cdots, M \tag{10.7}$$

式中，r^* 和 q_i^* 分别为抗力 R 和荷载效应 Q_i 空间中设计点的坐标值。注意，由该设计点计算的结构可靠度应该等于目标可靠度。

对于特定的材料和荷载效应，其变异系数和偏差系数通常都是预先确定的，所以，设定一组抗力和荷载效应的名义值后，便可以确定抗力和荷载效应的均值和方差甚至概率分布。如果这组设定的抗力名义值和荷载效应名义值使得由一次可靠度方法计算的可靠度指标与目标可靠度指标的偏差在允许误差范围内，那么由抗力和荷载效应变量空间中的设计点坐标（设计点值），就可以计算出相应的抗力系数和荷载效应系数。若这组设定的名义值不满足要求，则重新选择另外一组抗力和荷载效应的名义值，直至计算的可靠度指标与目标可靠度指标的偏差满足误差要求。

上述计算过程形成了分项安全系数计算的试错法。试错法的计算费用是相当高的，特别是对于一次可靠度方法需要进行结构有限元分析的情况。

2. 逆 R-F 算法

当结构设计中最多有两个变量的均值为未知时，可以改进第 5 章介绍的 R-F（或 H-L）算法，形成逆迭代过程[38]，进行分项安全系数的有效计算。实际上，这种改进的 R-F（或 H-L）算法也可以看作是简化版本的逆可靠度分析[186-187]。

为了便于讲解，令极限状态函数为 $g\left(X_1,X_2,\cdots,X_N\right)$，其中的 $X_i\left(i=1,2,\cdots,N\right)$ 为结构抗力和荷载效应的变量。假设在等价标准正态变量 $\boldsymbol{Z}=\left(Z_1,Z_2,\cdots,Z_N\right)$ 空间中对应于目标可靠度指标 β_T 的设计点为 $\boldsymbol{z}^*=\left(z_1^*,z_2^*,\cdots,z_N^*\right)$，那么变量 $X_1,X_2,\cdots,X_N$ 的设计值为

$$x_i^*=\mu_{X_i}^{\mathrm{e}}+z_i^*\sigma_{X_i}^{\mathrm{e}},\quad i=1,2,\cdots,N \tag{10.8}$$

式中，$\mu_{X_i}^{\mathrm{e}}$ 和 $\sigma_{X_i}^{\mathrm{e}}$ 分别为 X_i 的等价标准正态均值和标准差。需要注意的是，$\mu_{X_i}^{\mathrm{e}}$ 和 $\sigma_{X_i}^{\mathrm{e}}$ 可能是未知的。

由于设计点在极限状态曲面上，因此有

$$g\left(x_1^*,x_2^*,\cdots,x_N^*\right)=0 \tag{10.9}$$

根据式（10.6）和式（10.7）的定义，基本变量 $X_1,X_2,\cdots,X_N$ 的安全系数、设计值和名义值（或均值和偏差系数）之间存在关系：

$$\begin{aligned}\gamma_i&=\frac{x_i^*}{x_{ni}}\\&=\lambda_i\frac{x_i^*}{\mu_{X_i}},\quad i=1,2,\cdots,N\end{aligned} \tag{10.10}$$

式中，γ_i、λ_i和x_{ni}分别为X_i的安全系数、偏差系数和名义值。

将式（10.10）代入式（10.9），则有

$$g\left(\gamma_1 x_{n1}, \gamma_2 x_{n2}, \cdots, \gamma_N x_{nN}\right)=0 \tag{10.11}$$

当基本变量$X_1, X_2, \cdots, X_N$中最多有两个变量的均值为未知时，可以利用式（10.9）～式（10.11）关于分项安全系数的定义，改进第5章介绍的R-F（H-L）算法，形成逆R-F（H-L）算法，计算分项安全系数。

以逆R-F算法为例，计算分项安全系数的迭代步骤和原理如下[38]：

（1）建立极限状态函数和设计公式。确定随机变量$X_1, X_2, \cdots, X_N$中尽可能多分量的概率分布及其参数。在分析中，所有变量的变异系数都应该是已知的，而最多有两个未知均值。典型地，一个未知均值对应于抗力变量，而另一个未知均值对应于荷载效应变量。对于多荷载的情况，设置荷载效应的均值比。首次迭代时，可以利用均值点处的极限状态方程获得两个未知均值之间的关系。

（2）通过假设$X_1, X_2, \cdots, X_N$中$N-1$个变量的值来获得初始设计点$\boldsymbol{x}^*=\left(x_1^*, x_2^*, \cdots, x_N^*\right)$。一般地，将$N-1$个变量的值选择为它们的均值，然后通过求解极限状态方程$g\left(x_1^*, x_2^*, \cdots, x_N^*\right)=0$来获得余下的随机变量的值，从而保证初始设计点在失效域的边界上。

（3）对于对应于非正态分布的每个设计点值x_i^*，利用式（5.35）和式（5.36）确定“等价正态”均值$\mu_{X_i}^{\mathrm{e}}$和标准差$\sigma_{X_i}^{\mathrm{e}}$。对于正态随机变量，“等价正态”均值和标准差分别为其均值和标准差①。

（4）利用式（5.29）计算极限状态函数关于缩减随机变量的偏导数。对于非正态分布的随机变量，式（5.29）中的标准差应替换为相应的“等价正态”标准差。由确定的偏导数定义列向量$\boldsymbol{G}$：

$$\boldsymbol{G}=\begin{bmatrix} G_1 \\ G_2 \\ \vdots \\ G_N \end{bmatrix}$$

式中，$G_i=-\partial g / \partial Z_i\big|_{\boldsymbol{z}^*}=-\partial g / \partial X_i \cdot \sigma_{X_i}^{\mathrm{e}}\big|_{\boldsymbol{x}^*}, i=1,2, \cdots, N$。

（5）利用式（5.38）计算列向量$\boldsymbol{\alpha}$：

$$\boldsymbol{\alpha}=\frac{\boldsymbol{R G}}{\sqrt{\boldsymbol{G}^{\mathrm{T}} \boldsymbol{R G}}}$$

式中，N维矩阵$\boldsymbol{R}$为随机变量$X_1, X_2, \cdots, X_N$的相关系数矩阵。

① 因为一些均值不是提前已知的，并不总能进行这一步。

（6）利用下面的公式确定缩减变量空间中新设计点处的 $N-1$ 个变量的值：

$$z_i^* = \alpha_i \beta_T$$

式中，α_i 为向量 $\boldsymbol{\alpha}$ 中相应的分量；β_T 为目标可靠度指标。

（7）利用下面的公式确定步骤（6）中 $N-1$ 个变量在原变量空间中对应的设计点值：

$$x_i^* = \mu_{X_i}^e + z_i^* \sigma_{X_i}^e$$

（8）通过求解极限状态方程 $g\left(x_1^*, x_2^*, \cdots, x_N^*\right) = 0$ 确定步骤（6）、步骤（7）未考虑的那个余下随机变量的值。若可能，更新两个未知均值之间的关系。更新方法可通过假设 $x_{ni} = \mu_{X_i}$ 并利用式（10.10）来进行：

$$\begin{aligned}\gamma_i &= \frac{x_i^*}{x_{ni}} \\ &= \frac{\mu_{X_i} + z_i^* \sigma_{X_i}}{\mu_{X_i}} \\ &= 1 + z_i^* V_{X_i} \\ &= 1 + \alpha_i \beta V_{X_i}\end{aligned}$$

因此，

$$\mu_{X_i} = \frac{x_i^*}{1 + \alpha_i \beta V_{X_i}}$$

式中，β 为可靠度指标；V_{X_i} 为 X_i 的变异系数。

（9）重复步骤（3）～步骤（8），直到 $\boldsymbol{\alpha}$ 收敛为止。

（10）一旦运算收敛，利用式（10.10）计算分项安全系数。

如第 5 章所述，在 R-F 算法中有 $2N+1$ 个独立方程，可以求解 $2N+1$ 个未知量 $x_i^*\left(i=1,2,\cdots,N\right)$、$\alpha_i\left(i=1,2,\cdots,N\right)$ 和 β。在逆 R-F 算法中，由于在步骤（8）中又引入了 1 个独立方程，因此，独立方程的个数变成了 $2N+2$ 个；同时，由于已知可靠度指标 β，因此，除了 $x_i^*\left(i=1,2,\cdots,N\right)$ 和 $\alpha_i\left(i=1,2,\cdots,N\right)$ $2N$ 个未知量外，还应该包括 2 个未知量，以便唯一地确定问题的解。

例题 10.1 考虑新材料梁的设计问题。设计前预先设定梁的目标可靠度指标 $\beta_T = 3.2$。梁的抗力 R、恒荷载效应 D、活荷载效应 L、雪荷载效应 S 和风荷载效应 W 的概率分布类型、偏差系数和变异系数见表 10.1。假设抗力与荷载效应以及荷载效应之间都是统计独立的，荷载效应均值之比为 $\mu_D : \mu_L : \mu_S : \mu_W = 4:4:1:1$。梁的荷载-抗力系数设计公式为

$$\phi R_n \geqslant \gamma_D D_n + \gamma_L L_n + \gamma_S S_n + \gamma_W W_n$$

式中，R_n、D_n、L_n、S_n和W_n分别为抗力和荷载效应的名义值；ϕ、γ_D、γ_L、γ_S和γ_W分别为对应于抗力和荷载效应的安全系数。

令所考虑的失效模式的极限状态函数为

$$g(R,D,L,S,W) = R - D - L - S - W$$

表 10.1 抗力和荷载效应的概率分布类型和参数取值

抗力或荷载效应	概率分布类型	偏差系数 λ	变异系数 V
R	对数正态	1.10	0.10
D	正态	1.05	0.10
L	极值 I 型	1.00	0.25
S	对数正态	0.80	0.25
W	极值 I 型	0.75	0.35

在本例题中，抗力均值μ_R以及荷载效应均值μ_D、μ_L、μ_S和μ_W是未知的，但给定了荷载效应均值之比，因此，可将抗力均值μ_R和风荷载效应均值μ_W作为逆 R-F 算法中的未知均值，并在迭代运算中利用比例关系$\mu_D = 4\mu_W$、$\mu_L = 4\mu_W$和$\mu_S = \mu_W$。逆 R-F 算法第 1 次迭代的具体过程如下：

（1）建立极限状态函数和设计公式。极限状态函数和设计公式如上所述。

（2）获得初始设计点。假设$d^* = \mu_D = 4\mu_W$、$l^* = \mu_L = 4\mu_W$、$s^* = \mu_S = \mu_W$和$w^* = \mu_W$，利用极限状态方程$g(r^*, d^*, l^*, s^*, w^*) = r^* - d^* - l^* - s^* - w^* = 0$得到$r^* = 10\mu_W$。假设设计点为均值点，获得抗力均值$\mu_R$与风荷载效应均值$\mu_W$之间的关系$\mu_R = 10\mu_W$。

（3）确定"等价正态"均值和标准差。利用式（5.35）和式（5.36）计算抗力和荷载效应的"等价正态"均值和标准差①，由μ_W表示的计算结果为

$$\mu_R^{\mathrm{e}} = 9.950\mu_W, \quad \sigma_R^{\mathrm{e}} = 0.998\mu_W$$

$$\mu_D^{\mathrm{e}} = 4.000\mu_W, \quad \sigma_D^{\mathrm{e}} = 0.400\mu_W$$

$$\mu_L^{\mathrm{e}} = 3.830\mu_W, \quad \sigma_L^{\mathrm{e}} = 0.956\mu_W$$

$$\mu_S^{\mathrm{e}} = 0.970\mu_W, \quad \sigma_S^{\mathrm{e}} = 0.246\mu_W$$

$$\mu_W^{\mathrm{e}} = 0.941\mu_W, \quad \sigma_W^{\mathrm{e}} = 0.335\mu_W$$

① 因为抗力服从对数正态分布，其"等价正态"均值和标准差利用第 5 章给出的简化计算公式进行计算。

（4）计算偏导数列向量 $\boldsymbol{G}$ 。偏导数列向量 $\boldsymbol{G}$ 的分量为

$$G_1 = -\frac{\partial g}{\partial R}\sigma_R^{\mathrm{e}}\Big|\boldsymbol{x}^* = -\sigma_R^{\mathrm{e}} = -0.998\mu_W$$

$$G_2 = -\frac{\partial g}{\partial D}\sigma_D^{\mathrm{e}}\Big|\boldsymbol{x}^* = \sigma_D^{\mathrm{e}} = 0.400\mu_W$$

$$G_3 = -\frac{\partial g}{\partial L}\sigma_L^{\mathrm{e}}\Big|\boldsymbol{x}^* = \sigma_L^{\mathrm{e}} = 0.956\mu_W$$

$$G_4 = -\frac{\partial g}{\partial S}\sigma_S^{\mathrm{e}}\Big|\boldsymbol{x}^* = \sigma_S^{\mathrm{e}} = 0.246\mu_W$$

$$G_5 = -\frac{\partial g}{\partial W}\sigma_W^{\mathrm{e}}\Big|\boldsymbol{x}^* = \sigma_W^{\mathrm{e}} = 0.335\mu_W$$

（5）计算列向量 $\boldsymbol{\alpha}$ 。计算结果为

$$\begin{aligned}\boldsymbol{\alpha} &= \begin{bmatrix}\alpha_R & \alpha_D & \alpha_L & \alpha_S & \alpha_W\end{bmatrix}^{\mathrm{T}} \\ &= \frac{\boldsymbol{RG}}{\sqrt{\boldsymbol{G}^{\mathrm{T}}\boldsymbol{RG}}} \\ &= \frac{\begin{bmatrix}1&0&0&0&0\\0&1&0&0&0\\0&0&1&0&0\\0&0&0&1&0\\0&0&0&0&1\end{bmatrix}\begin{bmatrix}-0.998\mu_W\\0.400\mu_W\\0.956\mu_W\\0.246\mu_W\\0.335\mu_W\end{bmatrix}}{\sqrt{\begin{bmatrix}-0.998\mu_W\\0.400\mu_W\\0.956\mu_W\\0.246\mu_W\\0.335\mu_W\end{bmatrix}^{\mathrm{T}}\begin{bmatrix}1&0&0&0&0\\0&1&0&0&0\\0&0&1&0&0\\0&0&0&1&0\\0&0&0&0&1\end{bmatrix}\begin{bmatrix}-0.998\mu_W\\0.400\mu_W\\0.956\mu_W\\0.246\mu_W\\0.335\mu_W\end{bmatrix}}} \\ &= \begin{bmatrix}-0.666 & 0.267 & 0.639 & 0.164 & 0.224\end{bmatrix}^{\mathrm{T}}\end{aligned}$$

（6）计算缩减空间中新设计点处的 D 、L 、S 和 W 值：

$$z_D^* = \alpha_D\beta_T = 0.855$$

$$z_L^* = \alpha_L\beta_T = 2.043$$

$$z_S^* = \alpha_S\beta_T = 0.526$$

$$z_W^* = \alpha_W\beta_T = 0.715$$

（7）计算原变量空间中新设计点处的 D、L、S 和 W 值：

$$d^* = \mu_D^e + z_D^* \sigma_D^e = 4.342\mu_W$$

$$l^* = \mu_L^e + z_L^* \sigma_L^e = 5.784\mu_W$$

$$s^* = \mu_S^e + z_S^* \sigma_S^e = 1.099\mu_W$$

$$w^* = \mu_W^e + z_W^* \sigma_W^e = 1.180\mu_W$$

（8）通过 $g\left(r^*, d^*, l^*, s^*, w^*\right) = r^* - d^* - l^* - s^* - w^* = 0$ 计算原变量空间中新设计点处的 R 值 $r^* = 12.406\mu_W$，更新未知均值 μ_R 与 μ_W 之间的关系：

$$\mu_R = \frac{r^*}{1 + \alpha_R \beta_T V_R} = 15.767\mu_W$$

至此，完成第 1 次迭代过程。在第 1 次迭代结果的基础上，由式（10.10）计算的分项安全系数为

$$\phi = \lambda_R \frac{r^*}{\mu_R} = 1.365$$

$$\gamma_D = \lambda_D \frac{d^*}{\mu_D} = 1.140$$

$$\gamma_L = \lambda_L \frac{l^*}{\mu_L} = 1.446$$

$$\gamma_S = \lambda_S \frac{s^*}{\mu_S} = 0.885$$

$$\gamma_W = \lambda_W \frac{w^*}{\mu_W} = 0.879$$

实际上，经过 9 次迭代得到收敛的计算结果 $\mu_R = 11.018\mu_W$、$r^* = 8.565\mu_W$、$d^* = 4.417\mu_W$、$l^* = 1.489\mu_W$、$s^* = 1.166\mu_W$ 和 $w^* = 1.493\mu_W$，由此确定的分项安全系数为 $\phi = 0.856$、$\gamma_D = 1.159$、$\gamma_L = 0.372$、$\gamma_S = 1.120$ 和 $\gamma_W = 0.933$。

需要注意的是，上面给出的分项安全系数是对应于多种考虑工况中一个特定工况的计算结果，用于指导结构设计的分项安全系数应是在对全部所考虑工况下的分项安全系数计算值进行优化后，才能最终确定下来。

10.3 安全系数的规范校准

10.3.1 校准水平

规范校准是在保持规范格式尽可能简单（为了避免不必要的复杂性和使用错误）的同时在最大安全性与最小建设费用①之间所做的一种折中[188-189]。规范校准目标和设计检验的 4 个复杂性水平（水准）为[9, 38, 184, 188]：

水准 4：风险指引的水准（risk-informed level）。

水准 3：完全的可靠度水准（full-reliability level 或 full-probabilistic level）。

水准 2：简化的可靠度水准（simplified-reliability level）。

水准 1：半概率的水准（semi-probabilistic level）。

水准 4 通过建筑的总期望费用的最小化给出安全性和造价之间的平衡。忽略维修费用和拆除费用，一个结构的总建设费用可表示为造价与失效及其概率（即风险）有关的费用之和：

$$C_T = C_I + C_F P_F \tag{10.12}$$

式中，C_T 为总建设费用；C_I 为造价；C_F 为失效造成的费用；P_F 为失效概率。

由于安全水平的提高意味着材料费和施工费的增加，因此造价随可靠度指标 β（安全水平）的增大而线性增大：

$$C_I = a\left(1 + b\beta\right) \tag{10.13}$$

式中，a 和 b 均为常数。

失效概率 P_F 随结构可靠度指标 β 的增大而减小，并且可以用式（10.14）来近似表达[38]：

$$P_F = c\mathrm{e}^{-\frac{\beta}{d}} \tag{10.14}$$

式中，c 和 d 均为常数。

假设失效费用 C_F 独立于失效概率 P_F，则总建设费用为

$$C_T = a\left(1 + b\beta\right) + C_F c\mathrm{e}^{-\frac{\beta}{d}} \tag{10.15}$$

随着可靠度指标 β 的增大，由式（10.15）定义的总建设费用将从初始值单调减小到最小值，再从最小值单调增大，如图 10.2 所示。总建设费用最小值处的可靠度指标可以当作最优设计所对应的可靠度指标。

① 建设费用应为总费用，包括造价、维修费用和拆除费用等。

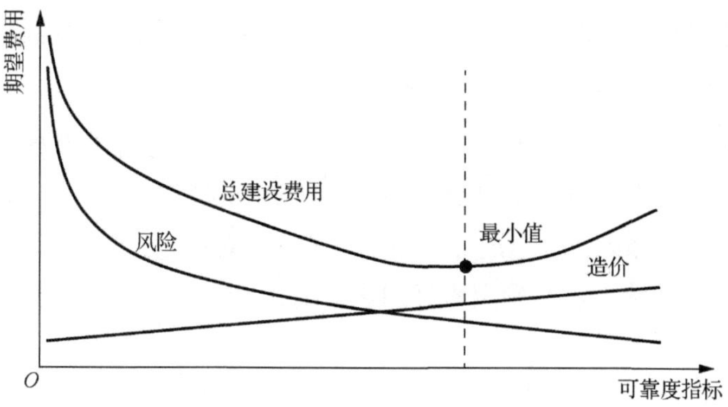

图 10.2 造价、风险和总建设费用与可靠度指标的关系曲线

虽然水准 4 的费用最优化一般能够成为结构的最优设计，但是，对于实际工程应用来说，概率的风险分析过于烦琐。水准 2 和水准 3 将最优可靠度指标作为设计检验的目标，要求结构可靠度指标大于或等于目标（最优）可靠度指标。水准 2 的可靠度分析采用正态分布描述所有的不确定性，并且要求极限状态函数是线性的。水准 3 虽然没有这些限制，但设计检验所采用的可靠度方法（如一次可靠度方法）一般也仅仅给出结构真实可靠度的近似值。尽管一些结构分析软件含有水准 3 的方法，但是，对于普通结构工程师来说，水准 3 的方法依然是相当烦琐的。

考虑这些原因，目前的结构设计规范大都采用水准 1 的方法，即（半概率的）荷载-抗力系数设计方法。

10.3.2 校准过程

水准 1 规范校准的目标是为一类结构的设计提供分项安全系数。校准过程将确定最好的设计格式（最好的分项安全系数集），由其设计出尽可能接近规范目标的结构。

分项安全系数的规范校准过程一般分为以下 5 个步骤[9, 38, 184, 190-191]：

（1）定义范围。定义规范适用的结构类别，包括失效模式、结构范围、应用和理论上的局限性、分析所需的力学和概率模型等。

（2）定义目标。定义结构的期望安全水平。期望安全水平可由对应于最低总建设费用的最优（目标）可靠度指标 β_T 来表示，相应的由一次可靠度方法计算的期望失效概率 $P_f = \Phi\left(-\beta_T\right)$。

（3）选择设计工况。选择结构的 L 个特定的设计工况并评估它们的相对频率 $\omega_j > 0\left(\sum_{j=1}^{L}\omega_j = 1\right)$。设计工况应涵盖所有参数的整个有效域。相对频率 ω_j 可由已有的设计理论或通过咨询专家来计算。

（4）度量目标拟合度。选择纠正规范与目标偏差的罚函数 $W\left[\omega_j,\beta_j\left(\gamma_i\right),\beta_T\right]$，其中，$\beta_j$ 为在第 j 个特定设计工况下采用分项系数 $\gamma_i=\left\{\gamma_{i,1},\gamma_{i,2},\cdots,\gamma_{i,N}\right\}$ 设计的结构的可靠度指标。虽然罚函数中的可靠度指标可以用失效概率代替，但使用关于可靠度指标的罚函数比使用关于失效概率的罚函数更便于计算。

（5）优化安全系数。确定最好的规范格式，即确定与目标规范最接近的格式。通过求解下面的优化问题来确定最好的规范格式：

$$\min_{\gamma_i} f\left(\gamma_i\right)=\sum_{j=1}^{L} W\left[\omega_j,\beta_j\left(\gamma_i\right),\beta_T\right]$$

式中，γ_i 为优化变量。

对于存在多个最优解的情况，可以将最优解中的任意一个选择为最优安全系数，也可以提出补充规定，如最优费用、最低可靠性水平、最小重量等方面的规定，从最优解中选择出最优的安全系数。

除了上述 5 步，还可以在规范校准过程中增加 1 个步骤，即分项系数的检验[191]。分项系数的检验可由蒙特卡洛方法来进行：随机生成 M 个所定义结构类别的设计工况样本，利用获得的最优安全系数设计 M 个结构，计算设计结构的可靠度指标，评估可靠度指标计算值与目标可靠度指标的拟合度。

在规范校准中，设计工况的选择［步骤（3）］影响安全系数优化［步骤（5）］的计算时间。一般来说，极端设计工况（即所定义结构类别边界上的设计工况）应作为设计的基础。对于所定义结构类别比较窄的情况，可以考虑全部的极端设计工况，即考虑结构类别中每个参数的下限值和上限值。这样处理，设计工况数为 2^p，其中 p 为所考虑的参数的数量。对于所定义结构类别比较宽的情况，可以选择 $2p+1$ 个设计工况，即考虑所有参数取中间值，以及一个参数取下限值和上限值而其他参数取中间值的情况[191]。这种选择方法减少了设计工况的数量，但未考虑所有的极端设计工况，虽然节省了优化时间，但获得的是次优化的分项安全系数。

罚函数的定义［步骤（4）］对安全系数的优化结果［步骤（5）］有直接的影响。简单的罚函数是加权最小二乘函数[13]：

$$W\left[\omega_j,\beta_j\left(\gamma_i\right),\beta_T\right]=\omega_j\left[\beta_j\left(\gamma_i\right)-\beta_T\right]^2 \tag{10.16}$$

式（10.16）定义的罚函数是关于目标可靠度指标 β_T 对称的，对于可靠度指标小于 β_T 的结构和可靠度指标大于 β_T 的结构，只要差值 $\beta_j\left(\gamma_i\right)-\beta_T$ 相同，则罚函数值相同。

为了使对欠设计的惩罚大于对过度设计的惩罚，可以采用不对称的罚函数[191-192]：

$$W\left[\omega_j,\beta_j\left(\gamma_i\right),\beta_T\right]=\omega_j\left\{k\left[\beta_j\left(\gamma_i\right)-\beta_T\right]+\mathrm{e}^{-k\left[\beta_j\left(\gamma_i\right)-\beta_T\right]}-1\right\} \tag{10.17}$$

式中，$k>0$为曲率参数。

式（10.16）和式（10.17）定义的罚函数形状如图 10.3 所示。从图 10.3 可以看出，当曲率参数$k=1$时，式（10.17）定义的罚函数与式（10.16）定义的罚函数相差不大，特别是对于$\beta_j\left(\gamma_i\right)-\beta_T<0$的情况，两者非常接近。但随着$k$值的增大，式（10.17）定义的罚函数与式（10.16）定义的罚函数的差别开始变大，式（10.17）定义的罚函数对于$\beta_j\left(\gamma_i\right)-\beta_T<0$情况的惩罚更加明显地大于对于$\beta_j\left(\gamma_i\right)-\beta_T>0$情况的惩罚。在实际应用中，通常选择大的$k$值，如$k=50$甚至$k=100$。

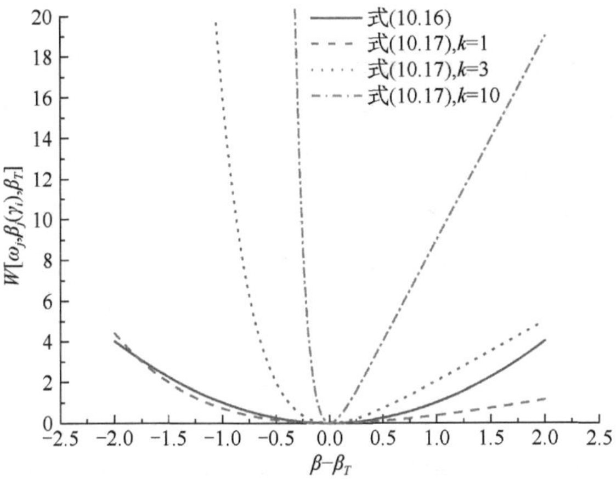

图 10.3 罚函数形状（$\omega_j=1$）

10.3.3 安全系数的优化

分项安全系数校准过程的步骤（5）要求采用某种优化方法进行最优系数的计算。最常用的优化方法是全局优化方法，即直接求解以γ_i为优化变量的优化问题：

$$\min_{\gamma_i} f\left(\gamma_i\right)=\sum_{j=1}^{L}W\left[\omega_j,\beta_j\left(\gamma_i\right),\beta_T\right] \tag{10.18}$$

其中，罚函数由式（10.16）或式（10.17）定义；$\beta_j\left(\gamma_i\right)$为在第$j$个设计工况下采用安全系数$\gamma_i$设计的结构的可靠度指标。

由全局优化方法得到的分项安全系数通常是最优的，但是，在求解方程（10.18）定义的优化问题时，每个迭代步都需要进行L轮结构可靠度分析（每轮还需要多次可靠度分析），以便计算出全部L个可靠度指标$\beta_j\left(\gamma_i\right)$。因此，全局优化方法的计算量是非常大的，特别是对于可靠度分析需要有限元计算的结构。

全局优化方法需要大量可靠度分析的原因在于安全系数的优化过程和结构可靠度的分析过程是耦合在一起的。因此，将安全系数的优化过程和结构可靠度的分析过程进行解耦，可以减少安全系数优化需要的可靠度分析次数，降低总的计算量。一种解耦方法是将全局优化过程分解为如下描述的两个子过程。

1. 搜索设计点（子过程 1）

依次搜索 L 个设计工况的拟合设计点，得到 L 个设计点 $P^{d(j)}\left(j=1,2,\cdots,L\right)$。由每个工况的名义设计值和设计点坐标，利用式（10.10）计算安全系数 $\gamma^{(j)}=\left\{\gamma_1^{(j)},\gamma_2^{(j)},\cdots,\gamma_N^{(j)}\right\}$，获得 L 组分项安全系数。

标准空间 $\boldsymbol{Z}$ 中的设计点 $P^{d(j)}$ 一定位于中心点为坐标原点、半径为 β_T 的超球面（β_T-球面）上，并且对应于最可能失效点（most likelihood failure point，MLFP）$P^{*(j)}$。或者说，如果对于工况 j 采用了安全系数 $\gamma^{(j)}$ 进行设计，那么结构可靠度指标将与规范目标 β_T 吻合。在 $\boldsymbol{Z}$ -空间中，可以通过移动 $P^{*(j)}$ 的位置或原点的位置，达到修正可靠度指标从而搜索到拟合的设计点的目的。

Gayton 等改进半径扩张法[193]，提出了移动 $P^{*(j)}$ 位置的方法[191]，能够比较快速地搜索到设计点 $P^{d(j)}$。如图 10.4（a）所示，半径扩张法将对应于初始安全系数（如 $\gamma_1^{(j)}=\gamma_2^{(j)}=\cdots=\gamma_N^{(j)}=1.0$）的 $P^{*(j)}$ 投影到 β_T-球面上，得到设计点 $P^{d(j)}$：

$$z^{d(j)}=\frac{\beta_T}{\beta^{(j)}}z^{*(j)} \tag{10.19}$$

式中，$\beta^{(j)}$ 和 $z^{*(j)}$ 分别为初始设计工况 j 的可靠度指标和设计点坐标。

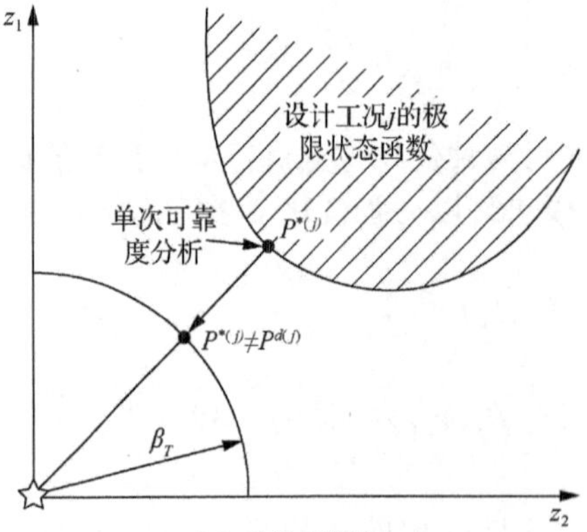

（a）半径扩张法

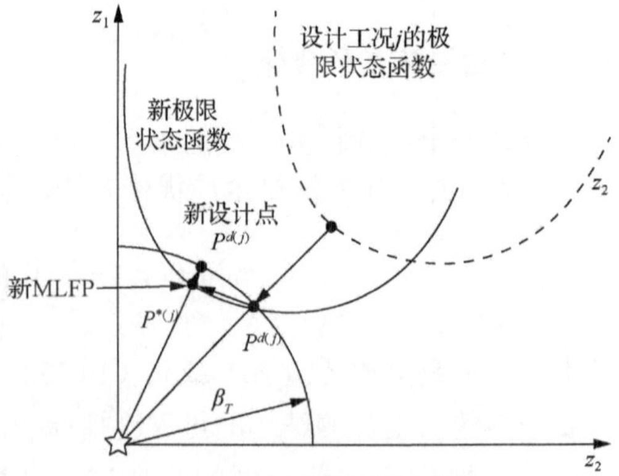

（b）改进的半径扩张法

图 10.4　半径扩张法及改进的半径扩张法[191]

半径扩张法只需要单独进行一次可靠度分析，但得到的设计点不对应于最可能失效点。为了得到对应于最可能失效点的设计点，可以将迭代过程引入半径扩张法，减小设计点与最可能失效点的偏差。如图 10.4（b）所示，改进的半径扩张法的迭代过程如下：

（1）由半径扩张法得到设计点 $P^{d(j)}$ 和分项安全系数 $\gamma^{(j)}$。

（2）采用分项安全系数 $\gamma^{(j)}$ 设计工况 j 下的结构并对其进行一次新的可靠度分析，得到离 β_T-球面更近的新点 $P^{*(j)}$。

（3）由新点 $P^{*(j)}$ 的投影［利用式（10.19）］得到新的设计点 $P^{d(j)}$。

（4）重复步骤（2）和步骤（3）直至获得对应于最可能失效点的设计点。

当然，如果设计工况 j 的均值未知变量不多于 2 个，那么，可以采用 10.2 节介绍的逆 H-L 算法或逆 R-F 算法，快速计算工况 j 的设计点和分项安全系数。

2. 安全系数的最优化（子过程 2）

子过程 1 提供了 $\boldsymbol{Z}$-空间中的设计点集 $\left\{z^{d(1)},z^{d(2)},\cdots,z^{d(L)}\right\}$ 和分项安全系数集 $\left\{\gamma^{(1)},\gamma^{(2)},\cdots,\gamma^{(L)}\right\}$，在此基础上，可以进行安全系数的最优化，获得对整个结构类别都有效的最好的安全系数。

一种最优化方法是选择最保守的安全系数：

$$\gamma_i=\max_j \gamma_i^{(j)},\quad i=1,2,\cdots,N,j=1,2,\cdots,L \tag{10.20}$$

为此，需要选择 $\boldsymbol{Z}$-空间中的每个工况设计点坐标的最大值：

$$z_i=\max_j z_i^{d(j)},\quad i=1,2,\cdots,N,j=1,2,\cdots,L \tag{10.21}$$

另一种最优化方法是通过加权平均运算计算安全系数：

$$\gamma_i=\sum_{j=1}^{L}\omega_j\gamma_i^{(j)},\quad i=1,2,\cdots,N \tag{10.22}$$

除了上述两种实用方法以外，还可以采用罚函数进行全局优化分析，计算出最好的安全系数[191]。

例题 10.2 以文献[191]的抛物线型极限状态的设计校准为例，解释分项安全系数优化的全局优化方法和解耦方法。

考虑的抛物线型极限状态函数为

$$g(Y,X)=Y-a-k(X-b)^2$$

式中，a 和 b 均为偏移参数；k 为曲率参数。

该极限状态代表失效准则 $g(R,S)=R-S$，其中的抗力和荷载效应的定义分别为 $R=Y-a$ 和 $S=k(X-b)^2$。

表 10.2 给出了该极限状态函数中各变量的特征值。假设 X 和 Y 为统计独立的正态分布随机变量，分别具有均值 μ_X 和 μ_Y 以及标准差 σ_X 和 σ_Y。

表 10.2　各变量特征值

特征值	X	Y	k	a	b
下界	0	1	1	0	0
上界	∞	2		3	1
变异系数	0.15	0.30			
X_n 和 Y_n	均值	均值			

相应的结构设计公式为

$$\phi Y_n - a \geqslant k(\gamma X_n - b)^2$$

式中，X_n 和 Y_n 为与安全系数 γ 和 ϕ 相关的名义值。

为简化分析，令 X 和 Y 的名义值分别等于它们的均值。Y 的名义值由给定安全系数（如 $\phi=\gamma=1.0$）的设计格式获得。假设目标可靠度指标为 β_T。通过考虑工作域中的极值情况，为校准过程选择 8 个权重相等（$\omega_j=1.0, j=1,2,\cdots,8$）的设计工况，见表 10.3。

表 10.3　选择的设计工况

参数	工况号							
	1	2	3	4	5	6	7	8
X_n	1	1	1	1	2	2	2	2
a	0	0	3	3	0	0	3	3
b	0	1	0	1	0	1	0	1

采用全局优化方法以及由改进的半径扩张法和系数优化式（10.22）组成的解耦方法（近似优化 1）计算的安全系数校准值列于表 10.4 中[191]。表 10.4 中的符号 N_R 代表可靠度分析的次数，$N_{\beta\geqslant\beta_T}$ 代表 $\boldsymbol{Z}$ –空间中处于 β_T –球面上或 β_T –球面外的设计点 $P^{d(j)}$ 的数量。

表 10.4　校准的分项安全系数

方法	ϕ	γ	N_R	$N_{\beta\geqslant\beta_T}$
全局优化	0.589	1.466	240	6
近似优化 1	0.600	1.363	24	0
近似优化 2	0.776	1.781	1	8

若将本例题中的极限状态函数和设计格式改写成

$$g(Y',X') = Y' - kX'^2$$

和

$$\phi Y_n' + a(\phi - 1) \geqslant k\left[\gamma X_n' + b(\gamma - 1)\right]^2$$

式中，$X' = X - b$ 和 $Y' = Y - a$ 均为统计独立的正态随机变量；$X_n' = X_n - b$ 和 $Y_n' = Y_n - a$ 分别为 X' 和 Y' 的名义值（均值）。

采用逆 R-F 算法可以计算出安全系数 ϕ 和 γ，计算结果见表 10.4 中最后一行（近似优化 2）的数值。在这种情况下，所需的可靠度分析次数仅为 1 次，而且获得的设计点在 β_T-球面上。在这个意义上，有 $N_{\beta \geqslant \beta_T} = 8$。

10.4 基于可靠度的设计优化问题

上面介绍的荷载-抗力系数设计方法是确定性的结构设计优化方法，它通过利用分项安全系数来考虑设计变量的不确定性，安全系数与不确定性之间没有直接的联系。为了覆盖整个设计范围，（规范给出的）安全系数是校准过的，在许多情况下会导致过度设计的结构。因此，由荷载-抗力系数设计方法获得的优化设计并不确保具有最佳经济性的目标可靠度水平。

与荷载-抗力系数设计方法不同，基于可靠度的设计优化是通过直接考虑不确定性来实现费用与安全的最佳平衡（折中）。概括地讲，基于可靠度的设计优化问题可分为两类，可靠度约束下的重量或费用最小化问题和重量或费用约束下的可靠度最大化问题。其中，可靠度约束下的重量或费用最小化问题在结构设计中更为常见。

基于可靠度的设计优化研究起始于 20 世纪 80 年代末，至今已发展出多种基于可靠度的设计优化方法，这些方法大致可被划分为三类：两水平方法（two-level approach）、单水平方法（mono-level approach）和解耦方法（decoupled approach）。两水平方法考虑两个嵌套的优化问题，外环处理费用优化问题，内环处理可靠度评估问题。因此，两水平方法的计算费用是相当高的。单水平方法的目的是避免内环的可靠度分析，仅由外环的费用优化来解决基于可靠度的设计优化问题，为此，单水平方法常将概率约束替换为最优性条件，或通过重建基于可靠度的设计优化问题来获得单环优化模型。解耦方法将可靠度分析从优化过程中分离出来，将基于可靠度的设计优化问题变换为一系列的确定性优化问题，其中的确定性约束与在确定性设计之前或之后进行的可靠度分析相关联。

一般结构的第一类基于可靠度的设计优化问题可被定义为[194-195]

$$\min_{\boldsymbol{d}} \quad C(\boldsymbol{d}) \tag{10.23}$$

$$\text{s.t.} \quad P_{f,i} = P\left[g_i(\boldsymbol{d},\boldsymbol{X})<0\right] \leqslant \bar{P}_{f,i}, \quad i=1,2,\cdots,m \tag{10.24}$$

$$h_j(\boldsymbol{d}) \leqslant 0, \quad j=m+1,m+2,\cdots,M \tag{10.25}$$

式中，$\boldsymbol{d}$ 为设计变量（确定性变量或随机变量的均值）向量；$\boldsymbol{X}$ 为随机变量向量；C 为目标函数（即费用函数）；$g_i(\cdot)$ 为第 i 个功能函数；$\bar{P}_{f,i}$ 为对应于 $g_i(\cdot)$ 的允许失效概率；$h_j(\cdot)$ 为确定性约束函数；M 为约束总数。

需要注意的是，约束中的前 m 个为概率约束，后 $M-m$ 个为确定性约束。

根据第 5 章介绍的可靠度指标方法（reliability index approach，RIA），有

$$\beta_{S,i}(\boldsymbol{d},\boldsymbol{X}) = \Phi^{-1}\left\{1-P\left[g_i(\boldsymbol{d},\boldsymbol{X})<0\right]\right\}, \quad i=1,2,\cdots,m \tag{10.26}$$

$$\beta_{T,i} = \Phi^{-1}\left(1-\bar{P}_{f,i}\right), \quad i=1,2,\cdots,m \tag{10.27}$$

式中，$\beta_{S,i}$ 为对应于极限状态函数 $g_i(\cdot)$ 的可靠度指标；$\beta_{T,i}$ 为对应于 $g_i(\cdot)$ 的目标可靠度指标；$\Phi^{-1}(\cdot)$ 为标准正态分布的逆 CDF。

因此，在采用可靠度指标方法计算失效概率的情况下，式（10.24）定义的约束等价于

$$\beta_{S,i}(\boldsymbol{d},\boldsymbol{X}) \geqslant \beta_{T,i}, \quad i=1,2,\cdots,m \tag{10.28}$$

由于可靠度指标 $\beta_{S,i}(\boldsymbol{d},\boldsymbol{X})$ 的计算本质上是一个优化过程，即在标准正态变量 $\boldsymbol{Z}$-空间中求最小值（原点到极限状态曲面的最短距离）的过程，因此，式（10.23）～式（10.25）定义的基于可靠度的设计优化问题由两个嵌套的优化问题组成。直接求解这两个优化问题的循环迭代方法称为两水平方法，其中，外环优化的目的在于求解关于设计（控制）变量 $\boldsymbol{d}$ 的优化问题，而内环优化的目的在于求解关于随机变量 $\boldsymbol{X}$ 的可靠度问题[194, 196]。

为了克服两水平方法费用过高的问题，人们提出了单水平方法，如将内环的可靠度分析替换为卡鲁什-库恩-塔克（Karush-Kuhn-Tucker，KKT）优化条件的方法[197-198]和将概率约束近似为确定性约束的单循环方法（single-loop approach，SLA）[200-201]。其中，单循环方法得到了更多发展和应用[201-203]。单循环方法的基本思想是，在搜索最优设计的每次迭代中，通过求解 KKT 优化条件获得最可能失效点，然后利用获得的最可能失效点建立替换概率约束的确定性约束。单循环方法的表达式为

$$\min_{\boldsymbol{d}} \quad C\left(\boldsymbol{d}^k\right) \tag{10.29}$$

$$\text{s.t.}\quad g_i\left(\boldsymbol{d}^k, \boldsymbol{X}_i^k\right) \geqslant 0, \quad i=1,2,\cdots,m \tag{10.30}$$

$$h_j\left(\boldsymbol{d}^k\right) \leqslant 0, \quad j=m+1,m+2,\cdots,M \tag{10.31}$$

其中，

$$\boldsymbol{X}_i^k = \mu_{\boldsymbol{X}}^k - \boldsymbol{\alpha}_i^k \sigma_{\boldsymbol{X}} \beta_i^T \tag{10.32}$$

$$\boldsymbol{\alpha}_i^k = \frac{\sigma_{\boldsymbol{X}} \nabla_{\boldsymbol{X}} g_i\left(\boldsymbol{d}^k, \boldsymbol{x}_i^{k-1}\right)}{\left\|\sigma_{\boldsymbol{X}} \nabla_{\boldsymbol{X}} g_i\left(\boldsymbol{d}^k, \boldsymbol{x}_i^{k-1}\right)\right\|} \tag{10.33}$$

式中，i 为极限状态序号；$\boldsymbol{d}^k$ 为第 k 次设计优化迭代步时的设计变量向量；$\boldsymbol{x}_i^k$ 为第 k 次设计优化迭代步时关于第 i 个极限状态的近似最可能失效点；$\mu_{\boldsymbol{X}}^k$ 为第 k 次设计优化迭代步时 $\boldsymbol{X}$ 的均值；$\sigma_{\boldsymbol{X}}$ 为 $\boldsymbol{X}$ 的标准差；$\boldsymbol{\alpha}_i^k$ 为归一化的敏感性系数向量。

解耦方法是另一种降低基于可靠度的设计优化计算费用的方法。解耦方法将基于可靠度的设计优化变换为一个由确定性优化循环组成的序列，每个序列包含一个用于更新允许设计空间的独立的可靠度分析。确定性优化的约束与独立进行的可靠度分析有关，它定义了优化设计搜索所在的变量空间。随着确定性优化循环的增加，设计被不断改进直至收敛。典型的解耦方法包括顺序优化与可靠度评估（sequential optimization and reliability assessment，SORA）方法[204]和顺序近似规划（sequential approximate programming，SAP）方法[205]。

SORA 方法在每个确定性优化循环中，根据在上一个循环中获得的最可能失效点改变设计变量的位置和约束，将当前循环的约束移进可行域。对于第一个循环，可将最可能失效点设为均值点。在每个确定性优化循环收敛时，通过逆可靠度分析计算和更新最可能失效点。新的最可能失效点则用于下一个确定性优化循环。SORA 方法的表达形式为

$$\min_{\boldsymbol{d}} \quad C\left(\boldsymbol{d}^k\right) \tag{10.34}$$

$$\text{s.t.}\quad g_i\left(\boldsymbol{d}^k - \boldsymbol{s}_i^{k-1}, \breve{\boldsymbol{x}}_i^{k-1}\right) \geqslant 0, \quad i=1,2,\cdots,m \tag{10.35}$$

$$h_j\left(\boldsymbol{d}^k\right) \leqslant 0, \quad j=m+1,m+2,\cdots,M \tag{10.36}$$

式中，k 为优化循环序列号；$\boldsymbol{d}^k$ 为第 k 个确定性优化循环的设计变量向量；$\breve{\boldsymbol{x}}_i^{k-1}$ 为在第 $k-1$ 个确定性优化循环中由逆可靠度分析[206]计算的第 i 个极限状态的近似最可能失效点坐标；$\boldsymbol{s}_i^{k-1}$ 为在第 $k-1$ 个确定性优化循环中获得的移动参数向量：

$$\boldsymbol{s}_i^{k-1} = \boldsymbol{d}^{k-1} - \breve{\boldsymbol{x}}_i^{k-1} \tag{10.37}$$

其中，$\boldsymbol{d}^{k-1}$ 为第 $k-1$ 个确定性优化循环收敛时的设计变量向量。

SORA 方法建立的基于可靠度的设计优化模型具有完全确定性和可由经典优化算法求解的优点，同时降低了基于可靠度的设计优化的计算费用。

SAP 方法是在确定性优化的顺序近似规划概念上发展起来的，具有使设计优化和可靠度计算同时收敛的优点。SAP 方法将原来的优化问题分解为一序列由一个近似目标函数和一系列近似约束函数构成的子规划问题。在每个子规划步，可靠度约束被在当前设计点处的一阶泰勒展开来近似，近似可靠度指标由一个基于优化条件的迭代公式来计算。SAP 方法的一般表达式为

$$\min_{\boldsymbol{d}} \quad C\left(\boldsymbol{d}^k\right) \tag{10.38}$$

$$\text{s.t.} \quad \breve{\beta}_i\left(\boldsymbol{d}^k\right) \geqslant \beta_i^T, \quad i=1,2,\cdots,m \tag{10.39}$$

$$h_j\left(\boldsymbol{d}^k\right) \leqslant 0, \quad j=m+1,m+2,\cdots,M \tag{10.40}$$

式中，$\breve{\beta}_i\left(\boldsymbol{d}^k\right)$为由式（10.41）计算的近似可靠度指标：

$$\breve{\beta}_i\left(\boldsymbol{d}^k\right)=\hat{\beta}_i\left(\boldsymbol{d}^{k-1}\right)+\left[\nabla_{\boldsymbol{d}}\hat{\beta}_i\left(\boldsymbol{d}^{k-1}\right)\right]^T\cdot\left(\boldsymbol{d}^k-\boldsymbol{d}^{k-1}\right) \tag{10.41}$$

其中，$\hat{\beta}_i\left(\boldsymbol{d}^{k-1}\right)$及其导数$\nabla_{\boldsymbol{d}}\hat{\beta}_i\left(\boldsymbol{d}^{k-1}\right)$和最可能失效点在子规划问题以外由下列迭代公式计算：

$$\lambda_i^{k-1}=\frac{1}{\left\|\nabla_{\boldsymbol{u}}g_i\left(\boldsymbol{d}^{k-1},\boldsymbol{u}^{k-1}\right)\right\|} \tag{10.42}$$

$$\hat{\beta}_i\left(\boldsymbol{d}^{k-1}\right)=\lambda_i^{k-1}\left[g_i\left(\boldsymbol{d}^{k-1},\boldsymbol{u}^{k-1}\right)-\left(\boldsymbol{u}^{k-1}\right)^{\mathrm{T}}\cdot\nabla_{\boldsymbol{u}}g_i\left(\boldsymbol{d}^{k-1},\boldsymbol{u}^{k-1}\right)\right] \tag{10.43}$$

$$\nabla_{\boldsymbol{d}}\hat{\beta}_i\left(\boldsymbol{d}^{k-1}\right)=\frac{\nabla_{\boldsymbol{u}}g_i\left(\boldsymbol{d}^{k-1},\boldsymbol{u}^{k-1}\right)}{\left\|\nabla_{\boldsymbol{u}}g_i\left(\boldsymbol{d}^{k-1},\boldsymbol{u}^{k-1}\right)\right\|} \tag{10.44}$$

$$\boldsymbol{u}^k=-\hat{\beta}_i\left(\boldsymbol{d}^{k-1}\right)\lambda_i^{k-1}\nabla_{\boldsymbol{u}}g_i\left(\boldsymbol{d}^{k-1},\boldsymbol{u}^{k-1}\right) \tag{10.45}$$

Aoues 等对双水平方法、单水平方法和解耦方法中的代表性算法进行了综合分析和对比研究[207]，结果表明，SLA 方法的实用性、有效性、稳定性和精确性的综合性能最高，SORA 方法在效率方面比 SLA 方法低，但在稳定性和精确性方面比 SLA 方法高。

11 结构抗力的随机建模

结构抗力是构件或整个结构承受（直接和间接）作用的效应（内力和变形）的能力，如构件或结构的承载力、刚度、抗裂度等。抗力是结构的固有属性，其大小主要取决于构件或结构的材料性能和几何参数，另外，计算时所采用的数学模型也影响抗力预测值的大小。

为了简化实际工程的分析过程，结构的材料性能和几何参数常认为是不随时间变化的。但实际情况可能相反，材料性能和几何参数在结构服役期间很可能发生较大的变化。例如，由于碳化和锈蚀的影响，混凝土和钢筋的强度和有效截面会发生变化，混凝土和钢筋之间的黏结强度也会发生变化。因此，材料性能和几何参数也受时间的影响，使得结构抗力随时间发生变化（抗力退化）。

由于存在偶然不确定性和认知不确定性，材料性能、几何参数和计算模型都是不确定的，导致结构抗力也具有不确定性。因此，结构抗力需由随机变量、随机过程甚至随机场来描述和定义。

本章主要介绍结构抗力随机建模的基本原理和一般方法。

11.1 结构抗力不确定性的来源

引起结构抗力不确定性的偶然性因素主要有：

（1）微观组织的随机性。对于由不同成分组成的物质，不同成分的比例和组织形式具有随机性，导致物质的性能具有不确定性。例如，对于同一等级的混凝土材料，由于水泥砂浆、骨料、气孔以及裂纹分布的随机性，不同部位的轴心抗压强度必然是不相同的。微观组织的随机性也是物质的内在属性，但随着研究对象尺度的增大，微观组织随机性对物质宏观性能的影响逐渐减小。

（2）边界和环境条件的随机变化。支承形式、温度、湿度、荷载作用方式（如加载速度、加载路径、加卸载过程和次数等）、周围介质等边界和环境条件是随机变化的，通常与实验室条件有非常大的差异。结构构件的制作工艺与标准试件的制作工艺也存在很大的差异。这种客观存在的差异，导致结构抗力具有显著的不确定性。

（3）测量误差。仪器精度和人员技能的差异不可避免地会给同一物理量的测量结果带来附加误差，这种附加的误差称为测量误差。随着仪器精度和人员技能的提高，测量误差是可以逐步减小的。

（4）统计不确定性。来自样本估计的物理量的均值、方差和概率分布等统计特征都是随样本容量而变化的，只有当样本容量变成无穷大时，物理量的样本估计才是确定的。由于统计特征的变异性随样本容量的增加而减小，因此，随着样本容量的增加，统计特征的变异性可以适当减小。

与偶然性相比，结构抗力不确定性中的认知性因素主要来自预测过程中人为设定的各种假定。例如，在预测钢筋混凝土梁的正截面抗弯承载力时，人们常常预先假定钢筋和混凝土的应力分布、受拉钢筋的极限应变等。因为引入了多个假定，与实际情况相比，预测结果不可避免地存在误差和变异性。

结构材料性能和几何参数的不确定性主要来自偶然因素，而抗力计算模型的不确定性既来自偶然性因素，也来自认知性因素。这是因为抗力的计算模型中一定包含有代表材料性能和几何参数的变量，同时，无论多么完美的模型，都会忽略一些不能确定的影响因素，并隐含有或多或少的假定。

如果完全掌握偶然不确定性和认知不确定性对材料性能、几何参数和计算模型的影响规律和作用机理，那么，人们就能从本质上研究和分析结构抗力的不确定性。然而，至少在目前阶段，人们还不具备这样的能力。因此，目前工程上的常用方法是基于概率理论和实测数据建立材料性能、几何参数、计算模型和结构抗力的随机模型。

11.2 材料性能的不确定性

材料的性能是多方面的，很难给出它的统一定义。国际结构安全性联合委员会概率模式规范将材料性能定义为具有规定尺寸和状态的、按给定规则抽样的、经历公认的试验过程的、试验结果由特定过程计算的材料试件的性能[208]。当力学性能的主要特征由一维应力-应变曲线描述时，材料性能主要指抗拉和抗压的弹性模量和材料强度，另外，屈服强度、比例极限、断裂应变和极限应变等也是重要的材料性能。

对材料性能的描述由数学模型（如弹-塑性模型、徐变模型等）和随机变量或随机场（如弹性模量、徐变系数等）进行。变量之间的函数关系也可能成为模型的一部分（如混凝土的抗拉强度和抗压强度之间的关系）。模型是对“实际”的合理简化，并且应容易理解、预测准确和便于应用。模型应从尽可能代表实际环境和加载条件的（标准）试验中获得。

材料性能不确定性的建模方法可分为分层建模（hierarchical modelling）法[208]和简化建模法[140, 209]。

11.2.1 分层建模法

分层建模法既考虑材料性能在时间上的变化，也考虑材料性能在空间上的变化。例如，考虑结构上某点处的材料强度与其他点处的材料强度的不同。分层建模法将材料性能在空间上的变化分为三个层次，即全局（宏观）层次、局部（细观）层次和微观层次。在全局层次上，考虑的是不同结构之间材料性能的变化，如某一区域建筑中混凝土轴心抗压强度的均值和标准差等参数的变化。在局部层次上，对某个结构给定设计参数的一个确定值（实现）后，采用随机过程或随机场建立结构内局部变化的模型，如建立结构上混凝土轴心抗压强度的空间分布模型。在微观层次上，考虑的是材料性能的快速波动和非均匀性。由于快速波动和非均匀性源于混凝土、金属或其他材料中骨料、孔隙或颗粒的大小和疏密的随机分布，因此，它们是不可控制的。

考虑材料性能 X，描述其不确定性的 PDF 为 $f_X\left(x|\boldsymbol{q}\right)$，其中 $\boldsymbol{q}=\left(q_1,q_2,\cdots\right)$ 为分布参数（均值、标准差等）向量。$f_X\left(x|\boldsymbol{q}\right)$ 的类型与同一批材料的试件数量有关，随着试件数量的增多，$f_X\left(x|\boldsymbol{q}\right)$ 渐近为威布尔分布或正态分布。当变异系数比较大时，为了避免出现负的数值，也可用对数正态分布代替正态分布。

材料性能 X 的分层建模步骤为[208]：

首先，进行微观层次（晶体或骨料尺度）上的试验，由试验结果确定参数 $\boldsymbol{q}$ 的分布函数 $f_{\boldsymbol{q}}\left(\boldsymbol{q}\right)$。

其次，在细观层次（构件尺度）上，材料性能 X 由随机序列 $X_1,X_2,\cdots$ 描述，这些随机序列是统计相关的，它们之间的相关系数依赖于距离 Δr_{ij} 及相关参数 ρ_0 和 d_c：

$$\rho\left(\Delta r_{ij}\right)=\rho_0+\left(1-\rho_0\right)\mathrm{e}^{-\left(\frac{\Delta r_{ij}}{d_c}\right)^2} \tag{11.1}$$

一般情况下，$\rho_0=0$。对于不同构件中的 $X_i\left(i=1,2,\cdots\right)$ 和 $X_j\left(j=1,2,\cdots\right)$，相关性由参数 ρ_0 描述，即 $\rho_{ij}=\rho_0$。

最后，由全概率公式得到宏观层次（结构尺度）上材料性能 X 的 PDF：

$$f_X\left(x\right)=\int f_X\left(x|\boldsymbol{q}\right)f_{\boldsymbol{q}}\left(\boldsymbol{q}\right)\mathrm{d}\boldsymbol{q} \tag{11.2}$$

微观层次上的（任一）分布参数 $\boldsymbol{q}$ 的分布函数 $f_{\boldsymbol{q}}\left(\boldsymbol{q}\right)$ 可由新的数据进行贝叶斯更新：

$$f_{\boldsymbol{q}}''\left(\boldsymbol{q}\right)=C\mathcal{L}\left(\text{data}|\boldsymbol{q}\right)f_{\boldsymbol{q}}'\left(\boldsymbol{q}\right) \tag{11.3}$$

式中，$f_{\boldsymbol{q}}''(\boldsymbol{q})$为参数$\boldsymbol{q}$的后验分布；$f_{\boldsymbol{q}}'(\boldsymbol{q})$为$\boldsymbol{q}$的先验分布；$\mathcal{L}(\text{data}|\boldsymbol{q})$为数据“data”的似然函数；$C=1\Big/\int\mathcal{L}(\text{data}|\boldsymbol{q})f_{\boldsymbol{q}}'(\boldsymbol{q})\text{d}\boldsymbol{q}$为归一化系数。

如果X为参数$q_1=\mu$和$q_2=\sigma$的正态分布变量，那么为方便更新计算，可将μ和σ的先验分布假设为

$$f'(\mu,\sigma)=k\sigma^{-[\nu'+\delta(n')+1]}\text{e}^{-\frac{1}{2\sigma^2}\left[\nu's'^2+n'(\mu-m')^2\right]} \tag{11.4}$$

式中，k为归一化系数；$\delta(n')$的取值为：当$n'=0$时$\delta(n')=0$，当$n'>0$时$\delta(n')=1$；m'、n'、s'和ν'均为参数。

可以将由式（11.4）描述的先验信息与具有样本均值m和标准差s的n个测量值中的一个试验结果整合起来，得到X的未知均值和标准差的后验分布，结果也由式（11.4）给出，但参数由式（11.5）～式（11.8）给出：

$$n''=n'+n \tag{11.5}$$

$$\nu''=\nu'+\nu+\delta(n') \tag{11.6}$$

$$m''n''=m'n'+mn \tag{11.7}$$

$$\nu''s''^2+n''m''^2=\nu's'^2+n'm'^2+\nu s^2+nm^2 \tag{11.8}$$

然后，利用式（11.2），得到X的预测值：

$$X=m''+t_{\nu''}s''\sqrt{1+\frac{1}{n''}} \tag{11.9}$$

式中，$t_{\nu''}$服从中心t-分布。

在标准差σ已知的情况下，式（11.5）和式（11.7）对于后验均值依然成立。X的预测值为

$$X=m''+\mu\sigma\sqrt{1+\frac{1}{n''}} \tag{11.10}$$

式中，μ服从标准正态分布。

因此，X对应于概率p_X的分位值（特征值）为

$$x_c=\begin{cases} m''+\mu(p_X)\sigma\sqrt{1+\dfrac{1}{n''}}, & \text{当}\sigma\text{已知时} \\ m''+t_{\nu''}(p_X)s''\sqrt{1+\dfrac{1}{n''}}, & \text{当}\sigma\text{未知时} \end{cases} \tag{11.11}$$

无论σ为已知的还是σ为未知的，当$n'',\nu''\to\infty$时，都有$x_c=m''+\mu(p_X)s''$，其中，$s''=\sigma$。

如果 X 服从对数正态分布，那么 $Y=\ln X$ 服从正态分布。先将上面的公式应用于 Y，然后利用关系式 $X=\mathrm{e}^{Y}$，得到关于 X 的结果。

如果只能对 X 进行间接测量且可以利用线性回归模型 $Y=a_0+a_1X$，Y 的预测值则服从学生 t-分布：

$$Y=a_0+a_1x+t_{\nu}s\sqrt{1+\frac{1}{n}+\frac{\left(\overline{x}-x_0\right)^2}{\sum_{i=1}^{n}\left(x_i-\overline{x}\right)^2}} \tag{11.12}$$

式中，x_0 为界限值；其他参数的定义为

$$a_0=\overline{y}-a_1\overline{x} \tag{11.13}$$

$$a_1=\frac{\sum_{i=1}^{n}x_iy_i-n\overline{x}\overline{y}}{\sum_{i=1}^{n}x_i^2-n\overline{x}^2} \tag{11.14}$$

$$\overline{x}=\frac{1}{n}\sum_{i=1}^{n}x_i \tag{11.15}$$

$$\overline{y}=\frac{1}{n}\sum_{i=1}^{n}y_i \tag{11.16}$$

$$s^2=\frac{1}{n-2}\sum_{i=1}^{n}\left(y_i-a_0-a_1x_i\right)^2 \tag{11.17}$$

$$\nu=n-2 \tag{11.18}$$

对应于概率 p 的分位值（特征值）则为

$$y_c=a_0+a_1x+T^{-1}\left(p,\nu\right)s\sqrt{1+\frac{1}{n}+\frac{\left(\overline{x}-x_0\right)^2}{\sum_{i=1}^{n}\left(x_i-\overline{x}\right)^2}} \tag{11.19}$$

式中，$T^{-1}\left(p,\nu\right)$ 为自由度为 ν 的学生 t-分布的逆 CDF。

例题 11.1 以文献[208]介绍的混凝土轴心抗压强度建模过程为例，说明分层建模法的工程应用。令 f_{c0} 为 28d 龄期标准混凝土试件按标准试验方法测得的轴心抗压强度。关于强度 f_{c0} 的函数，结构 j 中位于 i 处的混凝土轴心抗压强度的概率模型为

$$f_{c,ij}=\alpha\left(t,\tau\right)f_{c0,ij}^{\lambda}Y_{1,j}$$

$$f_{c0,ij}=\mathrm{e}^{U_{ij}\Sigma_j+M_j}$$

式中，$\alpha\left(t,\tau\right)$ 为考虑加载时龄期 t（d）和加载持时 τ（d）的确定性函数；$f_{c0,ij}$ 为

独立于 $Y_{1,j}$ 的对数正态变量；M_j 和 Σ_j 分别为 $f_{c0,ij}$ 的均值和标准差；$Y_{1,j}$ 为由于空间位置、养护和硬化条件导致的附加变化的对数正态变量（随机场），均值为 1，变异系数为 0.06；λ 为均值等于 0.96、变异系数等于 0.005 的对数正态变量，通常取为确定性的值；U_{ij} 为结构内变异性的标准正态变量。

在同一构件内，变量 U_{ij} 和 U_{kj} 是相关的，相关系数为

$$\rho\left(U_{ij},U_{kj}\right)=\rho+\left(1-\rho\right)\mathrm{e}^{-\left(\frac{r_{ij}-r_{kj}}{d_c}\right)^2}$$

式中，r_{ij} 和 r_{kj} 分别为构件 j 中 i 和 k 点的位置；$d_c=5\,\mathrm{m}$；$\rho=0.5$。

对于不同的结构，可认为 U_{ij} 和 U_{kj} 是不相关的。

如果 $X_{ij}=\ln f_{c0,ij}$ 的参数 M_j 和 Σ_j 是由理想无穷多样本获得的，那么它的分布是正态的。一般来说，混凝土产品是随批次、场地和建设时间而变化的，而且样本规模是有限的，因此，参数 M_j 和 Σ_j 也必须处理为随机变量。此时，X_{ij} 应是对应于下面的分布函数的学生 t-分布：

$$F_X\left(x\right)=F_{t_{\nu''}}\left[\frac{\ln\left(\dfrac{x}{m''}\right)}{s''}\sqrt{1+\frac{1}{n''}}\right]$$

式中，$F_{t_{\nu''}}$ 为自由度为 ν'' 的学生 t-分布的 CDF。

可以将 $f_{c0,ij}$ 表示为

$$f_{c0,ij}=\mathrm{e}^{m''}+t_{\nu''}s''\sqrt{1+\frac{1}{n''}}$$

参数 m''、n''、s'' 和 ν'' 的值依赖于特定信息量。如果没有特定信息（先验信息），这些参数的数值可按表 11.1 取。先验参数可以依赖于地理区域和混凝土的生产技术。

表 11.1　混凝土强度分布的先验参数（f_{c0} 的单位为 MPa）

混凝土类型	混凝土等级	参数			
		m'	n'	s'	ν'
预拌混凝土	C15	3.40	3	0.14	10
	C25	3.65	3	0.12	10
	C35	3.85	3	0.09	10
	C45	3.98	3	0.07	10
	C55				

续表

混凝土类型	混凝土等级	参数			
		m'	n'	s'	ν'
预制构件	C15				
	C25	3.80	3	0.09	10
	C35	3.95	3	0.08	10
	C45	4.08	4	0.07	10
	C55	4.15	4	0.05	10

如果 $n'',\nu''>10$，那么混凝土强度分布的一个好的近似是均值为 m'' 和标准差为 $s''\sqrt{[n''/(n''-1)]\cdot[\nu''/(\nu''-2)]}$ 的对数正态分布。

11.2.2 简化建模法

简化建模法考虑细观层次（构件尺度）上的不确定性，采用统计分析的方法给出材料性能概率分布的参数（均值和变异系数）。令无量纲参数 K_M 为表示材料性能不确定性的随机变量：

$$K_M=\frac{f_j}{k_0 f_k}=\frac{1}{k_0}\frac{f_j}{f_s}\frac{f_s}{f_k}=\frac{1}{k_0}K_0K_f \tag{11.20}$$

式中，k_0 为（规范规定的）反映构件材料性能与试件材料性能差别的系数（如考虑缺陷、加载速度、试验方法和时间等因素的系数）；f_j 为实际构件的材料性能；f_s 为试件的材料性能；f_k 为（规范规定的）试件材料性能的特征值（标准值）；$K_0=f_j/f_s$ 为反映实际构件材料性能与试件材料性能差别的随机变量；$K_f=f_s/f_k$ 为反映试件材料性能不确定性（偶然不确定性）的随机变量。

对式（11.20）定义的非线性函数在均值点处进行线性化后，经过简单的期望计算，可以得到 K_M 的均值和变异系数的近似计算式：

$$\mu_{K_M}\approx\frac{1}{k_0}\mu_{K_0}\mu_{K_f} \tag{11.21}$$

$$V_{K_M}\approx\sqrt{V_{K_0}^2+V_{K_f}^2} \tag{11.22}$$

式中，μ_{K_0} 和 V_{K_0} 分别为 K_0 的均值和变异系数；μ_{K_f} 和 V_{K_f} 分别为 K_f 的均值和变异系数。

我国多种建筑材料抗拉强度、抗压强度、抗剪强度和抗弯强度的均值和变异系数统计分析结果参见文献[140]和[209]。与强度和弹性模量等材料性能相关的随机变量 K_M 的概率分布可假设为正态分布或对数正态分布。

11.3 几何参数的不确定性

结构抗力计算涉及的几何参数主要是构件截面的几何特征，如高度、宽度和混凝土保护层厚度等，有时也涉及构件的长度、偏心距以及整体结构的高度、宽度、几何中心和扭转中心等局部和整体几何特征。与材料性能相比，几何参数不确定性的来源相对单一，主要是构件的制造尺寸偏差和安装误差。随着建筑工业化水平的提升，几何参数的不确定性会逐渐减小。另外，一般情况下，几何尺寸较大的构件，几何参数的变异性较小，但这不意味着它们的绝对误差也更小。

几何参数不确定性的建模方法主要有两种，即加法建模法和乘法建模法。

11.3.1 加法建模法

不考虑时间上的变化，几何参数 A 的尺寸偏差可由它与名义值 A_n 偏差 Y［式（11.23）］的统计特征来描述。

$$Y = A - A_n \tag{11.23}$$

基于加法建模法，国际结构安全性联合委员会的概率模式规范统计分析了混凝土构件主要几何尺寸和钢构件横截面的均值和变异系数[208]。对于几何参数不确定性的概率分布模型，结构安全性联合委员会的概率规范认为，除非能够获得进一步的信息，钢筋混凝土和钢构件的外部尺寸以及钢筋混凝土构件截面的有效高度的不确定性都可以由正态分布来描述，但各种混凝土构件截面中钢筋的混凝土保护层的不确定性却很难由正态分布来描述，而应由单边或双边有界的分布（如贝塔分布、伽马分布、对数正态分布或移位广义对数正态分布）来描述。

另外，研究还表明，混凝土构件截面的外部尺寸弱依赖于生产模式（预制、现浇），竖向和水平向尺寸的相关性也不明显（相关系数大约为 0.12）；尽管某些混凝土构件截面的混凝土保护层厚度和高度是高度相关的，但至今还未获得内部尺寸（混凝土保护层）与外部尺寸的相关性数据；混凝土构件沿构件方向的相关性可能是非常强的，相关距离可能为截面高度的 3～5 倍或跨度的 1/4～1/2。

11.3.2 乘法建模法

乘法建模法将描述几何参数不确定性的随机变量 K_A 定义为

$$K_A = \frac{A}{A_n} \tag{11.24}$$

式中，A 为结构构件的实际几何参数（实测值）；A_n 为构件几何参数的名义值（标准值）。随机变量 K_A 的均值 μ_{K_A} 和变异系数 V_{K_A} 分别为

$$\mu_{K_A} = \frac{1}{A_n}\mu_A \tag{11.25}$$

$$V_{K_A} = V_A \tag{11.26}$$

式中，μ_A 和 V_A 分别为实际几何参数 A 的均值和变异系数。

我国结构构件几何参数的均值和变异系数统计分析结果参见文献[140]和[209]。在没有获得进一步的信息之前，可采用正态分布描述随机变量 K_A。

11.4 计算模型的不确定性

为了计算结构抗力 R，需要建立一个数学模型：

$$R(\boldsymbol{X}) = f(X_1, X_2, \cdots, X_n) \tag{11.27}$$

式中，$f(\cdot)$ 为模型函数；$X_i\,(i=1,2,\cdots,n)$ 为基本变量（材料性能和几何参数等）；$\boldsymbol{X} = (X_1, X_2, \cdots, X_n)$。

模型函数 $f(\cdot)$ 通常是不完全和不精确的。即使知道了所有基本随机变量的值，也不能无偏差地预测出抗力 R。因此，可以将基于试验的抗力 R' 的实际值表示为

$$R'(\boldsymbol{X}, \boldsymbol{\theta}) = f'(X_1, X_2, \cdots, X_n, \theta_1, \theta_2, \cdots, \theta_m) \tag{11.28}$$

式中，$\theta_i\,(i=1,2,\cdots,m)$ 为包含模型不确定性的随机参数（变量）。

模型不确定性一般表现为由计算模型得到的抗力计算值的误差。模型抗力的计算误差主要源于模型中的各种假定（如关于应力分布和边界条件的假定）、为了简化模型的数学表达式而忽略的影响因素以及在计算过程中模型变量的取值误差（如强度和刚度值误差）。国际标准化组织（International Organization for Standardization，ISO）的标准 ISO 2394—2015 和国际结构安全性联合委员会的概率模式规范，都将模型不确定性定义为一个与物理或统计模型的精度有关的随机变量。

在理想情况下，通过（所有 X_i 的值都被测量出来或被控制的）一系列实验室内的试验和对实际结构的测量，可以获得模型不确定性。在这种情况下，模型不确定性具有偶然不确定性的性质。但如果测量数据较少，那么，统计不确定性就会较大，另外，还会存在由于 X_i 和 R 的测量误差导致的不确定性。此时，可采用贝叶斯回归方法来处理测量数据。很多情况下，由于缺少良好的和一致的试验，模型不确定性的统计特性只好由工程经验来进行判断。有时，各种模型之间的对比也可能对分析模型不确定性有所帮助。

分析模型不确定性的常用方法是将式（11.28）简化为

$$R'(\boldsymbol{X},\boldsymbol{\theta})=\boldsymbol{\theta}R(\boldsymbol{X}) \tag{11.29}$$

或

$$R'(\boldsymbol{X},\boldsymbol{\theta})=\boldsymbol{\theta}+R(\boldsymbol{X}) \tag{11.30}$$

或上述两种表达式的组合。

若采用简化式（11.29），则模型不确定性$\boldsymbol{\theta}$可按表 11.2 所列的分布模型和分布参数来进行描述[208]。根据我国情况，人们也统计分析了计算模型不确定性随机变量$\boldsymbol{\theta}$的均值和变异系数[140]。

表 11.2　计算模型不确定性的概率模型

模型类别		分布类型	均值	变异系数
钢结构（静力）	抗弯承载力	对数正态	1.0	0.05
	抗剪承载力	对数正态	1.0	0.05
	焊接连接强度	对数正态	1.15	0.15
	铆钉连接强度	对数正态	1.25	0.15
混凝土结构（静力）	抗弯承载力	对数正态	1.2	0.15
	抗剪承载力	对数正态	1.4	0.25
	连接强度	对数正态	1.0	0.10

计算模型不确定性的更精细分析可以将国际结构安全性联合委员会概率模式规范给出的变异系数中重复考虑的试验不确定性去除掉，减小表 11.2 中的变异系数[210]。

11.5　结构抗力的随机模型

若采用式（11.29）进行结构抗力的不确定性分析，那么对于某一特定计算模型，抗力$R'(\boldsymbol{X},\boldsymbol{\theta})$的均值$\mu_{R'}$和变异系数$V_{R'}$分别为

$$\mu_{R'}\approx\mu_\theta\mu_R \tag{11.31}$$

和

$$V_{R'}\approx\sqrt{V_\theta^2+V_R^2} \tag{11.32}$$

式中，μ_θ和V_θ分别为模型不确定性随机变量θ的均值和变异系数；μ_R和V_R分别为模型抗力$R(\boldsymbol{X})$的均值和变异系数，其值由材料性能和几何参数的不确定性以及模型函数$f(X_1,X_2,\cdots,X_n)$经概率运算得到。

对于由单一材料组成的结构或构件，且材料性能的不确定性由简化方法分析而几何参数的不确定性由乘法建模法进行分析的情况，可以将抗力简单表示为

$$R'(\boldsymbol{X},\boldsymbol{\theta}) = K_M K_A \boldsymbol{\theta} R_n \tag{11.33}$$

式中，R_n 为结构抗力的名义值（标准值），它是材料性能名义值（标准值）、几何参数名义值（标准值）等变量的函数。

因此，得到抗力均值和变异系数的简化计算式为

$$\mu_{R'} \approx \mu_{K_M} \mu_{K_A} \mu_{\boldsymbol{\theta}} R_n \tag{11.34}$$

$$V_{R'} \approx \sqrt{V_{K_M}^2 + V_{K_A}^2 + V_{\boldsymbol{\theta}}^2} \tag{11.35}$$

我国典型结构抗力的均值和变异系数计算值参见文献[140]和[209]。在材料性能、几何参数和计算模型不确定性的概率模型以及抗力计算模型的基础上，理论上可以通过随机函数分析来确定抗力 $R'(\boldsymbol{X},\boldsymbol{\theta})$ 的概率分布。但在工程中一般是根据中心极限定理来确定抗力 $R'(\boldsymbol{X},\boldsymbol{\theta})$ 的概率模型。由于抗力模型中的基本随机变量通常是以乘积的形式存在的，基本随机变量较多且一般不存在起主导作用的基本随机变量，因此，根据中心极限定理，可近似认为抗力 $R'(\boldsymbol{X},\boldsymbol{\theta})$ 服从对数正态分布。

11.6 时变抗力的随机建模

在长期服役过程中，结构总会有某种程度的损伤，结构抗力将随服役时间而衰减，因此，在结构抗力的不确定性分析中，有必要考虑时间因素的影响。一般来说，随时间变化的结构抗力是非平稳非齐次的随机过程，且受环境因素、内在因素和荷载作用状况等的影响。由于缺乏基础数据，加上影响因素的作用机理还不完全清楚，因此建立时变抗力的精确随机过程模型比较困难。目前存在一些简化和实用的抗力时变模型，如独立增量随机过程模型[211-212]、初始抗力与（不确定的）抗力退化函数乘积的随机函数模型[213]、各阶段（或突变点）的随机变量模型[214]等。其中，因为能较好地反映抗力衰减的基本特征，并且便于利用检测信息进行更新，初始抗力与抗力退化函数乘积的随机函数模型具有较好的实用性。

根据初始抗力与抗力退化函数乘积的随机函数模型，关于某一失效模式的结构构件的时变抗力可以表示为

$$R(t) = R_0 g(t) \tag{11.36}$$

式中，$R(t)$ 为时变抗力；R_0 为初始抗力；$g(t)$ 为抗力退化函数，即在 t 时刻初始抗力的剩余率。

根据材料和结构所处的环境，已建立了多种抗力退化函数[215-216]。对于钢筋混凝土构件，抗力退化函数可表示为

$$g(t)=1-k_1t+k_2t^2 \tag{11.37}$$

式中，t 为从钢筋锈蚀开始计的已过时间（单位为年）；k_1 和 k_2 均为参数。

初始抗力 R_0 的不确定性模型可由 11.5 节介绍的方法来确定。抗力退化函数中参数 k_1 和 k_2 的不确定性模型可以根据工程经验来确定，也可以基于类似环境下同类结构抗力衰减率 $\left[R_0-R(t)\right]/R_0=1-g(t)$ 的现场检测信息由线性回归分析来确定。一旦确定了初始抗力、抗力退化函数和参数的不确定性模型，抗力的随机时变模型则可由式（11.36）确定。

当有新的抗力衰减率信息检测出来时，可以更新抗力退化函数中参数的不确定性模型。在这种情况下，按上述方法确定的抗力退化函数中参数的不确定性模型可被当作先验分布，新的检测信息用于确定似然函数（条件分布），然后由贝叶斯方法确定抗力退化函数中参数的后验分布。由此，获得时变抗力不确定性的更新模型。

若以 $\boldsymbol{\theta}$ 代表抗力退化函数中的参数、以 $f'(\boldsymbol{\theta})$ 代表 $\boldsymbol{\theta}$ 的先验分布、以 $f(x|\boldsymbol{\theta})$ 代表由新的检测信息确定的条件分布，那么经过更新的 $\boldsymbol{\theta}$ 的后验分布为

$$f''(\boldsymbol{\theta})=\frac{f(x|\boldsymbol{\theta})f'(\boldsymbol{\theta})}{\int_{-\infty}^{+\infty}f(x|\boldsymbol{\theta})f'(\boldsymbol{\theta})\mathrm{d}\boldsymbol{\theta}} \tag{11.38}$$

利用上述建模方法，文献[213]进行了实际桥梁结构的抗力随机时变模型分析，研究了先验分布和条件分布对抗力退化函数中参数 k_1 和 k_2 的后验分布的影响。

12 荷载的随机建模

荷载是使结构和构件产生内力和变形的外力或其他因素。按产生原因，可以将荷载分为两类：①自然现象引起的荷载，如风荷载、波浪荷载、雪荷载和地震荷载等；②人类活动导致的荷载，如结构自重（恒荷载）和楼板上人的重量（活荷载）等。除了按产生原因，还可以按随时间的变异性、随空间的变异性、结构反应的特征或统计数据的类型等，对荷载进行分类[38, 209]。

荷载的随机模型一般是基于观测数据建立的。由特定地点或特定时间的观测数据，可以建立荷载的随机变量模型，由一段时间或一片区域内的观测数据，可以建立荷载的随机过程（场）模型。由于数据（信息）的不完备、认识的不足和环境的差异，已有的荷载随机模型都具有一定的局限性，对于同一种荷载，可能存在多种差别较大的随机模型。随着数据（信息）的增多和认识的深入，荷载的随机模型将会越来越科学和精确。

荷载的随机建模还涉及荷载组合问题。对于某一结构，作用在其上的各种荷载可能不会同时出现，所有荷载最大值同时出现的可能性更低。因此，为了建立总荷载的随机模型，需要分析荷载分量的组合和叠加问题。

本章主要介绍荷载随机建模的一般理论与方法、荷载的随机变量模型、随机过程模型、荷载组合模型等。关于荷载的发生机制、力学原理、荷载效应分析（特别是风效应和波浪效应）等方面的理论与方法，可参见文献[9]。

12.1 荷载的随机变量模型

12.1.1 一般建模方法

当采用随机变量描述荷载的不确定性时，可以采用乘法建模方法将荷载 Q_i [38] 表示为

$$Q_i = A_i B_i C_i \tag{12.1}$$

式中，A_i 为荷载本身；B_i 为假设的荷载作用模式的变异性；C_i 为分析方法的变异性。

变量 B_i 考虑了对荷载是如何作用在结构上所做的各种假设。例如，为了简化

梁的荷载（效应）分析，有时会将作用在梁上的非均匀分布荷载近似为均匀分布的荷载。变量 C_i 考虑了在建立结构分析模型时所做的各种近似和理想化处理。例如，对结构所做的固接式底座或铰接式底座的假设，以及将三维结构简化为二维结构的理想化处理。

将式（12.1）定义的函数在均值点处做一阶泰勒级数展开，可以得到 Q_i 的均值和变异系数计算式：

$$\mu_{Q_i} \approx \mu_{A_i}\mu_{B_i}\mu_{C_i} \tag{12.2}$$

$$V_{Q_i} \approx \sqrt{V_{A_i}^2 + V_{B_i}^2 + V_{C_i}^2} \tag{12.3}$$

式中，μ_{A_i}、μ_{B_i} 和 μ_{C_i} 分别为 A_i、B_i 和 C_i 的均值；V_{A_i}、V_{B_i} 和 V_{C_i} 分别为 A_i、B_i 和 C_i 的变异系数。

当考虑多个荷载 $Q_1, Q_2, \cdots, Q_n$ 的作用时，常将总荷载的表达式写为

$$\begin{aligned} Q &= \sum_{i=1}^{n} c_i Q_i \\ &= \sum_{i=1}^{n} c_i A_i B_i C_i \end{aligned} \tag{12.4}$$

式中，c_i 为对应于荷载 Q_i 的组合系数。

12.1.2 人类活动导致的荷载

1. 恒荷载

人类活动导致的恒荷载 D 通常指由结构构件和与结构永久连接的非结构构件的自重导致的重力荷载。它在结构生命周期内一般是保持不变的。恒荷载的分析方法比较明确，其变异性可以忽略不计。因此恒荷载的均值和变异系数可近似为

$$\mu_D \approx \mu_A \mu_B \tag{12.5}$$

$$V_D \approx \sqrt{V_A^2 + V_B^2} \tag{12.6}$$

式中，A 为恒荷载本身；B 为假设的恒荷载作用模式的变异性。

恒荷载的变异系数一般小于 10%，其概率特征可由正态分布来描述，且在设计基准期内的任意时刻，恒荷载与其最大值（极值）的概率分布一致。我国和美国统计出的恒荷载均值和变异系数参见表 12.1[38, 140]，其中的名义值 D_n 在我国为恒荷载的标准值。

表 12.1 恒荷载统计参数参考值

结构类型	中国			美国		
	$\lambda_D=\mu_D/D_n$	$\sqrt{V_A^2+V_B^2}$	V_D	$\lambda_D=\mu_D/D_n$	$\sqrt{V_A^2+V_B^2}$	V_D
建筑	1.06		0.07	1.00	0.06～0.09	0.06～0.10
桥梁				1.03～1.05	0.04～0.08	0.08～0.10

2. 活荷载

考虑随时间的变异性，活荷载 L 分为持续性（sustained）活荷载和临时性（transient）活荷载。“持续性”一词表达正常情况下都存在的意思。持续性活荷载包括人及其携带的物品、家具、可移动隔墙和设施的重量。持续性活荷载也称为任意点即时荷载（arbitrary-point-in-time live load，APT live load）。“临时性”一词表达不常发生的意思。当所有人都聚集在一个房间里或所有的家具都被储存在一个房间里时，将（作为一种非正常情况）出现临时性活荷载。

我国学者调查研究表明[140]，任意时刻持续性活荷载和临时性活荷载都不拒绝服从极值 I 型分布。美国学者研究则表明[38]，任意时刻持续性活荷载倾向于服从伽马分布，而任意时刻临时性活荷载的概率分布更加复杂，其分布类型依赖于具体情况。设计所用的最大（极值）持续性活荷载、最大（极值）临时性活荷载以及（总）活荷载的概率特征，依赖于临时性活荷载的时间变异性、持续性活荷载的持时、设计基准期和所涉及的随机变量的统计特征，经组合分析才能确定。在一般情况下，可认为最大活荷载服从极值 I 型分布，其均值为影响面积①的函数，变异系数也依赖于影响面积[217-218, 38]。

表 12.2 给出了我国民用建筑 10 年内持续性活荷载和临时性活荷载的统计参数[140]。假设这些持续性活荷载和临时性活荷载服从极值 I 型分布，根据表 12.2 给出的数据，利用齐次脉冲泊松过程模型（见 12.3 节），可以获得 50 年设计基准期内持续性活荷载和临时性活荷载的最大值（极值）的概率分布。

表 12.3 中的数据是代表性的美国民用建筑持续性活荷载和临时性活荷载的统计数据[38]。同样地，假设表 12.3 中的持久性活荷载和临时性活荷载都服从伽马分布，可利用齐次脉冲泊松过程模型获得设计基准期内最大（极值）活荷载的概率分布。

① 在设计规范中，荷载的计算涉及分配面积和影响面积，前者用于计算梁和柱的活荷载（或活荷载效应），后者用于确定活荷载强度的折减系数。影响面积总是大于分配面积。

表 12.2　我国民用建筑持续性活荷载和临时性活荷载的统计参数

统计参数	办公楼		住宅楼	
	持续性活荷载	临时性活荷载	持续性活荷载	临时性活荷载
均值/（$kN \cdot m^{-2}$）	0.39	0.36	0.50	0.47
变异系数	0.46	0.69	0.32	0.54

表 12.3　美国民用建筑持续性活荷载和临时性活荷载的统计参数

建筑类别		持续性活荷载		临时性活荷载		时间参数		
		μ_S/（$kN \cdot m^{-2}$）	σ_S/（$kN \cdot m^{-2}$）	μ_T/（$kN \cdot m^{-2}$）	σ_T/（$kN \cdot m^{-2}$）	τ_S/年	ν_T/（次/年）	T/年
办公楼	办公室	0.52	0.28	0.38	0.39	8	1	50
住宅楼	出租	0.29	0.12	0.29	0.32	2	1	50
	自用	0.29	0.12	0.29	0.32	10	1	50
宾馆	客房	0.22	0.06	0.29	0.28	5	20	100
学校	教室	0.57	0.13	0.33	0.16	1	1	

注：①对学校进行荷载调查时的影响面积为 92.9m^2（1000ft^2），对其他建筑进行荷载调查时的影响面积为 18.58m^2（200ft^2）；② τ_S 代表持续性活荷载的平均作用时间；③ ν_T 代表临时性活荷载的平均出现率；④ T 代表基准期。

12.1.3　自然现象引起的荷载

1. 风荷载

风荷载施加在结构上受很多因素的影响，如风速、风向、结构的几何形状和地面粗糙度等。进行结构风荷载分析时，需要先计算结构表面的风压，再将风压转换为荷载或荷载效应。我国《建筑结构荷载规范》（GB 50009—2012）规定垂直于结构表面上距地面高度为 z 的平均风压（风荷载）为

$$w_z = \beta_z \mu_s \mu_z w_0 \tag{12.7}$$

式中，w_z 为平均风压，kN/m^2；β_z 为风振系数；μ_s 为体型系数；μ_z 为高度变化系数；w_0 为基本风压，kN/m^2。

基本风压 w_0 与基本风速 U_0（m/s）的换算关系为

$$\begin{aligned} w_0 &= \frac{1}{2}\frac{\gamma}{g}U_0^2 \\ &= \frac{1}{2}\rho U_0^2 \end{aligned} \tag{12.8}$$

式中，γ 为空气容重，kN/m^3；g 为重力加速度，m/s^2；ρ 为空气密度，kg/m^3，其值近似等于 1.29kg/m^3。

基本风速U_0为当地比较空旷平坦地面上离地 10m 高统计所得的 10min 平均最大风速。风速数据分析建议年最大风速倾向于极值 I 型分布，实际工程中也常用极值 I 型分布描述基本风速的概率特征。但是，飓风风速更倾向于最大值极值III型分布[219]。

由于风荷载w_z的计算公式中含有基本风速的平方项，而且系数β_z、μ_s和μ_z也存在变异性，因此风荷载（效应）并不倾向于服从极值 I 型分布，其精确概率分布的确定是相当困难的。美国学者的研究表明[219, 38, 184]，对于大于 90%分位数的风荷载（效应），极值 I 型分布的拟合效果良好。

若忽略风振系数的影响，则不按风向时年最大风荷载w_z的均值和变异系数可取$\mu_{w_z}=0.46w_k$和$V_{w_z}=0.47$[140]。按风向时，均值μ_{w_z}为不按风向时数值的 0.9 倍。

在年最大风荷载的基础上，利用 12.3 节介绍的齐次脉冲泊松过程模型，可以确定设计基准期内最大风荷载的概率分布。

2. 波浪荷载

如图 12.1 所示，波浪指具有自由表面的液体的局部质点受到扰动后离开原来平衡位置而作周期性起伏运动并向四周传播的现象。波浪荷载指波浪作用在海洋工程结构物上所产生的荷载，它是由波浪水质点与结构间的相对运动所引起的。因此，与风荷载一样，波浪荷载的计算也需要考虑流-固耦合作用。

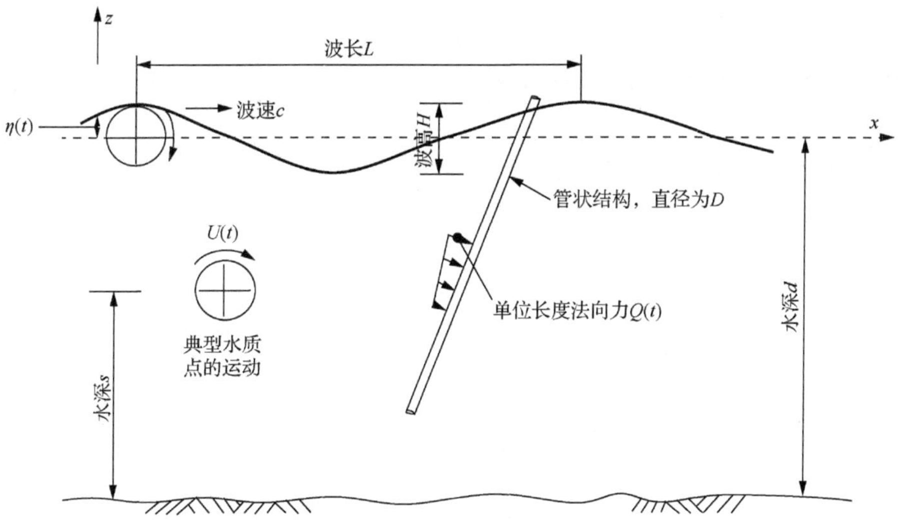

图 12.1　水质点运动、波形和施加于管状结构上的力[185]

波浪和波浪荷载的分析和计算涉及的变量较多，包括水质点的瞬时速度$U(t)$（m/s）和加速度$\dot{U}(t)$（m/s^2）、波浪方向θ（°）、波速c（m/s）、波长L（m）、波面高度$\eta(t)$（m）、波高H（m）、波动周期$T = L/c$（s）或频率$\omega = 2\pi/T$（rad/s）、水深d（m）和结构几何尺寸D（m）等，其中许多变量的变异性都比较大。

对于充分发展的波浪，水质点的瞬时速度$U(t)$和瞬时加速度$\dot{U}(t)$可看作是相互独立的正态变量。瞬时速度的均值一般等于水流的速度，瞬时加速度的均值一般为零，而瞬时速度和瞬时加速度的方差需要由观测数据计算。

波面高度$\eta(t)$常看作平稳窄带高斯过程，因此可以认为波高H服从瑞利分布[9]。有的研究也认为波高服从极值Ⅰ型分布或极值Ⅱ型分布[184]。有义波高H_S和平均周期T_Z是波面高度功率谱模型中的两个重要参数。有义波高定义为最大三分之一波高的期望值。对于$\eta(t)$为平稳窄带过程的情况，有义波高等于4倍的$\eta(t)$的标准差σ_η[9]，即

$$\begin{aligned}\frac{H_S}{\sigma_\eta} &= 3\int_{r_{1/3}}^{+\infty} 2rf_R(r)\,\mathrm{d}r \\ &= 4\end{aligned} \tag{12.9}$$

式中，R为波幅（波浪的振幅）①；$f_R(r)$为R的PDF。

平均周期T_z定义为波面高度$\eta(t)$关于静止水面的向上穿越率的倒数。对于$\eta(t)$为平稳窄带高斯过程的情况，平均周期为

$$T_z = 2\pi\sqrt{\frac{\lambda_0}{\lambda_2}} \tag{12.10}$$

式中，λ_0和λ_2分别为平稳过程$\eta(t)$的零阶谱矩（方差σ_η^2）和二阶谱矩（导数过程$\dot{\eta}(t)$的方差$\sigma_{\dot{\eta}}^2$）。

观测数据和理论分析都表明，波幅R（或波高H和有义波高H_S）与平均周期T_z（或波动周期T）之间具有强烈的相关性[9]。

根据线性波浪理论[220]，波面高度由正弦波给出：

$$\eta(x,t) = \frac{H}{2}\sin(\omega t - kx) \tag{12.11}$$

式中，$k = 2\pi/L$为波数；x为水平距离。

水质点瞬时速度$U(t)$和加速度$\dot{U}(t)$的水平分量为[220-221, 184]

$$U_h(t) = \omega\frac{H}{2}\frac{\cosh\left[k(z+d)\right]}{\sinh(kd)}\sin(\omega t - kx) \tag{12.12}$$

---

① 波幅是$\eta(t)$的包络过程的最大值，波高等于2倍波幅，即$H = 2R$。

$$\dot{U}_h(t)=\omega\frac{H}{2}\frac{\cosh\left[k(z+d)\right]}{\sinh(kd)}\cos(\omega t-kx) \tag{12.13}$$

式中，z 为水质点在水平面下的位置。

对式（12.12）和式（12.13）中的三角函数进行简单的替换，可以得到水质点瞬时速度和加速度的竖向分量计算公式。因此，在获得波高统计特征的情况下，可以由式（12.12）和式（12.13）及其计算水质点瞬时速度和加速度竖向分量的变换公式，计算水质点瞬时速度和瞬时加速度的统计特征。

当结构尺寸（如管状结构的直径 D）与波长 L 之比较小（如 $D/L\leqslant 0.2$）时，作用在结构上的波浪力主要由两部分组成：与附近水质点瞬时速度的法向分量的平方大致成正比的拖曳力和与附近水质点瞬时加速度的法向分量成正比的惯性（质量）力。因此，一旦获得深度 z 处的水质点瞬时速度和加速度，可由莫里森方程（Morison equation）给出固定不动的管状结构（$D/L\leqslant 0.2$）单位长度上的法向波浪力[222]：

$$\boldsymbol{Q}(t)=k_d\boldsymbol{U}_n(t)\left|\boldsymbol{U}_n(t)\right|+k_m\dot{\boldsymbol{U}}_n(t) \tag{12.14}$$

式中，$\boldsymbol{Q}(t)$ 为单位长度上的法向力向量；$\boldsymbol{U}_n(t)$ 和 $\dot{\boldsymbol{U}}_n(t)$ 分别为与柱体垂直方向的附近水质点的瞬时速度向量和加速度向量；参数 k_d 和 k_m 分别由式（12.15）和式（12.16）给出：

$$k_d=\frac{C_d\rho D}{2} \tag{12.15}$$

$$k_m=\frac{C_m\rho\pi D^2}{4} \tag{12.16}$$

式中，ρ 为水的质量密度；C_d 和 C_m 分别为无量纲的拖曳系数和质量系数。

拖曳系数和质量系数具有显著的变异性。表 12.4 中的数值为文献[184]提供的光滑柱体的拖曳系数和质量系数统计值。

表 12.4　光滑柱体的拖曳系数和质量系数统计数据

系数	平均值	典型范围	变异系数
C_d	0.65	0.60～0.75	0.25
C_m	1.50	1.20～1.80	0.20～0.35

特定时刻莫里森波浪力 $Q(t)$ 的 PDF 表现出比具有相同均值和方差的正态分布 PDF 更厚的尾部，因此将特定时刻 $Q(t)$ 的概率分布假设为正态分布会低估大的波浪荷载的发生概率。波浪力 $Q(t)$ 的极值 $Q_{\max}$ 可由 $Q(t)$ 的穿越分析来获得。当

用窄带高斯过程近似$Q(t)$时，Q_{max}服从瑞利分布。同样地，Q_{max}的瑞利分布假设也会低估大的波浪荷载的发生概率。

当确定了水质点的瞬时速度$U(t)$和加速度$\dot{U}(t)$后，可以利用式（12.14），由蒙特卡洛方法估计特定时刻波浪力$Q(t)$及其极值Q_{max}的前 4 阶概率矩，然后采用更灵活的移位广义对数正态分布模型建立它们的概率分布。

3. 雪荷载

雪荷载是指结构顶面（建筑屋面）单位水平投影面积上的积雪重量。对于建在山区或多雪地区（如我国东北和新疆北部）的结构，屋面上的雪荷载可能是最重要的荷载。在进行结构设计时，屋面上的雪荷载通常是根据地面上积雪层特征（深度和容重等）来计算。

《建筑结构荷载规范》（GB 50009—2012）规定，屋面水平投影面上的雪荷载S_f计算式[223]为

$$S_f = \mu_r S_g \tag{12.17}$$

式中，S_g为地面雪荷载，kN/m^2；μ_r为屋面积雪分布系数。

在式（12.17）中引入积雪分布系数的原因，主要是考虑屋面体形有高低差异时由风吹或积雪滑落造成的局部雪压的不均匀分布。

《建筑结构荷载规范》（GB 50009—2012）采用极值 I 型分布描述年最大地面雪荷载，并建议采用矩方法估计分布参数[223]。文献[140]给出的我国年最大雪荷载的均值和变异系数为$\mu_{S_r} = 0.365S_k$和$V_{S_r} = 0.71$，其中的S_k为按规范确定的年最大雪荷载标准值。由此可以获得设计基准期内最大雪荷载的概率分布。

另外，我国典型区域雪荷载数值模拟表明[224-225]，地面雪荷载S_g和屋面雪荷载S_f以及它们的极值更倾向于服从广义极值分布或对数正态分布，且宜采用最大似然法估计广义极值分布或对数正态分布的参数。数值模拟也表明，转换系数μ_r的离散性更大、更复杂，难以为其确定合适的概率分布。

美国平屋顶（斜度小于 5%）雪荷载的计算公式为[218]

$$p_f = 0.7C_e C_t I p_g \tag{12.18}$$

式中，C_e为暴露（考虑地面粗糙度）系数；C_t为热工（反映屋面融雪性能）参数；I为重要性系数；p_g为地面雪荷载，kN/m^{2}或 psf。

斜屋面上的雪荷载p_s由式（12.19）进行计算：

$$p_s = C_s p_f \tag{12.19}$$

式中，C_s为屋面斜度（积雪分布）参数。

根据式（12.18）和式（12.19），屋面上雪荷载的概率分布依赖于地面雪荷载和转换参数（C_e、C_t 和 C_s）的概率分布。美国的雪荷载统计分析表明，地面雪荷载倾向于服从对数正态分布或极值 I 型分布，转换参数近似服从对数正态分布，而屋面雪荷载可由对数正态分布或极值II型分布来描述。

4. 地震荷载

地震荷载也称为地震力，是由于地震使结构产生的惯性力。通常情况下，地震导致的水平振动对结构的影响最大，因此，结构抗震设计主要考虑水平地震力。

地震力的数值不仅与地震波的强度、频谱特征和持时有关，还与结构的自振特性、材料特性和形式有关。对于质量和刚度沿高度分布比较均匀、以剪切变形为主且计算高度小于 40m 的建筑结构，为了进行结构抗震设计，可以采用底部剪力法计算作用在结构上的水平地震力。

如图 12.2（a）所示，我国《建筑抗震设计标准（2024 年版）》（GB/T 50011—2010）给出的底部剪力 V_E（kN）计算式为

$$V_E = \chi G_E \alpha_1 \tag{12.20}$$

式中，χ 为等效重力系数，其近似值为0.85；$G_E = \sum_{j=1}^{n} G_j$ 为结构总重力荷载，kN，其中 $G_j\left(j=1,2,\cdots,n\right)$ 为第 j 层结构重力荷载，kN，n 为建筑层数；α_1 为与结构基本振动周期有关的地震影响系数。

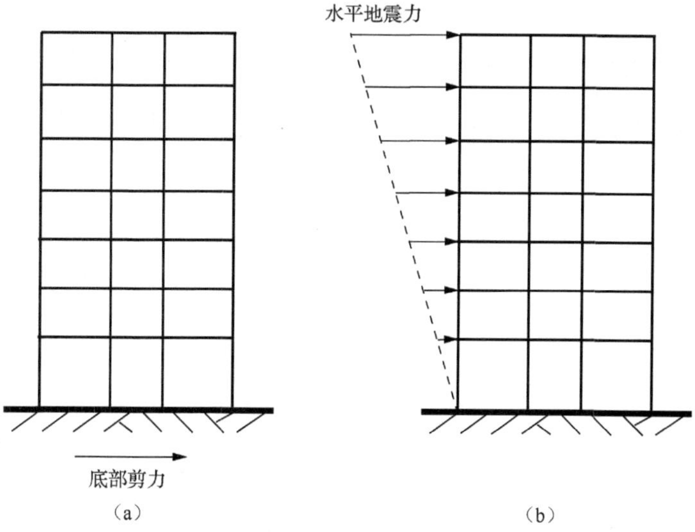

图 12.2 结构底部剪力和水平地震力

如图 12.2（b）所示，将由式（12.20）计算的底部剪力沿结构高度分配到各层楼板处，可以得到施加于结构上的水平地震力：

$$F_i = \frac{G_i H_i}{\sum_{j=1}^{n} G_j H_j} V_E, \quad i = 1,2,\cdots,n \tag{12.21}$$

式中，F_i 为施加于第 i 层楼板的水平地震力。

底部剪力 V_E 的不确定性来源于峰值地面加速度（peak ground acceleration，PGA）的随机性、结构基本周期的不确定性、等效静力分析方法的近似性和等效重力系数 χ 的变异性等。其中，峰值地面加速度的随机性在底部剪力的不确定性成分中占主导地位。地震危险性分析建议用极值 II 型分布描述峰值地面加速度的概率特征[226]，因此，在概率的结构设计规范中，通常假设底部剪力服从极值 II 型分布[38]。然而，在进行结构可靠性分析时，也可用对数正态分布来描述底部剪力的概率特征[28]。

12.2　荷载的随机过程模型

从本质上来讲，包括人类活动导致的荷载和自然现象引起的荷载在内的所有结构荷载都是不确定的且随时间（和/或空间）变化的，都应该处理为随机过程（或随机场）。但是，由于观测数据和理论分析方面的技术限制，目前还无法为所有的结构荷载建立随机过程（或随机场）模型，理论和应用都比较成熟的是脉动风速、浪高和地震动地面加速度的随机过程模型。

12.2.1　脉动风速谱

高度 z 处的顺风向风速 $U(t)$ 可以分解为不随时间 t 变化的平均风速 $\bar{U}$ 和沿平均风方向的平稳脉动风速 $u(t)$：

$$U(t) = \bar{U} + u(t) \tag{12.22}$$

脉动风一般小于平均风。结合式（12.8）和式（12.22），可以计算固定不动结构高度 z 处的顺风向风压过程：

$$\begin{aligned} w_z(t) &= \frac{1}{2}\rho\left[\bar{U} + u(t)\right]^2 \\ &\approx \frac{1}{2}\rho\left[\bar{U} + 2\bar{U}u(t)\right] \end{aligned} \tag{12.23}$$

因此，固定不动结构上顺风向风压过程的脉动分量近似地决定于平均风方向的脉动风速。

在大气边界层内，受动力因素（如地面粗糙度）和热力因素（如海气热交换和大气稳定程度）的影响，平均风速$\bar{U}$的垂直分布特性十分复杂。平均风速随高度的变化可用风剖面来表示。在建筑结构关注的近地面范围内，风剖面基本符合指数律：

$$\bar{U}(z)=\bar{U}(z_0)\left(\frac{z}{z_0}\right)^{\alpha} \tag{12.24}$$

式中，z和$\bar{U}(z)$分别为某一高度及其相应的平均风速；z_0和$\bar{U}(z_0)$分别为参考高度及其相应的平均风速；α为与地貌有关的指数，其代表性取值见表12.5[9]。

表12.5 拖曳系数和与地貌有关的指数的参考值

地貌	拖曳系数κ	与地貌有关的指数α
城市中心	0.050	0.40
深林和郊区	0.015	0.30
开阔的草地	0.005	0.16
风大浪急的海面	0.001	0.12

对于脉动风速$u(t)$，观测数据表明其近似为均值为零的平稳高斯过程。因此，利用功率谱密度函数可以比较完全地描述$u(t)$的概率特征。目前存在多种脉动风速的功率谱密度函数模型，如适用于陆地风的Davenport谱[4]、适用于海洋风的Kaimal谱[227]和Ochi谱[228]、挪威石油局采用的NPD谱和美国石油协会采用的API谱。

双边Davenport谱的表达式为

$$S_{u,u}(\omega)=\frac{\pi}{\omega}\kappa\bar{U}^2\frac{4\xi^2}{\left(1+\xi^2\right)^{\frac{4}{3}}} \tag{12.25}$$

式中，$\bar{U}$为距地面10 m高度处的平均风速，m/s；κ为联系耗散能量与平均风速参考值之间关系的拖曳系数，对应于10 m高度处平均风速的拖曳系数参考值见表12.5；无量纲变量ξ的定义为

$$\xi=\frac{\omega\lambda}{2\pi\bar{U}} \tag{12.26}$$

其中，λ为水平方向的湍流积分尺度（行程长度），可取常数值1200 m。

双边Kaimal谱的表达式为

$$S_{u,u}(\omega)=\frac{\pi}{\omega}u_*^2\frac{200x}{\left(1+50x\right)^{\frac{5}{3}}} \tag{12.27}$$

式中，u_* 为气流摩阻系数（剪切速度），m/s；无量纲参数 $x=(\omega/2\pi)\left[z/\bar{U}(z)\right]$，其中 z 为距静止水面的高度，m。

观测数据表明，海洋风场的空间相干性弱于陆地风场，陆地风场相干函数的指数衰减模型可能会高估海面风场的空间相干性。目前，针对海洋风场提出的空间相干性函数模型有国际电工委员会（International Electrotechnical Commission，IEC）模型和 Frøya 模型[229]等。虽然 Frøya 模型与所用数据吻合良好，但由于目前海面风场实测数据偏少，Frøya 模型对其他海域的适用性还需要进一步的检验。实际工程中常采用 Davenport 相干函数分析陆地风场和海洋风场的空间相干性。Davenport 相干函数的表达式[4]为

$$\gamma_{u,u}(z_1,z_2,\omega)=\mathrm{e}^{-\frac{\omega}{2\pi}\frac{C_z|z_1-z_2|}{0.5\left[\bar{U}(z_1)+\bar{U}(z_2)\right]}} \tag{12.28}$$

式中，z_1 和 z_2 分别为距地面（海面）的高度；$\bar{U}(z_1)$ 和 $\bar{U}(z_2)$ 分别为高度 z_1 和 z_2 处的平均风速；系数 C_z 的取值可以为 10。

因此，风场中高度 z_1 和 z_2 处脉动风速 $u(z_1)$ 和 $u(z_2)$ 的协功率谱密度函数 $S_{u,u}(z_1,z_2,\omega)$ 为

$$S_{u,u}(z_1,z_2,\omega)=\sqrt{S_{u,u}(z_1,\omega)S_{u,u}(z_2,\omega)}\gamma_{u,u}(z_1,z_2,\omega) \tag{12.29}$$

式中，$S_{u,u}(z_1,\omega)$ 和 $S_{u,u}(z_2,\omega)$ 分别为 $u(z_1)$ 和 $u(z_2)$ 的功率谱密度函数，可由式（12.25）或式（12.27）定义。

12.2.2　波浪谱①

为了既反映波浪的随机性，又反映其复杂性，现有波浪模型都将波面位移（浪高）抽象为众多随机成分之和。如果此和中的成分都是相互独立的简单波，那么，依据中心极限定理，作为它们之和的波面位移服从正态分布。此类模型称为波浪的正态过程模型或线性模型。如果此和中不仅包含简单波，还包含反映它们之间相互联系（相互作用）的高阶分量，那么，作为其和的波面位移不再服从正态分布。此类模型称为非正态模型或非线性模型。是使用线性模型还是非线性模型，以及在使用非线性模型时取到哪一阶近似，要视分析对象与目的、计算精度要求和测量可行性而定。

对于最常用的正态模型，现有的纯风浪（功率）谱都以风要素（风速和风区等）或波浪要素（平均波高和平均周期等）为参数，如以风速为参数的 Neumann 谱[230]，以风速、波高和周期为参数的 Bretschneider 谱[231]，以有义波高和上穿平

① 这里仅考虑纯风浪，即在海洋风的作用下产生的波浪。

均周期为参数的 Pierson-Moskowitz（P-M）谱[5]以及以风速和风区长度或有义波高和谱峰周期为参数的 JONSWAP 谱[232]。JONSWAP 谱具有较广泛的适用性，并可以退化为 P-M 谱。以风速和风区长度为参数的双边 JONSWAP 谱的表达形式为

$$S_{\eta,\eta}(\omega)=\frac{1}{2}\alpha g^2\omega^{-5}\mathrm{e}^{-\frac{5}{4}\left(\frac{\omega_p}{\omega}\right)^4}\gamma^{\mathrm{e}^{-\frac{(\omega-\omega_p)^2}{2(\sigma\omega_p)^2}}} \tag{12.30}$$

式中，ω_p 为谱峰频率；γ 为峰升因子，定义为同一风速下谱峰值与 P-M 谱峰值的比值；σ 为峰形参数；α 为尺度系数。

峰升因子 γ 介于 1.5～6 之间，其平均值为 3.3。峰形参数的取值为

$$\sigma=\begin{cases}0.07, & \omega\leqslant\omega_p\\ 0.09, & \omega>\omega_p\end{cases} \tag{12.31}$$

尺度参数和谱峰频率与无因次（量纲）风区 $\tilde{x}=gx/\bar{U}^2(10)$（$x$ 为风区长度）有关：

$$\alpha=0.076\tilde{x}^{-0.22} \tag{12.32}$$

$$\omega_p\approx 20\bar{x}^{-0.33} \tag{12.33}$$

JONSWAP 谱也可以以有义波高 H_S 和谱峰周期 T_p 为参数。此时，双边 JONSWAP 谱的表达形式为

$$S_{\eta,\eta}(\omega)=\frac{1}{2}\cdot 319.34\frac{H_S^2}{T_p^4}\omega^{-5}\mathrm{e}^{-1948\left(\frac{1}{T_p\omega}\right)^4}\gamma^{\mathrm{e}^{-\frac{(0.159T_p\omega-1)^2}{2\sigma^2}}} \tag{12.34}$$

去掉式（12.34）右端中的峰升项后，可以得到由有义波高和谱峰周期定义的 P-M 谱。

由于纯风浪是在海洋风的作用下产生的，因此，海面上的风与相应的纯风浪之间存在着相关性，而这种相关性可以由脉动风速过程和浪高过程之间的相干函数来进行等价分析。

例题 12.1 如何利用观测数据分析海洋风和纯风浪的功率谱和相干函数。1998 年 3 月 12 日至 4 月 16 日，在地中海西北部的利翁湾进行了风速和浪高观测试验（FETCH 试验）[233-234]，连续地同时采集了平均海面上 7m 高度处的水平风速和相应的（同一海面同一时间观测的）波浪数据。风和浪的采样频率为 12Hz。在处理数据时，每 28.5min 长的观测数据为一个时间序列，并且考虑了平台运动，对风和浪的数据进行了修正。

在本例题中，从来自 1998 年 3 月 20 日至 3 月 21 日的处理后的数据中选取

50 个风速时间序列和相应的浪高时间序列。在该时间段里，海面受海风的强烈作用，纯风浪对波浪场起主导作用。统计分析表明，该时间段内的风速过程和波浪过程都近似为平稳高斯过程。图 12.3 为由从上述 50 组时间序列中任意抽取的一组数据所绘制的风速时程和浪高时程。对由 50 个风速时间序列得到的 50 个平均风速取平均，得到平均风速的“整体”平均值 $\tilde{U}=13.202\mathrm{m/s}$ 。对所选 50 个风速记录所对应的剪切速度[234]取平均，得到剪切速度的“整体”平均值 $\tilde{u}_*=0.553\mathrm{m/s}$ 。

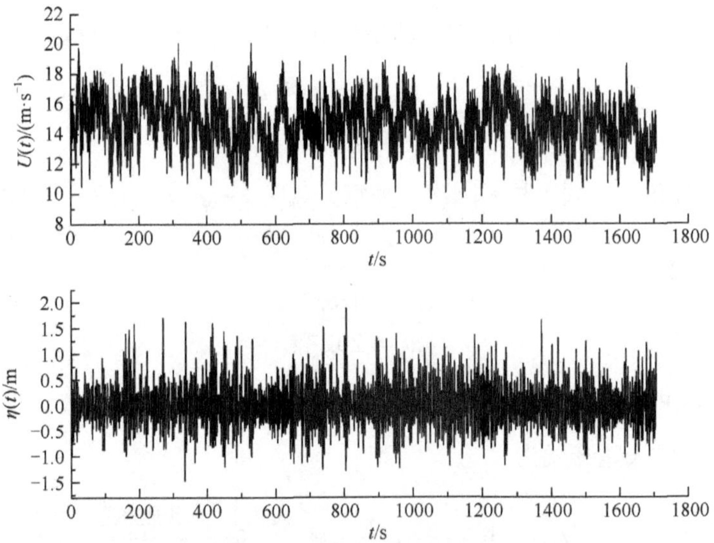

图 12.3　一组风速和浪高观测数据（时间序列）

基于所选的 50 组（脉动）风速时间序列和浪高时间序列，采用 9 阶向量自回归（vector autoregressive，VAR）方法[235]，可以获得 50 个脉动风速的功率谱密度函数样本、50 个浪高的功率谱密度函数样本和 50 个脉动风速与浪高的协功率谱密度函数样本。分别对得到的样本函数取平均，得到脉动风速的平均功率谱密度函数、浪高的平均功率谱密度函数和脉动风速与浪高的平均协功率谱密度函数。由浪高的平均功率谱密度函数，可以得到纯风浪的谱峰频率和有义波高［见式（12.9），其中的一阶谱矩由浪高的平均功率谱密度函数计算］的“整体”平均值，计算结果分别为 $\tilde{\omega}=1.417\mathrm{rad/s}$ 和 $\tilde{H}_S=1.860\mathrm{m}$ 。

图 12.4 和图 12.5 分别表示了脉动风速和波浪的谱分析结果，图中同时给出了参数取“整体”平均值后的 Kaimal 风速谱和 JONSWAP 波浪谱。注意，图中的曲线均为 $\omega \geqslant 0$ 范围的双边谱函数曲线。

由获得的脉动风速功率谱密度函数、浪高功率谱密度函数和脉动风速与浪高的协功率谱密度函数，利用式（3.24），可以计算出脉动风速与浪高的相干函数样本，并求出其“整体”平均值。计算结果绘于图 12.6 中。

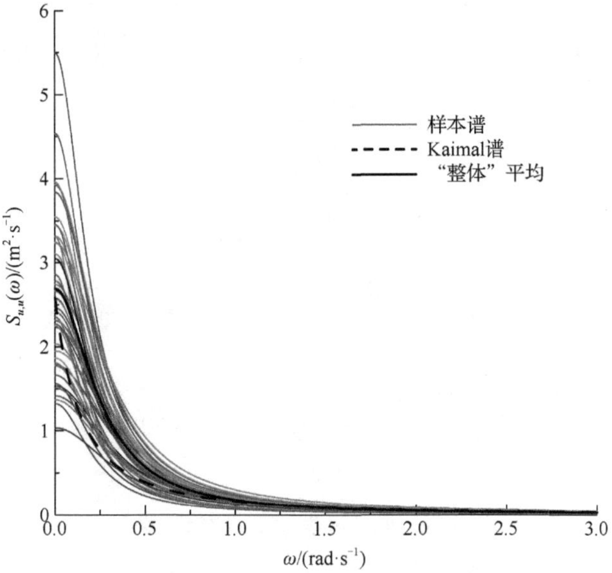

图 12.4　脉动风速的功率谱密度函数

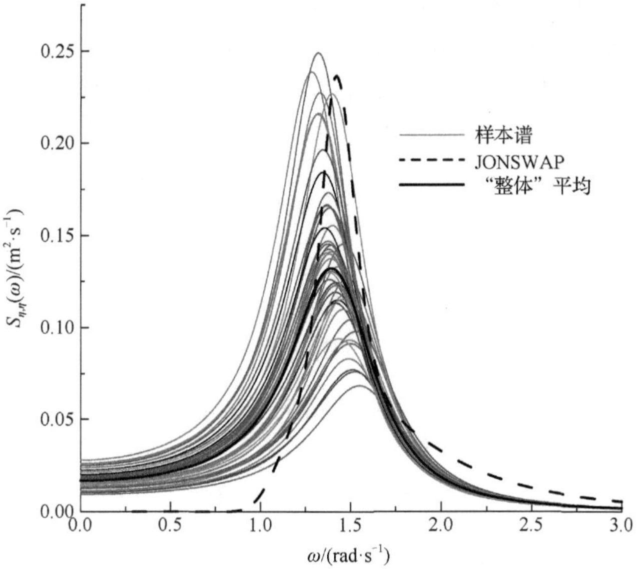

图 12.5　浪高的功率谱密度函数

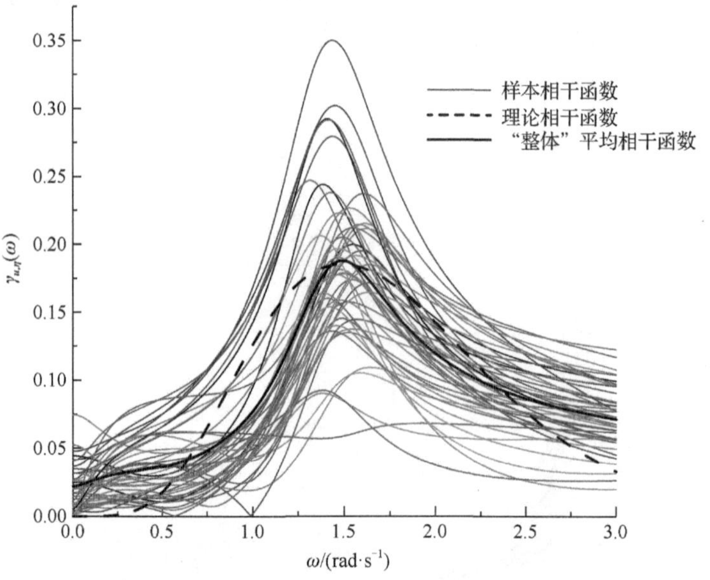

图 12.6　脉动风速与浪高的相干函数

图 12.6 中的曲线表明，“整体”平均相干函数的图形为单峰曲线，下降段比上升段略微平缓。根据风与浪的能量转换机制[236]，风速与纯风浪的相干函数应具有下述特征：随风距平均海平面的高度的增大而减小，随平均风速的增大而增大，随有义波高的增大而增大，随波浪谱峰频率的增大而减小。因此，可以将平均海平面之上高度 z 处的脉动风速与浪高的相干函数理论模型[71]写为

$$\gamma_{u,\eta}(\omega)=a\left[\frac{\omega}{2\pi}\frac{cz}{\dfrac{H_S}{T_p}+\bar{U}(z)}\right]^{\mathrm{b}}\mathrm{e}^{-\frac{\omega}{2\pi}\frac{cz}{\frac{H_S}{T_p}+\bar{U}(z)}}$$

式中，a 为尺度参数；b 为型参数；c 为模参数；$T_p=2\pi/\omega_p$ 为波浪的谱峰周期，s。

令相干函数理论模型的最大值和峰值频率分别等于“整体”平均相干函数的最大值 $\tilde{\gamma}_{\max}$ 和峰值频率 $\tilde{\omega}_{\max}$，并用来自试验的高度 z^*、平均风速 $\tilde{U}$、有义波高 $\tilde{H}_S$ 和谱峰周期 $\tilde{T}_p$ 替换理论模型中的相应参数，则得到模型参数之间的关系：

$$a=\tilde{\gamma}_{\max}\left(\frac{\mathrm{e}}{b}\right)^{b}$$

和

$$c=\frac{1}{\Delta\tilde{\omega}_p}b$$

式中，$\Delta=z^*\Big/\left\{2\pi\left[\tilde{H}_S/\tilde{T}_p+\tilde{U}(z)\right]\right\}$。

由此，可以将相干函数的理论模型表示为仅含有一个未知参数b的函数。通过最小二乘法或简单的试错法，可以确定使相干函数的理论曲线与“整体”平均相干函数曲线达到最佳吻合程度的参数b值。由试错法确定的参数b的最优解为$b=5.50$，相应地，参数$a=0.00384096$和参数$c=45.123$。由此获得例题 4.5 中的相干函数模型。

12.2.3 地面加速度谱

遭受地震作用的结构，它的任一质点的惯性力来自绝对加速度$\ddot{x}(t)+\ddot{x}_g(t)$，其中，$\ddot{x}(t)$为质点相对于地面的相对加速度，$\ddot{x}_g(t)$为地震导致的地面加速度。地面加速度可以假设为是由许多独立波（体波和面波）组成的，因此根据中心极限定理，可以将地面加速度当作高斯随机过程。由于地震动的对称性，地面加速度的均值通常为零。地面加速度还具有完全非平稳性的特点，即强度（时间）非平稳性和谱（频率）非平稳性。强度非平稳性指地面加速度的幅值随时间而变化，谱非平稳性指地面加速度的功率谱随频率而变化。

目前存在两类地面加速度的随机过程模型[237]：基于震源的模型和基于场地的模型。前者描述断层断裂的随机发生和由其产生的地震波在土介质里的传播[238]，后者通过拟合记录的已知地震和场地特征的运动来描述特定场地的地面运动。在地震工程和结构可靠度领域，通常采用基于场地的地面加速度模型。

自 1950 年以来，人们提出了多种类型的基于场地的地面加速度随机模型，如过滤白噪声模型、过滤泊松脉冲序列模型[239]和（直接的）谱表达模型[240]。其中，过滤白噪声模型的原理清楚、参数的物理意义明确以及易于描述地面运动的完全非平稳性，因而得到了广泛的应用。过滤白噪声模型首先由田治见宏（Tajimi）[3]和金井清（Kanai）[70]提出。如图 12.7 所示，金井清-田治见宏模型将结构正下方的土体当作圆频率为ω_g和阻尼比为ζ_g的悬挂质量。局部土体关于扰动位移$x_0(t)$和相对位移$x_1(t)$满足运动方程：

$$\ddot{x}_1+2\zeta_g\omega_g\dot{x}_1+\omega_g^2x_1=-\ddot{x}_0(t) \tag{12.35}$$

当扰动加速度$\ddot{x}_0(t)$是功率谱密度为常数S_0的高斯白噪声过程时，地面加速

度 $\ddot{x}_g(t)=\ddot{x}_1(t)+\ddot{x}_0(t)$ 也将是高斯的且具有平稳（双边）功率谱密度函数：

$$S_g(\omega)=\frac{\omega_g^4+4\zeta_g^2\omega_g^2\omega^2}{\left(\omega_g^2-\omega^2\right)^2+4\zeta_g^2\omega_g^2\omega^2}S_0 \tag{12.36}$$

对于软土情况，圆频率和阻尼比一般取为 $\omega_g=15.6\text{rad/s}$ 和 $\zeta_g=0.6$。因此，当 $\omega\in[0,\infty]$ 逐渐增大时，式（12.36）定义的金井清-田治见宏谱先从 $S_g(0)=S_0$ 处单调增大到峰值（峰值频率 $\omega_p=\omega_g$），然后开始单调衰减。这种 $S_g(0)=S_0$ 和在低频区域谱值过大的现象并不符合实际地面加速度谱的特征。为此，克拉夫（Clough）和彭津（Penzien）在金井清-田治见宏模型的基础上增加了一个“高通”过滤器，通过求解过滤器方程（12.37）和方程（12.38）获得地面加速度 $\ddot{x}_g(t)$：

$$\ddot{x}_g+2\zeta_f\omega_f\dot{x}_g+\omega_f^2x_g=-2\zeta_g\omega_g\dot{x}_1-\omega_g^2x_1 \tag{12.37}$$

$$\ddot{x}_1+2\zeta_g\omega_g\dot{x}_1+\omega_g^2x_1=-\ddot{x}_0(t) \tag{12.38}$$

式中，ω_f 和 ζ_f 分别为“高通”过滤器的圆频率（下截断频率）和阻尼比，通常取为 $\omega_f=\omega_g/10$ 和 $\zeta_f\approx\zeta_g$。

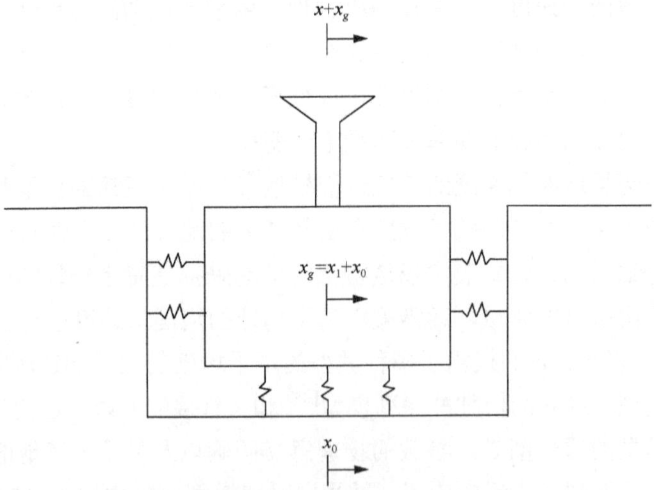

图 12.7　金井清-田治见宏模型的力学表示[9]

对于 $\ddot{x}_0(t)$ 是功率谱密度为常数 S_0 的高斯白噪声过程的情况，可以推导出地面加速度的平稳克拉夫-彭津谱：

$$S_g(\omega)=\frac{\omega_g^4+4\zeta_g^2\omega_g^2\omega^2}{\left(\omega_g^2-\omega^2\right)^2+4\zeta_g^2\omega_g^2\omega^2}\frac{\omega_f^4}{\left(\omega_f^2-\omega^2\right)^2+4\zeta_f^2\omega_f^2\omega^2}S_0 \tag{12.39}$$

当考虑地面加速度强度的非平稳性时，可以引入时间（强度）调制函数$m(t)$，将地面加速度变换为

$$\hat{\ddot{x}}_g(t)=m(t)\ddot{x}_g(t) \tag{12.40}$$

式中，$\hat{\ddot{x}}_g(t)$为强度非平稳地面加速度；$\ddot{x}_g(t)$为由平稳金井清-田治见宏谱或平稳克拉夫-彭津谱定义的平稳地面加速度。

调制函数$m(t)$可由场地运动记录确定。一个常采用的调制函数模型由 Amin 和 Ang 提出[241]，它由初始段、平台段和衰减段组成：

$$m(t)=\begin{cases}\dfrac{t}{t_1}, & 0\leqslant t\leqslant t_1\\ 1, & t_1<t<t_2\\ \mathrm{e}^{-a(t-t_2)}, & t_2\leqslant t\end{cases} \tag{12.41}$$

式中，t_1和t_2均为特征点对应的时间；a为衰减指数。它们的取值由场地运动记录数据确定。

通过将频率调制函数引入金井清-田治见宏模型或克拉夫-彭津模型，Yeh 和 Wen 提出完全非平稳地面加速度模型[242]。Conte 和 Peng 则基于西格玛振荡高斯过程族（family of sigma-oscillatory Gaussian processes）提出了一个地面加速度的完全非平稳模型（Conte-Peng 模型）[243]。Conte-Peng 模型将地面加速度看作p个独立的均值为零的均匀调制高斯过程的和：

$$\ddot{x}_g(t)=\sum_{i=1}^{p}m_i(t)Y_i(t) \tag{12.42}$$

式中，$m_i(t)(i=1,2,\cdots,p)$为时间调制函数；$Y_i(t)(i=1,2,\cdots,p)$为平稳高斯过程。

式（12.42）中的第i个时间调制函数$m_i(t)$定义为

$$m_i(t)=\alpha_i(t-\zeta_i)^{\beta_i}\,\mathrm{e}^{-\gamma_i(t-\zeta_i)}H(t-\zeta_i) \tag{12.43}$$

式中，α_i和γ_i为正的常数；β_i为正的整数；$\zeta_i(s)$为过程$Y_i(t)$的到达时间；$H(s)$为阶梯函数，即$s\geqslant 0$时$H(s)=1$，$s<0$时$H(s)=0$。

第i个平稳高斯过程$Y_i(t)$由自相关函数

$$\phi_{Y_i,Y_i}(\tau)=\mathrm{e}^{-\nu_i|\tau|}\cos(\eta_i\tau) \tag{12.44}$$

和功率谱密度函数

$$S_{Y_i,Y_i}(\omega)=\frac{\nu_i}{2\pi}\left[\frac{1}{\nu_i^2+(\omega+\eta_i)^2}+\frac{1}{\nu_i^2+(\omega-\eta_i)^2}\right] \tag{12.45}$$

定义。其中，ν_i 和 η_i（rad/s）为 2 个自由参数，它们分别为 $Y_i(t)$ 的带宽和主频率。

平稳过程 $Y_i(t)(i=1,2,\cdots,p)$ 是具有单位方差的归一化过程，因此地面加速度（西格玛振荡过程）$\ddot{x}_g(t)$ 的方差函数和演化功率谱密度函数分别为

$$\begin{aligned}\sigma_{\ddot{x}_g}^2(t) &= E\left[\left|\ddot{x}_g(t)\right|^2\right] \\ &= \int_{-\infty}^{+\infty}\sum_{i=1}^{p}\left|m_i(t)\right|^2 S_{Y_i,Y_i}(\omega)\mathrm{d}\omega \\ &= \sum_{i=1}^{p}\left|m_i(t)\right|^2\end{aligned} \tag{12.46}$$

和

$$S_{\ddot{x}_g,\ddot{x}_g}(t,\omega) = \sum_{i=1}^{p}\left|m_i(t)\right|^2 S_{Y_i,Y_i}(\omega) \tag{12.47}$$

地面加速度 $\ddot{x}_g(t)$ 模型的参数应使解析的演化功率谱密度函数与由窗口傅里叶分析得到的演化功率谱密度函数尽可能一致。表 12.6 列出了 1940 年埃尔森特罗（El Centro）地震记录的 Conte-Peng 模型的参数估计值[243-244]。表中 i 的数值说明，对于 El Centro 地震，Conte-Peng 模型包含了 $p=21$ 个子高斯过程。将表 12.6 中的数值代入式（12.43）、式（12.45）和式（12.47），得到如图 12.8 所示的 1940 年 El Centro 地震地面加速度的完全非平稳功率谱密度函数。

表 12.6　1940 年 El Centro 地震记录的地面加速度模型的参数估计值[243-244]

i	α_i	β_i	γ_i	ζ_i /s	ν_i	η_i /（rad/s）
1	37.2434	8	2.7283	−0.5918	1.4553	6.7603
2	104.0241	8	2.9549	−0.9857	2.4877	11.0857
3	31.9989	8	2.6272	1.7543	3.3024	7.3688
4	43.8375	9	3.1961	1.6860	2.1968	13.5917
5	33.1958	9	3.1763	−0.0781	3.1241	14.3825
6	41.3111	9	3.1214	−0.7096	6.7335	25.1532
7	4.2234	10	2.9904	−0.9464	2.6905	48.0612
8	19.9802	6	1.8950	1.4020	7.2086	37.6163
9	2.4884	10	2.6766	5.3123	6.1101	19.4612
10	24.1474	10	3.3493	8.8564	1.9862	9.040
11	2.5916	2	0.2240	3.2558	2.4201	9.3381

续表

i	α_i	β_i	γ_i	ζ_i /s	ν_i	η_i / (rad/s)
12	2.2733	3	0.5285	16.2065	1.5244	14.1067
13	24.2732	3	1.0361	17.5331	1.7141	24.0444
14	41.0734	2	0.7511	22.3717	5.9541	27.7953
15	1.3697	10	2.5936	21.6830	1.9362	12.9198
16	15.4646	2	0.7044	27.2979	1.7897	12.0205
17	0.0174	10	1.8451	−2.4168	4.9373	98.6280
18	2.9646	10	3.1137	1.5751	1.9726	61.8316
19	0.0007	10	1.3686	2.5173	3.2497	43.9075
20	0.8092	4	0.5969	6.4396	3.6749	26.3365
21	16.7115	2	0.7294	12.4930	1.7075	37.1139

注：ζ_i 的单位为 s，η_i 的单位为 rad/s。

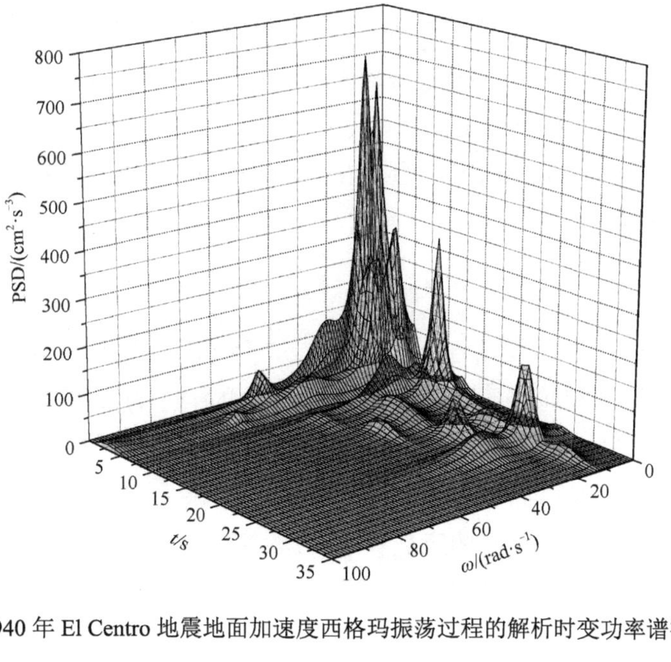

图 12.8 1940 年 El Centro 地震地面加速度西格玛振荡过程的解析时变功率谱密度函数

金井清-田治见宏平稳模型、金井清-田治见宏强度（均匀调制）非平稳模型、克拉夫-彭津平稳模型、克拉夫-彭津强度（均匀调制）非平稳模型、Yeh-Wen 完全非平稳模型和 Conte-Peng 完全非平稳模型等地面加速度的过滤白噪声模型都具有一个共同的优点，使结构、调制函数和局部土体组成一个受高斯白噪声激励的整体系统。由于对于受高斯白噪声激励的系统，其随机响应（概率矩、协方差函数和功率谱密度函数等）的分析相对简单，因此，上述过滤白噪声模型使结构随机地震响应的分析变得相对容易。特别是对于线性结构或可由统计等价线性化方法进行分析的非线性结构来说，上述过滤白噪声模型对结构随机地震响应的分析效率显著提高[123, 244]。

例题 12.2 本例题首先说明用过滤高斯白噪声模型表示 Conte-Peng 模型的过程，然后说明将受 Conte-Peng 模型激励的线性结构变换成受高斯白噪声激励的线性系统的方法。

考虑 Conte-Peng 模型的第 i 个平稳高斯过程 $Y_i(t)$，其功率谱密度函数可以改写为

$$
\begin{aligned}
S_{Y_i,Y_i}(\omega) &= \frac{1}{-\omega^2 - \mathrm{i}2\nu_i\omega + \left(\nu_i^2 + \eta_i^2\right)} \frac{1}{\pi}\left(\nu_i^3 + \nu_i\eta_i^2\right)\left(1 + \frac{\omega^2}{\nu_i^2 + \eta_i^2}\right) \frac{1}{-\omega^2 + \mathrm{i}2\nu_i\omega + \left(\nu_i^2 + \eta_i^2\right)} \\
&= H_i^*(\omega) S_{W_i,W_i}\left(1 + \frac{\omega^2}{\nu_i^2 + \eta_i^2}\right) H_i(\omega)
\end{aligned}
$$

式中，符号 $\mathrm{i} = \sqrt{-1}$；$H_i(\omega) = 1\big/\left[-\omega^2 + \mathrm{i}2\nu_i\omega + \left(\nu_i^2 + \eta_i^2\right)\right]$ 为对应于第 i 个振子的传递函数；$H_i^*(\omega)$ 为 $H_i(\omega)$ 的复数共轭函数；$S_{W_i,W_i} = \left(\nu_i^3 + \nu_i\eta_i^2\right)\big/\pi$ 为第 i 个高斯白噪声 $W_i(t)$ 的功率谱密度函数。

由传递函数 $H_i(\omega)$ 的结构，可以构造出第 i 个受高斯白噪声 $W_i(t)$ 激励的单自由度线性振子的运动方程：

$$
\ddot{U}_i + 2\xi_i\omega_i\dot{U}_i + \omega_i^2 U_i = -W_i(t)
$$

式中，$\xi_i = \nu_i\big/\sqrt{\nu_i^2 + \eta_i^2}$ 和 $\omega_i = \sqrt{\nu_i^2 + \eta_i^2}$ 分别为振子的阻尼比和无阻尼圆频率。

由于振子的平稳位移响应 $U_i(t)$ 和平稳速度响应 $\dot{U}_i(t)$ 是线性无关的，组合响应 $U_i(t) + \dot{U}_i(t)/\omega_i$ 的功率谱密度函数为 $U_i(t)$ 的功率谱密度函数加上 $\dot{U}_i(t)/\omega_i$ 的功率谱密度函数。又由于对于受白噪声激励的线性振子，其平稳速度响应 $\dot{U}_i(t)$ 的功率谱密度函数为平稳位移响应 $U_i(t)$ 的功率谱密度函数乘以 ω_i^2。因此，平稳响应 $U_i(t) + \dot{U}_i(t)/\omega_i$ 的功率谱密度函数等于 $S_{Y_i,Y_i}(\omega)$，即

$$
Y_i(t) = U_i(t) + \frac{\dot{U}_i(t)}{\omega_i}
$$

这说明子过程 $Y_i(t)$ 对应一个平稳过滤高斯白噪声模型，白噪声激励的强度以及振子的圆频率和阻尼比由自由参数 ν_i 和 η_i 决定。式（12.42）右端中的均匀调制高斯过程 $m_i(t)Y_i(t)$ 则对应一个强度（均匀调制）非平稳过滤高斯白噪声模型。因此，Conte-Peng 模型可以表示为 p 个强度非平稳过滤高斯白噪声模型（之和）。

现在考虑一个底部受 Conte-Peng 模型激励的线性结构，其运动方程为

$$\boldsymbol{M}\ddot{\boldsymbol{X}}+\boldsymbol{C}\dot{\boldsymbol{X}}+\boldsymbol{K}\boldsymbol{X}=-\boldsymbol{I}_X\boldsymbol{M}\ddot{x}_g(t)$$

式中，$\boldsymbol{M}$、$\boldsymbol{C}$ 和 $\boldsymbol{K}$ 分别为结构的质量矩阵、阻尼系数矩阵和刚度矩阵；$\boldsymbol{I}_X$ 为地面运动影响向量。

因为结构是线性的，结构的响应 $X(t)$ 等于 p 个强度非平稳过滤高斯白噪声模型激励响应 $X^{(i)}(t)(i=1,2,\cdots,p)$ 的和，其中响应 $X^{(i)}(t)$ 为由第 i 个线性振子、第 i 个调制函数 $m_i(t)$ 和所考虑结构组成的第 i 个时变线性系统在高斯白噪声 $W_i(t)$ 激励下的响应。根据第 i 个时变线性系统的组成，其单位脉冲响应函数为

$$h^{(i)}(t,\tau)=\int_0^{t-\tau}h_S(t,\tau+s)m_i(\tau+s)h_f^{(i)}(s)\mathrm{d}s$$

式中，$h_S(t,\tau+s)$ 为在 $\tau+s$ 时刻对结构施加单位脉冲时结构在 t 时刻的响应，其数值可由有限元分析得到；$h_f^{(i)}(s)$ 为 Conte-Peng 模型中第 i 个单自由度线性振子的单位脉冲响应函数。

第 i 个时变线性系统的响应为

$$X^{(i)}(t)=-\int_0^t h^{(i)}(t,\tau)W_i(\tau)\mathrm{d}\tau$$

由于白噪声过程在抽样或积分计算中的便利性，容易进行响应 $X^{(i)}(t)$ 的取样或概率矩的计算[122, 244]。

最后可以得到结构响应的样本或概率矩：

$$X(t)=\sum_{i=1}^{p}X^{(i)}(t)$$

12.3 随机荷载组合

随机荷载组合理论用于求解同时作用于结构上的两个或两个以上时变（标量）荷载的极值估计问题。由于这些荷载的最大值一般不会同时出现，因此，为了获得总荷载极值的概率特征或概率分布，需要进行随机荷载的组合分析。如果总荷载为各荷载分量的线性函数，那么相应的荷载组合称为线性荷载组合；而当总荷载为各荷载分量的非线性函数时，相应的荷载组合则称为非线性荷载组合。工程实践最常遇到的是线性荷载组合情况。

作为结构可靠度领域的经典问题之一。早在 20 世纪 60 年代，人们就开始关注和研究随机荷载的组合问题。目前，线性荷载组合（总荷载的极值估计）的分析方法主要包括随机模拟方法、穿越率方法、解析方法和实用近似方法等。随机模拟方法首先生成总荷载的 N 个样本（时程），然后对总荷载样本进行统计分析，

从而获得总荷载极值的 CDF 或 PDF。虽然随机模拟方法的适用性相当广泛，但它的计算费用也非常高。穿越率方法首先计算总荷载过程的平均穿越率，然后假设穿越事件为泊松过程，再由首次穿越失效概率分析，获得总荷载极值分布的近似解[245-246]。因为涉及向量随机过程的平均穿越率计算，穿越率方法是比较复杂的。另外，由于穿越事件的泊松过程假设的渐近正确性，穿越率方法的分析结果往往具有较大的误差。一般来说，穿越率方法会给出总荷载极值超越概率的上界限[9]。解析方法利用齐次泊松过程或更新过程的特殊性质，建立关于总荷载极值 CDF 的积分方程，然后求解积分方程得到总荷载极值的 CDF[247-248]。解析方法的精度比较高，但其分析过程相对复杂，而且适应范围比较狭窄，通常适用于脉冲泊松过程与冲击泊松过程的组合问题。实用近似方法通过引入某些假设来适当简化随机荷载的组合问题，从而建立计算精度满足工程要求的总荷载极值分布的近似解。目前的实用近似方法主要有伯格斯（Burgers）模型[249]、特克斯特拉（Turkstra）法则[250]和荷载遇合模型[251]，其中的前两个近似方法被许多国家的设计规范所采纳，用于确定荷载和荷载效应的组合值。

下面首先介绍随机荷载组合分析的基本定义，然后介绍应用更广泛的随机荷载组合的实用近似方法。

12.3.1 基本定义

时变荷载 $Q_i(t)(i=1,2,\cdots,n)$ 的线性组合可以简单地表示为

$$Q(t)=Q_1(t)+Q_2(t)+\cdots+Q_n(t) \tag{12.48}$$

式中，$Q(t)$ 为总荷载；n 为荷载分量数。

荷载分量 $Q_i(t)$ 为恒荷载、持续性活荷载、临时性活荷载、雪荷载、风荷载或地震荷载等。图 12.9 表示了代表性荷载分量的样本函数（时程）曲线。由图 12.9 可以看出，这些荷载线性组合的最大值是难以估计的。

为了便于荷载组合分析，常根据荷载事件发生、强度和持时随时间波动的特点，将描述时变荷载的随机模型分为三类：①描述缓慢变化且长期存在荷载（如持续性活荷载）的脉冲过程；②描述持时非常短的冲击荷载（如地震荷载）的冲击过程；③描述具有活跃期和休眠期随机持时序列的间歇性荷载（如雪荷载）的交替过程。脉冲荷载过程 $X(t)$、冲击荷载过程 $Y(t)$ 和交替荷载过程 $Z(t)$ 如图 12.10 所示，其中 $S_1,S_2,\cdots$、$T_1,T_2,\cdots$ 和 $U_1,U_2,\cdots$ 分别为脉冲荷载、冲击荷载和交替荷载的到达时间，$X_1,X_2,\cdots$、$Y_1,Y_2,\cdots$ 和 $Z_1,Z_2,\cdots$ 分别为脉冲荷载、冲击荷载和交替荷载的强度，τ 为荷载持续作用的时间（持时）。上述参数都应看作是随机变量，另外，对于交替荷载过程，发生率 λ 也是一个重要特征参数，而且是随机的。

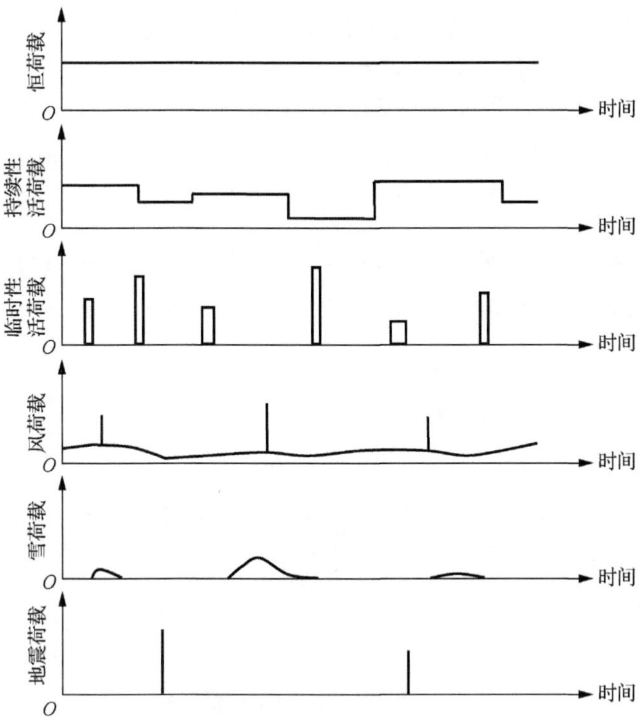

图 12.9 代表性荷载分量的样本函数（时程）曲线

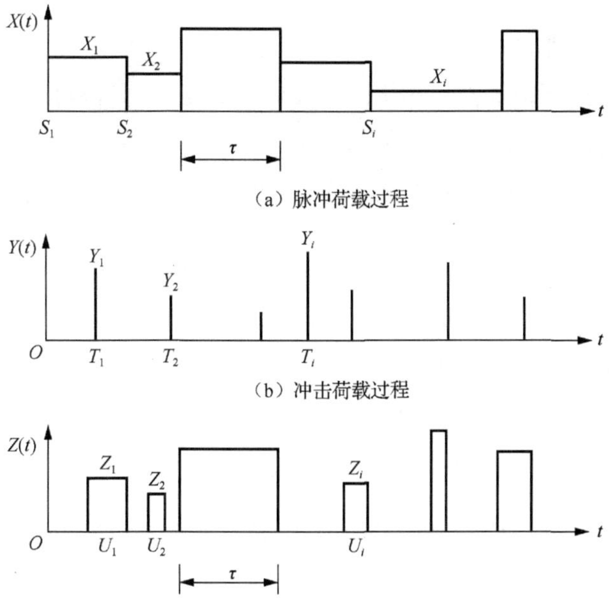

（a）脉冲荷载过程

（b）冲击荷载过程

（c）交替荷载过程

图 12.10 用于荷载组合分析的随机过程

在荷载组合分析中，有些在时间上连续波动的荷载过程（如脉动风速过程和波浪过程）依然可以描述为高斯过程。

假设脉冲过程 $X(t)$ 和冲击过程 $Y(t)$ 均为齐次泊松过程，则利用更新过程的概念和性质，可以证明线性组合 $Z(t)=X(t)+Y(t)$ 的极值分布 $h_{\max}(z,t)=P\left[Z_{\max}(t)\leqslant z\right]$ 满足积分方程[248]：

$$h_{\max}(z,t)=\bar{T}_T(t)g(z,t)+\int_0^t g(z,s)h_{\max}(z,t-s)\mathrm{d}F_T(s) \tag{12.49}$$

式中，$F_T(s)$ 为更新过程更新间隔时间（到达时间）T 的 CDF；$\bar{T}_T(t)=1-F_T(t)$ 为 $F_T(t)$ 的补；函数 $g(z,t)$ 的定义为

$$\begin{aligned} g(z,t)&=P\left[X(t)+Y_{\max}(t)\leqslant z\right] \\ &=\int_0^z \mathrm{e}^{-\xi t\bar{F}_Y(z-x)}\mathrm{d}F_X(x) \end{aligned} \tag{12.50}$$

式中，ξ 为齐次冲击过程的更新率；$F_X(x)$ 和 $F_Y(y)$ 分别为脉冲强度 X 和冲击强度 Y 的 CDF；$\bar{F}_Y(y)=1-F_Y(y)$ 为 $F_Y(y)$ 的补。

可以用梯形积分法求解方程（12.49），得到极值分布 $h_{\max}(z,t)$ 的数值解[248]。需要注意的是，方程（12.49）定义的极值分布只适用于齐次泊松脉冲过程与齐次泊松冲击过程的线性组合情况。虽然如此，由方程（12.49）得到的荷载组合问题的“精确”解，可以被用来检验一些荷载组合近似解的精度，如检验下面介绍的伯格斯模型、特克斯特拉法则和荷载遇合方法的精度。

12.3.2　伯格斯模型

伯格斯模型假设每个荷载分量 $Q_i(t)$ 都有一个基本时间区间 τ_i［见图 12.10(a) 中的 τ］，而 τ_i 的定义应使得[249, 38]：①在这个时间段内荷载 Q_i 的数值可以认为是不变的；②在每个时间区间里荷载 Q_i 的出现和不出现对应于具有发生概率为 p 的独立试验。

令在荷载 Q_i 出现条件下其幅值的概率分布为 $F_i(q)$（相当于 Q_i 的条件 CDF）。另外，基于物理意义，假设 Q_i 为非负的，即当 $q<0$ 时有 $F_i(q)=0$。那么对于基本时间区间 τ_i，Q_i 的无条件 CDF 为

$$\begin{aligned} F(q)&=P(\text{在区间}\tau_i\text{内}Q_i\leqslant q) \\ &=P(\text{荷载出现})P(Q_i\leqslant q|\text{荷载出现})+ \\ &\quad P(\text{没有荷载出现})P(Q_i\leqslant q|\text{没有荷载出现}) \\ &=P\cdot F_i(q)+(1-P)\cdot 1 \\ &=1-p\left[1-F_i(q)\right] \end{aligned} \tag{12.51}$$

式（12.51）中第三行成立的原因在于没有荷载出现，意味着此时荷载Q_i的值为零，而零小于等于任何正数的概率为1，因此$P\left(Q_i \leqslant q \middle| \text{没有荷载出现}\right)$。

对于n个基本时间区间$n\tau_i$，Q_i的无条件 CDF 的表达式为

$$\begin{aligned} F(q) &= P\left(\text{在区间} n\tau_i \text{内} Q_i \leqslant q\right) \\ &= P\left(\text{在第1个区间内} Q_i \leqslant q \cap \text{在第2个区间内} Q_i \leqslant q \cap \cdots \cap \right. \\ &\quad \left. \text{在第} n \text{个区间内} Q_i \leqslant q\right) \end{aligned} \tag{12.52}$$

假设不同时间区间内的Q_i是相互独立的，则式（12.52）可以简化为

$$\begin{aligned} F(q) &= \prod_{i=1}^{n} P\left(\text{在区间} \tau_i \text{内} Q_i \leqslant q\right) \\ &= \left\{1 - p\left[1 - F_i(q)\right]\right\}^n \end{aligned} \tag{12.53}$$

现在考虑两个荷载分量的线性组合情况，即$Q(t) = Q_1(t) + Q_2(t)$的情况。令对应于$Q_1(t)$和$Q_2(t)$的基本时间区间分别为τ_1和τ_2。在各自基本时间区间内Q_1和Q_2的发生概率分别为p_1和p_2。如果基本时间区间比τ_2/τ_1为整数k，那么对应于时间区间τ_2的Q_1和Q_2的 CDF 分别为

$$F(q_1) = \left\{1 - p_1\left[1 - F_1(q_1)\right]\right\}^k \tag{12.54}$$

和

$$F(q_2) = 1 - p_2\left[1 - F_2(q_2)\right] \tag{12.55}$$

由于由$F_1(q_1)$和$F_2(q_2)$定义的变量是关于同一个时间长度τ_2的，因此由$F_1(q_1)$和$F_2(q_2)$计算的荷载组合$Q = Q_1 + Q_2$的统计特征或概率分布$F_Q(q)$也是对应于时间长度τ_2的。在获得荷载组合Q的概率分布$F_Q(q)$的基础上，可以利用式（12.53）计算出参考时间区间$[0,t]$内荷载组合最大值的概率分布。

当荷载分量多于两个时，任意两个荷载分量的基本时间区间可能不都是呈整数倍的关系。在这种情况下，荷载组合的伯格斯模型会变得比较烦琐。

伯格斯模型可以用于齐次泊松脉冲过程与齐次泊松冲击过程的组合分析，此时，由于伯格斯模型假设时间区间τ为确定性变量，因此控制总荷载最大值概率分布的积分方程可以得到进一步简化[248]。

12.3.3 特克斯特拉法则

特克斯特拉法则是较实用和得到较广泛应用的荷载组合分析方法。特克斯特拉法则说明[250]，当n个独立随机过程中的一个出现最大值时，这些过程的和将出现最大值。因此，根据特克斯特拉法则，式（12.48）定义的总荷载的最大值为

$$Q_{\max}(t)=\max\begin{cases}Q_{1,\max}(t)+Q_2(t)+\cdots+Q_n(t)\\Q_1(t)+Q_{2,\max}(t)+\cdots+Q_n(t)\\\vdots\\Q_1(t)+Q_2(t)+\cdots+Q_{n,\max}(t)\end{cases} \tag{12.56}$$

式中，$Q_{i,\max}(t)=\max\limits_{0\leqslant\tau\leqslant t}Q_i(\tau)(i=1,2,\cdots,n)$ 为荷载分量 $Q_i(t)$ 的最大值，$Q_{\max}(t)=\max\limits_{0\leqslant\tau\leqslant t}Q(\tau)$ 为总荷载 $Q(t)$ 的最大值。

根据式（12.56），总荷载最大值 $Q_{\max}(t)$ 的超越概率应为

$$P\left[Q_{\max}(t)>q\right]=\max\begin{cases}P\left[Q_{1,\max}(t)+Q_2(t)+\cdots+Q_n(t)>q\right]\\P\left[Q_1(t)+Q_{2,\max}(t)+\cdots+Q_n(t)>q\right]\\\vdots\\P\left[Q_1(t)+Q_2(t)+\cdots+Q_{n,\max}(t)>q\right]\end{cases} \tag{12.57}$$

对于荷载分量之间是统计独立的情况，可以选择出导致最大 $Q_{\max}(t)$ 均值的那个组合，用其估计总荷载的最大值[38]。对于考虑荷载分量之间相关性的更一般情况，可参见文献[252]的处理方法。

需要注意的是，由于忽略了两个以上荷载分量同时达到最大值的可能性，特克斯特拉法则会低估总荷载最大值的超越概率。

12.3.4　荷载遇合方法

荷载遇合方法考虑的是两个齐次泊松交替过程 $Q_1(t)$ 和 $Q_2(t)$ 的线性组合问题：

$$Q(t)=Q_1(t)+Q_2(t) \tag{12.58}$$

令齐次泊松交替过程 $Z(t)$ 幅值的 CDF 为 $F_Z(z)$，平均持时为 μ_τ，平均发生率为 λ，则由穿越事件的泊松假定，容易得到极值 $Z_{\max}(t)=\max\limits_{0\leqslant\tau\leqslant t}Z(\tau)$ 的 CDF[251]：

$$F_{Z_{\max}}(z,t)=\mathrm{e}^{-\lambda t\left[1-F_Z(z)\right]} \tag{12.59}$$

在同一时刻，交替荷载过程 $Q_1(t)$ 和 $Q_2(t)$ 可能出现重叠的现象。由 $Q_1(t)$ 和 $Q_2(t)$ 重叠形成的过程 $Q_{12}(t)$ 称为遇合过程。遇合过程 $Q_{12}(t)$ 也是交替过程，其平均持时和平均发生率近似为[251]

$$\mu_{\tau_{12}}=\frac{\mu_{\tau_1}\mu_{\tau_2}}{\mu_{\tau_1}+\mu_{\tau_2}} \tag{12.60}$$

和

$$\lambda_{12} = \lambda_1 \lambda_2 \left(\mu_{\tau_1} + \mu_{\tau_2}\right) \tag{12.61}$$

式中，μ_{τ_1} 和 μ_{τ_2} 分别为 $Q_1(t)$ 和 $Q_2(t)$ 的平均持时；λ_1 和 λ_2 分别为 $Q_1(t)$ 和 $Q_2(t)$ 的平均发生率。

显然，对于式（12.58）定义的线性组合，总荷载最大值的 CDF 为

$$F_{Q_{\max}}(q,t) = P\left\{\left[Q_{1,\max}(t) \leqslant q\right] \cap \left[Q_{2,\max}(t) \leqslant q\right] \cap \left[Q_{12,\max}(t) \leqslant q\right]\right\} \tag{12.62}$$

假设最大值 $Q_{1,\max}(t)$、$Q_{2,\max}(t)$ 和 $Q_{12,\max}(t)$ 之间是统计独立的，并考虑式（12.59），可将式（12.62）简化为

$$\begin{aligned} F_{Q_{\max}}(q,t) &\approx P\left[Q_{1,\max}(t) \leqslant q\right] \cap P\left[Q_{2,\max}(t) \leqslant q\right] \cap P\left[Q_{12,\max}(t) \leqslant q\right] \\ &\approx \mathrm{e}^{-\lambda_1 t\left[1-F_{Q_1}(q)\right]} \mathrm{e}^{-\lambda_2 t\left[1-F_{Q_2}(q)\right]} \mathrm{e}^{-\lambda_{12} t\left[1-F_{Q_{12}}(q)\right]} \\ &= \mathrm{e}^{-\lambda_1 t\left[1-F_{Q_1}(q)\right]-\lambda_2 t\left[1-F_{Q_2}(q)\right]-\lambda_{12} t\left[1-F_{Q_{12}}(q)\right]} \end{aligned} \tag{12.63}$$

式中，$F_{Q_1}(q)$、$F_{Q_2}(q)$ 和 $F_{Q_{12}}(q)$ 分别为 $Q_1(t)$、$Q_2(t)$ 和 $Q_{12}(t)$ 幅值的 CDF。需要注意的是，$F_{Q_{12}}(q)$ 由 $F_{Q_1}(q)$、$F_{Q_2}(q)$ 以及 $Q_1(t)$ 和 $Q_2(t)$ 的叠加关系来计算。

例题 12.3 考虑两个统计独立的齐次泊松交替荷载过程 $Q_1(t)$ 和 $Q_2(t)$ 的线性组合问题：

$$Q(t) = Q_1(t) + Q_2(t)$$

表 12.7 给出了假设的荷载分量 $Q_1(t)$ 和 $Q_2(t)$ 的分布及统计参数。假设 $Q_1(t)$ 和 $Q_2(t)$ 在时间区间 τ 内的发生概率都为 $p=1.0$。令参考时间 $t=50$ 年，则由式（12.53）可计算荷载分量最大值 $Q_{1,\max}(t)$ 和 $Q_{2,\max}(t)$ 的 CDF。

表 12.7 荷载分量的分布及统计参数

荷载分量	任意点即时分布与参数			持时 τ 或 μ_τ /年	发生率 λ /（次/年）
	分布	均值	变异系数		
$Q_1(t)$	正态	1.5	0.25	0.5	0.5
$Q_2(t)$	对数正态	1.2	0.15	1.0	1.0

分别由伯格斯模型、特克斯特拉法则和荷载遇合方法获得总荷载最大值 $Q_{\max}(t)$ 的超越概率表达式，在此基础上，利用样本容量 $N=10000$ 的蒙特卡洛方法[①]，计算相应的超越概率。计算结果绘于图 12.11 中。

① 采用 4.2 节介绍的接受-拒绝法生成样本。

图 12.11 中曲线表明，对于本例题所考虑的荷载组合和所采用的荷载分量最大值估计方法，由三种近似荷载组合方法获得的总荷载超越概率之间的差别是非常大的。

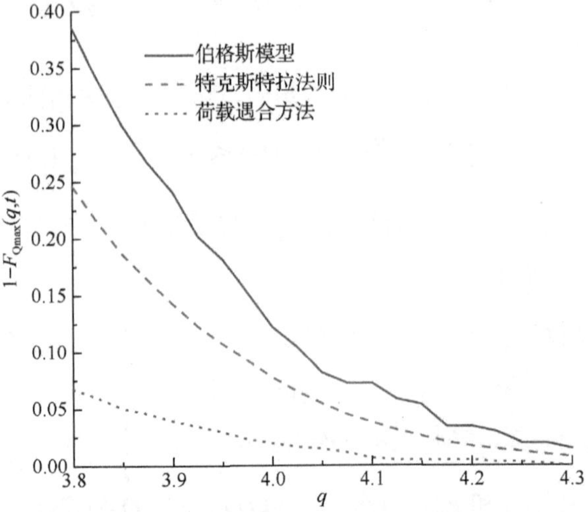

图 12.11　伯格斯模型、特克斯特拉法则和荷载遇合方法给出的总荷载超越概率

参 考 文 献

[1] Freudenthal A M. Safety and the probability of structural failure. Transactions ASCE, 1956, 121: 1337-1397.

[2] Cornell C A. A probability-based structural code. Journal of American Concrete Institute, 1969, 66(12): 947-985.

[3] Tajimi H. A statistical method of determining the maximum response of a building structure during an earthquake. Proceeding of the 2nd Word Conference on Earthquake Engineering, Tokyo and Kyoto, 1960: 781-798.

[4] Davenport A G. The spectrum of horizontal gustiness near the ground in high wind. Quarterly Journal of Royal Meteorological Society, 1962, 88(372): 194-211.

[5] Pierson W J, Moskowitz L. A proposed spectral form for fully developed wind seas based on the similarity theory of S. A. Kitaigorodskii. Journal of Geophysical Research, 1964, 69(24): 5181-5190.

[6] Hasofer A M, Lind N C. Exact and invariant second-moment code format. Journal of Engineering Mechanics Division, 1974, 100(1): 111-121.

[7] Rackwitz R, Flessler B. Structural reliability under combined random load sequences. Computer & Structures, 1978, 9(5): 489-494.

[8] Ang A H-S, Tang W H. Probability concepts in engineering planning and design Vol. Ⅰ: basic principles. New York: John Wiley & Sons, 1975.

[9] Madsen H O, Krenk S, Lind N C. Methods of Structural Safety. New York: Dover Publications Inc., 1986.

[10] Der Kiureghian A, Lin H Z, Hwang S J. Second-order reliability approximation. Journal of Engineering Mechanics, 1987, 113(8): 1208-1225.

[11] Thoft-Christensen P, Murotsu Y. Application of Structural System Reliability Theory. Berlin: Springer-Verlag, 1986.

[12] 张义民. 机械动态与渐变可靠性原理与技术评述. 机械工程学报, 2013, 49(20): 101-114.

[13] 迪特莱夫森 O，麦德森 H O. 结构可靠度方法. 何军，译. 上海: 同济大学出版社, 2005.

[14] 马莹. 船舶总体任务可靠度评估方法研究. 上海: 上海交通大学, 2009.

[15] 杨孟琢. 核电人因工程领域的发展. 中国工程科学, 2002, 4(8): 12-19.

[16] 谢里阳. 机械可靠性理论、方法及模型中若干问题评述. 机械工程学报, 2014, 50(14): 27-35.

[17] Vanzi I. Structural upgrading strategy for electric power networks under seismic action. Earthquake Engineering and Structural Dynamics, 2000, 29(7): 1053-1073.

[18] Li J, He J. A recursive decomposition algorithm for network seismic reliability evaluation. Earthquake Engineering and Structural Dynamics, 2002, 31(8): 1525-1539.

[19] Pandey M D, Nathwani J S. Life quality index for the estimation of societal willingness-to-pay for safety. Structural Safety, 2004, 26: 181-199.

[20] Ditlevsen O. Life quality index revisited. Structural Safety, 2004, 26: 443-451.

[21] Ditlevsen O, Friis-Hansen P. Life quality time allocation index-an equilibrium economy consistent version of the current life quality index. Structural Safety, 2005, 27: 262-275.

[22] 陈肇元，杜拱辰. 结构设计规范的可靠度设计方法质疑. 建筑结构, 2002, 32(4): 64-69.

[23] Papadopoulos V, Giovanis D G. Stochastic finite element methods: an introduction. Cham: Spring International Publishing AG, 2018.

[24] Zhang Y, Burton H V, Sun H, et al. A machine leaning framework for assessing post-earthquake structural safety. Structural Safety, 2018, 72: 1-16.

[25] Straub D. Value of information analysis with structural reliability methods. Structural Safety, 2014, 49: 75-85.

[26] Dai H Z, Zhang H, Wang W. A new maximum entropy-based importance sampling for reliability analysis. Structural Safety, 2016, 63: 71-80.

[27] Balesdent M, Morio J, Marzet J. Kriging-based adaptive importance sampling algorithms for rare event estimation. Structural Safety, 2013, 44: 1-10.

[28] He J, Gao S B, Gong J H. A sparse grid stochastic collocation method for structural reliability analysis. Structural Safety, 2014, 51: 29-34.

[29] Li J, Chen J B. Stochastic dynamics of structures. Singapore: John Wiley & Sons, 2009.

[30] Zhao Y G, Lu Z H. Structural reliability: approaches from perspectives of statistical moments. Singapore: John Wiley & Sons, 2021.

[31] Kameshwar S, Cox D T, Barbosa A R, et al. Probabilistic decision-based framework for community resilience: incorporating multi-hazard, infrastructure interdependencies, and resilience goals in a Bayesian network. Reliability Engineering & System Safety, 2019, 191: 106568.

[32] Yang D Y, Frangopol D M. Probabilistic optimization framework for inspection/repair planning of fatigue-critical details using dynamic Bayesian networks. Computers & Structures, 2018, 198: 40-50.

[33] 中华人民共和国国家质量监督检验检疫总局, 中国国家标准化管理委员会. 电工术语 可信性: GB/T 2900.99—2016. 北京: 中国标准出版社, 2016.

[34] 中华人民共和国住房和城乡建设部, 中华人民共和国国家质量监督检验检疫总局. 工程结构可靠性设计统一标准: GB 50153—2008. 北京: 中国建筑工业出版社, 2008.

[35] 中华人民共和国住房和城乡建设部, 国家市场监督管理总局. 建筑结构可靠性设计统一标准: GB 50068—2018. 北京: 中国建筑工业出版社, 2018.

[36] Der Kiureghian A, Ditlevsen O. Aleatory or epistemic? Does it matter?. Structural Safety, 2009, 31: 105-112.

[37] Schuëller G I, Shinozuka M. Stochastic methods in structural dynamics. Boston: Martinus Nijhoff Publishers, 1987.

[38] Nowak A S, Collins K R. Reliability of Structures. 2nd ed. New York: CRC Press, 2012.

[39] Nelsen R B. An introduction to Copulas. 2nd ed. New York: Springer, 2006.

[40] Sklar A. Functions de repartition àn dimensions et leurs marges. Publications de l' Institut de l' Université de Paris, 1959, 8: 229-231.

[41] Fisher N I. Copulas//Kotz S. Encyclopedia of Statistical Sciences, Vol. 1. New York: Wiley, 1997: 159-163.

[42] Liu P L, Der Kiureghian A. Multivariate distribution models with prescribed marginals and covariances. Probabilistic Engineering Mechanics, 1986, 1(2): 105-112.

[43] He J. An approximate method for estimating extreme value responses of nonlinear stochastic dynamic systems. Journal of Engineering Mechanics, 2015, 141(7): 04015009.

[44] Genest C, Nešlehová J, Ghorbal N B. Estimators based on Kendall's tau in multivariate copula models. Australian & New Zealand Journal of Statistics, 2011, 53(2): 157-177.

[45] 刘嘉焜. 应用随机过程. 北京: 科学出版社, 2002.

[89] Winterstein S R. Nonlinear vibration models for extremes and fatigue. Journal of Engineering Mechanics, 1988, 114(10): 1772-1790.

[90] Winterstein S R, MacKenzie C A. Extremes of nonlinear vibration: models based on moments, L-moments, and maximum entropy. Proceedings of the 30th International Conference on Ocean, Offshore and Arctic Engineering, OMAE, Rotterdam, 2011.

[91] Zhao Y G, Lu Z H. Fourth-moment standardization for structural reliability assessment. Journal of Structure Engineering, 2007, 133(7): 916-924.

[92] Low Y M. A new distribution for fitting four moment and its applications to reliability analysis. Structural Safety, 2013, 42: 12-25.

[93] Smolyak S A. Quadrature and interpolation formulas for tensor products of certain classes of functions. Soviet Math Dokl, 1963, 4: 240-243.

[94] Wasilkowski G W, Wozniakowski H. Explicit cost bounds of algorithms for multivariate tensor product problems. Journal of Complexity, 1995, 11(1): 1-56.

[95] Barthelmann V, Novak E, Ritter K. High dimensional polynomial interpolation on sparse grids. Advances in Computational Mathematics, 2000, 12(4): 273-288.

[96] Xiu D, Hesthaven J S. High-order collocation methods for differential equations with random inputs. Journal on Scientific Computing, 2005, 27(3): 1118-1139.

[97] Zhao Y G, Ono T. New point estimates for probability moments. Journal of Engineering Mechanics, 2000, 126(4): 433-436.

[98] Xu H, Rahman S. Decomposition methods for structural reliability analysis. Probabilistic Engineering Mechanics, 2005, 20: 239-250.

[99] Dannert M M, Bensel F, Fau A, et al. Investigations on the restrictions of stochastic collocation methods for high dimensional and nonlinear engineering applications. Probabilistic Engineering Mechanics, 2022, 69: 103299.

[100] Rahman S, Xu H. A univariate dimension-reduction method for multi-dimensional integration in stochastic mechanics. Probabilistic Engineering Mechanics, 2004, 19: 393-408.

[101] Xu H, Rahman S. A generalized dimension-reduction method for multi-dimensional integration in stochastic mechanics. International Journal for Numerical Methods in Engineering, 2006, 65: 2292.

[102] Lutes L D, Sarkani S. Random vibration: analysis of structural and mechanical system. New York: Elsevier Butterworth-Heinemann, 2004.

[103] Chopra A K. Dynamics of structures: theory and applications to earthquake engineering. 4th ed. New Jersey: Pearson Education Inc., 2012.

[104] Bouc R. Forced vibration of mechanical systems with hysteresis//Proceeding of 4th Conference on Nonlinear Oscillation, Prague, 1963.

[105] Wen Y K. Method for random vibration of hysteretic systems. Journal of Engineering Mechanics Division, 1976, 102(2): 249-263.

[106] Baber T T, Wen Y K. Stochastic equivalent linearization for hysteretic, degrading, multistory structures. Report UILU-ENG-80-2001. Urbana: University of Illinois at Urbana-Champaign, 1979.

[107] Baber T T, Noori M N. Random vibration of degrading, pinching systems. Journal of Engineering Mechanics, 1985, 111(8): 1010-1026.

[108] Song J, Der Kiureghian A. Generalized Bouc-Wen model for highly asymmetric hysteresis. Journal of Engineering Mechanics, 2006, 132(6): 610-618.

[109] Sireteanu T, Giuclea M, Mitu A-M, et al. A genetic algorithms method for fitting the generalized Bouc-Wen model to experimental asymmetric hysteretic loops. Journal of Vibration and Acoustics-Transactions of the ASME, 2012, 134(4): 041007.

[110] Caughey T K. Equivalent linearization techniques. Journal of the Acoustical Society of America, 1963, 35: 1706-1711.

[111] Iwan W D. A generalization of the concept of equivalent linearization. International Journal of Nonlinear Mechanics, 1973, 8: 279-287.

[112] Atalik T S, Utku S. Stochastic linearization of multi-degree of freedom non-linear systems. Earthquake Engineering and Structural Dynamics, 1976, 4: 411-420.

[113] Spanos P D, Iwan W D. On the existence and uniqueness of solution generated by equivalent linearization. International Journal of Nonlinear Mechanics, 1978, 13: 71-78.

[114] Roberts J B, Spanos P D. Random vibration and statistical linearization. New York: John Wiley and Sons, 1990.

[115] Wen Y K. Equivalent linearization for hysteretic systems under random excitation. Journal of Applied Mechanics, 1980, 150(47): 150-154.

[116] Hurtado J E, Barbat A H. Improved stochastic linearization method using mixed distributions. Structural Safety, 1996, 18(1): 49-62.

[117] Hurtado J E, Barbat A H. Equivalent linearization of the Bouc-Wen hysteretic model. Engineering Structures, 2000, 22: 1121-1132.

[118] Kaul M K, Penzien J. Stochastic seismic analysis of yielding offshore towers. Proceedings, ASCE, 1974, 100 (EM5): 1025-1038.

[119] Coleman J J. Reliability of aircraft structures in resisting chance failures. Operations Research, 1959, 7(5): 539-645.

[120] Michaelov G, Sarkani S, Lutes L D. Spectral characteristics of nonstationary random processes-a critical review. Structural Safety, 1999, 21(3): 223-244.

[121] Michaelov G, Sarkani S, Lutes L D. Spectral characteristics of nonstationary random processes-response of a simple oscillator. Structural Safety, 1999, 21(3): 245-269.

[122] He J. An efficient numerical method for estimating reliabilities of linear structures under fully nonstationary earthquake. Structural Safety, 2010, 32(3): 200-208.

[123] Vanmarcke E H. On the distribution of the first-passage time for normal stationary random processes. Journal of Applied Mechanics, 1975, 42: 215-220.

[124] He J. Numerical calculation for first excursion probabilities of linear systems. Probabilistic Engineering Mechanics, 2009, 24(3): 418-425.

[125] Langley R S. A first passage approximation for normal stationary random processes. Journal of Sound and Vibration, 1988, 122(2): 261-75.

[126] Clough R W, Penzien J. Dynamics of structures. 3rd ed. New York: Computers & Structures Inc., 1995.

[127] Fujimura K, Der Kiureghian A. Tail-equivalent linearization method for nonlinear random vibration. Probabilistic Engineering Mechanics, 2007, 22(1): 63-76.

[128] Luca G, Der Kiureghian A. Tail-equivalent linearization method in frequency domain and application to marine structures. Marine Structures, 2010, 23(3): 322-338.

[129] Jensen J J, Capul J. Extreme response predictions for jack-up units in second order stochastic waves by FORM. Probabilistic Engineering Mechanics, 2006, 21(4): 330-337.

[130] Grigoriu M, Samorodnitsky G. Reliability of dynamic systems in random environment by extreme value theory. Probabilistic Engineering Mechanics, 2014, 38: 54-69.

[131] Coles S. An introduction to statistical modeling of extreme values. London: Springer, 2001.

[132] Low Y M. Efficient vector outcrossing analysis of the excursion of a moored vessel. Probabilistic Engineering Mechanics, 2009, 24: 565-576.

[133] Belayev Y K. On the number of exists across the boundary of a region by a vector stochastic process. Theory of Probability and Its Applications, 1968, 13: 320-324.

[134] Veneziano D, Grigoriu M, Cornell A C. Vector process models for system reliability. Journal of Engineering Mechanics Division, 1977, 103(EM3): 441-460.

[135] Hagen O, Tvedt L. Vector process out-crossing as parallel system sensitivity measure. Journal of Engineering Mechanics, 1991, 117(10): 2201-2220.

[136] Andrieu-Renaud C, Sudret B, Lemaire M. The PHI2 method: a way to compute time-variant reliability. Reliability Engineering & System Safety, 2004, 84: 75-86.

[137] Thoft-Christensen P, Murotsu Y. Applications of structural system reliability theory. Berlin: Springer, 1986.

[138] 董聪. 现代结构系统可靠度理论及其应用. 北京: 科学出版社, 2001.

[139] 金伟良. 工程结构可靠度——理论、方法及其应用. 北京: 科学出版社, 2022.

[140] 杨伟军, 赵传志. 土木工程结构可靠度理论与设计. 北京: 人民交通出版社, 1999.

[141] Zhao Y G, Zhong W Q, Ang A H-S. Estimating joint failure probability of series structural systems. Journal of Engineering Mechanics, 2007, 133(5): 588-596.

[142] Cornell C A. Bounds on the reliability of structural systems. Journal of Structural Division, 1967, 93(1): 171-200.

[143] Ditlevsen O. Narrow reliability bounds for structural systems. Journal of Structural Mechanics, 1979, 7(4): 453-472.

[144] Song J, Der Kiureghian A. Bounds on system reliability by linear programming. Journal of Engineering Mechanics, 2003, 129(6): 627-636.

[145] Ambartzumian R, Der Kiureghian A, Ohanian V, et al. Multinormal probability by sequential conditioned importance sampling: theory and application. Probabilistic Engineering Mechanics, 1998, 13(14): 299-308.

[146] Pandey M D, Sarkar A. Comparison of a simple approximation for multinormal integration with an importance sampling-based simulation method. Probabilistic Engineering Mechanics, 2002, 17: 215-218.

[147] Tang L K, Melchers R E. Improved approximation for multinormal integral. Journal of Structural Safety, 1987, 4: 81-93.

[148] Terada S, Takahashi T. Failure-conditioned reliability index. Journal of Structural Engineering, 1988, 114(4): 943-952.

[149] Yuan X X, Pandey M D. Analysis of approximations for multinormal integration in system reliability computation. Structural Safety, 2006, 28: 361-377.

[150] Kang W-H, Song J. Evaluation of multivariate normal integrals for general systems by sequential compounding. Structural Safety, 2010, 32: 35-41.

[151] Birnbaum Z W. Effect of linear truncation on a multinormal population. Annals of Mathematical Statistics, 1950, 21: 272-279.

[152] Dunnett C W, Sobel M. Approximations to the probability integral and certain percentage points of a multivariate analogue of Student's t-distribution. Biometrika, 1955, 42: 258-260.

[153] Duke C M, Moran D F. Guideline for evolution of lifelines earthquake engineering//Proceeding of U. S. National Conference on Earthquake Engineering, Oakland, 1975: 367-376.

[154] 赵成刚, 冯启民, 等. 生命线地震工程. 北京: 地震出版社, 1993.

[155] Vanzi I. Seismic reliability of electric power networks: methodology and application. Structural Safety, 1996, 18: 311-327.

[156] 何军. 生命线工程网络系统抗震可靠度分析方法研究. 上海: 同济大学, 2002.

[157] 卢开澄, 卢华明. 图论及其应用. 2 版. 北京: 清华大学出版社, 1995.

[158] Givant S, Halmos P. Introduction to Boolean algebras. New York: Springer, 2009.

[159] Dijkstra E W. A note on two problems in connexion with graphs. Numerische Mathematik, 1959, 1: 269-271.

[160] 梅启智, 廖炯生, 孙惠中. 系统可靠性工程. 北京: 科学出版社, 1987.

[161] Aggarwal K K, Misra K B. A fast algorithm for reliability evaluation. IEEE Transactions on Reliability, 1975, 24(1): 83-85.

[162] Arunkumar S, Lee S H. Enumeration of all minimal cut-sets for a node pair in a graph. IEEE Transactions on Reliability, 1979, 28(4): 51-55.

[163] Torrieri D. Calculation of node-pair reliability in large networks with unreliable nodes. IEEE Transactions on Reliability, 1994, R43: 375-377.

[164] Der Kiureghian A, Sackman J L, Hong K-J. Interaction in interconnected electrical substation equipment subjected to earthquake ground motions: PEER report 1999-01. Berkeley: University of California at Berkeley, 1999.

[165] Der Kiureghian A, Hong K-J, Sackman J L. Further studies on seismic interaction in interconnected electrical substation equipment: PEER report 2000-01. Berkeley: University of California at Berkeley, 2000.

[166] Iida Y, Wakabayashi H. An approximation method of terminal reliability of road network using partial minimal path and cuts//Proceeding of the fifth WCTR, Yokoham, 1989: 367-380.

[167] Dotson W P, Gobien J O. A new analysis technique for probability graphs. IEEE Transactions on Circuits & Systems, 1979, 26(10): 855-865.

[168] Yoo Y B, Deo N. A comparison of algorithm for terminal-pair reliability. IEEE Transactions on Reliability, 1988, 37(2): 210-215.

[169] Friedman S J, Supowit K J. Finding optimal variable ordering for binary decision diagrams. IEEE Transactions on Reliability, 1990, R 39: 710-713.

[170] 何军, 李杰. 大型生命线系统地震可靠度的递推算法. 同济大学学报, 2001, 29(7): 757-762.

[171] Lim H W, Song J. Efficient risk assessment of lifeline networks under spatially correlated ground motions using selective recursive decomposition algorithm. Earthquake Engineering and Structural Dynamics, 2012, 41(13): 1861-1882.

[172] Lee D, Song J. Multi-scale seismic reliability assessment of networks by centrality-based selective recursive decomposition algorithm. Earthquake Engineering and Structural Dynamics, 2021, 50(8): 2174-2194.

[173] He J. An extended recursive decomposition algorithm for dynamic seismic reliability evaluation of lifeline networks with dependent component failures. Reliability Engineering & System Safety, 2021, 215: 107929.

[174] Kim Y, Kang W-H, Song J. Assessment of seismic risk and important measures of interdependent networks using a nonsimulation-based method. Journal of Earthquake Engineering, 2012, 16: 777-794.

[175] Gómez C, Sánchez-Silva M, Dueñas-Osorio L. An applied complex systems framework for risk-based decision-making in infrastructure engineering. Structural Safety, 2014, 50: 66-77.

[176] 上海防灾救灾研究所. 上海市煤气系统和供水系统地震灾害预估及抗震对策研究报告(二). 上海: 上海防灾救灾研究所, 1999.

[177] Ahuja R K, Magnanti T L, Orlin J B. Network flow: theory, algorithms, and applications. NewJersey: Prentice-Hall, 1993.

[178] 孟祥成, 何军. 基于高维 Gumbel Copula 参数拟合估计的大型相依失效生命线网络地震动力可靠度计算. 防灾减灾学报, 2023, 43(2): 210-221.

[179] Frisch H L, Hammersley J M, Welsh D J A. Monte Carlo estimates of percolation probabilities for various lattices. Physical Review, 1962, 126: 945-951.

[180] Kumamoto K, Tanaka K, Inoue K, et al. Dagger sampling Monte-Carlo for system unavailability evaluation. IEEE Transactions on Reliability, 1980, 29(2): 122-125.

[181] Easton M C, Wong C K. Sequential destruction method for Monte Carlo evaluation of system reliability. IEEE Transactions on Reliability, 1980, 29(1): 27-32.

[182] Hofert M. Sampling Archimedean copulas. Computational Statistics & Data Analysis, 2008, 52: 5163-5174.

[183] Ellingwood B R. Probability-based codified design: past accomplishments and future challenges. Structural Safety, 1994, 13: 159-176.

[184] Melchers R E. Structural reliability analysis and prediction: 2nd ed. New York: John Wiley & Sons, 1999.

[185] Ravindra M K, Galambos T V. Load and resistance factor design for steel. Journal of Structural Division, 1978, 104(9): 1337-1353.

[186] Der Kiureghian A, Zhang Y, Li C-C. Inverse reliability problem. Journal of Engineering Mechanics, 1994, 120(5): 1154-1159.

[187] Lee I, Choi K K, Du L, et al. Inverse analysis method using MPP-based dimension reduction for reliability-based design optimization of nonlinear and multi-dimensional systems. Computer Methods in Applied Mechanics & Engineering, 2008, 198: 14-27.

[188] Ellingwood B R. Reliability basis of load and resistance factors for reinforced concrete design. National Bureau of Standards Building Science Series 110, U. S. Department of Commerce, 1978.

[189] Fahrni R, De Sanctis G, Frangi A. Comparison of reliability- and design-based code calibrations. Structural Safety, 2021, 88: 102005.

[190] Lind N C, Davenport A G. Towards practical application of structural reliability theory//ACI Publication SP-31, Probabilistic Design of Reinforced Concrete Buildings. Detroit: American Concrete Institute, 1972.

[191] Gayton N, Mohamed A, Sorensen J D, et al. Calibration methods for reliability-based design codes. Structural Safety, 2004, 26: 91-121.

[192] Lind N C. Reliability-based structural codes, practical calibration//Holand I. Safety of structures under dynamic loading. Trondheim: Norwegian Institute of Technology Press, 1977: 149-160.

[193] Devictor M M N, Marques M. Probabilistic optimization of safety coefficient: comparison between the design point method and a global optimization method//Schuëller G I, Kafka P. Proceedings of the 10th European Conference on Safety and Reliability. Rotterdam: A A Balkema Publishers, 1999: 507-517.

[194] Enevoldsen I, Sørensen J D. Reliability-based optimization in structural engineering. Structural Safety, 1994, 15: 169-196.

[195] Chandu S V L, Grandhi R V. General purpose procedure for reliability based structural optimization under parametric uncertainties. Advances in Engineering Software, 1995, 23: 7-14.

[196] Tu J, Choi K K, Park Y H. A new study on reliability-based design optimization. Journal of Mechanical Design, 1999, 121: 557-564.

[197] Madsen H O, Friis H F. A comparison of some algorithms for reliability-based structural optimization and sensitivity analysis//Proceedings of the 4th IFIP WG 7. 5 Working Conference, Munich, 1992: 443-451.

[198] Kuschel N, Rackwitz R. Two basic problems in reliability-based structural optimization. Mathematical Models of Operations Research, 1997, 46: 309-333.

[199] Chen D, Hasselman T K, Neill D J. Reliability-based structural design optimization for practical applications// Proceedings of the 38th AIAA/ASME/ASCE/AHS/ASC structures, structural dynamics, and material conference, Kissimmee, 1997: 2724-2732.

[200] Liang J, Mourelatos Z P, Nikolaidis E. A single-loop approach for system reliability-based design optimization. Journal of Mechanical Design, 2007, 129: 1215-1224.

[201] Li F, Wu T, Badiru A, et al. A single-loop deterministic method for reliability-based design optimization. Engineering Optimization, 2013. 45(4): 435-458.

[202] Nguyen T H, Song J, Paulino G H. Sing-loop system reliability-based topology optimization considering statistical dependence between limit-states. Structural and Multidisciplinary Optimization, 2011, 44: 593-611.

[203] Meng Z, Zhang Z, Zhang D, et al. An active learning method combining Kriging and Accelerated chaotic single loop approach (AK-ACSLA) for reliability-based design optimization. Computer Methods in Applied Mechanics and Engineering, 2019, 357: 112570.

[204] Du X, Chen W. Sequential optimization and reliability assessment method for efficient probabilistic design. Journal of Mechanical Design, 2004, 126(2): 225-233.

[205] Cheng G, Xu L, Jiang L. A sequential approximate programming strategy for reliability-based structural optimization. Computers & Structures, 2006, 84(21): 1353-1367.

[206] Du X, Sudjianto A, Chen W. An integrated framework for optimization under uncertainty using inverse reliability strategy. Journal of Mechanical Design, 2004, 126: 563-570.

[207] Aoues Y, Chateaunuef A. Benchmark study of numerical methods for reliability-based design optimization. Structural and Multidisciplinary Optimization, 2010, 41: 277-294.

[208] Joint Committee on Structural Safety. JCSS probabilistic model code Part 3: material properties. Joint Committee on Structural Safety, 2001.

[209] 李国强, 黄宏伟, 吴迅, 等. 工程结构荷载与可靠度设计原理. 北京: 中国建筑工业出版社, 2016.

[210] Holický M, Retief J V, Sýkora M. Assessment of model uncertainties for structural resistance. Probabilistic Engineering Mechanics, 2016, 45: 188-197.

[211] 姚继涛, 赵国藩, 浦聿修. 结构抗力的独立增量过程概率模型//第九届中国土木工程学会年会论文集. 北京: 中国水利水电出版社, 2000.

[212] 姚继涛, 刘金华, 吴增良. 既有结构抗力的随机过程概率模型. 西安建筑科技大学学报(自然科学版), 2008, 40(4): 445-449.

[213] Enright M P, Frangopol D M. Conditional prediction of deteriorating concrete bridges using Bayesian updating. Journal of Structural Engineering, 1999, 125(10): 1118-1125.

[214] 刘西拉. 重大土木与水利工程安全性及耐久性的基础研究. 土木工程学报, 2001, 34(6): 1-7.

[215] Mori Y, Ellingwood B R. Methodology for reliability-based condition assessment: application to concrete structures in nuclear plants: NUREG/CR-6052. U. S. Nuclear Regulatory Commission, 1993.

[216] 张俊芝, 苏小卒. 基于实测样本值和 Bayesian 方法的服役结构抗力随机时变模型. 工业建筑, 2005, 35(5): 30-32.

[217] Ellingwood B R, Galabos T V, MacGregor J G, et al. Development of probability based load criterion for American National Standard A58. NBS Special Publication, National Bureau of Standard, 1980.

[218] American Society of Civil Engineers. Minimum design loads for buildings and other structures: ASCE/SEI 7-05[S]. American Society of Civil Engineers, 2006.

[219] Ellingwood B R. Wind and snow load statistics for probabilistic design. Journal of Structural Division, 1981, 107(ST7): 1345-1349.

[220] 李玉成, 滕斌. 波浪对海上建筑物的作用. 3 版. 北京: 海洋出版社, 2015.

[221] Lighthill J. Wave in Fluids. Cambridge: Cambridge University Press, 1978.

[222] Morison J R, Johnson J W, Schaaf S A. The force exerted by surface waves on piles. Journal of Petroleum Technology, 1950, 2(5): 149-154.

[223] 中华人民共和国住房和城乡建设部, 中华人民共和国国家质量监督检验检疫总局. 建筑结构荷载规范: GB 50009—2012. 北京: 中国建筑工业出版社, 2012.

[224] Zhou X, Xin L, Qiang S, et al. Probabilistic study of snow loads on flat roofs considering the effects of wind at representative sites in China. Structural Safety, 2022, 99: 102242.

[225] Wu Y, Zhou X, Zhang Y, et al. Simulation and statistical analysis of ground snow loads based on a multi-layer snow accumulation and melt model. Structural Safety, 2022, 100: 102295.

[226] Cornell C A. Engineering seismic risk analysis. Bulletin of the Seismological Society of America, 1968, 58(5): 1583-1606.

[227] Kaimal J C, Wyngaard J C, lzumi Y, et al. Spectral characteristics of surface-layer turbulence. Quarterly Journal of the Royal Meteorological Society, 1972, 98: 563-589.

[228] Ochi M K, Shin V S. Wind turbulent spectra for design consideration of offshore structures//Proceedings of Offshore Technology Conference, Houston, 1988.

[229] Andersen O J, Løvseth J. The Frøya database and maritime boundary layer wind description. Marine Structures, 2006, 19(2-3): 173-192.

[230] Neumann G. On wind generated ocean waves with special reference to the problem of wave forecasting. Research report. New York: University of New York, 1952.

[231] Bretschneider C L. Wave variability and wave spectra for wind-generated gravity waves. Technical report 118. Beach Erosion Board, US Army, Corps of Engineers, 1959.

[232] Hasselmann K, Barnett T P, Bouws E, et al. Measurement of the wind wave growth and swell decay during the joint north sea wave project (JONSWAP). Deutsche Hydrographische Zeitschrift, 1973, Reihe A 8(12): 95.

[233] Pettersson H, Graber H C, Hauser D, et al. Directional wave measurements from three wave sensors during the FETCH experiment. Journal of Geophysical Research, 2003, 108(C3): 8061.

[234] Drennan W M, Graber H C, Hauser D, et al. On the wave age dependence of wind stress over pure wind seas. Journal of Geophysical Research, 2003, 108(C3): 8062.

[235] Brockwell P J, Davis R A. Time series: theory and methods. 2nd ed. New York: Springer, 2006.

[236] Janssen P A E M. The interaction of ocean waves and wind. Cambridge: Cambridge University Press, 2004.

[237] Rezaeian S, Der Kiureghian A. A stochastic ground motion model with separable temporal and spectral nonstationarities. Earthquake Engineering and Structural Dynamics, 2008, 37: 1565-1584.

[238] Zerva A. Seismic source mechanisms and ground motion models, review paper. Probabilistic Engineering Mechanics, 1988, 3: 64-74.

[239] Lin Y K. On random pulse train and its evolutionary spectral representation. Probabilistic Engineering Mechanics, 1986, 1: 219-223.

[240] Wen Y K, Gu P. Description and simulation of nonstationary processes based on Hilbert spectra. Journal of Engineering Mechanics, 2004, 130: 942-951.

[241] Amin M, Ang A H-S. Nonstationary stochastic model of earthquake motions. Journal of the Engineering Mechanics Division, 1969, 94: 559-583.

[242] Yeh C-H, Wen Y K. Modeling of nonstationary ground motion and analysis of inelastic structural response. Structural Safety, 1990, 8(1-4): 281-298.

[243] Conte J P, Peng B F. Fully nonstationary analytical earthquake ground-motion model. Journal of Engineering Mechanics, 1997, 123(1): 15-24.

[244] He J. Response spectral characteristics and reliabilities of linear structures to both intensity and frequency content time-varying earthquake loads. Journal of Structural Engineering, 138(12): 1492-1504.

[245] Larrabee R D, Cornell C V. Upcrossing rate solution for load combination. Journal of Structural Division, 1979, 105(ST1): 125-132.

[246] Ditlevsen O, Madsen H O. Transient load modeling: Markov on-off rectangular pulse processes. Structural Safety, 1985, 2: 253-271.

[247] Hasofer A M. Time-dependent maximum of floor live loads. Journal of the Engineering Mechanics Division, 1974, 100(5): 1096-1091.

[248] Pandey M D, Van Der Weide J A M, Manzana N. A reformulation of the stochastic load combination problem. Structural Safety, 2021, 91: 102094.

[249] Guedes S C. Stochastic models of load effects for the primary ship structure. Structural Safety, 1990, 8: 353-368.

[250] Turkstra C J, Madsen H O. Load combinations in codified structural design. Journal of Structural Division, 1980, 106(12): 2527-2543.

[251] Wen Y K. Statistical combination of extreme loads. Journal of Structural Division, 1977, 103(ST5): 1079-1093.

[252] Naess A, Røyset J O. Extensions of Turkstra's rule and their application to combination of dependent load effects. Structural Safety, 2000, 22: 129-143.